# 装备"六性"与工程应用

主　编　涂　刚　赵东亮　刘永艳
副主编　陈西战　武　艳　刘　发
编　者　徐颖军　佘昌伟　慕天怀　左兆聪
　　　　冯　帅　夏　瑛　田振浩　杨朝辉
　　　　王书锴　陈羿涵

西北工业大学出版社

西安

【内容简介】 本书根据装备研制、生产与使用工作实践需要,参照国家有关标准以及有关文献资料,介绍了装备可靠性、维修性、测试性、保障性、安全性和环境适应性的基本概念、设计与分析、试验、管理与监督以及装备寿命周期有关"六性"技术工程应用等内容。本书语言叙述深入浅出,通俗易懂,便于读者自学或应用。

本书可供从事装备的论证、研制、生产、使用等方面的工程技术人员、质量管理人员等参考使用,也可作为有关国防院校工科专业研究生、本科生的教学参考书。

**图书在版编目(CIP)数据**

装备"六性"与工程应用 / 涂刚,赵东亮,刘永艳主编. — 西安:西北工业大学出版社,2024.12.

ISBN 978 - 7 - 5612 - 9582 - 3

Ⅰ. TB4

中国国家版本馆 CIP 数据核字第 2024D1X678 号

ZHUANGBEI "LIUXING" YU GONGCHENG YINGYONG

**装 备 " 六 性 " 与 工 程 应 用**

涂刚  赵东亮  刘永艳  主编

| | |
|---|---|
| 责任编辑:杨 兰 | 策划编辑:张 炜 |
| 责任校对:成 瑶 | 装帧设计:高永斌 李 飞 |

出版发行:西北工业大学出版社

通信地址:西安市友谊西路 127 号    邮编:710072

电　　话:(029)88491757,88493844

网　　址:www.nwpup.com

印　刷　者:西安五星印刷有限公司

开　　本:787 mm×1 092 mm    1/16

印　　张:20.875

字　　数:521 千字

版　　次:2024 年 12 月第 1 版    2024 年 12 月第 1 次印刷

书　　号:ISBN 978 - 7 - 5612 - 9582 - 3

定　　价:89.00 元

# 前　言

　　装备"六性"是指装备的可靠性、维修性、测试性、保障性、安全性和环境适应性。装备"六性"是影响武器装备作战效能的重要因素,它是设计出来的,生产出来的,管理出来的,因此,必须在设计中赋予,在生产中保证,在使用中发挥。

　　当前,为了适应高新装备建设发展的新趋势,提高武器装备的研制质量和使用效能,必须大力加强装备的"六性"技术和应用工作,同时要重视装备"六性"专业人才的培养,提高装备"六性"设计与管理人员的素质,这对促进我国"六性"工程的深入发展以及更有效地提高武器装备的使用效能具有重要意义。鉴于这一目的,笔者参考了国内外有关文献和标准规定,借鉴了我国当前武器装备研制、生产、使用、质量管理与监督的实践经验,编写了本书,以供从事装备研制、生产、使用的工程技术人员、质量管理人员等参考使用。

　　本书共 10 章:第一章为绪论,内容包括装备"六性"与"六性"工程概述、装备系统有关特性与参数、装备"六性"的重要性和地位;第二章为可靠性设计与分析,内容包括可靠性设计有关概念、可靠性特征量、装备可靠性要求及确定、系统可靠性模型的建立、系统可靠性分配与预计、系统可靠性分析;第三章为可靠性试验,内容包括可靠性试验概述、环境应力筛选、可靠性增长试验、可靠性鉴定与验收试验、寿命试验与加速寿命试验、装备可靠性外场试验;第四章为维修性设计与试验和评定,内容包括维修性要求及维修性模型、维修性模型的建立、维修性分配与预计、维修性试验与评定;第五章为测试性设计与验证,内容包括测试性设计概述、测试性要求及确定、测试性分配与预计、测试点与诊断程序的确定、测试性验证;第六章为规划保障与保障性试验和评价,内容包括确定保障性要求、规划保障、保障性试验与评价;第七章为安全性设计分析与验证和评价,内容包括装备安全性要求、安全性设计与分析、安全性分析的内容、系统安全性验证与评价;第八章为环境适应性分析设计与试验评价,内容包括环境适应性要求与环境工程管理概述、环境分析与环境适应性设计、装备环境试验与评价;第九章为装备"六性"管理与监督,内容包括制订装备"六性"计划与工作计划、装备寿命周期"六性"管理工作、装备"六性"评审、军事代表"六性"监督、装备"六性"保证顶层大纲及审查;第十章为"六性"技术在装备工程中的应用,内容包括电子产品可靠性设计、装备装运和储存过程的可靠性工作、装备使用过程的维修管理、装备使用阶段的寿命管理、装备使用与退役处理安全性分析与管理、装备"六性"信息系统及管理、某型装备测试系统可靠性评估示例。

　　鉴于本书涉及的专业工程较多,且在技术和管理上具有共性的特点,本书以可靠性工程为主线,就其基础理论、设计与分析、试验与评价等内容给予较详细的论述和介绍。本书工程性、实用性强,内容全面,体系安排符合我国有关"六性"工程标准的规定,语言通顺,便于学习。

本书由涂刚、赵东亮和刘永艳担任主编,由陈西战、武艳和刘发担任副主编,具体编写人员及对应编写章节:涂刚、赵东亮和刘永艳(第一章),刘永艳和陈西战(第二章),涂刚和徐颖军(第三章),赵东亮和武艳(第四章),佘昌伟、慕天怀和夏瑛(第五章),陈西战、徐颖军和田振浩(第六章),刘发、左兆聪和冯帅(第七章),武艳和陈羿涵(第八章),涂刚、刘永艳和杨朝辉(第九章),赵东亮、刘发和王书锴(第十章)。本书由主编和副主编统笔和修改,最终定稿。石全茂老师审阅了全部书稿,并提出了许多宝贵的修改意见,在此向石老师表示衷心的感谢。

在编写本书的过程中,笔者主要参考了有关国家军用标准以及杨为民、甘茂治、秦英孝、李良巧、宋太亮、傅光民和高社生等老师的著作和论文,在此向上述老师以及本书参考文献的作者表示衷心的感谢。

由于水平有限,笔者对涉及的众多各成体系的专业工程技术总结还不很全面,本书在体系结构和内容安排上难免存在疏漏和不足之处,敬请广大读者批评指正。

编 者

2023 年 12 月

# 目　录

# 第一章　绪　　论

装备"六性"是指装备的可靠性、维修性、测试性、保障性、安全性和环境适应性。装备"六性"是产品质量的重要指标,装备"六性"水平是一个国家技术队伍素质、管理以及工业基础水平的重要标志。提高装备的"六性"水平,可以提升武器装备的作战能力和部署机动性,减少装备的维修投入,降低装备的使用保障费用等。

本章重点介绍装备"六性"与"六性"工程的有关概念、装备系统有关特性与参数以及装备"六性"的重要性和地位等内容。

## 第一节　装备"六性"与"六性"工程概述

### 一、可靠性与可靠性工程

#### (一)可靠性

**1. 可靠性的定义**

可靠性是指产品在规定条件下和规定时间内,完成规定功能的能力。此定义中包含产品、规定条件、规定时间以及规定功能四个要素,并指出可靠性是产品的一种能力。

(1)产品是指研究的对象。产品不同,其可靠性可能不同,不宜进行比较,因此,一提到可靠性,就应明确是哪种产品的可靠性,这种产品包括哪些组成部分。

(2)规定条件是指预先规定的产品所受到的全部外部作用条件。外部作用条件包括环境条件、使用条件和维修条件等。

环境条件包括自然环境条件和诱发环境条件。自然环境条件是指在自然界中由非人为因素构成的那部分环境,包括气候、地理等地球表面存在的各种因素。诱发环境条件是指任何人为活动、平台、其他设备或设备自身产生的局部环境,通常包括平台环境、感应环境和其他环境。

使用条件包括工作模式(是连续工作还是间歇工作)、工作时间和使用频度、输入信号的要求和误差、工作时能源特性和误差(如电压、电磁场强度等)、机械应力(静载荷/动载荷的振幅和频率)、设备的操作程序以及使用人员的技术水平等。

维修条件包括维修体制、维修方式、维修人员的素质、维修设备和工具以及各种配置与供应等。

(3)规定时间是指产品能执行任务的时间。产品的可靠性一般随着时间的延长而逐渐下降,离开时间,就无可靠性可言,而规定时间的长短又随产品对象和使用目的不同而不同。例如,要求火炮系统在几秒或几分钟内可靠地工作,而要求地下电缆、海底电缆系统在几十年内可靠地工作。产品的规定时间是广义的时间或"寿命单位",它可以是使用小时数(如电视机、雷达、电机等)、行驶千米数(如汽车、坦克等)、射击发数(如枪、炮、火箭发射架等),也可以是储存年月(如弹药、导弹等一次性使用而长期储存的产品)。

(4)规定功能是指产品的战术性能指标。需要强调的是,这里所指的完成规定功能,是指完成所有规定功能而不是其中的一部分。例如,航炮的功能包括射速、射程和命中精度,如果只是射速和射程达到要求而命中精度未达到要求,就不能说它完成了规定功能。在判断产品是否具有完成规定功能的能力时,不同的人有不同的理解,因此,必须明确规定故障判据。有的产品在规定时间内不允许发生故障,有的产品虽然发生小故障,但在人的控制(如修理)下仍能在规定时间内完成规定功能,这时就允许小故障发生,计算可靠性时可以不考虑此故障。这一点也应该用故障判据规定出来。

综上所述,提到可靠性,就应明确是什么产品的可靠性,在什么条件下和什么时间内的可靠性,故障判据是什么。

2. 可靠性的分类

可靠性的分类方法有很多,通常分为以下几种。

1)基本可靠性与任务可靠性

为了讨论基本可靠性和任务可靠性,须先引入寿命剖面和任务剖面的定义。寿命剖面与任务剖面是产品在研制、生产期间设计(包括可靠性设计)、分析、试验设计、综合保障分析等的依据。

"剖面"一词的含义是对所发生的事件、过程、状态、功能以及所处环境的描述。显然,事件、过程、状态、功能及所处环境都与时间有关,因此,这种描述事实上是一种时序描述。

剖面一般根据产品的用途、风险要求来制订。剖面是否符合产品工作的实际情况,将直接影响产品的研制、生产的进度、寿命周期费用和使用质量。在寿命剖面、任务剖面确定后,产品的功能要求和环境条件才可确定。这里的功能要求和环境条件就是该产品及其零部、组件的设计要求。

剖面一般由订购方提出,它是招标、选择承制方及签订合同或研制任务书的技术依据。

(1)寿命剖面与任务剖面的定义。

寿命剖面是指产品在从制造到寿命终结或退出使用这段时间内所经历的全部事件和环境的时序描述。寿命剖面说明产品在整个寿命期经历的事件(如装卸、运输、储存、检测、维修部署、任务剖面等)以及每个事件的持续时间、顺序、环境和工作方式。它包含一个或几个任务剖面。

例如,某型引信寿命剖面示意图如图1.1所示。

寿命剖面对建立系统要求是必不可少的。例如,多数武器系统在大部分时间处于非任务状态,在非任务期间,由装卸、运输、储存、检测引起长时间的应力,将严重影响武器的可靠性。因此,必须把寿命剖面中非任务期间的状态转换为设计要求。

任务剖面是指产品在完成规定任务这段时间内所经历的事件和环境的时序描述。它还包括任务成功或致命故障的判断准则。

图 1.1 某型引信寿命剖面示意图

对于完成一种或多种任务的产品,均应制订一种或多种任务剖面。任务剖面一般包括产品的工作状态、维修方案、产品工作的时间与顺序、产品所处环境(外加的与诱发的)时间与顺序。

任务剖面在产品指标论证时就应提出,如果任务剖面不能及早确定,与可靠性、维修性密切相关的重要设计决策就不能考虑真实的工作状态。因此,精确和比较完整地确定任务事件和预期的使用环境,是设计出满足使用要求的产品的必要条件。

例如,某型引信任务剖面示意图如图 1.2 所示。

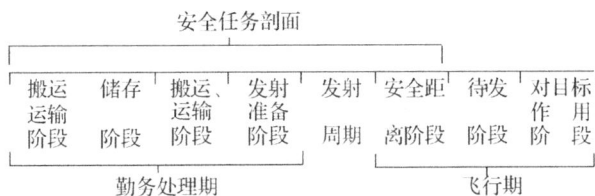

图 1.2 某型引信任务剖面示意图

(2)基本可靠性与任务可靠性的定义。

基本可靠性是指产品在规定条件下和规定时间内,无故障工作的能力。基本可靠性可以反映产品对维修资源的要求。在确定基本可靠性的特征量时,应统计产品的所有寿命单位和所有关联故障(已经证实是按规定条件使用而引起的故障),而不局限于发生在任务期间的故障,也不局限于危及任务成功的故障。

任务可靠性是指产品在任务剖面的时间范围内和规定条件下完成基本功能的概率。它与传统可靠性的定义相近。产品的任务可靠性高,说明该产品完成规定任务的概率较大。任务可靠性为产品作战效能的分析提供了依据。

需要指出的是,基本可靠性模型不能用来估计任务可靠性,只有在产品既无冗余又无代换工作模式的情况下,基本可靠性模型与任务可靠性模型才一致。

2)固有可靠性与使用可靠性

(1)固有可靠性是指产品在设计和制造过程中赋予的,并在理想的使用和保障条件下所具有的可靠性。固有可靠性是可靠性的设计基准。具体产品的设计和工艺确定后,其固有可靠性是固定的。

(2)使用可靠性是指产品在实际环境中使用时所呈现的可靠性。它反映了产品设计、制造、使用、维修、环境等因素的综合影响。

3)工作可靠性与不工作可靠性

许多产品往往工作时间极短,而不工作时间(待命、储存等时间)较长,因此,可将可靠性分为工作可靠性和不工作可靠性。

(1)工作可靠性是指产品在工作状态下所呈现出的可靠性。例如,飞机的飞行,导弹、弹药的发射过程,车辆运行等,其工作可靠性常用飞行时长、发射成功率、运行时长或千米数等来量度。

(2)不工作可靠性是指产品在不工作状态下所呈现出的可靠性。不工作状态包括储存、静态携带(运载)、战备警戒(待机)和其他不工作状态。此时,尽管装备不工作,但其可能受环境或诱导环境应力等的影响,也可能发生故障。例如,弹药、导弹、电子装备在储存过程中,因高温、潮湿等影响而失效。

4)硬件可靠性和软件可靠性

所谓硬件,是指在传统上被看作是从完全相同的器件总体中取出的若干部分的一种组合器件。前文所述的可靠性均指硬件可靠性。

所谓软件,是指计算机程序、过程、规则及与这些程序、过程、规则有关的文档和从属于计算机系统运行的"数据"。"数据"是被计算机设备接收、翻译和处理的结构形式所表示的事实、概念或规则。它们可以存储于计算机内,也可以以计算机可读的形式存在于设备外。

软件可靠性是指在规定条件下和规定时间内,软件不引起系统故障的能力。软件可靠性不仅与软件存在的差错(缺陷)有关,而且与系统输入和系统使用有关。

在上述定义中:

(1)规定条件是指软件的使用(运行)环境,严格地说,描述软件可靠性所要求的使用环境主要是指对输入数据的要求和计算机当时的状态,而其他一切支持系统及因素都可假定为对软件是理想的。

(2)规定时间共有三种。第一种为"程序执行时间",即处理机实际用于执行程序指令的时间。第二种为"日历时间",即日常生活中所用的时间。第三种为"程序的时钟时间",即程序在计算机上运行时,从始到终所经历的时间。

5)储存可靠性

储存可靠性是指在规定储存条件下和规定储存时间内,产品保持规定功能的能力,也称为贮存可靠性。

许多产品在交付以后,并非立即使用,而是要在仓库储存一段时间。储存期间,库房环境的变化以及维护保养等原因,会使产品的可靠性发生变化。对弹药、导弹等储存时间较长的产品,确定不同储存时间的产品可靠性就显得尤为重要。例如,目前一般规定炮弹的储存寿命为15年,即炮弹在15年内使用时,仍能完成规定功能。有时要求给出炮弹储存若干年后可靠性的变化,以确定该批炮弹能否完成规定功能,这就是储存可靠性研究的问题。

**(二)可靠性工程**

可靠性工程是指为了确定和达到产品可靠性要求所进行的一系列技术与管理活动。

可靠性工程的内容,在不同著作中有不同的含义。本书根据《装备可靠性工作通用要求》(GJB 450B—2021),将其分为以下主要部分。

1. 可靠性设计与分析

可靠性设计与分析就是通过可靠性预计、分配、分析、改进等一系列可靠性工程技术活动,把可靠性定量要求设计到产品的技术条件和图样中去,从而形成产品的固有可靠性。它包括建立系统可靠性模型,进行可靠性预计、可靠性分配和各种可靠性分析(故障模式、影响及危害性分析、故障树分析、潜在通路分析、电路容差分析、耐久性分析、振动仿真分析、温度仿真分析、电应力仿真分析、有限元分析,确定功能测试、包装、储存、装卸、运输以及维修对产品可靠性的影响分析,并提出必要的对策),选择和控制元器件、部件,以及确定可靠性关键部件等。

2. 可靠性试验

可靠性试验是指对产品的可靠性进行调查、分析和评价的工程活动。其作用是通过对试验结果的统计分析和失效分析,评价产品的可靠性,找出可靠性的薄弱环节,提供改进建议,以便提高产品的可靠性。《装备可靠性工作通用要求》(GJB 450B—2021)中规定的可靠性试验包括环境应力筛选、可靠性研制试验、可靠性增长试验、可靠性鉴定试验、可靠性验收试验、寿命试验与加速寿命试验、耐久性试验、可靠性强化试验和高加速应力试验等。

3. 可靠性管理

可靠性管理是指为确定和满足产品可靠性要求而必须进行的一系列组织、计划、协调、监督等工作。它包括制订可靠性计划、可靠性工作计划,对承制方、转承制方和供应方产品的可靠性监督与控制,可靠性过程管理,可靠性评审,建立故障报告、分析和纠正措施系统(FRACAS),建立故障审查组织,可靠性增长管理,收集可靠性信息和进行可靠性教育,以及军事代表对可靠性工作的监督等。

可靠性工程内容涵盖了产品研制、生产、使用阶段的可靠性工作,以上几部分基本内容在不同阶段有不同的重点要求。

## 二、维修性与维修性工程

### (一)维修性与维修

1. 维修性

1)维修性的定义

维修性是指产品在规定条件下和规定时间内,按规定程序和方法进行维修时,保持或恢复到规定状态的能力。维修性也是产品的一种质量特性,即由产品设计赋予的,使其维修简便、迅速和经济的固有特性。例如,一支枪,如果要维修简便、迅速,就必须拆装容易,换件迅速,不需要专用工具。而要做到这样,就需要合理地设计零部件的外形、尺寸及其配置,同时连接满足互换性要求等。由此可见,维修性是一种由设计决定的质量特性,主要取决于产品发生故障后易于发现和排除的程度。

要特别指出的是,维修性同可靠性一样,也是产品的固有属性。它是由设计奠定的,由生产和管理保证的。维修性主要表示维修的难易程度,它不仅取决于产品本身,还取决于与维修有关的其他因素,例如维修人员的素质、维修的设施、维修方式和方法以及组织管理水平等。这些因素不是产品本身的问题,却是维修性设计中必须考虑的一些因素。

2)维修性的分类

与可靠性相似,维修性也可分为固有维修性和使用维修性。

固有维修性也称设计维修性,是指产品在理想的保障条件下表现出来的维修性,它完全取决于设计与制造。然而,使用部门最关心的是使用中的维修性,同时,在使用阶段也要开展维修性工作。

使用维修性是指产品在实际使用维修中表现出来的维修性。它不仅受产品设计、生产质量的影响,而且受安装和使用环境、维修策略、保障延误等因素的综合影响。使用维修性不能直接用设计参数表示,而要用使用参数表示,例如,可用平均停机时间(A型)等表示。这些参数通常不能作为合同要求,但却更直接地反映了作战使用需求。在使用阶段考核维修性时,最终还是要看使用维修性。

另外,维修性还可根据产品类别分为硬件维修性和软件可维护性等。

**2. 维修的有关概念**

**1)维修的定义**

维修是指产品保持或恢复到规定状态所进行的全部活动。其中:保持规定状态是指防止产品出现功能故障,通常是指预防性维修;恢复到规定状态则是指排除功能故障,通常是指修复性维修。显然,维修在这里指的是所有的维修活动,包括预防性维修、修复性维修、战场损伤修复和保养,更全面地说,还包括改进性维修以及软件的维护等。

维修是绝大部分产品在使用过程中必不可少的环节。

维修过程需要消耗相应的维修资源,这种资源通常包括时间、人力、财力、物资等。提高维修效率、降低维修资源消耗,是每一个装备管理、使用、维修人员的共同愿望。但提高维修效率、降低维修资源消耗,不仅仅是维修部门的事情,它还直接和装备的维修性等因素有关。

从上述维修的概念可以看出,维修性与维修有联系,都是为了减少和排除产品的故障。但它们之间也有区别,主要表现在维修性是一种设计特性,而维修是一种排除故障的活动。

**2)维修的相关概念**

在讨论维修性与维修工作中,经常用到以下概念。

(1)预防性维修。预防性维修是指通过系统检查、检测和消除产品故障征兆,使其保持在规定状态所进行的全部活动。它包括预先维修、定时维修、视情维修和故障检查等。

(2)修复性维修。修复性维修是指产品发生故障后,使其恢复到规定状态所进行的全部活动,也称修理。它包括故障定位、故障隔离、分解、更换、组装、调校及检测等。

(3)计划维修与非计划维修。计划维修是指按预定安排所进行的维修。非计划维修是指不按预定安排,而是根据产品的某些异常状态或某种需要而进行的维修。

(4)定时维修与视情维修。定时维修是指当产品使用到预先规定的间隔期时,即按事先安排的内容进行的维修。它是预防性维修的一种方式。视情维修是指对产品进行定期或连续监测,当发现其有功能故障征兆时,进行的有针对性的维修。它也是预防性维修的一种形式。

(5)预先维修。预先维修是指针对故障根源采取的识别、监视和排除措施。

(6)维修级别。维修级别是指根据产品维修时所处的场所或实施维修的机构划分的等级。维修级别一般分为基层级(O级)、中继级(I级)和基地级(D级)。

(7)软件维护。软件维护是指在软件产品交付使用后,为纠正错误、改变性能和其他属性,或使产品适应改变了的环境所进行的修改活动。

(8)战场损伤修复。战场损伤修复是指使在战场环境中损伤的装备迅速恢复到能执行全部或部分任务的工作状态或自救所进行的一系列活动。

**(二)维修性工程与维修工程**

1. 维修性工程

为使装备具有良好的维修性,需要从论证开始就进行产品的维修性设计、分析、试验、评定等各种工程活动。这些工程活动就构成了维修性工程。因此,维修性工程可定义为,为了确定达到产品的维修性要求所进行的一系列技术活动和管理活动。技术活动主要是指维修性的设计、研制、生产和试验等工作。除上述活动外,还要进行维修性的监督与控制等管理工作。

实际上,维修性工程还应包括维修性要求的准确确定,以及使用阶段维修性数据的收集、处理与反馈等内容。但维修性工程的重点在于产品的研制(或改进、改型)过程,以及产品的设计、分析与验证。

2. 维修工程

维修工程是指为了使系统在其全寿命周期内处于正常状态而进行的一系列维修保证活动的总体。维修工程的功能提出在系统的全寿命期内进行维修活动的概念、准则和技术要求;为各种维修活动拟定政策性指导原则,从技术管理上给予指导,拟定维修大纲,使系统的维修是充分的、省时的和经济的。

**三、测试性与测试性工程**

测试性曾作为维修性的一项重要内容进行过研究,但由于电子技术的发展和广泛应用以及装备复杂程度的增加,使其在电子设备及其装备中占有特殊的地位,且在理论上同可靠性和维修性一样,逐步形成一套完整的体系,已成为一种独立的系统工程技术。

**(一)测试与测试性**

1. 测试与测试系统

1)测试

凡对产品进行的各种检查、测量、试验都可以称为测试。在使用过程中,对装备要定期进行检查和测试,以便确定其状态、判断其是否可完成规定功能,即发现故障存在的过程,这个过程称为故障检测。如果有工作不正常的迹象,就要进一步找出发生故障的部位,即隔离故障,以便排除故障,使装备恢复良好状态。故障检测与隔离故障统称故障诊断。测试的目的也是多种多样的。例如,调试与校准、验证与评价、检测与隔离故障(以上三种在产品研制、生产、使用、维修中都涉及)、产品验收和装备质量监控(使用阶段)等。就装备使用与保障以及可靠性与维修性的范畴来说,重点是要通过测试掌握产品的状态并隔离故障。这种确定产品状态(可工作、不可工作或性能下降)并隔离其内部故障的活动就是产品的测试。

2)测试系统

为了完成测试,需要有测试系统(对武器系统而言,它是一个分系统)。其一般的功能应包括如下几项要素。

(1)激励的产生和输入。通过产生必要的激励并将其施加到被测试单元(UUT)上,以便得到要测量的响应信号。必要时还可模拟产品运行环境,将被测试单元置于真实工作条件下。

(2)测量、比较和判断。对被测试单元在激励输入作用下产生的响应信号进行观察和测量,与标准值比较,并按规定准则或判据判定被测试单元的状态,进而确定故障部位。

(3)输出、显示和记录。测试结果可用仪表指示、显示器图文、音响和警告灯等方式输出或显示,并可通过各种存储器、磁带、打印机等来记录。

(4)程序控制。对测试过程中每一个操作步骤的实施和顺序进行控制。在最简单的情况下,程序控制器是操作者或维修人员,复杂的程序控制器是计算机及其接口装置。

为了完成上述测试功能基本要求,需要测试系统相应的组成部分,其组成如图1.3所示。

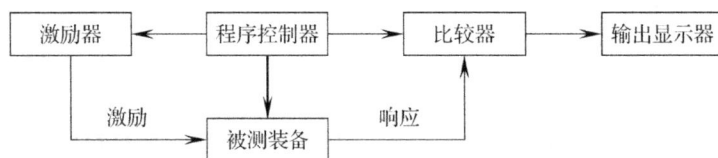

图1.3 测试系统组成

3)测试的分类

从不同的角度,测试有不同的分类。

(1)系统测试与分部测试。系统测试是将系统作为一个整体,向其输入一组激励,观察并记录其响应,以了解系统的状况。分部测试是对系统的组成部分进行测试,它常常作为系统测试的补充,用以检测与隔离故障。

(2)动态测试与静态测试。枪炮射击(模拟射击)、车辆开动(模拟开动)中的测试是典型的动态测试。通俗地说,动态测试的输入信号是瞬态的、变化的,静态测试的输入信号是稳定的。动态测试能更真实、更全面地考察系统或设备的性能。

(3)联机测试与脱机测试。将被测部分安装在系统上并在其运行环境中进行测试,称为联机测试,反之称为脱机测试。基层级维修一般用联机测试,中继级及基地级维修常用脱机测试。

(4)定量测试与定性测试。定量测试可以测量出具体的参数值,从而作出预测性的评估;而定性测试仅说明某种属性是否存在,显示简单,常用于分队现场维修或快速检测。

4)测试设备的分类

测试方案要确定各项测试的技术手段,主要是测试设备。测试设备通常有以下几种分类方法。

(1)按操纵使用方法分类。按照测试设备的操纵使用方法,即使用过程的自动化程度,测试设备可分为全自动、半自动和人工。

显然,自动化程度越高,检测隔离故障的时间越短,人力消耗越少,但测试设备的费用会提高,且需要更多的保障。

(2)按通用程度分类。按测试设备的通用程度分类,测试设备可分为专用测试设备与通用测试设备。专用测试设备是专门为某系统或某部分设计的,其使用简单、方便且效率高,但使用范围窄。通用测试设备则反之,这有利于减轻保障负担。为了综合两者的优点,推广"积木式"设计原理和采用专用软件等是行之有效的途径。

(3)按与主装备的关联分类。按测试设备与主装备的关联分类,测试设备可分为机内测试设备(BITE)和外部测试设备。机内测试设备不需连接时间,可以有较高的测试效率,能对装备实施连续监控或周期性测试和启动时测试。它还能利用装备运行中的各种信息及装备的硬件,减轻保障负担,但它只能是专用的。外部测试设备则相反,它既可以是专用的,又可是通用的。即使是专用设备,也可以用一台外部测试设备来保障多套装备。

(4)按使用场所分类。按测试设备的使用场所分类,测试设备可分为在工厂生产线、在基地修理厂、在部队和分队使用的测试设备,其要求及性能显然不同。

2. 测试性

测试性是产品(系统、子系统、设备或组件)能够及时而准确地确定其状态(可工作、不可工作或性能下降),并隔离其内部故障的能力。简言之,测试性是产品能够及时、准确地进行测试的设计特性。它既包括对主装备(任务系统)自身的要求,又包括对测试装备(设备)的性能要求。

**(二)测试性工程**

测试性工程是指为了确定和达到测试性要求所进行的一系列技术和管理活动。

《装备测试性工作通用要求》(GJB 2547A—2012)中规定了测试性工作主要包括测试性工作监督与控制、测试性设计与分析、测试性试验与验证等工作项目。

**四、保障性与综合保障**

**(一)保障性**

1. 保障性的定义

保障性是指装备的设计特性与计划的保障资源能满足平时战备完好性和战时利用率要求的能力。

(1)设计特性是指与装备保障有关的设计特性,如可靠性、维修性、运输性等,以及使装备便于操作、检测、维修、装卸、运输、消耗品(油、水、气、弹)补给等的设计特性。这些设计特性都是通过设计途径赋予装备的硬件和软件的。装备具有满足使用与维修要求的设计特性,才是可保障的。此外,装备的保障方案和所能达到的战备完好性水平,也是通过对装备保障系统的规划与设计来实现的。从某种意义上讲,还需要用保障方案的规划与设计来约束主装备的设计。

(2)保障性中计划的保障资源是指为保证装备实现平时战备完好性和战时利用率要求所规划的人力、物质和信息资源。保障资源的满足程度有两方面的含义:一是在数量与品种上满足;二是保障资源要与装备相互匹配。两者都需要通过保障性分析和规划以及保障资源的研制来实现。

(3)战备完好性是指装备在平时和战时使用条件下,能随时开始执行预定任务的能力。

(4)战时利用率是指装备在规定时间内所使用的平均寿命单位数或执行的平均任务次

数,如坦克的年度使用小时数、飞机的出动架次率等。

### 2. 保障性的特点

保障性是装备系统的重要质量特性,它具有如下特点。

(1)保障性具有广义性和综合性。保障性包含了所有与"保障"有关的因素,既涉及诸多与"保障"有关的设计特性,如可靠性、维修性、运输性等,又涉及各保障资源及其管理,它最终反映了各种因素的综合能力。由于其具有广义性和综合性,所以需用一系列不同层次、不同侧面、不同用途的参数或要求来描述。

(2)保障性是装备系统的属性。装备系统的保障性要求(即战备完好性要求)是武器装备采办的主要目标之一。保障性是直接反映使用要求的高层次特性,其他与保障有关的要求由此导出,如从战备完好性要求导出装备的可靠性和维修性等要求。

(3)保障性具有明显的军事特征。保障性是出于军事需求,为表达武器装备满足平时和战时战备完好性要求而建立的特性,它的定义本身就含有明显的军事目的。度量装备系统保障性的参数(如出动架次率、能执行任务率、再次出动准备时间等)都有明确的军事含义。

(4)保障性是降低寿命周期费用的关键特性。战备完好性与可承受的费用是需求与可能的关系,而保障性就是这种需求与可能最佳平衡的结果。保障性包含了设计特性和计划资源两个方面,在确定和实现保障性要求的过程中,就是以满足战备完好性要求为目标,以费用为约束,在设计和资源之间达到最佳的协调平衡,从而为降低寿命周期费用提供最好的条件。

(5)保障性强调装备自身的保障设计特性和外部的保障条件。一方面,装备的设计要容易保障和便于保障(好保障);另一方面,要为装备的保障提供必要的资源和条件(保障好),且应在两者之间协调匹配,综合权衡。

### (二)综合保障

#### 1. 综合保障的定义

综合保障是指在装备寿命周期内,综合考虑装备的保障问题,确定保障性要求,规划保障并研制保障资源,进行保障性试验与评价,建立保障系统等,以最低费用提供所需保障而反复进行的一系列管理和技术活动。

#### 2. 综合保障的目标

综合保障的目标是以合理的寿命周期费用实现系统战备完好性要求,使装备部署后尽快形成战斗力。

#### 3. 综合保障的任务

综合保障的任务包括确定系统的保障性要求,在装备的设计过程中进行保障性设计,规划、研制和提供保障资源,建立经济而有效的保障系统。

#### 4. 综合保障的组成要素

综合保障要解决的问题涉及与保障有关的装备设计问题、各种类型的保障资源的规划与研制问题,而且要把这些问题相互协调起来。因此,它涉及不同专业分工,通常将这些专业分工称为综合保障要素。综合保障的组成要素通常包括以下 10 个方面。

1）规划保障

规划保障是指从确定装备保障方案到制订装备保障计划的工作过程。规划保障包括规划使用保障、规划维修保障和规划保障资源。它是综合保障中最重要的工作内容。

2）人力与人员

人力与人员是指平时和战时使用与维修装备所需人员的数量、业务及技术等级。这个要素必须在装备研制过程中加以规划考虑。

3）供应保障

供应保障是指规划、确定并获得备件、消耗品的过程。它是影响费用与效能的重要专业工作。

4）保障设备

保障设备是指为规划装备使用与维修所需的设备,包括测试设备、维修设备、试验设备、计量与校准设备、搬运设备、拆装设备、工具等。

5）技术资料

技术资料是指使用与维修装备所需的说明书、手册、规程、细则、清单、工程图样等。

6）训练和训练保障

训练和训练保障是指训练装备使用与维修人员的活动与所需的程序、方法、技术、教材和器材等。

7）计算机资源保障

计算机资源保障是指使用与维修装备中的计算机所需的设施、硬件、软件、文档、人力和人员等。

8）保障设施

保障设施是指使用与维修装备所需的永久性和半永久性的建筑物及其配套设备。

9）包装、装卸、储存和运输

包装、装卸、储存和运输是指为保证装备及其保障设备、备件等得到良好的包装、装卸、储存和运输所需的程序、方法和资源等。

10）设计接口

设计接口是指包含有关保障的设计要求(如可靠性、维修性等)与战备完好性要求和保障资源要求之间的相互关系。设计接口包括研究和处理综合保障内部各专业之间以及综合保障与其他专业工程之间的相互关系和管理问题的一系列工作。综合保障的主要设计接口是指装备设计与保障系统设计之间的接口,主要是研究并说明有关保障性的设计参数与保障资源要求以及战备完好性目标之间的相互关系。

综合保障的 10 个要素中,规划保障和设计接口两个要素几乎与其他所有要素都有关系,属于管理类要素,其他 8 个要素分别对应于 8 类保障资源的规划工作,因此称为资源类要素。

需要指出的是,装备综合保障的组成要素并不限于以上内容。根据装备特点,上述要素可以增减,也可以合并或重新划分。

5. 保障系统、保障方案、保障计划和保障资源的概念

在综合保障工作中,常用到保障系统、保障方案、保障计划和保障资源等概念,下面分别

予以介绍。

1）保障系统

保障系统是指使用与维修装备所需的所有资源及其管理的有机组合。从定义上看,保障系统是指为达到既定目标(如使用可用度)使所需的保障资源相互关联和相互协调而形成的一个系统。虽然各类保障资源是根据装备战备完好性目标而研制和选用的,但只有保障资源还不能直接形成战斗力,需要将所有的使用与维修保障资源有机地组合起来,形成保障系统,才能发挥每项资源的作用。

保障系统包括装备所需的人力、物力、信息等各种资源以及这些资源的管理。只有通过合理的管理,才能将分散的各种资源组成具有一定使用和维修功能的系统。保障系统的功能主要包括使用保障、维修保障、备件供应和人员保障等。因此,保障系统又是实现上述保障功能的一整套资源与管理的系统。

2）保障方案

保障方案是装备保障系统完整的总体(系统级)描述,是落实装备保障性要求和实现保障性目标的总体规划。保障方案规划不仅包括对保障对象应进行的保障工作,还是建立保障系统的基础。它由一整套综合保障要素方案组成,以满足装备的功能的保障要求,并与设计方案及使用方案相互协调。保障方案一般包括使用保障方案与维修保障方案。

使用保障方案是指完成装备使用保障的详细说明,包括执行各种使用任务所需的装备保障工作的步骤、方法及保障资源等。使用保障方案应包括装备使用的一般原则(如使用环境、使用强度等),使用保障的基本原则(如集中保障还是分散保障)、战时和平时使用保障的一般要求,还应包括动用准备方案、使用操作人员分工和主要任务,使用人员的训练和训练保障方案、检测方案、能源和特种液补给方案(包括燃料、润滑油、电源、气源、冷却液等种类及储存、运输、加注、补充等)、弹药准备和补给方案、自救与施救方案、运输方案以及储存和特种条件下的使用方案等。

维修保障方案是指装备采用的维修级别、维修原则、各维修级别的主要工作等的描述。

装备保障方案在各阶段有不同的作用。论证阶段提出的初始保障方案,是保障计划设计的基础和确定保障性指标的依据;方案阶段经过优化的保障方案是制订保障计划、提出保障资源要求的基本依据;工程研制阶段修订和实施的保障方案,是研制保障资源的基本依据;生产、部署使用阶段保障方案,是建立装备保障系统、制定维修制度以及进行保障资源配置的基本依据。

在装备研制时,要强调按照保障方案进行设计,以便各装备之间实现最大的通用性。

保障方案是通过保障性分析反复权衡得到的,制订保障方案是综合保障工程的关键工作。

3）保障计划

保障计划是保障方案更为详细的说明。它涉及综合保障的每个要素,并使各要素之间相互协调。其内容可涉及较低层次的硬件,并应提供比保障方案更具体的维修级别的任务范围。保障计划一般包括使用保障计划和维修保障计划。

使用保障计划是装备使用保障方案的详细说明。它要针对每项使用保障工作说明所需保障工作的步骤、方法、实施时机和所需的保障资源等。

维修保障计划是装备维修保障方案的详细说明,包括执行每个维修级别的每项维修工作的程序、方法和所需的保障资源等。

综合保障计划是承制方在装备研制各阶段贯彻与实施订购方提出的保障性要求和经订购方认可的保障方案的具体措施的细化,也是订购方与承制方相互协调、开展综合保障工作的基本依据。

4)保障资源

保障资源是使用与维修装备所需的硬件、软件与人员的统称。保障资源不同于综合保障要素。综合保障要素是指组成综合保障工程的不同专业(工作),前文提到的10个综合保障要素,就是说综合保障工程由10个方面的工作组成。10个要素中,除规划保障和设计接口属于技术协调与管理性质的要素外,其他8个要素的工作结果都要研制,并按计划提供所需的保障资源,如人力、备件、工具和设备、训练器材、技术资料、设施以及包装、装卸、储存和运输所需的资源等。

**(三)综合保障的内容**

为了使装备"保障好",并"好保障",《装备综合保障通用要求》(GJB 3872—1999)中规定,综合保障工作包括以下内容。

1. 综合保障工作的规划与管理

综合保障工作的规划与管理包括制订综合保障计划、综合保障工作计划,进行综合保障评审,对转承制方和供应方的监督与控制等。

2. 规划保障

规划保障包括规划使用保障、规划维修保障、研制并提供保障资源等。

(1)规划使用保障:以订购方确定的使用方案、初步使用保障方案为约束,明确装备重要作战使命,使用方式、部署及其使用环境等。承制方通过使用分析确定每项使用任务所需的使用保障工作及资源。

(2)规划维修保障:以订购方确定的初步维修方案和已知的或预计的保障资源,通过规划协调各保障资源的关系。

(3)研制并提供保障资源:订购方根据规划保障资源结果安排保障资源的研制,承制方根据合同要求研制所需的保障资源,包括实施初始训练,同时,订购方根据部署保障计划向使用部队提供部署所需的保障资源,承制方根据使用部队反馈信息,对保障资源存在的问题进行改进。

3. 装备系统的部署保障

装备系统的部署保障的目的是保证装备部署到位,并建立经济有效的保障系统。其工作内容是订购方根据装备部署计划制订部署保障计划,并根据装备部署计划和部署保障计划部署装备系统。承制方的任务是根据使用部队反馈的信息对装备及保障资源出现的问题进行处理和改进。

4. 保障性试验与评价

保障性试验与评价主要包括以下几个方面。

(1)保障性设计特性的试验与评价:目的是通过试验与评价发现设计与工艺缺陷,采取纠正措施,并验证保障性设计特性是否满足合同要求。

(2)保障资源试验与评价:目的是验证保障资源是否达到规定的功能和性能要求,评价保障资源的匹配性、保障资源之间的协调性和保障资源的充足程度。

(3)系统战备完好性评价:目的是验证装备系统是否满足规定的系统战备完好性要求,并评价保障系统的保障能力。

**(四)保障性与综合保障的关系**

从保障性的定义可以清楚地看出,保障性与其他特性一样,是一种与装备"保障"有关的特性。装备的保障性反映了装备系统的一种综合使用能力,即满足平时和战时战备完好性要求的能力;装备的可靠性、维修性、运输性及其他易于保障的设计,即装备的保障性设计特性,反映了装备易于保障或者"好保障"的能力;计划的保障资源和采用的保障方案,反映了保障系统能够"保障好"的能力。因此,保障性是一种特性,应该用一系列的要求(或参数)来描述。

综合保障是为实现保障性目标,即系统战备完好性要求而开展的一系列反复迭代进行的管理和技术活动。而这些管理和技术活动,都直接或间接地与实现保障性和保障要求有关,例如协调并确定保障性要求,权衡并确定保障方案,规划并优化使用和维修保障资源,进行保障性评价等一系列综合保障工作。通过这些综合保障工作,并与可靠性、维修性等工程工作和设计工作密切配合,从而赋予装备系统"好保障"的能力,赋予保障系统和保障资源"保障好"的能力。总之,综合保障是一项工程活动,在采办或型号寿命周期中,它用一系列的工作(或活动)来描述。

归纳起来,保障性是装备的一种综合特性,包括装备自身的保障设计特性和保障系统的特性,强调装备"好保障"和"保障好"。综合保障是围绕装备保障而开展的一系列管理和技术活动,其主要任务是从保障的角度影响装备的设计,并规划保障。因此,保障性目标的实现,有赖于有效地开展综合保障工作。

**五、安全性与系统安全性工程**

安全性是影响武器装备使用效能与作战适用性的主要因素之一,同时也是武器装备寿命各个阶段必须考虑的重点要求。武器装备不安全,可能会造成人、机系统事故,会影响作战任务的完成。近几年来的教训使人们越来越重视对产品安全性问题的研究。但由于安全数据的问题,其理论体系尚不成熟。下面根据国内外的有关文献,将其概要论述,以供参考。

**(一)安全性**

安全性是指不发生导致人员伤亡、危害健康及环境,不给设备或财产造成破坏或损伤的意外事件的能力。这些意外事件通常称为事故,而导致事故发生的状态称为危险。要保证安全,最根本的问题是消除或控制这些潜在危险。

在研究安全性问题中,常用到以下概念。

1.危险

危险是指可能导致事故的状态,是发生事故的先决条件。这种状态包括物质状态、环境状态、人员活动状态以及它们的组合。危险有现实的和潜在的之分:现实的危险是指可能产生不良结果的固有特性,如弹药装填炸药及火药可能导致爆炸的危险;潜在的危险是指并非原来固有的危险状态,而是在特定条件下潜伏,有可能导致发生事故的危险状态,如在通风良好条件下存放的一些物质并非危险状态,但长期堆放而通风不良,便有自燃的危险。在设计布置时,弹药在一定条件下储存和运输,这些均非现实危险,但因暴晒或者严重撞击而可能发生爆炸等就成为潜在危险。潜在的危险状态是系统安全性的重点研究对象。危险有时也称为不安全状态和不安全动作以及它们的某种组合。

2. 危险事件

危险事件是指产生危险的事态,即可能导致发生事故或在事故前所产生的一些事件。物质的危险事件包括燃烧、爆炸、碰撞、破裂、倒塌、落下物、飞来物、触电、强光、毒物或放射性泄漏、高压和高低温等;人的危险事件包括用手代替机器、接触危险部位、不正确工作姿态、在高速运行物体下活动、操作失常(过急、过缓、反向、选错按钮等)等。

危险事件概率用来定量描述危险事件发生的可能性,在风险分析时经常使用。

3. 事故

事故是使一项正常进行的活动中断,并导致人身伤亡、职业病、设备损坏或财产损失的一个或一系列意外事件。这些事件无一例外地都是以危险为先导的。事故可以认为是由未能鉴别危险(现实的和潜在的)或由于控制危险的措施不合理造成的。多数事故是在人们为实现某一意图而采取行动(生产和使用)过程中,突然发生了与人的意志相反的情况,迫使这种行动暂时或永久停止,并造成人员与装备损伤的事件。

在危险的定量分析中,常采用事故率来比较采用安全措施或改变设计方案前、后安全性的提高。事故率通常用概率或频率表示,如飞机在 $1 \times 10^4$ 飞行小时中发生一次某种事故的概率,车辆运行 $1.8 \times 10^3$ km 发生重大事故的次数等。

4. 危险可能性

危险可能性是指危险事件发生的可能程度,是危险的风险评估的一个重要参数。危险可能性通常有定性和定量两种量度。

危险可能性的定性量度是用危险事件出现的频繁程度等级来量度的,例如经常发生、偶然发生或很少发生等。

危险可能性的定量量度通常用发生危险事件的概率或频率来量度。在安全性分析时,利用可靠性预计的故障率中与安全有关的特定故障的发生概率来评价危险可能性,是有实际意义的。但是,受预计时研制装备的条件限制(如统计子样小、可比环境难以找到、短期收集数据较少等),预计精度可能不高。在设计过程的早期,确定十分精确的定量要求可能性是较困难的,但这种概率的预计对安全性的定量研究仍然是十分有利的。

通常需要规定这些定性描述的含义。例如:经常发生,相当于每工作 $1 \times 10^4$ h 发生一次;很可能发生,相当于每工作 $1 \times 10^4 \sim 1 \times 10^5$ h 发生一次;偶然发生,相当于每工作 $1 \times 10^5 \sim 1 \times 10^7$ h 发生一次;等等。定性量度的规定可根据有关文件和历史资料而定。

5. 危险严重性

危险严重性是描述某种危险可能引起的事故的严重程度,也是危险风险评估的一个重要参数。危险严重性通常有定性和定量两种估计值。

危险严重性等级是一种定性的严重程度量度,一般分为四级,即灾难的、严重的、轻度的和轻微的,按由危险事件可能会造成事故的人身伤亡和设备损伤程度而具体拟定。

### (二)系统安全性工程概述

系统安全性工程是用专门的专业知识和技能并运用科学和工程原理、准则和技术,以识别和消除危险并降低有关风险的一门工程技术。

系统安全性工程的内容包括安全性管理与控制、安全性设计与分析、安全性验证与评价、安全性培训以及软件系统安全性工作等方面的工作项目,具体内容将在第七章讨论。

### 六、环境适应性与环境工程

#### (一)环境适应性

环境适应性指装备(产品)在其寿命期预计可能遇到的各种环境的作用下能实现其预定功能和性能和(或)不被破坏的能力。它是装备(产品)的重要质量特性之一。

上述定义中的环境条件,主要是指在装备的运输、储存和使用过程中可能会对其能力产生影响的环境应力。它分为自然环境和诱发环境。

**1. 自然环境**

自然环境是指在自然界中由非人为因素构成的那部分环境,通常包括以下几个方面。

(1)气候环境,包括温度、大气压力、降雨量、湿度、臭氧、盐雾、风、霜冻、雾等。

(2)地形环境,包括地表形态、土壤、地上水、地下水、植物、昆虫、微生物等。

(3)辐射条件,包括电场、磁场以及其他射线的辐射等。

(4)生物条件,主要是霉菌。

**2. 诱发环境**

诱发环境是指任何人为活动、平台、其他设备或设备自身产生的局部环境,通常包括以下几个方面。

(1)平台环境,指装备连接或装载于某一平台后经受的环境。平台环境受平台和平台环境控制系统诱发或改变环境条件的影响。

(2)感应环境,包括冲击波、振动、加速度、核辐射、电磁辐射、空气污染物质、噪声、热能等。

(3)其他环境,如运输、使用、操作、维护等。

环境因素对产品可靠性的影响是很大的,决不能忽视。例如,在第二次世界大战期间,美国运到东南亚战场的电子、电器产品,其中60%还没有使用就已损坏。美国的统计资料表明,仅就大气环境因素这一项造成的损失,每年就高达700亿美元。联合国贸易中心提供的资料表明,在发展中国家,由于对运输环境研究不够、采取预防措施不力、环境控制不严造成的损失,占产品总利润的30%。

运往西藏的易碎产品,由于包装耐运输环境能力不够,加上对运输环境条件控制不严,所以产品损失曾达60%~70%,个别产品损失达100%。

据美国现场统计,产品失效中,52%是由环境因素造成的。1971年,我国某部门对机载产品的失效分析发现,52.7%的失效与环境因素有关。其中,由温度引起的故障占42%,振动占21.6%,潮湿占19%,砂土占7.8%,低气压占3.6%,盐雾占3.9%,冲击占2.1%。

又根据某航天产品在研制试验和飞行试验中的3 000多次失效统计发现,各种环境因素中,导致该产品失效的主要因素是冲击与振动、低温、高温与高湿度。其失效的统计比例见表1.1。

**表1.1 环境因素引起某航天产品失效的统计比例** (单位:%)

| 环境因素 | 冲击与振动 | 低温 | 高温 | 高湿度 | 高度 | 加速度 | 盐雾 | 其他因素 |
|---|---|---|---|---|---|---|---|---|
| 失效比例 | 28.7 | 24.1 | 21.3 | 13.9 | 4.2 | 3.2 | 1.9 | 2.7 |

从实验室和现场得到的数据及从国外得到的数据说明,多种环境因素均能引起产品失效。但在大多数情况下,对大多数产品影响最大的环境因素是温度、振动与潮湿。如果产品对这几个主要的环境因素的适应性好,就可使失效比例减小90%。

因此,在产品的研制阶段,为了掌握环境因素导致的可靠性及失效模式的变化规律,就必须进行环境分析设计与试验。以保证研制出的产品在各种环境条件下,能可靠地完成规定功能。

**(二)装备环境工程**

装备环境工程是指将各种科学技术和工程实践用于减缓各种环境对装备效能影响或提高装备耐环境能力的一门工程学科。它包括环境工程管理、环境分析、环境适应性设计和环境试验与评价等内容。

1. 环境工程管理

环境工程管理是指规划、组织、协调、监督、评价和控制环境工程工作所进行的一系列活动的总称,包括制订环境工程工作计划、环境工程工作评审、环境信息管理、对转承制方和供应方的监督与控制等内容。

2. 环境分析

环境分析是指确定装备(产品)寿命期环境条件下研究和分析各种环境对装备(产品)效能影响的一系列技术活动。《装备环境工程通用要求》(GJB 4239—2001)中规定的环境分析工作项目包括确定寿命期环境剖面、确定环境类型及其量值、确定实际产品试验的替代方案等。

3. 环境适应性设计

环境适应性设计是指为满足装备(产品)环境适应性要求而采取的一系列措施,包括改善环境或减缓环境影响的措施和提高装备(产品)对环境耐受能力的措施。《装备环境工程通用要求》(GJB 4239—2001)中规定的工作项目包括制定环境适应性设计准则、进行环境适应性设计和环境适应性预计。

4. 环境试验与评价

环境试验与评价是指将装备(产品)暴露于特定环境中,以确定该环境对其影响的过程,包括制订环境试验与评价总计划,进行实验室环境试验、环境适应性研制试验、环境响应特性调查试验、飞行器安全性环境试验、环境鉴定试验、批生产装备环境验收和例行试验、自然环境试验、使用环境试验和环境适应性评价。

下面对部分环境试验予以介绍。

1)自然环境试验

自然环境试验是指将装备(产品)长期暴露于自然环境中,确定自然环境对其影响的试验。

2)使用环境试验

使用环境试验是指在规定的实际使用环境下,考核、评定装备(产品)环境适应性水平的试验。

3)实验室环境试验

实验室环境试验是指在实验室中按规定的环境条件和负载条件下进行的试验。按其目的可分为环境适应性研制试验、环境适应性鉴定试验、环境验证试验和环境例行试验。

4)环境适应性研制试验

环境适应性研制试验是指为寻找设计和工艺缺陷,采取纠正措施,增强装备(产品)环境适应性,在工程研制阶段早期进行的试验。它是装备工程研制试验的组成部分。

5)环境鉴定试验

环境鉴定试验是指为考核装备(产品)的环境适应性是否满足要求,在规定的条件下,对规定环境项目按一定顺序进行的一系列试验。它是装备(产品)定型(鉴定)试验的组成部分,试验结果作为产品定型的依据之一。

6)环境验收试验

环境验收试验是指按规定条件对交付装备(产品)进行的环境试验,是装备(产品)出厂检验验收的组成部分。

7)环境例行试验

环境例行试验是指为考核生产过程稳定性,按规定的环境项目和顺序及环境条件,对批生产中按定期或定数抽样的装备(产品)进行的环境试验。它是批生产例行试验的组成部分。

环境工程的有关内容将在第八章讨论。

## 第二节　装备系统有关特性与参数

装备系统是指由主装备及其保障系统构成的一个整体,即装备系统不仅包括主装备,还包括由使用和维修装备的人员、保障基础设施以及其他保障资源所组成的保障系统。

装备系统特性除战术技术性能外,还包括与"六性"有关的特性和综合参数,这些特性和综合参数在装备研制、生产、使用中都必须予以考虑。鉴于在本书有关章节论述中经常用到这些综合参数,本节对其有关概念予以介绍。

常用的装备系统特性与参数包括可用性、系统效能、作战适用性、战备完好性、任务成功性等。

## 一、可用性特征量

### (一)可用性及可用度

可用性又称有效性,是指装备在任一随机时刻需要和开始执行任务时,处于可工作或可使用状态的能力。它是综合反映可靠性与维修性的一个重要特征量,是一个反映可维修产品使用效率的广义可靠性尺度。对许多军用产品而言,可用性是至关重要的,其反映可用性的指标用可用度表示。

可用度是指装备在任一随机时刻需要和开始执行任务时,处于可工作或可使用状态的概率。显然,可用度与时间紧密有关,故又称可用度函数,记为 $A(t)$。

### (二) 可用度的分类

按时间划分,可用度分为以下三种。

1. 瞬时可用度 $A(t)$

瞬时可用度是指在某一特定瞬时,可能维修的产品保持正常工作使用状态或功能的概率,又称瞬时利用率,记为 $A(t)$。它反映了在 $t$ 时刻产品的可用性,而与 $t$ 时刻以前是否失效无关。瞬时可用度常用于理论分析,而不便在工程实践中应用。

2. 平均可用度 $\overline{A}(t)$

平均可用度是指装备在给定确定时间 $[0,t]$ 内的可用度的平均值,表示为 $\overline{A}(t)$,即

$$\overline{A}(t) = \frac{1}{t} \int_0^t A(t) \, dt \tag{1-1}$$

装备在执行任务期间 $[t_1, t_2]$ 的平均可用度又称任务可用度,即

$$\overline{A}(t_1, t_2) = \frac{1}{t_2 - t_1} \int_{t_1}^{t_2} A(t) \, dt \tag{1-2}$$

它表示装备在任务期间 $[t_1, t_2]$ 内可以使用的时间在时间区间 $[t_1, t_2]$ 中所占的比例。

3. 稳态可用度 $A$

稳态可用度有时称为时间可用度,又称可工作时间比(UTR),记为 $A(\infty)$ 或 $A$。它是时间 $t \to \infty$ 时瞬时可用度 $A(t)$ 的极根,即

$$A = \lim_{t \to \infty} A(t) \tag{1-3}$$

在实际使用中,稳态可用度可表示为某一给定时间内能工作时间 $U$ 与能工作时间 $U$ 和不能工作时间 $D$ 总和之比,即

$$A = \frac{能工作时间}{能工作时间 + 不能工作时间} = \frac{U}{U+D} \tag{1-4}$$

式(1-4)也可表示为

$$A = \frac{\text{MTBF}}{\text{MTBF} + \text{MTTR}}$$

式中　MTBF——平均故障间隔时间;

　　　MTTR——平均修复时间。

当可靠度 $R(t)$ 和维修度 $M(t)$ 均为指数分布,且 $\text{MTBF} = \dfrac{1}{\lambda}$、$\text{MTTR} = \dfrac{1}{\mu}$ 时,有

$$A = \frac{\text{MTBF}}{\text{MTBF} + \text{MTTR}} = \frac{\mu}{\mu + \lambda} \tag{1-5}$$

在工程实践中,根据不能工作时间包含的内容,常使用以下三种稳态可用度。

1)固有可用度 $A_i$

固有可用度是仅与工作时间和修复性维修时间有关的一种可用性参数。它没有考虑供应及行政延误的时间以及预防性维修时间,反映了装备可靠性和维修性的固有属性。其一种度量方法为产品的平均故障间隔时间与平均故障间隔时间和平均修复时间总和之比,即

$$A_i = \frac{\text{MTBF}}{\text{MTBF} + \text{MTTR}} \tag{1-6}$$

可见,固有可用度取决于装备的固有可靠性和维修性,它易于测量和评估。这在评估装备时,尤其在装备论证、研制过程中对可靠性和维修性进行权衡时经常使用。

2)可达可用度 $A_a$

可达可用度是仅与工作时间、修复性维修和预防性维修时间有关的一种可用性参数。其一种度量方法为产品的工作时间与工作时间、修复性维修时间、预防性维修时间总和之比,即

$$A_a = \frac{\text{MTBM}}{\text{MTBM} + \overline{M}} \tag{1-7}$$

式中　MTBM——平均维修间隔时间,反映能工作时间,其度量方法为在规定条件和规定时间内,产品寿命单位总数与该产品预防性维修和修复性维修文件总数之比。

　　　　$\overline{M}$——平均维修时间,是平均预防性维修时间和平均修复性维修时间之和。

$A_a$ 考虑了产品的固有属性、修复性维修工作和预防性维修工作,是产品能达到的最高可用度。

3)使用可用度 $A_0$

使用可用度是仅与能工作时间和不能工作时间有关的一种可用性参数。它考虑了维修、供应及行政延误时间,反映了装备的真实的使用状况。其一种度量方法为

$$A_0 = \frac{\text{MTBF} + \text{RT}}{\text{MTBF} + \text{RT} + \text{MDT}} \tag{1-8}$$

式中　RT——平均等待时间(未执行任务但能执行任务的值班等待时间);

　　　MDT——平均停机时间,包括维修、供应及行政延误时间等。

使用可用度也可用下式度量:

$$A_0 = \frac{\text{MTBF}}{\text{MTBF} + \text{MTTR} + \text{MLDT}}$$

式中　MTBF——平均故障间隔时间,表征装备的可靠性;

　　　MLDT——平均保障延误时间,它是除 MTTR 以外所有为修复故障而在资源保障方面出现的各种延续时间之和的平均值,表征装备的保障性。

从式(1-8)可以看出,提高装备可用度可采用两种途径:一是提高装备的可靠性,延长

装备的平均故障间隔时间;二是加强维修性设计,提高维修性,以缩短平均修复时间。

### 二、系统效能

#### 1.系统效能的概念

系统效能是指系统在规定条件下和规定时间内,实现一组规定任务要求的能力的度量。

系统效能综合了可用度 $A$ 、可信度 $D$ (描述可用性及其影响因素:可靠性、维修性和保障性的集合术语)、完成功能的固有能力 $C$ 等的一个综合尺度,是系统开始使用时的可用度、使用期间的可信度和固有能力的乘积,通常用概率进行度量,可用下式表示:

$$E = f(A, D, C) \tag{1-9}$$

式(1-9)表示,系统效能可以回答装备是否随时可用、使用(工作)时是否可信、是否有足够的能力这三个问题。

由于可用度与可信度主要取决于装备的可靠性、维修性和保障性,所以系统效能是包括装备可靠性、维修性、保障性和固有能力等指标的一个综合参数。显然,它比任何单一指标更能确切地反映装备完成规定任务的程度。例如:反坦克导弹的任务是摧毁坦克,为完成这一任务,在战斗中,导弹应尽可能不发生故障,一旦发生了故障,也能在射击命令下达前尽快修复,这表明它的可用度高;如果在发射后,导弹发动机能正常工作,制导正确,并能命中目标,这就说明它的任务可靠性高;最后,若导弹的战斗部对敌方坦克的摧毁率能圆满达到设计性能要求,摧毁坦克,则表明它的固有能力度高,这就达到了该反坦克导弹的系统效能。

#### 2.系统效能常用特征量

由于系统的种类和任务要求不同,效能的分析方法和模型也不同,所以衡量系统效能的量度单位也有所不同,若要定量地预测分析系统效能,就要选定恰当的量度方法和单位。

对于军用装备,其典型的效能特征量如下。

(1)每次战斗任务,每一武器系统预期消灭的目标段。

(2)每发导弹毁伤概率或杀伤率。

(3)输送有效负载的速率。

(4)敌方所遭受的损伤的数学期望。

(5)任务成功的概率。

(6)每次战斗任务,每一武器系统预期压制(雷达等则为搜索侦察)的区域面积等。

### 三、战备完好性与任务成功性

#### 1.战备完好性

战备完好性是指装备在平时和战时使用条件下处于能随时开展执行预定任务的能力,也称系统战备完好性。战备完好性本身是一个综合概念,可用不同的参数进行度量。

战备完好性的概率度量称为战备完好率($P_{or}$),它表示当要求武器系统投入作战时,该系统能够执行任务的概率。在计算战备完好率时,必须考虑系统的使用和维修情况。如果系统在前一次任务中没有发生需要维修的故障,或者系统确实发生需要维修的故障,但是系

统维修时间短于系统要求投入使用所需的时间,那么战备完好率 $P_{or}$ 可由下式计算:

$$P_{or} = R(e) + Q(e) \cdot P(t_m < t_a) \tag{1-10}$$

式中  $R(e)$——在前一项任务中无故障的概率;

$Q(e)$——在前一项任务中发生故障的概率;

$t$——任务持续时间;

$P(t_m < t_a)$——系统维修时间 $t_m$ 小于到下一项任务开始所需时间 $t_a$ 的概率。

武器系统的战备完好率一般只有在实际的使用环境条件下,执行其任务后才能真实度量。因此,战备完好性在系统研制及验证阶段只能用可用度或能执行任务率来度量。

2. 能执行任务率

能执行任务率(MCR)是战备完好性的一种度量参数,是指装备在规定时间内至少能够执行一项规定任务的时间与其作战部队控制下的总时间之比。它为能执行全部任务率与能执行部分任务率之和。它可进一步分解为以下三个参数。

1)能执行全部任务率(FMCR)

能执行全部任务率是指装备在规定的期间内能够执行全部规定任务的时间与其作战部队控制下的总时间之比,用百分数表示。

2)能执行部分任务率(PMCR)

能执行部分任务率是指装备在规定的期间内能够执行一项而不是全部规定任务的时间与其总拥有时间之比,用百分数表示。

3)不能执行任务率(NMCR)

不能执行任务率是指装备在规定的期间内不能执行规定任务的时间与其作战部队控制下的总时间之比,用百分数表示。

上述定义中的拥有时间是指在某一期间内指定的系统处于作战部队控制下的总小时数,不包括系统在仓库内或在补给线上的时间。MCR 受训练方式影响较大,是使用频度、使用方式和保障政策的函数。例如,使用频度较低意味着需要维修工作较少,则 MCR 可能较高。

3. 任务成功性

任务成功性是指装备在任务开始时,处于可用状态的情况下,在规定的任务剖面中的任一(随机)时刻,能够使用且能完成规定功能的能力。它取决于任务可靠性和任务维修性,原称可信性。

**四、装备系统其他有关特性的定义**

在装备"六性"中,还经常用到以下特性。

1. 作战适应性

作战适应性是指装备系统投入战场使用的满意程度。它与可靠性、维修性、保障性、安全性、兼容性、互用性、运输性、环境适用性、文件、人员和训练等因素有关。

2. 兼容性

兼容性是指处在或工作在同一系统或环境中的两个或两个以上产品、材料相容或不相互干扰的能力。

**3.互用性**

互用性是指各种系统、军事单位或武装部队向其他系统、军事单位或武装部队提供数据、信息、装备和服务或接受来自其他系统、军事单位或武装部队的数据、信息、装备和服务，并利用这种交换的数据、信息、装备和服务有效地协同工作的能力。

**4.运输性**

运输性是指装备自行或借助牵引、运载工具，利用铁路、公路、水路、海上、空中和空间等任何运输方式有效转移的能力。

**5.环境适应性**

环境适应性是指装备在其寿命周期预计可能遇到的各种环境的作用下能实现其所有预定功能、性能和(或)不被破坏的能力。

**6.作战效能**

作战效能是指考虑到部队编制、作战原则、战术、生存性、易损件和威胁在系统作战使用所计划或预期的环境(如自然、电子、威胁等)中由有代表性人员使用时，系统完成任务的总体水平。

**7.出动架次率**

出动架次率(SGR)是指在规定的使用及维修保障方案下，每架飞机每天能够出动的次数，也称单机出动率或战斗出动强度。

出动架次率是军用飞机最主要的战时战备完好性参数。它是军用飞机在作战环境下连续出动能力的度量，是反映航空部队战斗力的重要参数。它受飞机每天能飞行时间、可靠性、维修性、维修及保障能力、机场条件、地面设施、气象条件等因素的影响。

以上有关装备特性与参数在装备"六性"工作中经常会遇到，本节只给出其有关概念或定义，以便读者理解本书有关内容。

## 第三节　装备"六性"的重要性和地位

对一般产品而言，可靠性、维修性、测试性、安全性问题和人身安全、经济效益密切相关，而对于军用装备，"六性"则具有更为重要的意义，可从以下几个方面予以讨论。

**一、装备"六性"的重要性**

**1.装备"六性"是影响军用装备战斗力的重要因素**

当代科学技术的飞速发展，使现代装备具有以下特点。

(1)在质的方面高级化、自动化，人工智能水平提高很快，作战的效率和威力很大。

(2)在量的方面大型化，电子设备元器件多达几十万个。

(3)在结构方面复杂化。

(4)在工作环境方面范围扩大化，条件严酷化。

(5)在研制方面高速化。

(6)在应用技术、材料和器材方面尖端化。

(7)在维修费用方面需要增加,但要求最优化。

(8)在维修技术方面要求高,而培训和后勤保障困难大。

若产品不可靠,则会导致以下严重的后果。

(1)军事任务不能完成。在平时,可使训练任务不能完成,甚至带来巨大损失。1963年,美国海军航空兵飞机的事故率为 1.46 次/$10^4$ 飞行小时,共发生重大事故 514 次,毁机 275 架,死亡飞行员 222 人,直接经济损失 2.8 亿美元。事故原因的 43% 是由器材不可靠造成的。在战时,若产品不可靠,会造成侦察不准,指挥失控,情报传不进、送不出,武器瞄不准、打不上,车辆开不动、追不着,跑不了,贻误战机,不能有效地打击敌人,导致作战失利,造成不应有的伤亡和损失,甚至危及部队的生存,危害国家和人民安全。

(2)维修工作量繁重。若产品不可靠,则将使维修队伍庞大,要求维修技术高,增加训练负担,使军队臃肿。如在第二次世界大战中,美军平均每 250 个电子管的设备就要有一个技术人员来维修。

(3)维修费用巨大。造成备件生产、运输、储存和供应负担很重。1959 年,美国的装备维修费用占国防总预算的 25%。

不难理解,产品的可靠性是军队战斗力的重要影响因素,它是一个国家工业现代化的重要标志。要想提高军队战斗力,就要用现代化装备武装军队,而现代化的装备,离开了高可靠性是毫无意义的,甚至是潜在的危机。国外有人认为,任何武器系统必须能自始至终可靠地工作,即使性能降低些,也要求其仍能可靠地工作,而不需要性能指标先进、但可靠性不高的武器系统。

2. 可靠性是企业的命脉

企业的兴旺,决定于产品的竞争力,企业丧失了竞争力就难以生存。而决定产品竞争力的重要因素是产品的质量。现在,军用产品都要求达到一定的可靠性指标,否则就不能接收,成为废品。20 世纪 60 年代中期,美国每年因产品质量不可靠要损失约 400 亿美元;1958 年,苏联损失 1 500 亿~2 000 亿卢布;1976 年,澳大利亚外贸损失 8 亿~10 亿美元,造成 15 个中小企业濒于破产。而日本十分重视产品的质量,其产品可靠性相当高。

当前,国内外市场竞争异常激烈,优存劣汰。要想在强手如林的市场中保有一席之地,并发展壮大,除利用技术优势开发市场需求的新产品外,根本出路是开发和生产高可靠性的产品。企业研制的产品可靠性高,就容易被采用。我国对军用装备型号武器"竞标"技术文件规定,必须有可靠性、维修性分析报告,并采取相应的可靠性保证措施。我国对承办的第 29 届奥运会比赛场地中的一些设施也都提出了可靠性指标要求。有专家声称,今后能竞争留存于世界市场的只有那些能掌握自己产品可靠性的企业。还有专家断言,今后产品竞争的焦点是可靠性。

3. 提高装备"六性"水平,对装备作战训练有重要作用

在现代装备的设计中,"六性"已成为与性能同等重要的设计要求,并对装备的作战能力、生存力、部署机动性、维修人力和使用保障费用产生重要的影响,下面总结文献[1]所述

内容,说明"六性"的作用。

1)提高"六性"水平,可以提高装备的作战能力

提高装备各部件及装备的可靠性,将减少装备发生故障的次数;提高装备的战备完好率或增加出动率,能保证装备连续出动的能力,同时还将提高装备持续作战和完成任务的能力,从而提高装备的作战能力;改进维修性、测试性、保障性,减少装备在地面维护和修理的停机时间以及装备再次出动的时间,能提高装备的出勤率,同时还可减少装备战场修理时间,以提高装备再次投入作战的能力。

2)提高"六性"水平,可以提高装备的生存力

生存力是指装备及其成员回避或承受人为敌对环境,能完成规定任务而不遭到破坏性损伤或伤亡的能力。"六性"设计技术和减少对那些在战争中易受摧毁的地面固定设施的依赖是增强装备生存力的重要途径。采用余度及容错、可达性、模块化及互换性等可靠性、维修性、测试性、安全性设计技术,可以保证对装备安全起关键作用的系统或设备在发生故障或在战斗中损坏后,仍然能安全执行任务,或者安全返回基地,通过战伤修理后再次投入战斗,增强装备的生存力;通过开展测试性及模块化设计以及采用超高速集成电路和先进的机内测试,将故障准确隔离到车间可更换单元(SRU),使现役装备(如 F - 16 战斗机)所采用的三级维修变成两级维修,不需依赖中继级维修车间,一旦这些地面固定的维修设施在战争中被摧毁后,装备仍然能生存和继续作战。

3)提高可靠性、维修性、测试性、保障性,可以提高装备的部署机动性

提高可靠性,改进维修保障性和测试性,采用先进的内装测试(BIT)技术,进而取消或减少对地面中继级维修车间的依赖,也有助于减少装备部署的运输要求,提高装备部署的机动性。

4)提高可靠性、维修性、测试性、保障性,可以减少维修人力

提高可靠性,可使装备部件及设备可靠性提高,减少故障发生次数,因而减少维修次数;维修性的改进,将提高维修工作效率,缩短维修时间。因此,可靠性、维修性的改进可以减少维修人力。例如:美国 F - 4E 战斗机是 20 世纪 60 年代服役的未开展可靠性设计的飞机,其可靠性、维修性水平较差,平均故障间隔飞行小时 MFHBF＝1.1 h,每飞行小时维修工时 MMH/FH＝33 工时/飞行小时,装备一个 F - 4E 中队需要 588 名维修人员;20 世纪 90 年代末服役的战斗机 F - 22,其可靠性比 F - 15 提高了一半多,维修工时缩短了一半多,并且开展了测试性和保障性设计,采用两级维修,不需要中继级维修,另外,装备一个 F - 22 中队所需的维修人员只有 277 人,仅为 F - 15A 的一半。

5)提高可靠性、维修性、测试性、保障性,可以降低使用保障费用

可靠性、维修性的改进,将减少人力、备件供应以及保障设备和器材,降低维修人员的技术等级要求和培训要求,进而降低装备的使用保障费用。例如,美国海军战斗机 F/A - 18,可靠性水平比 F - 4J 战斗机提高了近 3 倍,维修工时缩短了一半多。每架 F/A - 18 飞机每年比 F - 4J 节省使用保障费用 30 万美元,因而在整个飞机使用寿命期内(20 年),600 架 F/A - 18 飞机的使用保障费(包括燃料费、维修人力费、修理器材费、备件费等)将比 F - 4J 低 36 亿美元之多。

4. 提高装备保障性水平可使装备尽快形成战斗力,减少维修保障费用

随着现代武器装备复杂性的增加,在 20 世纪 80 年代中期以前服役的大型武器装备都存在着使用保障费用高和战备完好性差两大难题。美国和英国国防部的统计数据表明:1987 年,美国武器装备的使用保障费用占国防预算的 52%;1985 年,英国皇家空军的维修费用占军费预算的 40%。复杂装备的使用保障费用约占其寿命周期费用的 60%,有的高达70%~80%。直到 20 世纪 80 年代初,英、美等国的大部分现役装备战斗机的战备完好性都较低,其能执行任务率一般为 60% 左右,严重影响部队的作战能力。

为了解决这两大难题,除改善可靠性、维修性、测试性以外,在武器装备的发展中,保障性、完整性和作战适用性等问题受到有关国家的重视,因此取得了很大的成果,缩短了研制周期,减少了寿命周期费用,提高了武器系统的战备完好性。

5. 提高装备安全性可以减少武器装备作战、训练中灾难事故的发生

安全问题是随着生产而产生的,也随着生产的发展而发展。武器的安全问题更是尖锐地被提到装备生产者和使用者的面前。武器一直被认为是不安全的,武器装备要对敌方有巨大的杀伤力,但同样也会造成己方人员自身伤亡和设备的损坏等一系列意外事件的发生。武器装备复杂程度增加,往往使事故的可能性也增大;武器杀伤力增大,发生事故的有害影响也随之大大增加。1958 年 5 月,美国 NIKE - AJAX 防空导弹阵地上发生了严重爆炸事故,导致大量人员伤亡和财产损失就是一例。

一方面,在武器的研制、试验、生产和使用以至退役处理的整个寿命过程中都可能存在导致发生事故的潜在危险,都有可能发生事故,这是安全问题的一个方面,即从装备研制生产的纵向来研究安全问题。另一方面,武器作为一个系统,是由不同分系统和操作人员组成的整体,同时,武器研制也涉及不同专业和学科(如光、电、机械、火工等),这些分系统及专业和学科都有自己的安全问题,并且它们之间的相互作用会产生复杂的结果而影响安全性。枪和子弹组合在一起的步枪系统比单独的枪和子弹危险得多,这就要从装备与其有关分系统和不同学科的横向来研究安全问题。因此,研究武器装备的安全性必须从装备的全寿命各阶段和装备与其分系统之间的联系中找出事故发生的客观规律和内部联系,通过科学的分析,识别潜在危险,并做出定性和定量的评价,提出在设计、制造和使用装备中消除潜在危险或控制这些危险,使之降低到可接受的程度的措施,以达到安全的目的。

系统安全性技术是以效能、进度和费用为约束条件,在装备寿命周期的各个阶段,利用专业知识和系统工程方法,识别、评价、消除或控制系统和设备中的危险,从而使系统具有最佳的安全程度的工程技术。

**二、装备"六性"在装备研制中的地位**

在现代化装备的研制中,"六性"占有重要的地位,"六性"工程已成为装备设计工程的重要组成部分。

1. "六性"是装备研制时必须注入的设计特性

由于历史的原因,在相当长的一段时间内,人们只注重装备的技术性能,而忽视可靠性,系统地提出和研究保障性问题则更是近年来的事。要树立当代质量观,就必须把它视为与

性能同等重要的特性,在设计、研制装备时,必须提出这方面的定性、定量要求,并把这些要求和性能要求一同纳入装备的战术技术指标之中。

"六性"是产品的先天属性,是设计出来的,生产出来的,管理出来的。其中设计最为重要,只有在设计阶段,把"六性"设计到产品中,才谈得上生产过程和使用过程的保证。如果在设计阶段不考虑"六性",到生产阶段之后发现问题再考虑,那么势必花费更多的时间和金钱,有的问题则根本无法解决,甚至带来"先天不足,后患无穷"的局面。因此,当代质量观认为,质量必须从设计开始。装备的"六性"工作必须遵循预防为主、早期投入的方针,将预防、发现和纠正缺陷作为工作重点,采用成熟的设计和行之有效的试验技术,以保证和提高装备的固有"六性"水平。

2. "六性"是制约装备效费比的重要因素

当代质量观不仅注重产品性能等,而且注重质量的经济性内涵。其核心是提高装备效能,降低寿命周期费用,即提高效费比。

装备的系统效能是系统在规定条件下和规定时间内满足一组特定任务要求的程度。提高装备的"六性",就可以提高装备的效能。装备的故障少了,且一旦出现故障就可以尽快修复,又有较强的适应能力和较好的保障条件,其固有能力就可以得到充分的发挥。

另外,提高装备的"六性"可以降低寿命周期费用。统计表明,在产品从论证、研制直到使用、报废的全过程中,由于质量缺陷带来的经济损失和消耗是以指数级增长的。缺乏可靠性、维修性、测试性与保障性设计的产品,尽管其研制初期可能投入较少的费用,但是产品研制后期费用以至整个使用阶段的维修保障费用将大大增加。大量事实证明,由于装备的"六性"差,造成花费大量资金研制生产出来的装备交付部队后,其可用性低,维修保障费用高,甚至长期不能形成战斗力的教训是很深刻的。

3. "六性"管理是系统工程管理的重要组成部分

现代质量管理强调设计阶段赋于产品质量的重要特性,同时,要求在寿命周期的各个阶段对产品实施质量保证,即成为全过程的质量管理。一个装备即使设计得较为完善,如果在研制、试验、生产过程中不采取相应措施,那么再好的设计也难以实施,质量也无法得到保证,装备的固有特性也不能在使用中发挥。在装备寿命周期内实施系统工程的方法,是解决这一难题的良策。

我国《武器装备可靠性与维修性管理规定》中明确指出,武器装备可靠性管理是系统工程管理的重要组成部分。可靠性与维修性工作必须统一纳入武器装备研制、生产、试验、使用等计划中,与其他各项工作密切、协调进行。应当对装备性能、"六性"等质量特性进行系统综合和同步设计。从武器装备论证开始,就应当进行质量、进度、费用之间的综合权衡,以取得武器装备最佳效能和寿命周期费用。从系统综合管理的要求出发,这一规定还分别提出了武器装备在论证、方案、工程研制、生产、使用阶段的可靠性与维修性工作的重要内容和要求。这就使"六性"工作如何按照系统工程要求纳入全过程质量管理有了基本的依据。认真贯彻这一规定,对提高"六性"管理水平,促进装备质量的全面提高具有深远的意义。

# 第二章 可靠性设计与分析

可靠性设计是通过可靠性分配、预计、分析、改进等一系列可靠性工程技术活动,把可靠性要求设计到产品的技术文件和图样中,以形成产品的固有可靠性。它是可靠性工程最重要的阶段。

本章重点介绍可靠性设计有关概念、可靠性特征量、装备可靠性要求及确定、系统可靠性模型的建立、系统可靠性分配与预计、系统可靠性分析等有关内容。

## 第一节 可靠性设计有关概念

可靠性设计是为了保证系统的可靠性而进行的一系列分析与设计活动。

### 一、可靠性设计的重要性

可靠性设计的重要性可以概括为以下几点。

1)可靠性设计赋予了系统的固有可靠性

在可靠性设计的工程技术活动中,通过可靠性预计,可以预测产品结构方案的可靠性值,并与系统的可靠性要求比较,选择较好的结构方案;通过可靠性分析,可以找出影响可靠性的关键件和薄弱环节;通过可靠性增长措施,可以提高产品的可靠性水平,最终保证产品固有可靠性的实现。

2)在可靠性设计阶段采取措施,可以较少投资获得最佳的效果

据美国诺斯洛普公司估计,在产品的研制、设计阶段,为改善可靠性所花费的每一美元,将在以后的使用和维修方面节省30美元。我国开展可靠性工作的实践经验证明,在产品整个寿命周期内对可靠性起重要影响的是设计阶段。各种因素对产品可靠性的影响见表2.1。

表 2.1 各种因素对产品可靠性的影响

| 可靠性 | 影响项目 | |
|---|---|---|
| | 影响因素 | 影响程度/(%) |
| 固有可靠性 | 零、部件材料 | 30 |
| | 设计技术 | 40 |
| | 制造技术 | 10 |
| 使用可靠性 | 使用(运输、操作安装、维修) | 20 |

综上所述,可靠性设计在总体工程中占有十分重要的位置,必须把可靠性工程的重点放在设计阶段,遵循预防为主、早期投入、从头抓起的方针。从研制开始起,就要进行产品的可靠性设计,尽可能将不可靠的因素消除在产品设计过程的早期。

## 二、可靠性设计的目的、任务和原则

### 1. 可靠性设计的目的、任务

可靠性设计的目的是在综合考虑产品性能、可靠性费用和时间等因素的基础上,通过采取相应的可靠性设计技术,使产品在寿命周期内符合所规定的可靠性要求。

可靠性设计的主要任务是通过设计,基本实现系统的固有可靠性。或者说,可靠性设计的任务就是实现产品的可靠性设计目的,预测和预防产品所有可能发生的故障。

可靠性设计一般有两种情况:一种是按给定的目标要求进行设计,通常用于新产品的研制和开发;另一种是对现有定型产品的薄弱环节,应用可靠性设计方法加以改进,达到提高可靠性的目的。

### 2. 可靠性设计的基本原则

可靠性设计应遵循以下原则。

(1)可靠性设计应有明确的可靠性指标和可靠性评估方案。

(2)可靠性设计贯穿于功能设计的各个环节,在满足基本功能的同时,要全面考虑影响可靠性的各种因素。

(3)应针对故障模式(即系统、部件、元器件故障或失效的表现形式)进行设计,最大限度地消除或控制产品在寿命周期内可能出现的故障(失效)模式。

(4)在设计时,应在继承以往成功经验基础上,积极采用先进的设计原理和可靠性设计技术。但在采用新技术、新型元器件、新工艺、新材料之前,必须经过试验,并严格论证其对可靠性的影响。

(5)在进行可靠性设计时,应对产品的性能、可靠性、费用、时间等各方面因素进行权衡,以便确定最佳设计方案。

## 三、可靠性设计的内容与程序

### (一)可靠性设计的内容

可靠性设计的内容概括起来有以下四个方面。

(1)确定可靠性要求。

(2)建立可靠性模型,进行可靠性指标的预计和分配。

(3)进行各种可靠性分析与技术设计,如故障模式、影响及危害性分析,故障树分析,潜在通路分析,电路容差分析,有限元分析,耐久性分析等,并进行元器件、零部件和原材料的选择,确定可靠性关键产品,以发现和确定薄弱环节,通过改进设计,提高产品可靠性。

(4)采取各种有效的可靠性设计(或技术),如制定和贯彻可靠性设计准则,降额设计、冗余设计、简化设计、热设计、环境设计等,并将其设计方法与产品性能设计工作结合起来,以减少产品故障的发生。

**(二)可靠性设计的程序**

进行可靠性设计,应遵循一定的设计程序。以电子产品为例,其设计的程序如下。

(1)确定产品可靠性定量指标,包括可靠度、平均故障间隔时间、失效率、平均修复时间、修复率、可用度等。

(2)收集元器件的失效数据,然后考虑环境及负荷情况,得出元器件的应用失效率。

(3)确定产品的寿命剖面、任务剖面和使用环境条件。

(4)根据产品的组件、部件、元器件之间的功能关系,建立产品的可靠性模型。

(5)进行产品可靠性指标的初次分配和预计,从而使整个设计过程中的每个环节都围绕着确保可靠性指标这个中心问题进行。

(6)根据给出的元器件失效率指标,选择元器件类型,选择元器件的额定值和降额应力比,并确定产品的环境温度等。

(7)根据初选的元器件和可靠性模型,用较精确的预计方法再次预计组件、部件和产品的可靠性,并重新进行可靠性指标的分配。

(8)进行故障模式、影响及危害性分析(FMECA)或故障树分析(FTA)。

(9)进行改进设计。

(10)进行电磁兼容设计、热设计、降额设计、耐环境设计、安全性设计、有限元分析、耐久性分析等。

# 第二节　可靠性特征量

可靠性特征量是描述产品可靠性的参数,是可靠性设计的基础。确定可靠性特征量的目的是便于订购方与承制方商定产品的可靠性水平,在设计中进行设计、分配、预计、评定、比较,在生产中进行管理和落实,在验收中进行验证,在使用中进行可靠性评价,分清责任,向承制方反馈可靠性信息,以便制定维修策略,确定备份器材,估计产品的有效性,对军队来说估计实力等。

常用的可靠性特征量包括可靠度函数、故障分布函数、故障密度函数、故障率、平均寿命、特征寿命等。

### 一、可靠度函数 $R(t)$ 与故障分布函数 $F(t)$

产品在规定条件下和规定时间内能完成规定功能的概率叫作产品的可靠度,记作 $R(t)$。

这里需要说明为什么能用概率来表示产品的可靠性。研究产品的可靠性是从不可靠,即从故障入手的。对于同一型号的产品,由于设计过程中诸多因素以及生产过程中所用的材料和元器件的差异,生产过程要经历许多工序,操作者、设备、生产条件的不同,会给产品带来不同程度的缺陷;包装、运输、储存、使用和维护中总会受到各种因素的影响,对产品造成的寿命耗损是各不相同的;在工作过程中,各个产品的工作条件、负载和操作者不尽相同,产品寿命的耗损也不相同。这些因素的综合作用使得每一个产品发生故障的时间是无法事前知道的,但对生产稳定的一批产品来说,发生故障的时间却有统计规律,即产品发生故障的时间是服从某一分布的随机变量。产品从开始工作的时刻到发生故障的时刻之间的时间是产品的寿命。产品的寿命越长,其可靠性越高。而寿命是随机变量,因此可用概率来表示一批产品的寿命特征,即可用概率来表示产品的可靠性。

要特别指出的是,可靠度表示的是一大批产品可靠性的统计特性,而不能表示个别或少数产品的可靠性。例如,产品工作到 500 h 的可靠度是 95%,可以看作是用 100 个同型产品在规定的条件下在 500 h 里进行很多次试验,平均每次有 95 个能成功地完成规定功能。但是,不能事先确定某个产品在哪次试验中、试验到多少时间时发生故障,或不发生故障。

对一种产品来说,它在规定条件和规定功能的情况下,其可靠度是时间的函数。若产品的寿命 $T$ 大于或等于规定的时间 $t$,即 $T \geqslant t$,则产品在规定时间 $t$ 内能完成规定功能;否则,当 $T < t$ 时,即产品不能在规定时间 $t$ 内完成规定功能。对于同一水平的产品,若规定时间 $t$ 越长,则其可靠度越低。于是,可靠度随时间的变化可用一单调递减函数 $R(t)$ 表示,称作可靠度函数,记作

$$R(t) = P(T \geqslant t)$$

而
$$F(t) = P(T < t) \tag{2-1}$$

称作故障分布函数,或累积故障概率,或不可靠度。

由于产品在同一时间 $t$ 内能完成规定功能,或者不能完成规定功能,两者是对立事件,因此其概率和总是 1,即

$$R(t) + F(t) \equiv 1 \tag{2-2}$$

由此可见,对于任意时刻 $t$,只要知道 $R(t)$ 和 $F(t)$ 其中之一,就可算出另一个。例如,已知 $F(t) = 1 - \exp(-\lambda t)$,则 $R(t) = 1 - F(t) = \exp(-\lambda t)$。当然,如果已知可靠度函数,就可以求出故障分布函数,即

$$F(t) = 1 - R(t) \tag{2-3}$$

设有 $N_0$(相当大)个产品,从时刻 $t_0$ 开始试验(使用),到时刻 $t$ 有 $r$ 个产品发生故障,余下 $N_S$(残存数)个产品未发生故障。显然,$r$ 和 $N_S$ 是时间的函数,记作 $r(t)$ 和 $N_S(t)$。假定产品发生故障后,没有替换,则

$$r(t) + N_S(t) = N_0$$

由可靠度定义可知:

$$R(t) = \frac{N_S(t)}{N_0} = \frac{N_0 - r(t)}{N_0} \tag{2-4}$$

即在 $[t_0, t]$ 内,产品的经验可靠度 $\hat{R}(t)$ 等于在时刻 $t$ 能正常工作的产品数(残存数)$N_S(t)$ 与在开始时刻 $t_0$ 参加试验(使用)的产品数 $N_0$ 之比,它是产品在 $[t_0, t)$ 内能工作的频率。

同样,经验故障分布函数

$$\hat{F}(t) = \frac{r(t)}{N_0} \tag{2-5}$$

即在 $[t_0, t)$ 内,产品的故障分布函数的估计值等于在时刻 $t$ 前发生故障的产品数 $r(t)$ 与在开始时刻 $t_0$ 参加试验的产品数 $N_0$ 之比,它实际上是产品在 $[t_0, t)$ 内发生故障的频率。

只有当 $N_0$ 很大时,频率才等于概率,即

$$\lim_{N_0 \to \infty} \frac{N_S(t)}{N_0} = R(t) \qquad (2-6)$$

$$\lim_{N_0 \to \infty} \frac{r(t)}{N_0} = F(t) \qquad (2-7)$$

若 $N_0$ 很小,则用频率代替概率就不可信。

通常,假定开始试验时产品都是好的,即 $N_S(0) = N_0$,$r(0) = 0$;$R(0) = 1$,$F(0) = 0$。随着试验时间的增加,故障数 $r(t)$ 递增,残存数 $N_S(t)$ 递减,且前者的增加数等于后者的减少数。因此,故障分布函数 $F(t)$ 是 $t$ 的递增函数,可靠度函数 $R(t)$ 是 $t$ 的递减函数。在长期试验(使用)中,产品最终都要发生故障,因此 $r(\infty) = N_0$,$N_S(\infty) = 0$。

显然,$R(t)$ 和 $F(t)$ 具有下列性质:

① $R(0) = 1$,$R(\infty) = 0$,$0 \leqslant R(t) \leqslant 1$;

② $F(0) = 0$,$F(\infty) = 1$,$0 \leqslant F(t) \leqslant 1$;

③ $R(t) + F(t) = 1$。

$R(t)$ 和 $F(t)$ 与 $t$ 的关系如图 2.1 所示。

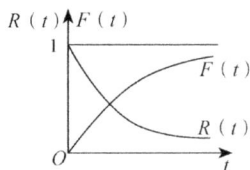

图 2.1 $R(t)$、$F(t)$ 与 $t$ 的关系

在工程中还常常研究这样的问题:航炮已发射了 $x$ 发炮弹,问再能发射 $\Delta x$ 发的概率是多少?又如,瞄准具已工作了 $t$ h,问再能正常工作 $\Delta t$ h 的概率是多少?

计算这类问题的可靠度实际上是计算条件概率,即

$$R(t + \Delta t \mid t) = \frac{P(T > t + \Delta t, T > t)}{P(T > t)} = \frac{P(T > t + \Delta t)}{P(T > t)}$$

因为

$$R(t + \Delta t \mid t) = \frac{R(t + \Delta t)}{R(t)} \qquad (2-8)$$

设 $R(t) = \exp(-\lambda t)$,则

$$R(t + \Delta t \mid t) = \frac{R(t + \Delta t)}{R(t)} = \frac{e^{-\lambda(t + \Delta t)}}{e^{-\lambda t}} = e^{-\lambda \Delta t}$$

即对于故障时间服从指数分布的产品,若在时刻 $t$ 处于正常状态,则从时刻 $t$ 开始再继续工作 $\Delta t$ 同在从时刻 0 开始工作 $\Delta t$ 的可靠度相等。这说明,指数分布具有无记忆性,或者叫作无后效性,或者叫作永远年轻性。

若已知 $N_0$、$N_S(t)$ 和 $N_S(t + \Delta t)$,则可靠度

$$R(t) = \frac{N_S(t)}{N_0}$$

和

$$R(t + \Delta t) = \frac{N_S(t + \Delta t)}{N_0}$$

于是,得到

$$\hat{R}(t + \Delta t \mid t) = \frac{N_S(t + \Delta t)}{N_S(t)} \qquad (2-9)$$

**例 2.1** 在某批 $N_0$ 个产品中,已有 88 个正常工作到 2 400 h,再继续工作 800 h,这时还有 66 个能正常工作,问在这 800 h 里的可靠度是多少?

**解** 显然,这是在已知可靠性数据的条件下求任务可靠度的问题,可以求出不同时间

的经验可靠度,故可用式(2-9)计算。

$$N_S(t) = N_S(2\ 400) = 88$$

$$N_S(t + \Delta t) = N_S(2\ 400 + 800) = N_S(3\ 200) = 66$$

$$R(2\ 400 + 800 \mid 2\ 400) = \frac{N_S(3\ 200)}{N_S(2\ 400)} = \frac{66}{88} \times 100\% = 75\%$$

即当该批产品已正常工作 2 400 h 后,再继续工作 800 h 的可靠度为 75%。

不难看出,$R(t + \Delta t \mid t) \geqslant R(t + \Delta t)$。这是因为 $R(t + \Delta t \mid t)$ 是以在时刻 $t$ 之前产品无故障为前提条件,而 $R(t + \Delta t)$ 在 $t$ 之前可能有故障。

**例 2.2**　假设瞄准具的故障分布函数服从指数分布,故障率 $\lambda = 10^{-4}/\mathrm{h}$,它已工作了时间 $t$ 以后,问再在时间 $\Delta t = 10\ \mathrm{h}$ 里继续工作的可靠度是多少?

**解**　显然,这是已知分布函数求可靠度的问题。由式(2-3)可得

$$R(t) = 1 - F(t) = 1 - [1 - \exp(-\lambda t)] = \exp(-\lambda t)$$

同理　　　　　　　　　　$R(t + \Delta t) = \exp[-\lambda(t + \Delta t)]$

由式(2-8)知

$$R(t + \Delta t \mid t) = \frac{R(t + \Delta t)}{R(t)} = \frac{\exp[-\lambda(t + \Delta t)]}{\exp(-\lambda t)} = \exp(-\lambda \Delta t) = \exp(-10^{-4} \times 10) = 0.99$$

## 二、故障密度函数

从可靠度函数或故障分布函数中不易看出产品发生故障随时间变化的速度,因此引入故障密度函数。

**(一) 故障密度函数的定义**

产品在时刻 $t$ 后的单位时间里发生故障的概率,叫作产品在时刻 $t$ 的故障密度。故障密度随时间的变化关系,叫作故障密度函数。可用 $F(t)$ 的导数来计算,即

$$f(t) = F'(t) \tag{2-10}$$

**(二) 故障密度的计算**

1. 用故障分布函数计算

依定义　　　　　　　　　　$f(t) = F'(t)$

若 $F(t) = 1 - \exp(-\lambda t)$,则

$$f(t) = F'(t) = \lambda \exp(-\lambda t)$$

2. 用故障数据作近似计算

若已知故障数据,则可求出在不同时刻 $t$ 后的时间间隔 $\Delta t$ 里的故障数 $\Delta r(t)$(见图 2.2),于是,可求出每个时间间隔 $\Delta t$ 里的平均经验故障密度,作为故障密度的估计值。

$$\hat{f}(t) = \frac{\Delta r(t)}{N_0 \Delta t} = \frac{\Delta F(t)}{\Delta t} \tag{2-11}$$

即经验故障密度 $\hat{f}(t)$ 是在时刻 $t$ 附近(见图 2.2)的单位时间里发生故障的产品数 $\dfrac{\Delta r(t)}{\Delta t}$ 与投入试验的产品数 $N_0$ 之比。

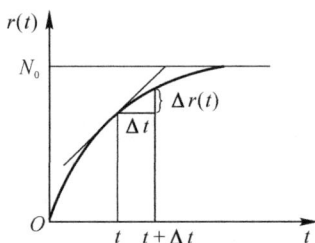

图 2.2　$\Delta t$ 时间的故障率曲线

显然,当 $\Delta t$ 越小且 $N_0$ 越大时,经验故障密度函数越趋近于故障密度函数,即

$$\lim_{\Delta t \to 0} \frac{\Delta r(t)}{N_0 \Delta t} = \frac{dF(t)}{dt} = f(t)$$

**(三) 经验故障密度函数直方图**

为了分析故障数据的分布,往往需要绘制经验故障密度函数的直方图。其步骤如下。

(1) 数据排序。将全部故障时间按由小到大排成顺序统计量。

(2) 确定组数。将故障数据分组,如组数分得太多,引起计算量太大;分得太少,又难以看出变化规律,甚至出现严重的失真现象。当数据很多时,可以分为 10 组以上;当数据少于 50 个时,可分为 5～6 组。一般每组的故障数应大于 5 个。也可用斯特林经验公式来估计组数,即

$$k = 1 + 3.3 \lg N_0$$

式中　$k$——组数;

　　$N_0$——数据总数。

(3) 划分区间 $[t'_i, t''_i]$。这里 $t'_i$ 为第 $i$ 区间的下界,$t''_i$ 为第 $i$ 区间的上界。区间的长度 $\Delta t_i = t''_i - t'_i$ 可以是相等的,也可以不相等。通常,为了简便起见,可取相等区间。

$$\Delta t = \Delta t_i = \frac{t_{\max} - t_{\min}}{k}, \ i = 1, 2, \cdots, k$$

式中　$t_{\max}$——最大故障前工作时间;

　　$t_{\min}$——最小故障前工作时间;

　　$k$——组数。

应特别指出以下两点。第一,各区间都是半开区间,且一般为左闭右开。如果第 $i$ 区间两端都是开的,即 $(t'_i, t''_i)$,在计算故障数 $\Delta r(t_i)$ 时,就会将 $t = t'_i$ 或 $t = t''_i$ 的故障数漏掉;如果两端都是闭的,即 $[t'_i, t''_i]$,就会将 $t = t''_i$ 和 $t = t'_i$ 计算两次;而如果一会儿用 $(t'_i, t''_i]$,一会儿用 $[t'_i, t''_i)$,就会将在区间界上的故障数搞乱。第二,每个区间都要有 5 个以上的故障数据,否则,就应调整区间界限,将故障数太少的区间与相邻的区间合并,而不受等长区间的限制。当然,不必将所有区间都重新划分。

(4) 计算各区间的故障数 $\Delta r_i, i = 1, 2, \cdots, k$。

(5) 计算各区间的经验故障密度 $\hat{f}_i$。

(6) 画出 $t_i - \hat{f}_i$ 直方图。将上述各项结果列成计算表,在 $t - \hat{f}$ 坐标系中以 $\Delta t$ 为宽、以 $\hat{f}_i$

为高作图,便可得到直方图,如图 2.3 所示。

从直方图中可很明显地看出故障密度随时间变化的大致情况:集中性和分散性,以及各区间所占的比例大小等。

若统计的数据数 $N_0$ 很大,则可使 $k$ 增大,当 $k \to \infty$ 时,直方图就变为一条光滑的连续曲线,如图 2.4 所示。

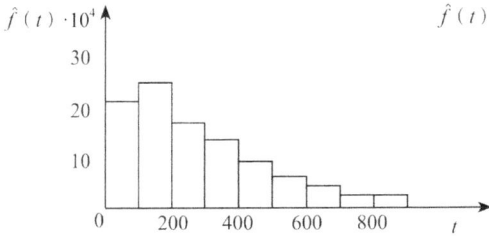

图 2.3　$\hat{f}_i(t) - t$ 直方图　　　　　图 2.4　$f(t)$ 曲线

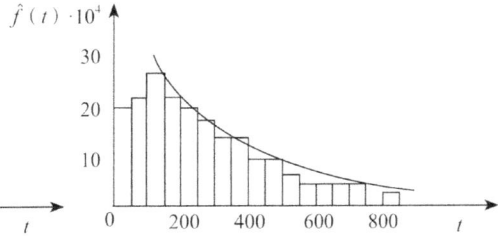

### (四) 故障密度函数与故障分布函数、可靠度函数的关系

依定义可知,$f(t)$ 是在时刻 $t$ 后的单位时间内发生故障的概率,故在 $[t, t+\mathrm{d}t]$ 时间内发生故障的概率为 $f(t)\mathrm{d}t$,即

$$P(t \leqslant T < t + \mathrm{d}t) = f(t)\mathrm{d}t = \mathrm{d}F(t)$$

于是　　　　　　　　$$F(t) = P(T < t) = \int_0^t f(t)\mathrm{d}t \qquad (2-12)$$

即故障分布函数 $F(t)$ 的几何意义是在区间 $[0, t]$ 上故障密度 $f(t)$ 曲线下面的面积,如图 2.5 所示。

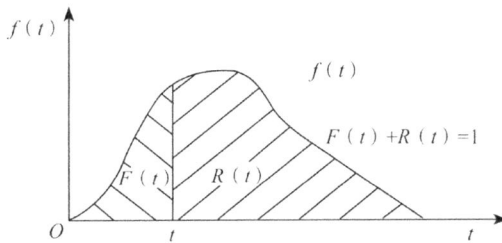

图 2.5　$f(t)$ 与 $F(t)$、$R(t)$ 的关系

而　　　　　　　　$$R(t) = P(T \geqslant t) = \int_t^\infty f(t)\mathrm{d}t \qquad (2-13)$$

即可靠度函数 $R(t)$ 的几何意义是在区间 $[t, \infty]$ 上故障密度曲线下面的面积。

### 三、故障率

### (一) 故障率的概念与计算

故障率是产品可靠性特征的重要指标,对元器件来说,工厂往往只给这一个指标。常用的故障率有两种:平均故障率和瞬时故障率。

1. 平均故障率 $\bar{\lambda}(t)$

定义:已工作到时刻 $t$ 的产品,在时刻 $t$ 后平均单位时间内发生的故障数叫作平均故障率。它是时间 $t$ 的函数,叫作平均故障率函数,记作 $\bar{\lambda}(t)$。

其定义式为

$$\bar{\lambda}(t) = \frac{\Delta r(t)}{N_{\mathrm{S}}(t)\Delta t} \tag{2-14}$$

或者

$$\bar{\lambda}(t) = \frac{N_{\mathrm{S}}(t) - N_{\mathrm{S}}(t + \Delta t)}{\frac{1}{2}[N_{\mathrm{S}}(t) + N_{\mathrm{S}}(t + \Delta t)]\Delta t} \tag{2-15}$$

式中　$N_{\mathrm{S}}(t)$—— 在时刻 $t$ 的残存产品数;

$N_{\mathrm{S}}(t + \Delta t)$—— 在时刻 $t + \Delta t$ 时刻的残存产品数;

$\Delta r(t)$—— 在 $[t, t + \Delta t)$ 的时间 $\Delta t$ 里发生故障的产品数;

$\lambda(t)$—— 在 $[t, t + \Delta t)$ 的时间 $\Delta t$ 里的平均故障率,其单位用 $1/\mathrm{h}$,或 $10^{-5}/\mathrm{h}$、$10^{-6}/\mathrm{h}$、$10^{-9}/\mathrm{h}$ 等表示。$10^{-9}/\mathrm{h}$ 叫作 1 菲特(FIT)。

**例 2.3**　在例 2.1 中,$t = 1\,600\ \mathrm{h}$,$\Delta t = 800\ \mathrm{h}$,$N_{\mathrm{S}}(t) = N_{\mathrm{S}}(1\,600) = 116$,$N_{\mathrm{S}}(t + \Delta t) = N_{\mathrm{S}}(2\,400) = 88$,问在 $[1\,600, 2\,400]$ 的时间内,平均故障率 $\bar{\lambda}(t)$ 是多少?

**解**　依式(2-14)可计算

$$\bar{\lambda}(t) = \frac{N_{\mathrm{S}}(t) - N_{\mathrm{S}}(t + \Delta t)}{N_{\mathrm{S}}(t)\Delta t} = \frac{116 - 88}{116 \times 800}/\mathrm{h} = 3.02 \times 10^{-4}/\mathrm{h}$$

也可以用式(2-15)计算

$$\bar{\lambda}(t) = \frac{N_{\mathrm{S}}(t) - N_{\mathrm{S}}(t + \Delta t)}{\frac{1}{2}[N_{\mathrm{S}}(t) + N_{\mathrm{S}}(t + \Delta t)]\Delta t} = \frac{116 - 88}{\frac{1}{2}[116 + 800] \times 800}/\mathrm{h} = 3.34 \times 10^{-4}/\mathrm{h}$$

这两个结果都是同一时间内的平均故障率。两者相差较大,而且产品可靠性越差,时间 $\Delta t$ 越长,相差越大,这就显出平均故障率的缺陷。

平均故障率可理解为在时间 $\Delta t$ 内产品的故障数与在时间 $\Delta t$ 内产品的总工作时间之比,即

$$\lambda(t) = \frac{\text{产品在某段时间 } \Delta t \text{ 内的故障数}}{\text{在 } \Delta t \text{ 内的总工作时间}}$$

对不修复产品来说,在 $[0, t)$ 内的总工作时间为

$$T = \sum_{i=1}^{r(t)} t_i + [N_0 - r(t)]t \tag{2-16}$$

式中　$T$—— 总工作时间;

$t_i$—— 第 $i$ 个产品故障前的工作时间;

$t$—— 试验(或使用)的截止时间;

$N_0$—— 投入试验(或使用)的产品总数;

$r(t)$—— 产品在时间 $[0, t)$ 里发生的故障数。

对可修复产品来说,假设发生故障就立即换上正常的产品,则残存产品数 $N_{\mathrm{S}}(t) \equiv N_0$,

因此在$[0,t)$内的总工作时间为$T=N_0t$。

2. 瞬时故障率$\lambda(t)$

定义：已工作到时刻$t$的产品，在时刻$t$之后的瞬时平均单位时间内发生故障的产品数叫作产品在时刻$t$的瞬时故障率，简称瞬时故障率，它是时间$t$的函数，记作$\lambda(t)$。其定义式为

$$\lambda(t)=\frac{1}{N_S(t)}\frac{\mathrm{d}r(t)}{\mathrm{d}t} \tag{2-17}$$

瞬时故障率与平均故障率在不同情况下又叫作事故率、危险率、冒险率、死亡率、故障强度等。

从式(2-14)和式(2-17)中很容易理解瞬时故障率是当$\Delta t \to 0$时平均故障率的极限，当瞬时故障率是常数时，两者相等。

3. 故障率与可靠度的关系

可以证明

$$R(t)=\exp\left\{-\int_0^t\lambda(t)\mathrm{d}t\right\}$$

当$\lambda(t)=\lambda$是常数时，即在指数分布时，$R(t)=\exp(-\lambda t)$。

**(二)故障率曲线**

产品在全寿命周期中发生故障的规律，可用故障率曲线表示。

实践证明，很多产品的故障率函数曲线如图2.6所示。故障率曲线两头高、中间低，好像浴盆，因此叫作浴盆曲线，它是一种典型的故障率曲线。

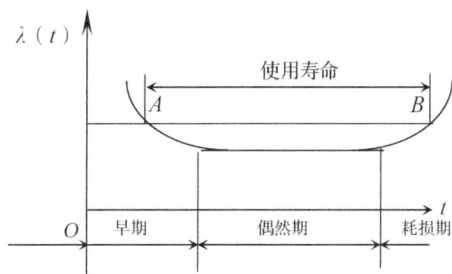

图2.6　典型故障率曲线——浴盆曲线

从这条曲线可以看出，根据产品故障的变化情况，可将其分为早期故障期、偶然故障期和耗损故障期三个阶段。

1. 早期故障期

早期故障期出现在产品寿命的早期。其特点是故障率较高，且故障率随时间的增加而迅速下降。早期故障通常是由设计、制造上的缺陷等引起的。例如，选用的材料不合格、工艺缺陷、装配不当、质量检验不认真等。对刚翻修的产品来说，装配不当是发生早期故障的重要原因。解决的办法：对刚翻修的或新生产的产品，通常要在模拟实际使用条件下进行磨合或调试，经过磨合或调试期以后，不合格的产品在正式投入使用之前被淘汰掉。因此，一

般不认为早期故障是使用中总故障的一个重要部分。

### 2. 偶然故障期

偶然故障期出现在早期故障期之后,是产品的有用寿命期。其特点是故障率低且稳定,近似为常数。偶然故障是由偶然的因素引起的,如操作不当、用力过猛、违规操作,或者维修不当,或由包装、装卸、运输、储存不当等环境因素造成的。偶然故障不能通过延长磨合期来消除,也不能由定期维修来预防。一般来说,再好的维修工作也不能消除偶然性故障。偶然故障在什么时间发生是无法预测的,但是,它在有用寿命期的一段时间内,故障率接近于一个常数。

### 3. 耗损故障期

耗损故障期出现在产品的有用寿命期之后,其特点是故障率随时间的增加而迅速增加。耗损故障是由产品内的物理、化学变化引起的磨损、疲劳、腐蚀、老化、耗损等造成的。防止耗损故障的唯一办法就是在故障率迅速增加之前把将要发生故障的部件换掉,或者进行修理,即定期更换或拆修。

由大量元器件、部件所构成的某些设备,如飞机的机体、各种电子设备,其故障率曲线都是典型的故障率曲线。但是,并不是所有的设备都具有三个故障期。有的设备只有其中的一个或两个故障期,有些质量低劣的设备的偶然故障期很短,甚至在早期故障期后,紧接着就进入耗损故障期。

飞机上的机械传动系统、液压系统、燃油系统的一些附件,如液压泵、燃油泵、液压助力器、自动减压活门等,其故障率曲线如图2.7中A所示。这些附件在使用初期的故障率比整个使用期中期和后期的大一些,可是在使用过程中,多数不会到耗损故障期。有的试制产品,或加工粗糙、工艺不完善的产品,其故障曲线如图2.7中B所示。

经验表明,同一产品故障率的大小,还与产品出厂的时间有关,首批出厂的产品故障率较成批生产的产品高,而成批生产初期产品的故障率比后期产品的也高,如图2.8所示。

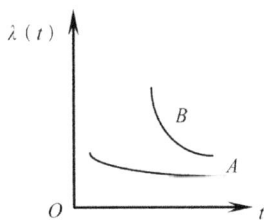

图 2.7  某飞机附件故障率曲线          图 2.8  故障率随出厂时间的变化

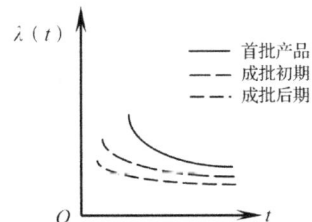

因此,应根据具体情况,通过数据分析来确定具体产品的故障率曲线。

## 四、寿命

在可靠性工程中,寿命是指产品从开始使用的时刻到发生故障的时刻之间的时间。在产品生产、检验、运输、储存以及使用和维护中错综复杂的原因,使产品的寿命成为随机变量。通常用平均寿命表示寿命的特征。本节除介绍平均寿命外,还将介绍可靠寿命、特征寿命和中位寿命。

**(一)平均寿命**

所谓平均寿命,就是产品寿命的平均值,或称寿命的数学期望 $E(t)$。对于不可修复产品,平均寿命就是平均故障前时间;对于可修复产品,即通过修复性维修可恢复到规定状态,或值得修复的产品,平均寿命就是平均故障间隔时间。

1. 平均故障前时间 MTTF

不可修复产品故障前工作时间的数学期望(均值)叫作平均故障前时间,或简称平均故障时间,记作 MTTF,或 $T_{TF}$。

若已知 $N_0$ 个不可修同型产品的故障前时间为 $t_1, t_2, \cdots, t_{N_0}$,则

$$T_{TF} \frac{1}{N_0}(t_1 + t_2 + \cdots + t_{N_0}) = \frac{1}{N_0}\sum_{i=1}^{N_0} t_i \qquad (2-18)$$

式中　$T_{TF}$——平均故障前时间,即 MTTF;

　　　$t_i$——第 $i$ 个产品的故障前时间;

　　　$N_0$——观察的(试验或使用的)一批产品数。

若已知产品的故障密度函数 $f(t)$,则

$$T_{TF} = \int_0^\infty t f(t) \mathrm{d}t \qquad (2-19)$$

例如,$f(t) = \lambda \exp(-\lambda t), \lambda = 2 \times 10^{-5}/\mathrm{h}$,则

$$T_{TF} = \int_0^\infty t\lambda \exp(-\lambda t)\mathrm{d}t = \frac{1}{\lambda} = \frac{1}{2 \times 10^{-5}/\mathrm{h}} = 5 \times 10^4 \mathrm{h}$$

2. 平均故障间隔时间

对于可修复产品,相邻两次故障时刻之间工作时间的数学期望(均值),叫作平均故障间隔时间,记作 MTBF,或 $T_{BF}$。

通常用公式计算

$$T_{BF} = \frac{T(t)}{r(t)} \qquad (2-20)$$

式中　$T(t) = \sum_{i=1}^{N_0} t_i$——在规定时间 $t$ 内,投入试验(或使用)的一批产品总工作时间;

　　　$r(t)$——在规定时间 $t$ 内该批产品发生的故障总数。

若产品的故障密度函数为

$$f(t) = \lambda \mathrm{e}^{-\lambda t}$$

则　　　　　　　　　　　$$T_{BF} = \frac{1}{\lambda} \qquad (2-21)$$

式中　$\lambda$——产品平均故障率。

平均故障前工作时间和平均故障间隔时间都是衡量产品可靠性特征的重要指标。其值越大,产品的可靠性越高。但它们只是寿命这个随机变量的数学期望,并不能说明某一个产品无故障地工作时间。

3. 平均寿命的计算公式

平均寿命还可用故障密度函数和可靠度函数计算。

1）由故障密度求平均寿命

不管是可修复产品，还是不可修复产品，其平均寿命在理论上的意义都是类似的，下面以不可修复产品为例进行讨论。

若投入使用（或试验）的产品数 $N_0$ 比较大，可将 $N_0$ 个观测值按时间间隔分成 $k$ 个组，以每组的组中值 $\tilde{t}_i$ 作为该组中每一个观测值的近似值，则总工作时间就可以用各组的组中值 $\tilde{t}_i$ 与故障数 $\Delta r_i$ 的乘积来近似计算，即

$$T = \sum_{i=1}^{k} \tilde{t}_i \Delta r_i$$

因此故障前工作时间为

$$\bar{t} = E(T) = \frac{1}{N_0} \sum_{i=l}^{k} \tilde{t}_i \Delta r_i = \sum_{i=1}^{k} \frac{\Delta r_i}{N_0} \cdot \tilde{t}_i$$

式中，$N_0 = \sum_{i=1}^{k} \Delta r_i$，由式（2-11）知

$$\frac{\Delta r_i}{N_0} = \hat{f}(t_i) \Delta t$$

$$E(T) = \sum_{i=1}^{k} \tilde{t}_i \hat{f}(t_i) \Delta t$$

当分组数愈多，即 $\Delta t \to 0$ 时，上式就为积分所代替，因此得到平均故障前工作时间的表达式为

$$\bar{t} = \int_0^{\infty} t f(t) \mathrm{d}t \qquad (2-22)$$

因此，只要知道总体的故障密度，其平均寿命就可由式（2-22）求出。

**例 2.4**　已知直升机的某机件总体的故障密度为均匀分布，试求其平均寿命。

**解**　均匀分布密度为

$$f(t) = \begin{cases} \dfrac{1}{a}, & 0 < t \leqslant a \\ 0, & 其他 \end{cases}$$

代入式（2-22），有

$$\bar{t} = \int_0^{\infty} t f(t) \mathrm{d}t = \int_0^{\infty} t \, \frac{1}{a} \mathrm{d}t = \frac{t^2}{2a} \Big|_0^a = \frac{a}{2}$$

2）由可靠度函数求平均寿命

可以证明

$$\bar{t} = \int_0^{\infty} R(t) \mathrm{d}t \qquad (2-23)$$

由此可见，平均寿命在数值上等于可靠度函数 $R(t)$ 与坐标轴之间所包围的面积，如图 2.9 所示。

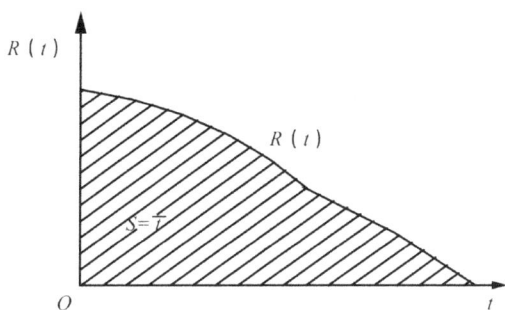

图 2.9 用可靠度函数求平均寿命

**例 2.5** 设直升机某电子设备的寿命服从指数分布,$R(t) = \mathrm{e}^{-\lambda t}$,试求:(1)平均寿命;(2)产品工作时间等于平均寿命的 1/10、1/2 以及平均寿命时的可靠度。

**解** (1)由式(2-23),有

$$\bar{t} = \int_0^\infty R(t)\mathrm{d}t = \int_0^\infty \exp(-\lambda t)\mathrm{d}t = -\frac{1}{\lambda}\exp(-\lambda t)\mathrm{d}t \Big|_0^\infty = \frac{1}{\lambda}$$

即指数分布的平均寿命等于故障率的倒数。

(2)$R(t) = \exp(-\lambda t)$

当 $t = \dfrac{1}{10}\bar{t} = \dfrac{1}{10\lambda}$ 时,

$$R(t) = \exp(-\lambda t) = \exp\left(-\lambda\,\frac{1}{10}\bar{t}\right) = \exp\left(-\lambda\,\frac{1}{10\lambda}\right) = \exp\left(\frac{1}{10}\right) = 99.4\%$$

当 $t = \dfrac{1}{2}\bar{t} = \dfrac{1}{2\lambda}$ 时,

$$R(t) = \exp(-\lambda t) = \exp\left(-\lambda\,\frac{1}{2\lambda}\right) = \exp\left(-\frac{1}{2}\right) = 60.69\%$$

当 $t = \bar{t} = \dfrac{1}{\lambda}$ 时,

$$R(t) = \exp(-\lambda t) - \exp\left(\lambda\,\frac{1}{\lambda}\right) - \exp(-1) = 36.8\%$$

由此可见,若产品的寿命服从指数分布,当其工作到平均寿命时的可靠度只有 36.8%,即已有 63.2% 的产品发生了故障。

**例 2.6** 某产品的寿命服从正态分布,试求其工作到平均寿命 $\mu$ 时的可靠度。

**解** $R(t) = 1 - F(t) = 1 - \Phi\left(\dfrac{t-\mu}{\sigma}\right) = 1 - \Phi\left(\dfrac{\mu-\mu}{\sigma}\right) = 1 - \Phi(0) = 1 - 0.5 = 50\%$

由此可见,若产品寿命服从正态分布,当其工作到平均寿命 $\mu$ 时的可靠度等于 50%,即已有一半产品发生了故障。

总之,平均寿命只能反映某型产品寿命的平均值,并不表示该产品都能工作到这一时间。对于不同分布的产品,虽然平均寿命相同,但其可靠度变化是不同的。即使是同一分布的产品,如都是正态分布,当均值相同而方差不同时,可靠度变化规律也不同。

**(二)可靠寿命 $t_r$、特征寿命 $t_{e^{-1}}$、中位寿命 $t_{0.5}$**

**1. 可靠寿命 $t_r$**

所谓可靠寿命,是指对应着给定可靠度为 $r$ 的工作时间,记作 $t_r$,所以 $t_r$ 满足

$$R(t_r)=r \tag{2-24}$$

例如

$$R(t)=\mathrm{e}^{-\lambda t}=r$$

则

$$t_r=-\frac{\ln r}{\lambda} \tag{2-25}$$

**例 2.7** 某产品的故障率为 $4\times10^{-4}/\mathrm{h}$,试求可靠度为 95% 的可靠寿命。

**解** 当故障率为常数时,其寿命分布为指数分布,由式(2-25)可得

$$t_{0.95}=-\frac{\ln 0.95}{4\times10^{-4}}\ \mathrm{h}=128.2\ \mathrm{h}$$

**例 2.8** 某产品的寿命服从正态分布,$\mu=4\,000\ \mathrm{h}$,$\sigma=1\,000\ \mathrm{h}$,求该产品可靠度为 99% 时的可靠寿命。

**解** $$F(t_r)=1-R(t)=1-0.99=0.01=\varPhi\left(\frac{t_r-4\,000}{1\,000}\right)$$

查正态分布表得

$$\frac{t_r-4\,000}{1\,000}=-2.33$$

因此

$$t_{0.99}=1\,670\ \mathrm{h}$$

**2. 特征寿命 $t_{e^{-1}}$**

所谓特征寿命,是指可靠度为 $\mathrm{e}^{-1}$ 时的可靠寿命,记作 $t_{e^{-1}}$。

例如,$R(t)=\mathrm{e}^{-\lambda t}=\mathrm{e}^{-1}=36.8\%$,则

$$t_{e^{-1}}=-\frac{\ln \mathrm{e}^{-1}}{\lambda}=\frac{1}{\lambda}=T_{\mathrm{BF}} \tag{2-26}$$

即当无故障工作时间等于平均故障前工作时间时,产品的可靠度只有 36.8%,亦即已有 63.2% 的产品发生了故障。

**3. 中位寿命 $t_{0.5}$**

所谓中位寿命,是指可靠度等于 0.5 时的可靠寿命,记作 $t_{0.5}$,当产品工作到中位寿命时,可靠度与故障率都为 50%,即有一半产品产生故障,即

$$\int_0^{t_{0.5}} f(t)\mathrm{d}t=\int_{t_{0.5}}^{\infty} f(t)\mathrm{d}t=50\% \tag{2-27}$$

对于指数分布

$$t_{0.5}=-\frac{\ln 0.5}{\lambda}=0.693\bar{t} \tag{2-28}$$

上面所介绍的每一可靠性特征指标仅能反映产品可靠性的一个方面、一部分信息,它们都不能全面地、完整地反映产品可靠性的全貌和全部信息。在工程应用中要根据具体情况、描述信息,选择适当的特征指标。例如:元器件工厂中往往给出元器件的平均故障率;对整机和综合保障来说,往往给出平均故障前工作时间;在军事决策时,则往往需要用产品的可靠度。

**(三)寿命的方差和标准差**

一批产品的寿命为 $t_1,t_2,\cdots,t_n$,其平均寿命 $\bar{t}=E(t)$,每一个产品 $t_i(i=1,2,\cdots,n)$ 与

平均寿命之差 $t_i - E(t)$ 叫作寿命的离差。

一批产品的寿命的离散性用方差 $\sigma^2$ 表示。在可靠性工程中,常用样本方差来估计总体方差。可以证明,方差 $\sigma^2$ 的无偏估计量 $S^2$ 为

$$S^2 = \frac{1}{n-1} \sum_{i=1}^{n} (t_i - \bar{t})^2 \qquad (2-29)$$

寿命标准差为 $\sigma$ 的无偏估计量为

$$\sigma = \sqrt{S^2} = \sqrt{\frac{1}{n-1} \sum_{i=1}^{n} (t_i - \bar{t})^2} \qquad (2-30)$$

可见,方差和标准差都是衡量产品寿命离散程度的特征指标。

**(四)产品常用的寿命分布**

寿命是一种时间量度,研究产品的寿命分布在可靠性工程中有着重要的作用,也对维修性、保障性的研究有广泛的用途。

1. 研究寿命分布的作用

研究产品的寿命分布是可靠性工程研究的基础,这是因为可靠性的各个特征量都与寿命分布函数有着密切的关系。因此,研究产品的可靠性问题常常需要找出它的寿命分布类型。寿命分布的作用如下。

(1)从可靠性试验或现场使用中得到的数据,用统计推断的理论,可以判断出产品的寿命分布,得到累积分布函数。由此可计算产品的可靠性参数,如可靠度、故障率、概率密度函数,以及各种寿命特征量,如平均寿命、可靠寿命、特征寿命、使用寿命等。

(2)若已知产品的寿命分布,则可从其规律预测产品的故障,考虑经济的维修和保障等。

2. 产品常见的寿命分布

产品寿命分布类型是各种各样的,某一类型的分布与产品施加的应力、产品内在结构、物理、机械性能等,即失效机理有关。

当产品以工作次数、循环周期数等作为其寿命度量单位,如开关的开关次数,这时可用离散型随机变量的概率分布来描述其寿命分布的规律,如二项分布、泊松分布和超几何分布等。多数产品寿命需要用到连续随机变量的概率分布,常用的有指数分布、威布尔分布、对数正态分布、正态分布等。

指数分布是一种相当重要的分布,在电子产品的寿命和复杂系统的故障时间均可用指数分布来描述,它在可靠性工作开展初期用得很多。然而,如果产品的寿命分布并非指数分布,那么将指数分布作为普遍的分布是不适宜的,会造成显著的推断误差。近年来,根据众多科学家分析和研究认为,威布尔分布在可靠性研究中具有一定的生命力,且在可靠性工程中得到广泛的应用。

确定产品寿命分布类型虽有重要的意义,但要准确判断其属于哪种分布类型仍有困难,目前所采用的方法有以下两种。

(1)通过失效(或故障)物理分析来证实该产品的故障模式或失效机理近似地符合于某种类型分布的物理背景。表2.2给出了符合典型分布的产品类型举例。

表 2.2　符合典型分布的产品类型举例

| 分布类型 | 适用的产品 |
|---|---|
| 指数分布 | 具有恒定故障率的部件,无余度的复杂系统,经老练试验并进行定期维修的部件 |
| 威布尔分布 | 某些电容器、滚珠轴承、继电器、开关、断路器、电子管、电位计、陀螺、电动机、航空发电机、电缆、蓄电池、材料疲劳等 |
| 对数正态分布 | 电机绕阻绝缘、半导体器件、硅晶体管、锗晶体管、直升机旋翼叶片、飞机结构、金属疲劳等 |
| 正态分布 | 飞机轮胎磨损及某些机械产品 |

(2)通过可靠性试验,利用数理统计中的判断方法来确定其分布。但是这种方法也不是十分有效的,如有些分布中间部分不易分辨,只有尾端才有不同。而在可靠性试验中,由于截尾子样观测数据的限制,要分辨其属于哪种分布也有一定的困难。表 2.2 中给出的示例也仅作参考,只能是近似符合某种分布,而不是绝对理想的分布。

# 第三节　装备可靠性要求及确定

装备的可靠性要求是为了获得可靠的且易保障的装备,以实现规定的系统战备完好性和任务成功性要求。装备可靠性要求分为定性要求与定量要求。

## 一、装备可靠性定性要求

装备可靠性定性要求是对装备设计、工艺、软件等方面提出的非量化的要求。通用的可靠性定性要求包括采用成熟的技术、简化设计、模块化、规范化等。

可靠性定性要求的内容往往与产品的使用特点和结构特征密切相关。例如:对飞机飞行操纵系统采用并行冗余和备用冗余的具体要求和说明;对航天航空产品采用元器件的质量等级和降额等级的要求;坦克发动机必须具备的起动方式(电启动、空气启动和应急索引);车辆的操纵杆应动作准确、力度适当、手感好等。

可靠性定性要求往往在某些产品的可靠性要求难于规定定量指标、验证方法时,规定定性的可靠性要求和设计准则就更为重要。例如,某型号武器提出的定性要求是Ⅰ类故障(机毁人亡)是极不可能发生的,在这种情况下就应用故障模式及影响分析(FMEA)和故障树分析(FTA)等方法,发现薄弱环节,降低故障发生的概率,保证产品可靠性。并采用工程保证、生产质量保证等措施。

工程实践中一般可靠性定性要求可以分为定性设计要求与定性分析要求两种。

### (一)可靠性定性设计要求

主要的定性设计要求如下。

①制定和贯彻可靠性设计准则;

②简化设计；

③余度设计；

④降额设计；

⑤制定和实施元器件大纲；

⑥确定关键件和重要件；

⑦环境防护设计；

⑧热设计；

⑨软件可靠性设计；

⑩包装、装卸、运输、储存等设计；

⑪工程保证及生产质量保证。

### (二)可靠性定性分析要求

主要的定性分析要求如下。

①功能危险分析(FHA)；

②故障模式和影响分析(FMEA)；

③故障树分析(FTA)；

④区域安全性分析(ZSA)。

## 二、装备可靠性定量要求

装备可靠性定量要求是指选择和确定装备的可靠性参数、指标以及验证时机和验证方法,以便在设计、生产、试验验证和在装备使用过程中用量化方法来评价或验证装备的可靠性水平。

### (一)装备可靠性参数和指标

装备的可靠性参数和指标是装备可靠性的定量要求,确定合理的可靠性参数和指标是装备在研制、生产、使用过程中用量化的方法评价装备可靠性水平的重要工作。为此,《装备可靠性维修性保障性要求论证》(GJB 1909A—2009)对各类武器装备的可靠性参数和指标的确定作了具体规定,以下就参数和指标确定的依据、基本要求、基本方法以及装备论证阶段、方案阶段、工程研制阶段应做的主要工作进行论述。其中的思路和方法也适用于维修性参数和指标的选择和确定。

1. 可靠性参数与指标的基本概念

可靠性参数是描述系统可靠性的特征量。它直接与战备完好、任务成功、维修人力和保障资源有关。根据使用场合的不同,又可分为使用参数与指标、合同参数与指标两类。

1)使用参数与指标

使用参数是表述装备在使用和保障条件下的可靠性参数,其量值称为可靠性使用指标(简称使用指标)。

使用参数与指标通常考虑了装备的使用要求、保障条件和指标管理等方面因素,即在这些因素影响下,装备应当满足可靠性的使用要求。

2)合同参数与指标

合同参数指在合同(或研制任务书)中表述订购方对装备可靠性要求的参数。它应是承制方在研制与生产过程中能够控制的参数。其量值称为可靠性合同指标(简称合同指标)。

合同参数与指标以使用参数与指标为依据,通过分析权衡由使用参数与指标转换,经订购方提出并与承制方协商后写入合同或研制任务书中。合同参数应能在研制生产过程中进行分配、预计、增长和检验。有的使用参数和指标可以作为合同参数和指标,能够直接写入合同或研制任务书中。例如,某些装备的平均故障间隔时间 $\bar{T}_{BF}$、平均修复时间 $\bar{M}_{BF}$ 等参数。有的使用参数因含有使用中的其他因素而不能直接作为合同参数,需要进行转换。

使用参数和指标包括了设计、安装、质量、环境、使用、维修对装备的影响,而合同参数和指标仅包括设计、制造的影响,因此一般情况下,同一装备的可靠性使用指标小于合同指标。例如,美国某自行炮平均使用任务中断间隔里程使用指标为 362 km,而合同指标为 513.4 km。

**2. 使用参数及指标与合同参数及指标的转换**

使用参数及指标转换成合同参数及指标有两种情形:一种是同名参数的转换;另一种是异名参数的转换。同名参数的转换只是转换了指标要求的量值。异名参数的转换不仅改变了指标要求的量值,而且改变了指标的含义。

无论是哪种情形的转换,一般都可用如下的线性和非线性转换模型。

$$Y = a + bX \tag{2-31}$$

$$Y = bX^a \tag{2-32}$$

式中  $Y$—— 合同指标;

  $X$—— 使用指标;

  $a,b$—— 考虑装备复杂性、使用环境、保障条件和指挥管理水平等因素的转换系数(可根据相似产品的统计数据,用回归分析确定)。

例如,某型雷达,使用参数使用可用度 $A_0$ 转换为合同参数固有可用度 $A_i$ 的转换模型是 $A_i = 1.25A_0$,只要在研制中保证 $A_i$,就可在使用中保证 $A_0$。

**3. 指标的不同要求值及其关系**

1)门限值和目标值

门限值和目标值都是可靠性的使用指标。

门限值是装备必须达到的使用指标。如果装备达不到这一最低的可靠性要求,研制出来的装备就不能满足使用要求或很难进行技术保障。门限值是确定合同或研制任务书中最低可接受值的依据。

目标值是期望装备达到的使用指标。装备达到这一要求,可保证装备具有较高的效能和较低的费用,它既能满足使用要求,又可提供可靠性和维修性增长的潜力。目标值是确定合同或研制任务书中规定值的依据。

2)最低可接受值和规定值

最低可接受值和规定值都是可靠性的合同指标。

最低可接受值是合同或研制任务书中规定的,装备必须达到的合同指标,它是进行可靠性验证的依据。例如,有的合同把某些最低可接受值转化为检验的下限或不可接受值。装备满足最低可接受值要求,是能否设计定型的起码条件,也是保证装备能够正常使用的基本条件。

规定值是合同或研制任务书中规定的、期望装备达到的合同指标,它是承制方进行可靠性设计的依据。承制方只有按照高于规定值的要求进行设计,采取可靠性工程的各种技术措施,才能保证研制出来的装备的可靠性接近、达到以至于超过规定值要求,也才能使新研制出来的装备较好地满足使用要求。

**(二)可靠性参数选择和指标的确定**

要正确选择可靠性参数并正确确定其指标,必须了解参数选择和指标确定的基本依据和基本要求与方法。

1.参数选择和指标确定的基本依据

1)要考虑参数选择的侧重点

不同任务要求和不同使用条件的装备,其参数选取的侧重点有所不同。如对于连续运转使用的装备,常用可用度作为主要参数;而对于一次性使用的系统和装备(如导弹、弹药等),一般应提出成功率、储存期等参数。例如,飞行员的弹射动力是靠座椅下面的发射药爆发力弹射的,这种装置是一次性的。英国马丁-贝克公司生产的 MK10 弹射座椅就规定了弹射的成功率为 99.7%。

选取参数时,应当详细了解装备任务要求和使用条件的资料。通常装备任务要求和工作条件的变化很大,可能有很大差异的任务要求和使用环境。这就要选择有代表性的几个典型情况,通过分析,画出装备任务剖面和寿命剖面图(也可用文字、表格描述),并详细地描述任务剖面各阶段的任务要求、工作内容、工作环境、持续时间(或任务距离等)、维修方案和维修体制等情况,并制定出致命故障的判别准则。这些情况都是可靠性参数和指标选定的依据。

2)要考虑装备的构成特点

选择可靠性参数应当详细了解装备(或部件)的主要类型特点,如是机械系统、机电系统、电子系统、光学系统,还是化学反应系统。针对不同的构成特点选定装备的可靠性的不同参数。例如,机械系统的故障原因主要是磨损、变形、断裂、腐蚀等。相对运动的简单机件,其故障规律大多符合"浴盆曲线",通常有润滑保养等预防性维修工作可做。机械系统常通过强度、应力分析进行可靠性设计,对于重要结构项目要进行以可靠性为中心的维修分析。若是具有明显耗损特性的装备,则应有耐久性参数的要求。例如:某型大口径火炮,身管寿命规定为 1 000 发;美制 F-16 飞机的飞行寿命为 8 000 h;等等。对于具有明显耗损特性,且又通过分析需要采用定期维修方式的装备,应提出首次翻(大)修期、翻修间隔期等要求,如某型坦克发动机规定翻修期为运行 7 000 km。

3)要考虑维修保障系统的现状和预期的方案

优先利用现有维修保障系统的资源和体制,是提出可靠性要求的主要原则之一。例如某型车辆,预期编配到运输分队,由驾驶员每周对车辆保养 3 h,对这种车辆可用"周维护保养时间"作为维修性参数之一,以适应现有维修保障系统的要求。若经过分析权衡,现有保障系统不能满足(局部或全部)新研装备的维修保障要求,则应规划预期的维修保障方案。

4)要考虑有关的标准和规定

在参数及指标选定中要认真执行《装备可靠性维修性保障性要求论证》(GJB 1909A—2009)等可靠性国家军用标准。此外,还要参照使用部队或上级机关颁发的有关装备管理条例、条令、战术技术勤务条例和装备维修管理条例等规定。

5)要了解相似产品的数据和经验

了解国内外相似产品的可靠性的数据和资料,可以供参数选定时借鉴。要着重分析相似产品可靠性方面的优缺点,特别是针对存在的缺陷和问题提出改进措施。有了这些数据和资料,就能够比较容易地利用相似类比法确定新研制装备的可靠性指标值。

2. 可靠性参数选择及指标确定的基本要求

可靠性参数及指标的选定应当符合先进性、可行性、协调性和完整性的要求。

1)要体现参数指标的先进性

选定的可靠性指标应能反映装备水平的提高和科学技术水平的发展。对于新研制的装备,其可靠性指标应在原有装备的基础上有所提高;有些在国内尚无可供参考的资料时,应充分吸取国外相似装备的可靠性、维修性及保障性分析工作经验,借鉴国外同类先进装备的可靠性、维修性参数指标及保障性要求。

2)要考虑参数指标的可行性

在确定可靠性指标时,必须考虑经费、进度、技术水平、资源、国情等背景,即在需要与可能之间进行权衡,处理好指标先进性和可行性的关系。特别是对于国内尚没有的、填补装备系列空白的产品,参数指标应当成为促进装备发展、提高装备质量的推动力。在参数与指标选定时要充分考虑可靠性的增长。随着研制工作的展开,不断完成可靠性增长的阶段目标,使装备的可靠性满足指标要求。因此,指标的选定要留有供增长的裕度。对于研制、生产的各个阶段,可以分别提出不同的最低可接受值和规定值。

3)要注意参数指标的协调性

参数不是越多越好,要注意各参数之间联系与转换关系。对于相互关联的可靠性参数,应避免提出相互矛盾的指标要求。如固有可用度 $A_i = \overline{T}_{BF}/(\overline{T}_{BF} + \overline{M}_a)$,是平均故障间隔时间 $\overline{T}_{BF}$ 和平均修复时间 $\overline{M}_a$ 的函数,三者之间一般只能规定两个指标,否则可能产生矛盾。

装备中某些分系统或设备的可靠性指标也可单独提出,但必须与装备总体指标相协调。

4)参数指标必须具有完整性

根据装备不同情况,选择若干个可靠性参数,以保证对装备的全面要求。指标的完整性不仅体现在一般应包括满足使用要求的目标值和门限值以及写入合同(或研制任务书)中的最低可接受值和规定值,而且还应明确给出装备的任务剖面和寿命剖面,指出该项指标适于哪个(或几个)任务剖面;明确故障判别准则,即哪些算故障应当统计、哪些不算故障可不统计;给出验证方法,若在研制和生产阶段验证,必须明确试验方案和验证与评定的标准,以及有关参数如承制方风险 $\alpha$,订购方风险 $\beta$、检验上限 $\theta_0$ 或 $\mu_0$、检验下限 $\theta_1$、鉴别比 $d$、置信度 $\gamma$,并由此确定接收和拒收判据等。

若采用将性能试验、环境应力试验、耐久性试验与可靠性、维修性试验相结合的方法进行验证与评估,则应明确如何收集和处理有关的数据。

在按系统验证可靠性指标不现实或不充分的情况下,则应明确规定允许用低层次产品(分系统、部件)的试验结果推算出系统的可靠性量值,但必须有依据,并附有详细说明。

为了适应可靠性增长的需要,还应明确是哪一阶段应达到的指标。

### 3. 指标确定的基本方法

确定指标的基本方法不外乎是从两方面着手:一方面从装备的任务要求和使用条件出发来确定指标,即考虑指标的必要性,这是最主要的;另一方面要从装备的结构,从元器件、零部件已有的可靠性情况以及从当前的设计和研制工艺技术水平出发确定指标,即考虑指标的可行性,以求得必要性和可行性的统一。然后在可行的指标方案中综合权衡,以优化装备的效费比为目标确定指标值。具体考虑以下几个方面。

1)从装备的任务要求和使用条件出发来确定指标

在指标确定时,要分析装备的任务要求、使用条件,以便确定典型的任务剖面和故障判别准则,从而确定参数及其指标。

2)从装备的具体结构出发预测指标

从装备(或相似装备)的具体结构出发,根据可靠性逻辑关系建立可靠性模型,采用可靠性工程中预计的方法,为确定指标提出可行依据。

3)确定指标要综合权衡

为了使可靠性指标的必要性和可行性相一致,需要对指标进行综合权衡,合理搭配,从中选择最佳的方案。综合权衡包括以下三个方面:一是在不同的结构方案、设计方案中进行权衡;二是在可靠性和维修性指标要求间进行权衡;三是在要求的各种指标和费用消耗间进行权衡。

### (三)选择和确定可靠性参数与指标的过程

在装备的"前半生"中,对装备的可靠性参数及其指标进行选定和监控,是可靠性工程的重要活动之一。参数的选择和指标的确定过程主要在指标论证及方案阶段,参数指标的监控和信息采集交流主要在以后的工程研制(定型)和生产阶段。

### 1. 论证阶段

在装备使用要求分析和指标论证时,要进行参数的选择和指标的确定工作,此工作主要由订购方及军事代表完成,同时也要听取承制方的意见。在此阶段,订购方应进行下述工作。

(1)对装备进行任务要求、使用条件的分析。在上述分析的基础上,提出综合反映在使用新装备时所需要的战备完好性、任务成功性、维修人力费用和保障要求等方面初步的定性或定量要求。

(2)对相似现役装备的可靠性、维修性及保障性现状及存在的问题进行分析,采用相似现役装备的可靠性水平作为指标选定的参考。

(3)初步确定新装备的寿命剖面、任务剖面、使用条件和保障方案方面的约束条件。

(4)与有关部门协商,提出装备备选方案的可靠性参数,与性能、进度和费用等因素权衡后,确定暂定的目标值和门限值,并进行必要的风险分析和评价。

(5)可靠性指标经评审后,列入使用需求论证书和研制总要求中。

2. 方案阶段

方案阶段由订购方和承制方根据装备的设计方案、保障方案等,共同确定列入合同或研制任务书中的指标。此阶段进行的主要工作如下。

(1)承制方根据订购方的要求和约束条件(如战术技术指标及费用、进度要求等),提出初步的装备设计方案和保障方案。

(2)承制方在方案确认的过程中根据新装备方案进行可靠性预计,并根据可能获得的可靠性信息,对可靠性指标的可行性进行分析和评定。

(3)综合权衡装备设计方案、保障方案是否满足战术技术指标、费用及进度要求,优化装备设计方案和保障方案。

(4)订购方与承制方协商,确定可靠性指标的合同值,经评审后,列入合同或研制任务书中。

(5)承制方根据可靠性指标的分配结果,与转承制方协商后,将分配值纳入有关的转承制合同中。

3. 工程研制(包括定型)阶段

承制方在此阶段通过产品设计和试验,落实合同或研制任务书要求的可靠性指标。订购方(特别是通过军事代表)根据工程的活动内容在此阶段监督指标的落实情况,其主要工作如下。

(1)掌握研制和生产中可靠性的有关信息数据和可靠性的进展和增长,监督指标能否落实,提供设计或工程的改进建议。

(2)监督研制是否贯彻了可靠性计划和可靠性工作计划。

(3)遵照有关条例和标准的要求组织并参与设计定型、生产定型的评审、验证工作,对装备能否达到可靠性指标提出意见或报告。

可靠性指标确定和实现的时序过程可参见表 2.3。

**表 2.3 可靠性指标确定和实现的时序过程**

| 阶段划分 | 论证阶段 | 方案阶段 | 工程研制(含定型) |
|---|---|---|---|
| 工作内容 | 确定使用指标 | 确定合同指标 | 实现合同指标 |
| 指标 | 目标值→<br>门限值→ | 规定值→<br>最低可接受值→ | 设计目标值<br>检验上限<br>检验下限 |

表 2.3 中的箭头表示转换关系,其中设计目标值是由承制方自己根据设计需要确定的,一般应高于规定值。

### 三、装备可靠性参数选择与指标确定示例

#### (一)火工品可靠性参数选择及指标确定应用示例

1. 使用需求分析

1)任务

该电发火管配用于某型弹药,由电能激发,并能可靠地引起其后的火工品使用。若电发

火管不能可靠使用,则会使整弹失效。根据总体的要求,确定该电发火管的任务如下:工作发火电流 $I_0=4.0$ A;在 $I_0$ 条件下使用时间 $t\leqslant50$ m/s;输出压力-时间曲线的峰值不小于 10 MPa;储存期不小于 15 年。

2)使用和保障要求

根据储存和使用安全性要求,最大不发火电流 $I_{NF}=1.0$ A。

**2. 寿命剖面和任务剖面**

该电发火管寿命剖面方框图见图 2.10,任务剖面方框图见图 2.11。

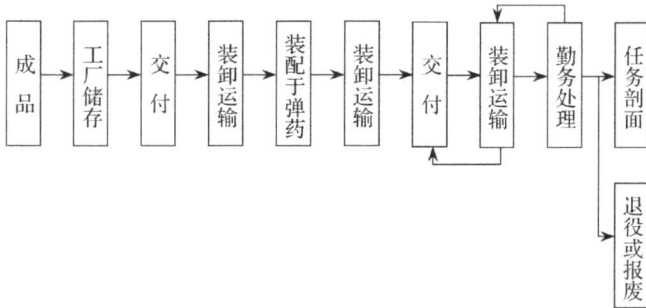

图 2.10　某型弹药电发火管寿命剖面方框图

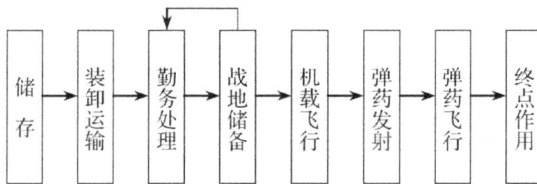

图 2.11　某型弹药电发火管任务剖面方框图

**3. 使用参数选择和指标确定**

(1)根据以上使用需求分析,按《装备可靠性维修性参数选择和指标确定要求弹药》(GJB 1909.9—1994)选择如下可靠性参数。

①发火可靠度;

②使用时间可靠度;

③可靠储存寿命。

(2)根据使用要求,选用点火压力可靠度来保证输出特性。

(3)由系统可靠性要求,并参考相似产品可靠性指标,确定如下使用指标。

①工作发火电流 $I_0=4.0$ A 时,发火可靠度 $R_{FI}\geqslant0.999\ 9$;

②作用时间 $t\leqslant50$ ms 条件下,作用时间可靠度 $R_{FT}\geqslant0.999\ 5$;

③输出压力-时间曲线峰值不小于 10 MPa 下,点火压力可靠度 $R_P\geqslant0.999\ 5$;

④在温度 0~30 ℃,相对湿度 50%~80% 环境条件下,可靠储存寿命不小于 15 年,其发火可靠度 $R_{FI}\geqslant0.999\ 5$。

4. 合同参数选择和指标确定

(1)因该电发火管可靠性使用指标较高,故从使用指标转为合同指标时,订购方和承制方协商要做如下工作。

①参考已定型的相似产品,把寿命剖面、任务剖面转化为技术条件中规定的各项环境试验要求;

②考虑验证费用和风险等,验证方法应可行。通常以计数验证 $R_{FI}=0.99$ 为基础,再以升降法外推到 0.999 为限;

③采用合适的转换方法把较高可靠性指标($R_{FI}\geqslant0.999$)转化为可以在设计定型试验中验证的指标。具体方法如下。

参照《装备可靠性维修性参数选择和指标确定要求 总则》(GJB 1909.1—1994)附录 A 的转换公式,按《火工品可靠性评估方法》(GJB 376—1987)中的规定,引入裕度系数 $M$(火工品实际发火刺激量与最小全发火刺激量之比,通常 $M=1.2\sim2.0$)来转换,结合该发火管特点和国内外经验,将工作发火电流 $I_0=4.0$ A 转换为最小全发火电流 $I_{AF}=3.0$ A(裕度系数 $M$ 这时约为 1.33),此时验证可靠性指标为 0.999。这样在实际工作发火电流 $I_0=4.0$ A 的条件下,可靠度可满足可靠性使用指标 $R\geqslant0.999\ 9$ 要求。

(2)经评审后,纳入到技术合同中的有关可靠性参数及指标如下。

①在最小全发火电流 $I_{AF}=3.0$ A 时,发火可靠度 $R_{FI}\geqslant0.999$(置信水平 0.95);

②在工作发火电流 $I_0=4.0$ A 和作用时间 $t\leqslant50$ m/s 条件下,作用时间可靠度 $R_{FT}\geqslant0.999\ 5$(置信水平 0.95);

③在输出压力-时间曲线的峰值不小于 10 MPa 时,点火压力可靠度 $R_P\geqslant0.999\ 5$(置信水平 0.95);

④可靠储存寿命不小于 15 年(环境条件为温度 0~30 ℃,相对湿度 50%~80%)。在最小全发火电流 $I_{AF}=3.0$ A 时,验证发火可靠度 $R_{FI}\geqslant0.999$(置信水平 0.95)。

以上指标为设计定型阶段应达到的最低可接受值。

5. 失效判据和验证方法

1)失效判据

失效判据为瞎火或作用时间大于 50 ms,或输出压力-时间曲线值小于 10 MPa。

2)验证方法

在环境试验要求符合《钝感电起爆器通用规范》(GJB 344A—2020)条件下,验证方法见《火工品可靠性评估方法》(GJB 376—1987)、《火工品试验法 长期贮存寿命测定》(GJB 736.14—1991)等有关标准。

**(二)可靠性参数与指标示例**

1. 可靠性使用参数示例

由系统战备完好性要求和任务成功性要求导出的是使用可靠性要求,使用可靠性要求用可靠性使用参数和使用值描述,如平均维修间隔时间 MTBM(在规定的条件下和规定的期间内,产品寿命单位总数与故障总次数之比)、平均严重故障间隔时间 MTBCF(在规定的一系列任务剖面内,产品总时间与严重故障总数之比)等。可靠性使用参数示例见表 2.4。

表 2.4　可靠性使用参数示例

| 使用特性 | | 与使用特性或要求相关的可靠性参数 |
|---|---|---|
| 战备完好性 | $A_0$（平时） | 平均不能工作事件间隔时间（MTBDE） |
| | SGR（战时） | |
| 任务成功性 | | 平均致命性故障间隔时间（MTBCF） |
| 维修人力和保障资源费用 | | 平均维修间隔时间（MTBM）<br>平均拆卸间隔时间（MTBR） |

**2. 可靠性设计参数示例**

当可靠性要求需要转换为承制方在研制过程中可以控制的合同要求时,合同要求用可靠性合同参数和合同值描述,可靠性合同参数一般采用可靠性设计参数,如平均故障间隔时间（MTBF）、任务可靠性 $R(t)$、故障率（$\lambda$）等。常用的可靠性设计参数示例见表 2.5。

表 2.5　常用的可靠性设计参数示例

| 产品层次 | 装备使用特征 | | |
|---|---|---|---|
| | 连续或间歇工作<br>（可修复） | 连续或间歇工作<br>（不可修复） | 一次性使用 |
| 装备 | $R(t)$或 MTBF | $R(t)$或 MTTF | $P(S)$或 $P(F)$ |
| 分系统设备 | $R(t)$或 MTBF | $R(t)$或 $\lambda$ | $P(S)$或 $P(F)$ |
| 组件零件 | $\lambda$ | $\lambda$ | $P(F)$ |

注：$R(t)$：可靠度　　　　　MTBF：平均故障间隔时间
　　$P(S)$：成功概率　　　　MTTF：平均故障前时间
　　$P(F)$：故障概率
　　$\lambda$：故障率

# 第四节　系统可靠性模型的建立

系统是为执行一项规定功能所需的硬件、软件、器材、设施、人员、资料和服务等的有机组合。建立系统、分系统或设备的可靠性模型,是为了定量分配、估算和评价产品的可靠性,它是整个系统可靠性设计与分析的基础,在可靠性工程与实践中占有很重要的地位。

**一、系统可靠性模型概念**

可靠性模型是为分配、预计、分析或估算产品的可靠性所建立的可靠性框图和数学模型。可靠性框图是对于复杂产品的一个或一个以上的功能模式,用方框表示的各组成部分的故障或它们的组合如何导致产品故障的逻辑图。

可靠性模型的基本信息来自功能框图,因此,可靠性框图应与产品的工作原理图相协调。产品工作原理图是表示产品各单元之间的功能关系的框图,而可靠性框图和产品原理图有联系,也有区别。

例如,某振荡电路由电感和电容组成,缺一不可,其原理图和可靠性方框图如图 2.12 所示。

图 2.12　振荡电路原理图和可靠性框图
(a)原理图;(b)可靠性框图

又如,由两个阀门及一个导管组成的简单系统,其结构关系如图 2.13 所示。如果要把这一简单系统画成可靠性逻辑框图,就需要进一步考虑了,这里因为阀门元件的失效表现出两种形式(关不上和打不开),可靠性逻辑框图的确定,应首先考虑确定系统的功能,对于不同的功能要求,其系统的可靠性框图是不一样的。

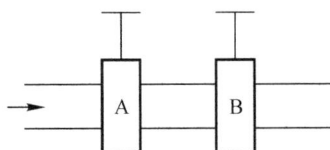

图 2.13　管子阀门系统结构关系

若要求该系统能可靠地流通,则阀门 A、B 打不开是故障状态,而开启状态是属于正常工作范畴的,应算作正常工作状态。阀门 A、B 必须同时处于正常工作状态,才能使系统正常工作,系统的可靠性逻辑关系为串联形式,其可靠性框图如图 2.14 所示。若要求该系统能可靠地截流,则阀门 A、B 关不上是故障状态,而截流状态是正常工作状态,阀门 A、B 只要有一个能截流就能使系统正常工作,那么系统的可靠性逻辑关系为并联形式,其可靠性逻辑框图如图 2.15 所示。

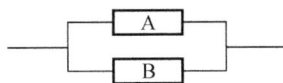

图 2.14　系统流通时可靠性框图　　　　图 2.15　系统截流时可靠性框图

又如,引信中的隔爆机构由两套保险机构锁住,其结构框图如图 2.16 所示。

从保险功能来考虑,两套保险机构只要有一套正常工作(锁住),隔爆机构就是正常状态。可靠性逻辑关系呈并联形式,其可靠性逻辑框图如图 2.17 所示。

但引信在发射过程中,要求隔爆机构能可靠地解除隔爆,使引信处于待发状态。这样,隔爆机构的保险机构就必须可靠地解除保险。从解除保险的功能来考虑,两套保险机构中只要有一套不能正常地解除保险,那么隔爆机构也不能正常工作。因此,其可靠逻辑关系呈串联形式,可靠性逻辑框图如图 2.18 所示。

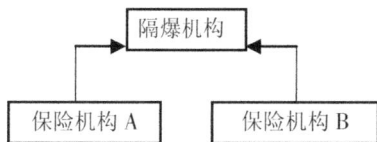

图 2.16　引信隔爆机构结构框图

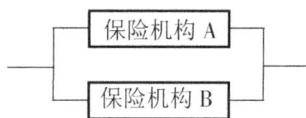

图 2.17　引信保险状态的可靠性框图

图 2.18　引信解除保险状态的可靠性框图

综上所述,系统的结构关系、功能关系及可靠性逻辑关系,各有不同的概念。在对系统进行可靠性分析、建立可靠性模型时,一定要先明确系统的结构关系、功能关系及可靠性关系,然后才能画出可靠性框图。

**二、建立系统可靠性模型的步骤**

建立系统可靠性模型的一般步骤如下。

(1)确定产品的有关定义。确定任务功能、规定性能参数及容许限,建立相应的任务可靠性框图和故障判别标准。

(2)按照产品各部分的功能关系建立功能框图。

(3)在功能框图的基础上,经过分析,确定各部分之间的可靠性逻辑关系,建立可靠性框图。

(4)根据可靠性框图,建立相应的数学模型。

**三、典型系统的可靠性模型**

所谓典型系统,一般是指串联系统、混联系统、$k/n$ 系统、旁联系统和网络系统,其可靠性模型可按图 2.19 分类。

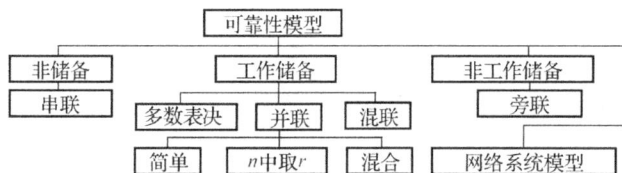

图 2.19　典型的系统可靠性模型分类

**(一)串联系统及可靠度计算**

在组成系统的所有部件中,只有系统的全部部件都正常,才能使系统正常;或者,只要系统中有一个部件失效就能导致系统发生故障,则此系统称作可靠性串联系统。串联系统的可靠性框图如图 2.20 所示。

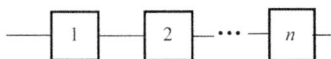

图 2.20　串联系统的可靠性框图

设串联系统 $S$ 由 $n$ 个部件组成,按定义及概率论中事件积的概念,则

$$R_S = R_1 R_2 R_3 \cdots R_n = \prod_{i=1}^{n} R_i \qquad (2-33)$$

式中　$R_S$—— 串联系统的可靠度;

　　　$R_i$—— 第 $i$ 个部件的可靠度。

由式(2-33)可知,串联系统的可靠度等于各部件可靠度之积。

显然,串联系统的可靠度比系统中可靠性最差的部件的可靠度还小,即 $R_S < \min_{i \in n} \{R_i\}$。

当部件可靠度为时间 $t$ 的函数时,有

$$R_S(t) = \prod_{i=1}^{n} R_i(t) \qquad (2-34)$$

当所有部件的寿命都服从指数分布时,有

$$R_S(t) = \prod_{i=1}^{n} \exp(-\lambda_i t) = \exp\left(-\sum_{i=1}^{n} \lambda_i t\right) = \exp(-\lambda_S t) \qquad (2-35)$$

由此可见,由寿命服从指数分布的部件(即指数型部件)组成的串联系统的寿命仍服从指数分布(即指数型系统),且串联系统的故障率等于各部件故障率之和,即

$$\lambda_S = \sum_{i=1}^{n} \lambda_i \qquad (2-36)$$

$$\text{MTBF}_S = \frac{1}{\lambda_S} = \frac{1}{\displaystyle\sum_{i=1}^{n} \lambda_i} \qquad (2-37)$$

式中　$\lambda_S$—— 系统的故障率;

　　　$\lambda_i$—— 各单元的故障率;

　$\text{MTBF}_S$—— 系统平均故障间隔时间。

若利用平均故障前工作时间($\text{MTTF}_S$)或平均故障间隔时间($\text{MTBF}_S$)代替故障率,且令 $\theta_i = \text{MTTF}_i$ 或 $\text{MTBF}_i$,则第 $i$ 个部件的故障率为

$$\lambda_i = \frac{1}{\theta_i}, \ i = 1, 2, \cdots, n \qquad (2-38)$$

于是

$$\lambda_S = \sum_{i=1}^{n} \frac{1}{\theta_i} \qquad (2-39)$$

特别是,当各部件的故障率相同时,即

$$\lambda_1 = \lambda_2 = \cdots = \lambda_n = \lambda, \theta_1 = \theta_2 = \cdots = \theta_n = \theta$$

则

$$\lambda_S = n\lambda = \frac{n}{\theta}$$

和

$$R(t) = \exp(-\lambda_S t) = \exp\left(-\frac{nt}{\theta}\right) \tag{2-40}$$

由此可见,部件数目和工作时间对串联系统的影响是相同的。为了提高串联系统的可靠度,可以缩短工作时间或尽量减少部件数目。

**例 2.9** 某航炮由 10 个部件组成的串联系统,要求该航炮的可靠度 $R_S = 0.99$,设各部件的可靠度相等,试计算各部件的可靠度。

**解** 该航炮是可靠性串联系统。由式(2-33)可知,当各部件可靠度相等时:

$$R_S = \prod_{i=1}^{10} R_i = R^{10}$$

故

$$R = R_S^{\frac{1}{10}} = 0.99^{\frac{1}{10}} = 0.998\ 99$$

若上例中只有 5 个部件,其他条件不变,则

$$R = 0.99^{\frac{1}{5}} = 0.994\ 987$$

这说明,尽量减少串联系统的部件数是提高系统可靠性的好办法。

**(二)储备系统**

当采用串联系统(即非储备系统)模型的设计不能满足可靠性指标时,可采用储备系统。现在,很多大型复杂系统都采用这种模型。例如,瞄准具采用的雷达跟踪瞄准和光学瞄准就是应用了储备系统。

储备系统的最大优点是可以用可靠性水平较低的部件组成可靠性水平较高的系统。苏联的工程师们特别重视应用储备技术,用可靠性不高的元器件组装了可靠性相当高的系统。现在常用的储备系统可分为工作储备和非工作储备两大类。

**1. 工作储备系统**

1) 并联系统的可靠度

对串联系统来说,单元数目越多,系统可靠度就越低。因此,在设计上要求结构越简单越好。然而,对于任何一个高性能的复杂系统,即使是简洁的设计也需要为数甚多的元器件,但这又需要很高的成本,有时甚至高到不可能负担的地步。另一个办法就是储备,增加系统部分或全部元器件作为储备,一旦某一元器件失效,作为储备的元器件仍可工作。这样,因某一元器件失效而不致使系统发生故障,只有在系统中储备元器件全部发生失效的情况下,系统才发生故障。这样的系统就称为工作储备系统,也称为并联系统。

若系统的全部部件中只要有一个正常,就能使系统正常工作;或者,只有系统的全部部件都失效,才能使系统发生故障,则称此系统为可靠性并联系统。并联系统的可靠性框图如图 2.21 所示。

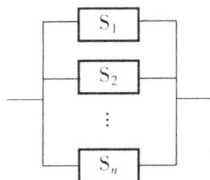

图 2.21 并联系统可靠性框图

依定义,并联系统可靠度 $R_P$ 的计算公式为

$$R_P = 1 - \prod_{i=1}^{n}(1 - R_i) \tag{2-41}$$

故
$$1 - R_P = \prod_{i=1}^{n}(1 - R_i)$$

即
$$1 - R_P \leqslant (1 - R_i)$$

于是
$$R_P \geqslant R_i \tag{2-42}$$

式(2-42)说明并联系统的可靠度大于任何一个部件的可靠度。

设 $\theta_P$ 为并联系统的平均寿命,则将 $R(t)$ 公式代入式(2-41),可推得 $n$ 个指数模型部件当其可靠度相等时,$\theta_P$ 即为

$$\theta_P = \frac{1}{\lambda}\sum_{i=1}^{n}\frac{1}{i} \tag{2-43}$$

当 $n=2$,$\lambda_1 = \lambda_2 = \lambda$ 时,

$$\theta_P = \frac{1}{\lambda}\left(1 + \frac{1}{2}\right) = \theta\left(1 + \frac{1}{2}\right) = 1.5\theta$$

这说明,并联能提高系统的平均寿命。若两部件并联可使平均寿命提高 50%,三部件并联可再提高 30%,则四部件并联只能再提高 25%。可见,并联多了,效果就不明显了。考虑到结构尺寸、质量、价格等因素,一般只用两部件或三部件并联。

是否采用并联系统,一般根据下列条件中的一条或几条决定。

①当单部件的可靠度达不到要求的指标(可能是由于设计、材料、加工等缺陷引起的),且研制新的高可靠性部件又来不及或不合算时;

②需要将偶然失效减小到最低限度时;

③当部件的失效不易发现时;

④从维修性看,装上或拆下部件很困难时;

⑤部件具有战术重要性,在工作期间不允许失效时;

⑥从经济性看,用两个或几个现有的部件比研制新的高可靠性部件花钱少时。

当然,在考虑是否采用并联系统或并联部件时,必须考虑经济性、结构尺寸、体积和质量的限制。

串联模型和并联模型是两种最基本的模型,尤其对机械产品,绝大多数都是串联模型。

串联系统好似链条,只要其中一个环节断裂了,链条就断了。链条的寿命是由寿命最短、强度最低的链环决定的。因此,串联系统的寿命等于寿命最短的部件的寿命,而其可靠度的上限等于其可靠度最低的部件的可靠度。

并联系统好似钢丝绳,只有每根钢丝都断了,绳子才断,其寿命等于寿命最长的那根钢丝的寿命。因此,并联系统的寿命等于寿命最长的部件的寿命,而可靠度的下限等于可靠度最高的部件的可靠度。

2)混联系统模型

工程系统并非单纯的串联或并联,也有串并或并串等混合模型。为方便工程计算,可用等效模型法,只需用串联、并联系统的基本公式,就可计算出系统的可靠度,对于并不十分复

杂的系统较为实用。

混联模型和等效模型如图 2.22 和图 2.23 所示。

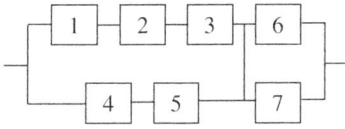

图 2.22 混联模型

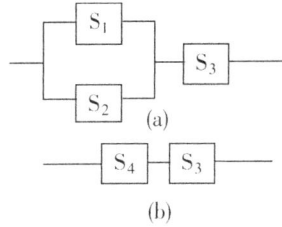

图 2.23 等效模型

将单元 1~3 串联成 $S_1$;单元 4、5 串联成 $S_2$;单元 6、7 并联成 $S_3$;再将 $S_1$、$S_2$ 并联成 $S_4$,最后将 $S_4$、$S_3$ 串联,即为该混联系统的可靠度。

对混联模型而言,并串系统的可靠度(见图 2.24)比串并系统(见图 2.25)的高,这是因为并串系统中每一个并联段各单元互为后备,当其中一个单元坏了,并不影响下一个并联单元。而在串并系统中,若其中一个单元发生故障,则并联中一条支路就发生故障。因此,并串联储备主要用于对开路故障形式的保护,而串并联主要用于短路故障形式的保护。

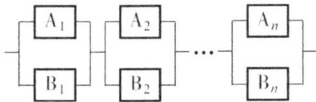

图 2.24 并串系统可靠性模型

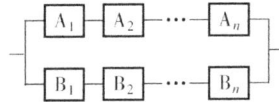

图 2.25 串并系统可靠性框图

3) $n$ 中取 $k$ 系统

所谓 $n$ 中取 $k$ 系统是指系统中有 $n$ 个部件,只要其中至少有 $k$ 个正常,系统就正常。通常,记作 $k/n$,或 $k/n(G)$。其可靠性框图如图 2.26 所示。

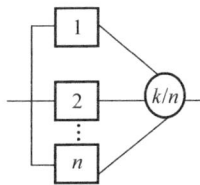

图 2.26 $k/n$ 系统的可靠性范围

例如,某飞机有 3 台发动机,只要有 2 台正常,飞机动力系统就正常,则该系统称为 2/3 系统。

不难理解,$n/n$ 系统就是串联系统,$1/n$ 系统就是并联系统。而 $(n+1)/(2n+1)$ 系统称作多数表决系统,在自动控制系统中常用。

4) 多数表决系统 $(n+1)/(2n+1)$

在 $2n+1$ 个部件中,至少有 $n+1$ 个正常,则系统正常,它是 $k/n$ 系统的特例,常用于数字电路和自动控制系统中。数字电路中的输入是 0/1,其输出也是 0/1。因此,对于两个数字电路的并联部件,若输出相同,则它们都正常的概率为 $R^2$($R$ 为每个子系统的可靠度)。若输出不同,一个为 0,另一个为 1,无法判断输出为 0 者正确还是为 1 者正确。而采用奇数个电路并联系统,以多数电路的输出为准,这就能作出合理的判断。具有判断作用的部件称作表决器。

多数表决系统的可靠性框图如图 2.27 所示。

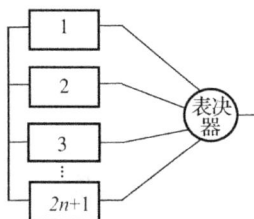

图 2.27　多数表决系统的可靠性范围

**2. 非工作储备系统(旁联系统)**

这种系统有 $n$ 个部件,其中一个部件在工作,其余 $n-1$ 个部件在储备。当工作部件发生故障时,立即由第一个储备部件接替工作;直到全部储备部件发生故障时,系统才发生故障。

根据特点的不同,非工作储备系统可分为以下三种类型。

(1)冷储备系统。冷储备系统是指处于备用状态的部件不会失效的储备系统,如图 2.28 所示。

(2)温储备系统。温储备系统是指处于备用状态的部件性能会发生缓慢的衰减而最终失效的系统。例如,部件中的橡皮零件会变质,最终会导致备用部件的可靠性下降。

(3)滑动储备系统。这种储备系统如图 2.29 所示。它具有 $N$ 个部件的串联系统和 1 个备用部件,当串联系统中的任何一个部件失效时,由备用部件接替工作。应指出,滑动备用部件可多于 1 个,它的数量取决于可靠性要求。

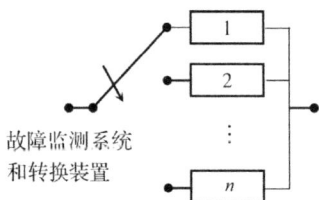

图 2.28　冷储备系统

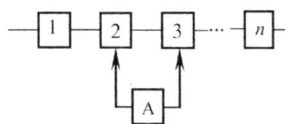

图 2.29　滑动储备系统

关于网络系统的可靠性模型,可参考有关文献。

**四、基本可靠性模型和任务可靠性模型**

**1. 基本可靠性模型**

基本可靠性模型是用以估计产品及其组成单元引起的维修及保障要求的可靠性模型。系统中任一单元(包括储备单元)发生故障后,都需要维修或更换,因此可以把它看作度量使用费用的一种模型。一个复杂的产品往往有多种功能,但基本可靠性模型是唯一的,即由产品的所有单元(包括冗余单元)组成的串联模型,因此基本可靠性模型是一个全串联模型,即使存在冗余单元,也都按串联处理。储备单元越多,系统的基本可靠性越低。

当合同中的可靠性指标为基本可靠性时,应建立全串联的可靠性模型。基本可靠性模型不能用来估计任务可靠性,只有在无冗余或替代工作模式时,基本可靠性模型与任务可靠性模型才一致。

2. 任务可靠性模型

任务可靠性模型是用以估计产品在执行任务过程中完成规定功能的概率的模型。任务可靠性模型因任务不同而不同,既可以建立包括所有功能的任务可靠性模型,又可以根据不同的任务剖面(包括任务成功或致使故障的判断准则)建立的相应的模型。任务可靠性模型一般是较复杂的串并联模型或其他模型。

3. 建立基本可靠性和任务可靠性模型的目的

在产品进行可靠性设计时,要求同时建立基本可靠性及任务可靠性模型,是因为需要在人力、物力、费用和任务之间进行权衡。例如,在某种设计方案中,为了提高其任务可靠性而大量采用储备单元,则其基本可靠性必然很低,即需要增加许多人力、设备、备件等来维修这些储备单元。在另一种设计方案中,为了减少对维修及保障要求而采用全串联模型,则其任务可靠性必然较低。设计者的责任就是要在不同的设计方案中利用基本可靠性及任务可靠性模型进行权衡,在一定条件下得到最合理的设计方案。

应该指出的是,可靠性模型应尽早建立,即使没有可用的数据,通过建模也能提供需采取管理措施的信息。例如,可以指出某些能引起任务中断或单点故障的值。随着研制工作的进展,应不断修改和完善可靠性模型。

# 第五节　系统可靠性分配与预计

## 一、可靠性分配

### (一)可靠性分配的概念

可靠性分配是可靠性设计中不可缺少的一部分,也是可靠性工程的决策性问题。为了实现系统的可靠性指标,必须把系统的指标分配给系统的各单元(子系统、设备、部件、元件、零件),以便把它设计到系统中,即把对系统的可靠性要求具体化为对单元的要求,使设计者明确对各单元的具体要求,以便采取有效、恰当的设计方法和工程措施,也便于正确地选择原材料、元器件、筛选试验等;使生产者明确对各单元的要求,设法实现;同时也可使用户(如军事代表)明确要求,便于检查。

所谓可靠性分配,是指把产品可靠性定量要求按照给定的准则分配给各组成部分而进行的工作。

可靠性指标分配问题实际上是最优化问题。因此,在分配可靠性指标时,必须明确目标函数与约束条件,基本上可分为三类:第一类是以可靠性指标为约束条件,目标函数是在满足可靠性下限的条件下,使成本、质量、体积最小且研制周期尽量短;第二类是以成本为约束条件,要求可靠性尽量高;第三类是以研制周期为约束条件,要求成本尽量低,可靠性尽量高。不管在什么情况下,都必须考虑现有技术水平能否达到所需的可靠性。

可靠性分配的方法很多,但要做到根据实际情况,又在当前技术水平允许的条件下,既快又好地分配可靠性指标,也不是一件很容易的事情。一个产品的设计,往往采用了以前成功产品的部件,若这些部件的可靠性数据已经收集得比较完整,则可靠性分配就容易得多。因此,经验对可靠性分配是很有用的。

**(二)可靠性分配的准则**

可靠性分配的方法,都是按照一定的准则进行的,但实际上不论哪一种方法,都不可能完全反映产品的实际情况。由于装备品种不同,工程上的问题也各式各样,在进行具体可靠性分配时,可以按某一原则先计算出各级可靠性指标,然后根据以下的情况,进行一定程度的修正;也可以在分配可靠性时,留有一定的可靠性指标余量,作为机动使用。

(1)对于复杂度高的分系统、设备等,应分配较低的可靠性指标。这是因为产品越复杂,其组成单元就越多,要达到高可靠性就越困难,并且要花费较多的时间和费用。

(2)对于重要度高的产品,可靠性指标应分配得高一些。这是因为关键件一旦出现故障,将使整个系统的功能受到影响,影响人身安全及重要任务的完成。

(3)对于在恶劣环境条件下工作的分系统或部件,可靠性指标要分配得低一些,这是因为恶劣环境会增加产品的故障率。

(4)对于新研制的、技术不太成熟的使用新工艺、新材料的产品,可靠性指标也应分配得低一些。这是因为高可靠性要求会延长研制时间,增加研制费用。

(5)对于易于维修的分系统或部件,可靠性指标可以分配得低一些。这样,产品一旦出问题,易于维修和更换。

**(三)可靠性分配的一般方法**

工程上有许多可靠性分配方法,如等分配法、比例组合法、最少工作量法、考虑重要度分配法、拉格朗日待定系数法、评分分配法等,下面只介绍等分配法和考虑重要度分配法。

1. 等分配法

等分配法又称平均分配法,它不考虑各个单元(或元件)的重要程度,而是把系统总的可靠度平均分配给各个单元(或元件)。

在各单元的可靠度大致相同、复杂程度相差无几的情况下,用此方法最简单。它把系统看成串联系统,并设各单元的可靠度为 $R_i$,则系统的可靠度 $R_S$ 为

$$R_S = \prod_{i=1}^{n} R_i, \ i = 1, 2, \cdots, n$$

因而,组成系统的每一个单元(或元件)的可靠度 $R_i$ 为

$$R_i = R_S^{\frac{1}{n}} \tag{2-44}$$

显然这种分配方法通常是不合理的,原因是它没有考虑到原有各分系统的可靠度,也没有考虑到各分系统的工作时间、重要性与复杂程度。因此,可能会出现有的分系统可靠度根本不能达到分给的可靠度,或者有的分系统的可靠度甚至低于原有的可靠度。这种方法只

能用在完全得不到可靠度预计数据的情况下。

**2. 考虑重要度的分配法（AGREE 法）**

假定系统由 $n$ 个分系统组成，且各分系统均由独立的标准元件构成。分系统的失效概率服从指数分布。

此时可按下式来进行分配

$$R_i = \mathrm{e}^{-\frac{t_i}{\theta_i}} = R_\mathrm{S}^{\frac{n_i}{N}} \tag{2-45}$$

而

$$\theta_i = \frac{NW_i t_i}{n_i(-\ln R_\mathrm{S})} \tag{2-46}$$

式中　$R_\mathrm{S}$—— 系统的可靠度指标；

$\theta_i$—— 第 $i$ 个分系统的平均寿命；

$t_i$—— 系统需要第 $i$ 个分系统工作的时间；

$n_i$—— 第 $i$ 个分系统的单元数；

$W_i$—— 第 $i$ 个分系统的重要度，它定义为第 $i$ 个分系统失效而引起整个系统发生失效的概率，即

$$W_i = \frac{\text{由于第 } i \text{ 个分系统的失效而造成系统失效的次数}}{\text{第 } i \text{ 个分系统的失效次数}}$$

而在有储备情况，分系统的失效并不影响系统的失效，此时 $W_i$ 小于 1。

**例 2.10**　有一火炮系统由 4 个主要分系统组成，规定火炮射击 40 发时，其可靠度指标为 0.88，试对各分系统进行可靠度分配，并求出分系统的平均故障间隔发数。分系统的基本元件数 $n_i$、重要度 $W_i$ 及规定射击发数列于表 2.6 中。

**表 2.6　某火炮有关数据**

| 分系统 $i$ | 基本元件数 $n_i$ | 重要度 $W_i$ | 规定射击数 / 发 |
|---|---|---|---|
| 驻退机 | 74 | 0.8 | 40 |
| 高低机 | 66 | 1 | 30 |
| 炮闩 | 113 | 0.9 | 40 |
| 复进机 | 62 | 0.7 | 40 |
| 共计 | $N = 315$ | | |

**解**　先求平均故障间隔射击发数，可用式（2-46）

$$\theta_i = \frac{NW_i t_i}{n_i(-\ln R_\mathrm{S})}$$

有了 $\theta_i$，可靠度 $R_i(t_i) = \mathrm{e}^{-\frac{t_i}{\theta_i}}$ 即可求出。分配时可以对可靠度指标留有余量，本例按 0.9 分配，即 $R(40) = 0.9$，$-\ln R(40) = 0.105\ 4$。

因此，各分系统的平均故障间隔射击发数和可靠度为

$$\theta_1 = \frac{315 \times 0.8 \times 40}{74 \times 0.105\,4}(发) = 1\,292, R_1 = \mathrm{e}^{-\frac{40}{1\,292}} = 0.97$$

$$\theta_2 = \frac{315 \times 1 \times 30}{66 \times 0.105\,4}(发) = 1\,358, R_2 = \mathrm{e}^{-\frac{30}{1\,358}} = 0.98$$

$$\theta_3 = \frac{315 \times 0.9 \times 40}{113 \times 0.105\,4}(发) = 952, R_3 = \mathrm{e}^{-\frac{40}{952}} = 0.96$$

$$\theta_4 = \frac{315 \times 0.7 \times 40}{62 \times 0.105\,4}(发) = 1\,350, R_4 = \mathrm{e}^{-\frac{40}{1\,350}} = 0.97$$

可靠性分配方法还有评分分配法、按复杂度分配法以及拉格朗日待定系数法等,可参考有关文献。

**(四)可靠性分配中关键性的考虑**

对由多个分系统组成的系统,在分配可靠度时,一定要考虑到分系统在整个系统中的地位。一般根据分系统所担负功能的重要程度分成三类:第一类为关键件,它的失效很可能造成人员的伤亡;第二类为重要件,它的失效可能使任务不能完成;第三类为一般件,它的失效不影响人员的安全和任务的完成,但本身的功能可能丧失。例如:反坦克导弹的起飞发动机属于关键件,它工作不正常(爆炸)对射手的生命安全有威胁;而导弹的弹上制导系统的失效,将造成任务的失败,但它不影响射手的生命安全,因此属于重要件。

为了把关键性问题考虑到可靠性分配中,一般采用加权的办法来分配。当其他因素相同时,用关键件、重要件和一般件失效概率指标之比来表示,如1:3:10 或1:5:10等。关于具体的比值的确定,就要依据具体的系统在什么样的环境中工作、时间多长等来具体确定。

**(五)不同研制阶段可靠性分配方法的选择**

进行可靠性分配,首先必须明确设计目标、限制条件、系统下属各级定义的清晰程度及有关类似产品可靠性数据等信息。随着研制阶段的进展,其可靠性分配方法也有所不同,具体可参见表2.7。

**表 2.7 不同研制阶段可靠性分配方法的选择**

| 研制阶段 | 可靠性分配方法 |
|---|---|
| 方案论证 | 等分配法 |
| 初步设计 | 评分分配法、比例组合法、最小工作量法 |
| 详细设计 | 考虑重要度和复杂度分配法、拉格朗日待定系数法 |

**(六)装备研制中可靠性分配应强调的问题**

在装备研制中,进行可靠性分配应注意以下问题。

(1)在研制阶段早期就应着手进行可靠性分配,一旦确定了装备的任务可靠性和基本可靠性要求,就要把这些定量要求分配到规定的产品层次,以便使各层次产品的设计人员尽早明确所研制产品的可靠性要求,为各层次产品的可靠性设计和元器件、原材料的选择提供依据;为转包产品、供应品提出可靠性定量要求提供依据;根据所分配的可靠性定量要求估算所需人力、时间和资源等信息。

(2)可靠性分配应结合可靠性预计逐步细化、反复迭代地进行。随着设计工作的不断深入,可靠性模型逐步细化,可靠性分配也将随之反复进行。应将分配结果与经验数据及可靠性预计结果相比较,来确定分配的合理性。若分配给某一层次产品的可靠性指标在现有技术水平下无法达到或代价太高,则应重新进行分配。

(3)应按规定值进行可靠性分配。分配时应适当留有余量,以便在产品增加新单元或局部改进设计时,不必重新进行分配。

(4)可靠性分配结果可以为其他专业工程如维修性、安全性、综合保障等提供信息。

(5)订购方在合同工作说明中应明确要求分配的产品层次、指定的产品以及可靠性水平和相关的使用与环境信息、需提交的资料等内容。

**二、系统可靠性预计**

可靠性预计是一种预测方法,是在产品可靠性模型的基础上,根据同类产品研制过程及使用中得到的故障数据和有关资料,预测产品及其单元在实际使用中所能达到的可靠性水平,或者说为了估计产品在给定的条件下的可靠性而进行的工作。

在新系统的设计阶段就要对系统的可靠性进行预计,以便及时发现设计中存在的可靠性方面的问题并及时进行修改,确保在资金和时间等资源限制下达到要求的指标。

很显然,系统的可靠性预计实际上是在系统的设计阶段根据组成系统的元器件等在规定条件下的可靠性指标、系统的结构、系统的功能以及工作方式等来推测系统的可靠性,这是一个由局部到整体、由小到大、由下到上的一种综合过程。而可靠性分配是从系统直到最低单元的由上而下的分配过程。两者往往交互进行,它也是可靠性设计的重要内容之一。下面主要介绍可靠性预计的目的、内容和方法。

**(一)可靠性预计的目的和内容**

1. 可靠性预计的目的

可靠性预计的目的有以下几点。

(1)将预计结果与要求的可靠性指标相比较,审查设计任务书中提出的可靠性指标是否能达到。

(2)在方案论证阶段,通过可靠性预计,根据预计结果的相对性进行方案比较,选择最优方案。

(3)在设计阶段,通过预计,发现设计中的薄弱环节及存在问题,及时采取改进措施,加以改进。

(4)为可靠性增长试验、可靠性鉴定试验、可靠性验收试验及费用核算等方面的研究提供依据。

(5)通过预计给可靠性分配奠定基础。

可靠性预计的主要价值在于,它可以作为设计手段,为设计决策提供依据。因此,要求预计工作具有及时性,即在决策之前做出预计,提供有用的信息,否则这项工作就会失去意义。为了达到预计的及时性,在设计的不同阶段及系统的不同级别上可采用不同的预计方法,由粗到细,随着研制工作的深化而不断细化。

在可靠性设计过程中,预计与修改设计是交替进行的,发现问题要及时修改。经验证明,修改越及时,研制周期越短,越经济。可以说,可靠性预计和修改的过程就是可靠性增长的过程。

### 2.可靠性预计的内容

可靠性预计按不同的目的和要求有不同的内容。按预计的指标不同,可靠性预计分为基本可靠性预计和任务可靠性预计。因此,必须建立相应的可靠性模型进行预计。基本可靠性预计可以表明由于产品的不可靠,给维修和保障所增加的负担;而任务可靠性预计是预计产品成功地完成规定任务的能力,以便为产品的作战效能分析提供依据,两者应结合进行。一般在产品设计的早期阶段,任务可靠性预计往往难以进行,此时,一般做必要的基本可靠性预计。随着设计工作的深入开展,两种预计可逐步同时进行,其预计结果可以为设计人员提供权衡设计的依据。通过预计,若基本可靠性不足,则可采用简化设计、使用高质量元器件或采用余度方法来解决。

按预计的时间不同,预计可分为方案论证阶段的预计和设计阶段的预计。前者的任务是估计设计方案满足可靠性指标的可能性,主要估计 MTBF 和 MTTR,对于否定不合理的方案、从几种竞争的备选方案中录用最优方案有重要作用,对节省研究时间和经费也有重要的作用,因此越来越被重视。后者的任务是估计具体设计的可靠性,在设计阶段要进行多次预计,在设计的初期、中期和最后三个阶段要分别进行可靠性预计。初期的预计是根据初期的设计草图进行的,边预计边修改,因此它只能大概地预示系统最后可能达到的可靠性水平。中期的预计能验证实现初期预计的程度,并预示最后能达到的可靠性水平。由于设计资料的增加(如环境数据和内部负载等资料),因此它比初期的预计精度高。最后的预计是根据设计的最后阶段的系统进行的,它是根据全部设计过程的资料预计的,因此它能较好地预示系统可能达到的可靠性。

### (二)可靠性预计的一般方法

在工程上,可靠性预计常用的方法包括元器件计数法、应力分析法、相似产品法、故障率预计法、专家评分法、相似产品类比法、性能参数法、上下限法等。下面只介绍常用的元器件计数法、相似产品法和评分分配法。

### 1.元器件计数法

该方法适用于电子类产品的基本可靠性预计,主要用于方案论证及初步设计阶段。这种方法是以元器件的可靠性数据为基础预计系统的可靠性。元器件的可靠性数据是不能用计算方法得出的,只能在实际的工作场合或在实验室中测出,而且大多数的零部件或元器件,都是假定失效分布类型为指数分布。由于指数分布的失效率 $\lambda$ 是一常数,因此,在作预测计算时就方便得多。目前,有些国家采用寿命试验的方法,求出各种元器件的失效率数据,编成手册以供使用。例如,我国的国军标《电子设备可靠性预计手册》(GJB/Z 299C—2006)。在元器件计数法中,元器件的质量系数、通用失效率等都可从手册中查到。

元器件计数算法用于初步设计阶段,这时已大致知道将用于某设备的各种等级和类型

（电阻器、电容器、变压器）的元器件数目，不需要知道每个元器件的工作应力。这种方法所需的信息包括每一类型的元器件的数目、该类元器件的通用失效率和质量水平以及设备的环境条件。

元器件计算法预计设备失效率的数学模型为

$$\lambda_S = \sum_{i=1}^{n} N_i(\lambda_{Gi} \cdot \pi_{Qi}) \tag{2-47}$$

式中　$\lambda_S$——设备的总失效率；

　　　$\lambda_{Gi}$——第 $i$ 个元器件的通用失效率；

　　　$\pi_{Qi}$——第 $i$ 个元器件的质量系数；

　　　$N_i$——第 $i$ 个元器件的数量；

　　　$n$——不同的元器件种类的数目。

通用失效率是指电子元器件在不同环境中，在通用工作环境温度和常用工作应用力条件下的失效率。通用工作环境温度是指在不同环境条件下各类器件在工作时通用的周围环境温度。

若设备在同一环境工作，则可直接使用上述表达式。若设备是由几个单元组成的，而且各单元的工作环境也不同（例如机载武器系统由几个单元组成，其中有些单元处于舱内，有些单元则可能悬挂在机舱外），则应将每一环境中的单元按式（2-47）计算，然后将这些单元的工作失效率相加，求出设备的总失效率。其中，环境系数可查《电子设备可靠性预计手册》（GJB/Z 299C—2006）。

**例 2.11**　某雷达的元器件数量、质量系数、失效率见表 2.8，求其 MTBF 及工作 500 h 的可靠度。

表 2.8　某雷达的元器件数量、质量系数、失效率

| 元器件类型 | 数量 | 通用失效率/$(10^{-6}/h)$ | 质量系数 | 总失效率/$(10^{-6}/h)$ |
|---|---|---|---|---|
| 单片双极电路 | 20 | 0.85 | 1 | 17 |
| 硅 NPN 晶体管 | 120 | 1.10 | 0.4 | 52.8 |
| 通用硅二极管 | 340 | 0.27 | 1 | 91.8 |
| 碳膜电阻 | 420 | 0.12 | 0.6 | 30.24 |
| 线绕电位器 | 80 | 1.84 | 0.5 | 73.6 |
| 云母电容 | 170 | 0.09 | 1 | 15.3 |
| 电感器 | 60 | 0.29 | 0.7 | 12.18 |
| 连接器 | 60 | 0.20 | 0.8 | 9.6 |
| 开关 | 4 | 1.48 | 1 | 5.92 |
| 总和 | | | | 308.44 |

**解**  $T_{BF} = \dfrac{10^6}{308.4} = 3\ 242\ h$

工作 500 h 的可靠度为 $R(500) = e^{-500/3\ 242} = e^{-0.154\ 2} = 0.857$

**2. 相似产品法**

相似产品法适用于机械、电子、机电类具有相似可靠性数据的新产品在方案论证及初步设计阶段用以预计其可靠性。这种方法是根据功能相似产品(含相似电路、相似设备)在使用中所得到的经验(数据),对新设计产品的可靠性参数进行估计。

预计的一般步骤如下:

① 确定与新设计产品最相似的现有产品,包括设备的类型、使用条件及可靠性特征等;

② 对相似产品在使用期间所有的数据进行可靠性分析;

③ 根据相似产品的可靠性,经一定修正后作出新产品可具有的可靠性水平。

该方法预计结果的准确性取决于现有产品的详细故障记录数据以及产品的相似程度。预计的基本公式为

$$\lambda_S = \sum_{i=1}^{n} \lambda_i \tag{2-48}$$

或者

$$\frac{1}{T_{BFS}} = \sum_{i=1}^{n} \frac{1}{T_{BFi}} \tag{2-49}$$

式中  $T_{BFS}$ —— 系统的 MTBF(h);

$T_{BFi}$ —— 第 $i$ 分系统的 MTBF(h)。

**例 2.12**  某种新设计的教练机,其供氧抗荷系统包括氧气瓶、氧气开关、减压器、示流器、调节器、面罩、跳伞氧调器、抗荷分系统等,试用相似产品法预计该供氧抗荷系统的 MTBF。

**解**  收集到的同类机种抗荷系统的可靠性数据及预计值见表 2.9。

**表 2.9  收集到的同类机种抗荷系统的可靠性数据及预计值**

| 产品名称 | 单机配套数 | 老产品的MFHBF | 预计的MFHBF | 备　注 |
|---|---|---|---|---|
| 氧气开关 | 3 | 1 192.8 | 3 000 | 选用新型号,可靠性大大提高 |
| 氧气减压器 | 2 | 6 262 | 6 262 | 选用老品 |
| 氧气示流器 | 2 | 2 087.3 | 2 087.3 | 选用老品 |
| 氧气调节器 | 2 | 863.7 | 863.7 | 选用老品 |
| 氧气面罩 | 2 | 6 000 | 6 500 | 在老品的基础上局部改进 |
| 氧气瓶 | 4 | 15 530 | 15 530 | 选用老品 |
| 跳伞氧气调节器 | 2 | 6 520 | 7 000 | 在老品的基础上局部改进 |
| 氧氯余压指示器 | 2 | 3 578.2 | 4 500 | 选用新型号,可靠性大大提高 |
| 抗荷分系统 | 2 | 3 400 | 3 400 | 选用老品 |
| 整个供氧抗荷系统 | | 122.65 | 154.4 | |

3. 评分法

该方法适用于机械、机电类产品,产品中仅有个别单元的故障率数据,用于产品的方案论证及初步设计中。

这种方法是依靠有经验专家的工程经验按照几种因素进行评分。按评分结果,由已知的某单元故障率数据,根据评分系数算出其余单元的故障率。

1) 评分考虑因素

评分考虑的因素可按产品特点而定。这里介绍常用的 4 种评分因素,每种因素的分数在 $1\sim10$ 之间。

(1) 复杂度——它是根据组成分系统的元部件数量以及它们组装的难易程度来评定,最简单的评 1 分,最复杂的评 10 分。

(2) 技术发展水平——根据分系统目前的技术水平和成熟度来评定,水平最低的评 10 分,水平最高的评 1 分。

(3) 工作时间——根据分系统工作时间来评定。系统工作时,分系统一直工作的评 10 分,工作时间最短的评 1 分。

(4) 环境条件——根据分系统所处的环境来评定,分系统工作过程中会经受极其恶劣和严酷的环境条件的评 10 分,环境条件最好的评 1 分。

2) "专家评分" 的实施方法

已知某一分系统的故障率为 $\lambda^*$,算出的其他分系统故障率 $\lambda_i$ 为

$$\lambda_i = \lambda^* \cdot C_i \tag{2-50}$$

式中　$i$—— 分系统数,$i = 1, 2, \cdots, n$;

$C_i$—— 第 $i$ 个分系统的评分系数,$C_i = \omega_i / \omega^*$; $\tag{2-51}$

$\omega_i$—— 第 $i$ 个分系统评分数;

$\omega^*$—— 故障率为 $\lambda^*$ 的分系统的评分数。

$$\omega_i = \prod_{j=1}^{4} r_{ij} \tag{2-52}$$

式中　$r_{ij}$—— 第 $i$ 个分系统,第 $j$ 个因素的评分数;

$j = 1$—— 复杂度;

$j = 2$—— 技术发展水平;

$j = 3$—— 工作时间;

$j = 4$—— 环境条件。

**例 2.13**　某飞行器由动力装置、武器等 6 个分系统组成(见表 2.10)。已知制导装置故障率 $\lambda^* = 284.5 \times 10^{-6}/h$,试用评分法求其他分系统的故障率。一般计算可用表格进行,见表 2.10。

表 2.10　某飞行器的故障率计算

| 序　号 | 分系统名称 | 复杂度 $r_i$ | 技术水平 $r_{i2}$ | 工作时间 $r_{i3}$ | 环境条件 $r_{i4}$ | 分系统评分数 $\omega_i$ | 分系统评分系数 $C_i = \omega_i/\omega^*$ | 各分系统的故障率/ $(10^{-6}/\text{h})$ $\lambda_i = \lambda^* \cdot C_i$ |
|---|---|---|---|---|---|---|---|---|
| 1 | 动力装置 | 5 | 6 | 5 | 5 | 750 | 0.300 | 85.4 |
| 2 | 武器 | 7 | 6 | 10 | 2 | 840 | 0.336 | 95.6 |
| 3 | 制导装置 | 10 | 10 | 5 | 5 | $(\omega^*)$ 2 500 | 1 | $(\lambda^*)$ 284.5 |
| 4 | 飞行控制装置 | 8 | 8 | 5 | 7 | 2 240 | 0.896 | 254.9 |
| 5 | 机体 | 4 | 2 | 10 | 8 | 640 | 0.256 | 72.8 |
| 6 | 辅助动力装置 | 6 | 5 | 5 | 5 | 750 | 0.3 | 85.4 |

表 2.10 中最右列即预计的各分系统故障率。把该列数值相加,即得该飞行器故障率为 $878.6 \times 10^{-6}/\text{h}$。

**(三)不同研制阶段可靠性预计方法的选取**

在研制的不同时期,可采用不同的方法进行预计,现小结如表 2.11 所示。

表 2.11　不同研制阶段预计方法的选取

| 研制阶段 | 可靠性预计方法 |
|---|---|
| 方案论证 | 性能参数法、相似产品法 |
| 初步设计 | 评分法、元器件计数法、相似产品类比论证法 |
| 详细设计 | 故障率预计法、应力分析法、上下限法 |

(1)方案论证阶段。在这个阶段,信息的详细程度只限于系统的总体情况、功能要求和结构构想。一般采用性能参数法或相似产品法,以工程经验来预计系统的可靠性,为方案决策提供依据,此阶段被称为"可行性预计"阶段。

(2)初步设计阶段。该阶段已有了工程图或草图,系统的组成已确定,可采用元器件计数法、评分法、相似产品类比论证法预计系统的可靠性,发现设计中的薄弱环节并加以改进,此阶段被称为"初步预计阶段"。

(3)详细设计阶段。这个阶段的特点是系统的各个组成单元都具有了工作环境和使用应力的信息,可采用应力分析法或故障率预计法来较准确地预计系统的可靠性,为进一步改进设计提供依据,此阶段被称为"详细预计阶段"。

**(四)装备研制和试验时可靠性预计应强调的问题**

(1)可靠性预计作为一种工具主要用于选择最佳方案,在选择了某一设计方案后,通过可靠性预计可以发现设计中的薄弱环节，以便采取改正措施。另外，通过可靠性预计和分配的相互配合，可以把规定的可靠性指标合理分配给产品的各组成部分。通过可靠性预计可以推测产品能否达到可靠性要求，但绝不能把预计值作为可靠性要求满足程序的依据。产品可靠性最终结果只能依靠可靠性试验确定。

（2）产品的复杂程度、研制费用及进度要求等直接影响着可靠性预计的详略程度，产品不同及所处研制阶段不同，可靠性预计的详细程度及方法也不同。可靠性预计可在不同的层次上进行。约定层次的确定必须考虑产品的研制费用、进度要求和可靠性要求，并应与进行故障模式、影响及危害性分析（FMECA）的最低产品层次一致。

（3）应尽早利用可靠性预计结果，为转阶段决策提供信息，因此，可靠性预计的时机应在合同及有关文件中予以规定。

（4）基本可靠性预计应全面考虑从产品接收到退役期间的可靠性，即应是全寿命周期的可靠性预计。产品在整个寿命周期内除工作状态外，还处于不工作（如待命、待机等）、储存等非工作状态。应分别计算各状态下的故障率，然后加以综合，从而预计出装备可靠性值。任务可靠性预计应考虑每一任务剖面的可靠性要求。

（5）通过预计，若基本可靠性不足，则可通过简化设计、采取高质量等级的元器件和零部件、改善应力条件、调整性能容差等措施来弥补。但采用冗余技术会增加产品的复杂程度、降低基本可靠性。必要时，应重新进行可靠性分配。

（6）可靠性预计值必须大于规定值。预计结果不仅用于指导设计，还可为可靠性试验、维修计划制订、保障性分析、安全性分析等提供信息。

（7）订购方应在合同说明中明确：产品的寿命剖面和任务剖面；确认的预计方法；失效率数据的来源；由订购方指定的产品，应提供其可靠性水平和相关的使用与环境信息；需提交的资源项目等内容，以保证可靠性预计的合理性和准确性。

# 第六节　系统可靠性分析

为了提高产品的可靠性，在可靠性设计阶段就必须对系统及组成系统的单元可能的故障进行详细的分析，以便发现薄弱环节，提出改进措施。本节重点介绍故障分析、故障模式、影响与危害性分析及故障树分析的有关内容。

## 一、故障及故障（失效）分析

故障、故障模式及故障（失效）分析是故障模式影响与危害性分析以及故障树分析的基础，因此，应先了解与其有关的概念。

### （一）故障的定义及分类

1. 故障的定义

《可靠性维修性保障性术语》（GJB 451A—2005）对故障的定义：产品不能执行规定功能的状态，通常称功能故障。与故障定义相应的"失效"的定义：产品丧失完成规定功能能力的事件。

从上述定义可以看出,一般情况下,"故障"与"失效"是同义词,在含义上没有绝对的不同。"失效"一般用于不可修复产品,"故障"用于可修复产品。

故障与人们预先规定的要求、任务密切相关,因此在判断产品是否故障时,就必须预先确定故障的判别标准,即故障判据。故障判据不明确,就会造成订购方和承制方在交货、维修服务等方面不必要的纠纷。

**2. 故障(失效)的分类**

进行可靠性分析,首先应了解、掌握故障的分类,以便明确各种故障(失效)的物理概念,进而分门别类地解决各种类型的故障。按照不同的方式,可将故障进行如下分类。

1)按故障原因划分

(1)误用故障,指不按规定条件使用产品而引起的故障。

(2)本质故障,指产品在规定的条件下使用,由于产品本身固有缺陷而引起的故障。

(3)初次故障,指一个产品的故障不是由于另一个产品的故障而直接或间接引起的故障。

(4)从属故障,指由另一产品故障而引起的故障,亦称诱发故障。

(5)独立故障,指不是由另一产品的故障而引起的故障,亦称原发故障。

(6)早期故障,指产品在寿命周期的早期因设计、制造、装配的缺陷等原因发生的故障。其故障率随着寿命单位数的增加而降低。

(7)偶然故障,指由于偶然因素而引起的故障。

(8)耗损故障,指因疲劳、磨损、老化、耗损等原因引起的故障,其故障率随着寿命单位数的增加而增加。

2)按故障的急速程度划分

(1)突然故障,指通过事前的测试或监控不能预测到的故障。

(2)渐变故障,指通过事前的测试或监控可以预测到的故障。

3)按故障后果的严重性划分

(1)间歇故障,指产品发生故障后,不经修复而在限定时间内能自行恢复功能的故障。

(2)轻度故障,指不至引起复杂产品完成规定功能能力降低的产品组成单元的故障。

(3)严重故障,指导致产品不能完成规定任务的故障,有时称致命故障。

(4)灾难故障,指导致人员伤亡、系统毁坏、重大财产损失的故障。

4)按功能划分

(1)功能故障,指某项目(或含此项目的设备)不能满足规定的性能指标的故障。

(2)潜在故障,指产品或其组成部分即将不能完成规定功能的可鉴别的状态。

5)按故障的责任划分

(1)非关联故障和关联故障,指已经证实是未按规定的条件使用而引起的故障,或已经证实仅属某项将不采用的设计所引起的故障;否则,为关联故障。

(2)非责任故障和责任故障,指非关联故障或事先已经规定不属某个特定组织提供的产品的关联故障;否则,为责任故障。

故障还可分为共因故障、隐蔽故障、现场故障、试验故障等。

**(二)故障(失效)模式**

1. 故障(失效)模式的定义

故障(失效)模式是指相对于给定的规定功能,故障产品的表现形式。它一般是能被观察到的一种故障现象,如电路的短路、开路,机械产品的工件断裂、过度耗损等。

研究故障模式是为了找出故障的原因,它是"故障模式、影响及危害性分析"(FMECA)方法的基础。因为 FMECA 的本质就是建立在故障模式的基础上的。同时,它也是进行其他一些故障分析方法(如故障树分析)的基础之一。因此,有必要了解清楚产品在各功能级上的全部故障模式。

2. 常见的故障(失效)模式

在产品研制的整个阶段,需要掌握产品的全部故障模式。一般来说,产品的故障模式可通过统计、实验逐步积累资料。具体而言,可按下述办法完成所有模式的鉴别。

(1)对新品元器件,一般选用相似产品作为新品的故障模式并作为新品可靠性设计的基础。

(2)对已知或常用的元器件,可采用实际结果为依据。

(3)对于复杂的元器件或多个零件组成的部件,可将此部件作为系统处理。

(4)对于那些潜在的故障模式,可借助于该产品某些物理参数或测试加以推断。

表 2.12 中列出的故障模式内容可作为可靠性分析与设计参考。

**表 2.12　可能发生的故障模式**

| 序　号 | 故障模式 | 序　号 | 故障模式 |
|---|---|---|---|
| a. | 结构破损 | m. | 错误动作 |
| b. | 机械卡死 | n. | 不能开机 |
| c. | 不能开 | o. | 不能关机 |
| d. | 不能关 | p. | 电短路 |
| e. | 误开 | q. | 电开路 |
| f. | 误关 | r. | 电泄漏 |
| g. | 内漏 | s. | 无输入 |
| h. | 外漏 | t. | 无输出 |
| i. | 超出允许上限 | u. | 不能切换 |
| j. | 超出允许下限 | v. | 提前运行 |
| k. | 意外运行 | w. | 滞后运行 |
| l. | 错误指示 | x. | 其他 |

**(三)故障(失效)分析**

1. 故障(失效)分析的概念

故障分析是指当产品发生故障后,通过对产品及其结构、使用和技术文件等进行逻辑系统的研究,以鉴别故障模式、确定故障原因和故障机理的过程。

从上述定义可以看出,故障分析实质是对发生和可能发生故障的系统及其组成单元,从材料、结构设计、生产工艺、理化、电学等方面,采用物理的、化学的手段揭示产品故障内在机理,并提出针对性纠正措施,从而改善和提高产品的可靠性的过程。

2. 故障(失效)分析的作用

故障分析的作用如下。

(1)通过故障分析得到改进设计、工艺或应用理论。

(2)通过了解引起故障的物理现象得到预测可靠性模型公式。

(3)为可靠性试验(加速寿命试验、筛选试验)条件提供理论依据和实际分析手段。

(4)在处理工程中元器件质量问题时,为是否整批采用与否提供决策依据。

(5)通过实施故障分析的纠正措施,可以提高成品率和可靠性,减少系统试验和运行工作时的故障,取得明显的经济效益。

3. 故障(失效)分析的内容

产品产生故障的原因既有内因也有外因,从内因、外因等各方面进行综合因素考虑,就提出了"故障物理学"问题。故障物理学(或可靠性物理学)对产品的故障提出了如下一些模型:应力强度模型、界限模型、耐久模型及故障率模型等。有一些产品的故障容易进行物理分析。例如,全密封液体钽电容的爆炸问题,其物理原因是钽电容内的电化学产生的气体积累在壳内,使内压不断增加,当超过壳的极限强度时,就会引起爆炸。但是,有些产品的故障需求比较精密的分析手段。例如,长寿命、高可靠的电子管的故障,必须通过结构分析及先进的仪器测试手段等。采用工艺、材料、结构的改进可以分析故障原因,从而延长产品的寿命。

因此,可以总结出故障分析的四项内容如下。

(1)收集故障数据:包括故障模式、环境、应力、工作条件等数据以及故障实物。

(2)分析故障机理:根据故障模式,结合产品设计、材料、故障产品的使用环境及工作条件,从理论上分析其故障机理。必要时深入到分子、原子水平来解释故障物理、化学过程。

(3)实验验证:通过有关实验,验证上述故障机理分析的正确性。

(4)反馈与纠正:针对故障机理,反馈给有关部门(设计、工艺、生产或管理部门),有关部门提出针对性的纠正措施。

4. 故障(失效)分析的步骤

故障分析步骤可总结如下。

①确认故障现象;

②明确故障分析的深度;

③根据故障现象,列举故障部位的全部疑点;

④确定排除疑点部位;

⑤逐步定位故障部位;

⑥提出导致故障部位现象的各种假设;

⑦用试验方法验证假设;

⑧提出并评审预防故障的方案;

⑨试验预防故障方案的效果;

⑩实施防护故障的方案。

故障(失效)分析常用于系统故障分析和元器件分析。系统故障分析是对整机而言的,其原则:先方案后操作,先安检后通电,先弱电后强电,先静态后动态,先外部后内部,先宏观后微观,先外设后主机,先一般后特殊,先公用后专用,先主要后次要,先断电后换件,先无损后破坏。整机故障分析常用理论分析和实践分析,理论分析常用故障模式、影响及危害性分析和故障树分析,具体操作方法有 9 种,即感官诊断法、插出插入法、换上备件法、静态测量法、动态测量法、电源检偏法、升高温度法、降低温度法和假设定值法。而元器件故障分析常用元器件焊接技术和元器件故障部位定位技术来分析。

## 二、故障模式、影响及危害性分析

### (一)FMECA 有关概念

故障模式、影响及危害性分析(FMECA)包括故障模式、影响分析(FMEA)和危害性分析(CA)。

#### 1. 故障模式、影响分析

故障模式、影响分析(FMEA),即故障模式分析(FMA)与故障影响分析(FEA)的组合,目的是分析产品中每一个可能的故障模式并确定其对该产品及上层产品所产生的影响,以及把每一个故障模式按其影响的严重程度予以分类的一种分析技术。

1)FMEA 的目的

通过 FMEA 可以达到如下目的。

(1)能帮助设计者和决策者从各种方案中选择满足可靠性要求的最佳方案。

(2)保证所有元器件的各种故障模式及影响都经过周密考虑。

(3)能找出对系统故障有重大影响的元器件和故障模式,并分析其影响程度。

(4)有助于在设计评审中对有关措施(如冗余)、检测设备等作出客观评价。

(5)能为进一步定量分析提供基础。

(6)能为进一步更改设计提供资料。

2)FMEA 的方法

FMEA 一般有硬件法、功能法和工艺法,下面介绍常用的硬件法和功能法。

(1)硬件法。硬件法是根据产品的功能对每个故障模式进行评价,用表格列出各个产品,并对可能发生的故障模式及其影响进行分析。当产品可按设计图纸及其他工程设计资料明确确定时,一般采用硬件法。这种方法适用于从零件开始分析再扩展到系统级,即自下而上进行分析。也可以从任一层次开始向任一方向进行分析。采用这种方法进行 FMEA 是较为严格的。

(2)功能法。功能法认为每个产品可以完成若干功能,而功能可以按输出分类。使用这种方法时,将输出一一列出,并对其故障模式进行分析。当要求从初始约定层次开始向下分析,即自上而下分析时,一般采用功能法。也可以在产品的任一层次开始向任一方向进行。这种方法比硬件法简单。

具体采用哪种方法进行分析,取决于产品的复杂程度和可用信息的多少。对复杂系统进行分析时,可考虑综合采用功能法和硬件法。

## 2.危害性分析

危害性分析(CA)是按每一故障模式的严酷度类别及故障模式的发生概率所产生的影响对其划等分类,以全面地评价各种故障模式的影响。危害性分析是 FMEA 的补充和扩展,没有 FMEA,就不能进行危害性分析。

在 CA 中,常用到危害度概念,它是指其中故障模式影响的严酷程度,一般分为以下四类。

(1)Ⅰ类(灾难性故障)。它是一种会造成人员死亡或系统(如飞机)毁坏的故障。

(2)Ⅱ类(致命性故障)。它是一种导致人员严重受伤、器材或系统严重损坏,从而使任务失败的故障。

(3)Ⅲ类(严重故障)。这类故障将使人员轻度受伤、器材及系统轻度损坏,从而导致任务推迟执行,或任务降低,或系统不能起作用(如飞机误飞)。

(4)Ⅳ类(轻度故障)。这类故障的严重程度不足以造成人员受伤、器材或系统损坏,但需要非定期维修或修理。

## 3.故障模式、影响及危害性分析

故障模式、影响及危害性分析(FMECA)是指同时考虑故障发生概率与故障危害程度的故障模式与影响分析。它是在 FMEA 基础上增加一层任务,即判断这种故障模式影响的严酷程度(或称危害度)有多大,使分析量化。因此,FMECA 也看作是 FMEA 的一种扩展。

FMECA 可用于整个系统到零部件的任何一级,一般根据要求和可能在规定的产品层次上进行。另外,任何故障状态造成的危害程度,要从这个故障发生的概率及其影响的严重性这两个方面来加以综合描述。因此,描述一个故障状态的危害度,既需要这个故障模式发生的概率,又需要一个数值尺度,以便按照所考虑的数据判断后果的严重性。把故障模式发生的概率和故障影响的危害度两者定量化,能给出一个失效状态危害度的定量描述,有助于采取正确的修正措施,确定修正工作的重点,以及建立起可接受和不可接受风险之间的清楚界限。

关于一个故障模式发生的概率,FMECA 不要求精确计算,一般可分为以下五个等级。

①A 级(经常发生),即一种故障出现概率大于总故障概率的 20%;

②B 级(很可能有时发生),即一种故障出现概率为总故障概率的 10%～20%;

③C 级(偶然发生的),即一种故障出现概率为总故障概率的 1%～10%;

④D 级(很少发生的),即一种故障出现概率为总故障概率的 0.1%～1%;

⑤E 级(极少发生),即一种故障出现概率小于总故障概率的 0.1%。

在确定一个故障模式的危害程度等级及这个故障模式发生的概率等级之后,可做出危害度矩阵图。它是用来确定每一故障模式的危害程度并与其他故障模式相比较,表示故障模式的危害度分布的图形。它的构成方法是将故障模式危害度等级作为横坐标,以故障模式概率等级作为纵坐标,将每一设备或故障模式标志编码填入矩阵的相应位置,然后从该位置点到坐标原点连接直线。从原点开始离原点越远的故障模式,其危害度越严重,越需要先采取改正措施。危害度矩阵图如图 2.30 所示。

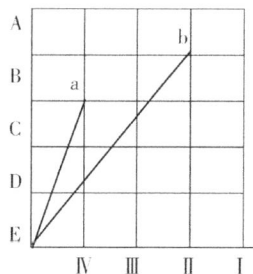

图 2.30　危害度矩阵图

**(二)FMECA 的作用和要求**

FMECA 是一种系统化的可靠性分析程序。它通过系统地分析,确定元器件、零部件、设备、软件在设计和制造过程中所有潜在的故障模式以及每一故障模式的原因和影响,并按故障影响的后果对每一潜在故障模式划等分类(即危害度分析),以便找出潜在的薄弱环节,并提出改进措施。

1. FMECA 的作用

FMECA 的作用如下。

(1)通过 FMECA 分析结果,设计人员可以采用冗余技术来提高任务可靠性,并确定对基本可靠性不至于产生难以接受的影响。

(2)提出在设计中是否要进行一些其他分析(如电路容差分析等)。

(3)考虑采取其他的防护措施(如环境防护等)。

(4)为评价机内测试的有效性提供信息。

(5)确定产品可靠性模型的正确性。

(6)确定可靠性关键产品。

(7)进一步进行维修工作分析。

2. FMECA 的要求

(1)FMECA 应在规定的产品层次上进行。通过分析发现潜在的薄弱环节,即可能出现的故障模式、每种故障模式可能产生的影响(对寿命剖面和任务剖面的各个阶段可能是不同的),以及每种影响对安全性、战备完好性、任务成功性、维修及保障资源要求等方面带来的危害。对每种故障模式,通常用故障影响的严重程度以及发生的概率来估计其危害程度,并根据危害程度确定采取纠正措施的优先顺序。

（2）FMECA 应与产品设计工作同步并尽早开展，对设计、生产制造、工艺规程等进行更改，对更改部分应重新进行 FMECA。

（3）FMECA 的对象包括电子、电气、机电、机械、液压、气动、光学结构等硬件和软件，并应深入到任务关键产品的元器件或零件级。应重视各种接口（硬件之间、软件之间及硬件软件之间）的 FMECA，进行硬件与软件相互作用分析，以识别软件对硬件故障的响应。

（4）应进行从设计到制造的 FMECA，就对工艺文件、图样（诸如电路板布局、线缆布线、连接器锁定）、硬件制造工艺等进行分析，以确定产品从设计到制造过程中是否引入了新的故障模式，应以设计图样的 FMECA 为基础，结合现有工艺图样和规程进行分析。

（5）承制方应按下列任一原则，确定进行 FMECA 的最低产品层次。

① 与实施保障性分析的产品层次一致，以保证为保障性分析提供完整输入；

② 可能引起灾难和致命性故障的产品；

③ 可能发生一般性故障但需要立即维修的产品。

（6）FMECA 应为转阶段决策提供信息，在有关文件（如合同、FMECA 计划）中应规定进行 FMECA 的时机和数据要求。

**（三）FMECA 的内容**

FMECA 的内容如下。

（1）列出系统的所有元器件和零部件的故障模式。

（2）根据系统的可靠性逻辑关系，用归纳推理的方法，分析上述各种故障模式对系统各部分的功能造成的影响和后果。

（3）判定各种故障模式对系统各部分的功能造成的故障影响的严重等级。

（4）如果需要的话，还应估计上述故障影响发生的概率。

（5）根据故障影响的严重等级和发生概率估计出相应的危害度。

（6）从上述分析，提取出那些后果严重的故障影响的有关信息，制作致命故障报告表并上报有关部门，以便及时采取综合措施，将潜在的可能导致严重后果的故障模式尽早消除。

**（四）完成 FMECA 所需的信息**

**1. 系统结构的信息**

（1）系统的不同组成单元的特征、性能、作用和功能。

（2）各单元之间的联系。

（3）冗余的级别和冗余系统的性质。

（4）系统在整个装备的位置（如有可能的话）。

（5）对所有需要分解级，直至最高级，都要求有关于功能、特征和性能的数据。

**2. 系统的起动、运行、控制和维修的信息**

应该说明系统在不同工作条件下的状态，以及在不同运行阶段、系统及其部件构成和位置的变化。应对系统的最低性能要求给出定义，而且就规定的性能和损害程度而论，应考虑有效性和安全性的特殊要求。

进行 FMECA 时,必须了解以下情况。

(1)每项任务的持续时间。

(2)周期性试验的时间间隔。

(3)系统在发生严重后果之前,能用于采取纠正活动的时间。

(4)整个装备、环境和人员情况。

(5)修理活动及其所需的时间、设备或人员情况。

进一步要求的信息如下:

①系统开机的操作程序;

②工作期间各阶段的控制;

③维护和(或)维修;

④例行测试的程序(如果使用的话)。

**3.系统的环境信息**

应该规定系统的环境条件,包括周围环境条件和由装备中其他系统形成的局部环境。应该对系统与其辅助设备或其他系统和人机接口的相互关系等进行仔细描述。

所有以上这些信息(因素)在系统的初步设计阶段通常都不太十分清楚,因此,有时需要作些假设。随着设计及工程的进展,数据将逐步完善,同时,FMECA 应按新的信息或已变化的假设作必要的修改。

**(五)FMECA 的实施步骤**

(1)明确系统的全部情况。主要包括系统的功能和相应的可靠性框图,可能具有的工作模式及其变化规律,所处的环境及可能的变化、故障数据等。

(2)正确划分系统的功能级。一般可根据系统内部的功能分工,按系统结构和位置将系统大致分为五个功能级,即回路级→单元级→组件(部件)级→子系统级→系统级。前一级的失效影响就是后一级的故障模式。

(3)建立所分析系统的失效模式清单,尽量不要遗漏。

(4)分析造成各种故障模式的原因。

(5)分析各种故障模式可能导致的局部影响和最终影响。

(6)研究并提出各故障模式及其故障影响的检测方法,也就是对故障采用什么方法进行判别,故障判据是什么。

(7)针对各种故障模式、原因和影响提出可能的预防措施和改正方法。

(8)确定各种故障影响的危害程度等级。

(9)确定各种故障模式的发生概率等级。

(10)画出各故障模式危害度矩阵图,估计危害度。

(11)填写 FMEA(或 FMECA)报告表,表格的安排可参照表 2.13。

**表 2.13  FMECA 工作单**

系　　统＿＿＿＿＿＿＿　　　　日　　期＿＿＿＿＿＿＿

产品等级＿＿＿＿＿＿＿　　　　页　　次＿＿＿＿＿＿＿

参考图纸＿＿＿＿＿＿＿　　　　填　　表＿＿＿＿＿＿＿

任　　务＿＿＿＿＿＿＿　　　　批　　准＿＿＿＿＿＿＿

| 序　号 | 零件名称 | 故障模式 | 故障原因 | 任务阶段 | 故障影响 | | | 检测方法 | 预防措施 | 严酷度分类 | 概率等级 | 危害度 |
|---|---|---|---|---|---|---|---|---|---|---|---|---|
| | | | | | 自身 | 对上一级 | 最终 | | | | | |
| | | | | | | | | | | | | |
| | | | | | | | | | | | | |
| | | | | | | | | | | | | |

该报告表可以包括在一个更为广泛的文件中,也可单独存在。比较全面、广泛的文件应包括一个详细的分析记录和一个摘要。摘要应包括对分析方法和分析级别、假设和基本规定的简短说明,为设计师、维修工程师、计划工作人员和使用者提出的建议,最初已经单独发生而又引起严重影响的失效,以及已经作为 FMEA(或 FMECA)的结果被采纳的设计变更。

(12)将Ⅲ、Ⅳ级危害级的故障模式及其失效影响提出来,另制成《致命性故障报告》。

关于产品 FMECA 分析实例可参考文献[15]。

### 三、故障树分析

#### 1. 故障树分析概述

故障树分析(FTA)是一种对复杂系统进行可靠性、安全性分析及预测的方法。它通过对可能造成产品故障的硬件、软件、环境、人为因素等进行分析,画出故障树,从而确定产品故障原因的各种可能组合方式和(或)其发生概率的一种分析技术。它与故障模式、影响及危害度分析(FMECA)有联系,但又是 FMECA 的进一步发展,两者的分析方法完全不同。FMECA 是从构成系统的单元故障模式出发,最后确定这些故障模式对系统的影响。它主要进行定性分析,是一种"下"到"上"的分析方法,重点考虑构成系统的每一单元出现故障时对系统造成的影响及危害,因而可以说它是一种归纳分析的方法。而 FTA 是一种演绎分析的方法。它是先从系统的故障(称为顶事件)开始,逐级向下分析构成此系统的子系统、组件(部件)、单元等有些怎样的故障会造成这一后果。它既可做定性分析,又可做定量计算,是一种"上"到"下"的分析方法,因而这个方法的着重点是考虑整个系统。它既考虑某个单元故障,也可考虑几个单元同时出现故障时对系统的影响。

FTA 应随着研制阶段的展开不断完善和反复迭代。当设计更改时,应对 FTA 进行相应的修改。

国家标准《故障树名词术语和符号》(GB/Z 4888—2009)、《故障树分析程序》(GB

7829—1987)，国家军用标准《故障树分析指南》(GB/Z 768A—1998)是进行 FTA 工作的基础与依据。

**2. 故障树分析的目的**

故障树分析是系统可靠性和安全性分析的工具之一。故障树分析包括定性分析和定量分析。定性分析的主要目的是寻找导致与系统有关的不希望事件发生的原因和原因的组合，即寻找导致顶事件(系统故障)发生的所有故障模式。它是通过简化故障树、建立故障树数学模型和求最小割集的方法来进行定性分析的。定量分析的主要目的是，当给定所有底事件(元器件、单元失效)发生的概率时，求出顶事件发生的概率、重要度和灵敏度和其他定量指标。在分析的基础上，识别设计薄弱环节，采取措施，从而提高产品可靠性。

FTA 在武器系统可靠性工作中占有非常重要的地位。在产品的设计过程及设计定型阶段，对产品的安全性及作用可靠性进行评估、预测和分配时，大多是采用故障树分析法进行的。

**3. 故障树分析的特点**

FTA 之所以得到迅速发展，是因为它具有以下特点。

(1)具有很大的灵活性。FTA 不局限于对系统可靠性做一般的分析，而是可以分析系统的各种故障状态。不仅可以分析某些元、部件故障对系统的影响，还可以对导致这些元、部件故障的特殊原因(环境的、人为的)进行分析，予以统一考虑。

(2)FTA 是一种图形演绎方法，是故障事件在一定条件下的逻辑推理方法。它可以围绕某些特定的失效状态做层层深入的分析，因而在清晰的故障树图形下，表达系统的内在联系，并指出元、部件失效与系统之间的逻辑关系，找出系统的薄弱环节。

(3)进行故障树分析的过程，也是对系统更深入认识的过程。它要求分析人员把握系统的内在联系，弄清各种潜在因素对故障发生影响的途径和程度，因而许多问题在分析过程中就被发现和解决了，从而提高系统的可靠性。

(4)通过 FTA 可以定量地计算复杂系统的故障概率及其他可靠性参数，为改善和评估系统可靠性提供定量数据。

(5)故障树建成后，对不曾参与系统设计的管理和维修人员来说，相当于一个形象的管理、维修指南。因此，建造 FTA，对培训长期使用、维修人员更有意义。

**4. 故障树分析的一般步骤**

(1)建造故障树。

(2)建立故障树的数学模型。

(3)故障树定性分析。

(4)故障树定量计算。

**5. 故障树分析法的优缺点**

故障树分析的程序、故障树分析所用的术语和符号可参见《故障树分析程序》(GB 7829—1987)和《故障树名词术语和符号》(GB/T 4888—2009)，此处不再赘述。

故障树分析法有以下优点。

(1)通过建树过程可以全面了解系统的组成及工作情况，并且能专门研究某些系统特殊的故障问题。

(2)可较全面地考虑一切外部环境影响及人为失误等故障事件。

(3)可利用演绎法寻找故障原因。

(4)故障树的图示模型可以给设计、使用、维修人员提供一种修改设计和故障诊断的工具。

(5)可以对系统进行可靠性定性、定量评价。

但故障树也有以下缺点。

(1)工作量大,既不经济又费时。

(2)易疏忽或遗漏某些有用信息,且有些失效数据又不能充分利用。

(3)得到的结果不易检查。

(4)处理共因故障的工作量大,对从属及相依故障则难以处理。

(5)在一般条件下,对待机储备和可修系统难以分析。

在武器装备研制过程中,FTA应随研制阶段的展开不断完善和反复迭代。当设计更改时,应对FTA进行相应修改。FTA作为FMECA的补充,主要是针对影响安全和任务的灾难性和致命性的故障模式作为顶事件进行故障树分析的,因此,在订购方的合同工作说明中,应明确顶事件的约定。

# 第三章  可靠性试验

可靠性试验是对产品的可靠性进行调查、分析和评价的一种手段。它的作用是通过对试验结果的统计分析和故障分析,评价产品的可靠性,找出可靠性的薄弱环节,推荐改进建议,以便提高产品的可靠性。因此,它是可靠性工程技术的重要支柱之一。

本章重点讨论环境应力筛选、可靠性增长试验、可靠性鉴定与验收试验、寿命试验与加速寿命试验以及可靠性外场试验等内容。

## 第一节  可靠性试验概述

### 一、可靠性试验的目的

可靠性试验的目的如下。

(1)摸底。探索产品在各种应力条件下的可靠性特征,即通过各种应力试验确定产品的寿命分布模型,给出产品各种可靠性特征量指标,如平均寿命、可靠寿命、故障率、可靠度等。若已知产品的寿命分布模型,则通过可靠性试验以确定寿命分布中的未知参数,以及计算出各种可靠性特征指标。

(2)发现。通过可靠性试验可以发现、鉴别可靠性薄弱环节,为改进产品质量提供依据。因此,可靠性试验又是一种有助于改进产品可靠性的有效方法。

(3)鉴定。对新产品或已投入生产的产品的设计进行可靠性鉴定,以判断产品的设计和生产工艺是否符合可靠性要求,是否可以通过设计鉴定。

(4)验收。通过试验来判断某批产品的可靠性水平是否达到了规定的指标,以供用户决定是否接受该批产品。

(5)提供信息。通过可靠性试验,可为评估产品的战备完好性、任务成功性、维修人力费用和保障资源费用提供信息。

由此可见,可靠性试验的目的就是对产品可靠性的各种特征指标进行测量、评定和验证,并发现产品可靠性薄弱环节,从而提出改进的依据。

### 二、可靠性试验的内容

可靠性试验所涉及的容相当广泛,可根据试验的地点、产品过程、试验目的以及试验方式等分为不同种类。

$$
\text{按试验的地点} \begin{cases} \text{内场(实验室)试验} \\ \text{现场(外场)试验} \end{cases}
$$

$$
\text{按产品过程} \begin{cases} \text{设计阶段:摸底试验} \\ \text{定型阶段:鉴定试验} \\ \text{生产阶段:验收试验} \\ \text{使用阶段:评定试验} \end{cases}
$$

$$
\text{按试验目的} \begin{cases} \text{筛选试验} \\ \text{寿命试验} \begin{cases} \text{储存寿命试验} \\ \text{工作寿命试验} \end{cases} \\ \text{环境试验} \\ \text{可靠性增长} \end{cases}
$$

$$
\text{按试验结束方式} \begin{cases} \text{完整试验} \\ \text{截尾试验} \begin{cases} \text{定时截尾试验} \begin{cases} \text{有替换} \\ \text{无替换} \end{cases} \\ \text{定数截尾试验} \begin{cases} \text{有替换} \\ \text{无替换} \end{cases} \end{cases} \end{cases}
$$

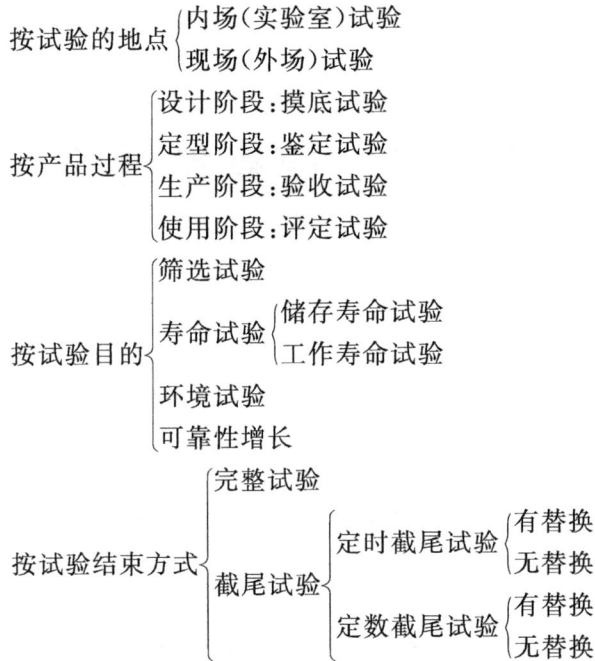

当然,这些分类并不是按试验的本质进行的,而是随着可靠性工作的进展,根据产品的材料、技术水平以及试验目的而进行分类的。《装备可靠性工作通用要求》(GJB 4508—2021)根据装备工程要求,将可靠性试验分为环境应力筛选、可靠性研制试验、可靠性增长试验、可靠性鉴定试验、可靠性验收试验、可靠性分析评价和寿命试验等。

本节仅对其中有关试验予以简述,其他试验将在以后各节予以较详细的介绍。

**(一)内场试验与现场试验**

可靠性试验可以是内场(实验室)试验,也可以是使用现场(外场)试验。

内场试验是在实验室内模拟实际使用条件或在规定的工作及环境条件下进行的试验。使用现场试验是在实际使用状态下所进行的试验。对产品的工作状态、环境条件、维修情况和测量条件等均需记录。实验室试验是在规定的受控条件下的试验,它可以模拟现场条件,也可以不模拟现场条件。大多数装备是在不同的、比较复杂的环境条件下使用的。产品在不同环境下使用时,可靠性不一定相同。在实验室试验中,显然不可能去模拟各种使用环境,因此必须根据各种可能的使用环境条件及其出现概率,综合山一个有代表性的典型的实验室试验用的环境条件,供实验室试验用。

从原理上说,使用现场试验能最真实地反映产品的实际可靠性水平,但也有很多问题。如上所述,不同使用环境的产品可靠性是不一定相同的,而使用现场试验的环境条件不可控,因此现场可靠性数据需要折算到标准的典型环境条件下的可靠性。由于这种折算关系相当复杂,所以一般只能作一些近似折算。更重要的问题是,使用现场试验往往需要较长的试验时间,因此,只有在投入使用现场试验较长时间后才能测定产品的可靠性或发现它的潜在缺陷。这时再要采取纠正措施,即使还来得及,也是事倍功半的。

在某些情况下,系统(设备)的规模庞大或是单价过于高昂,在实验室内已不易或不可能进行系统(设备)的可靠性试验时,只能用非直接试验的办法对系统(设备)的可靠性进行分析、估计。这种测定、验证的办法不是完全可信的,需要通过现场使用积累数据,即把现场使用作为使用现场试验来验证原先分析和估计得到的测定、验证结论的正确性。我国的卫星可靠性试验就是这样进行的,从卫星的元器件、整机的可靠性试验及以往的可靠性数据,通过可靠性分析综合,对卫星的可靠性在发射前作出估计,再通过对卫星工作的实际数据,对卫星的使用现场可靠性作出估计。两者比较,现场可靠性比估计的还要高一些(原因之一是试验次数有限,统计估计略偏保守)。

因此,有计划地把现场使用作为使用现场试验来收集数据、信息是很重要的。这种办法所用的费用少、数据采集信息多,并且环境是真实的。使用方及承制方都应重视现场使用信息的收集及分析工作。内场和现场两种试验的比较见表3.1。

**表 3.1 内场与现场可靠性试验的比较**

| 序 号 | 比较内容 | 内场试验 | 使用现场试验 |
|---|---|---|---|
| 1 | 试验条件 | 可以严格控制,但在实验室中很难全部模拟产品真实的环境及使用情况 | 结合用户使用进行,其环境条件和使用情况真实 |
| 2 | 试验数据 | 数据的收集和分析较方便,容易获得所需的信息 | 数据记录的完整性和准确性较差 |
| 3 | 受试产品的限制 | 由于试验设备的限制,大型系统和设备无法做 | 可以做 |
| 4 | 故障发现与纠正 | 可以较早地通过试验发现故障,进行纠正 | 产品出厂使用后再发现问题,纠正晚 |
| 5 | 子样数 | 少 | 结合用户使用,子样多 |
| 6 | 费用 | 综合环境应力试验设备较昂贵,试验时人、财、物开支较大 | 结合用户使用进行试验,费用较少 |

**(二)可靠性研制试验**

可靠性研制试验是产品在研制过程中进行的一种可靠性试验。它通过向受试产品施加一定的环境应力和(或)工作应力,以暴露设计和工艺缺陷的试验、分析和改进过程。

可靠性研制试验的直接目的是使产品在研制阶段的前、后期有所不同。在研制阶段的前期,试验目的侧重于充分暴露缺陷,通过纠正措施,以提高可靠性,大多采用加速的环境应力,以激发故障。而研制后期试验的目的侧重于了解产品可靠性与规定要求的接近程度,并对发现的问题,通过采取纠正措施,进一步提高产品的可靠性。因此,试验条件应尽可能模拟实际使用条件,大多采用综合环境条件。目前,国内一些研制单位,为了了解产品可靠性与规定要求的差距所进行的可靠性摸底试验(或可靠性增长摸底试验)也属于可靠性研制试验。而国外开展的可靠性强化试验(RET)或高加速寿命试验(HALT),也可视为可靠性研制试验。其目的是使产品设计得更为高效,采用方法是施加步进应力,不断发现设计缺陷,并进行改进和验证,使产品耐环境能力达到最高,直到现有材料、工艺、技术和费用支撑能力无法进一步改进为止。

承制方应在产品研制过程中,尽早制订可靠性研制试验方案,并对可靠性关键产品实施可靠性研制试验。

### (三)环境试验

环境试验是考核产品对环境条件的适应性问题。因此,在系统或设备的可靠性验证试验开始以前,必须对元器件、零部件及设备完成环境试验,即用容许的边缘环境条件考核产品。将产品置于容许的最严酷环境下,在相对来说不太长时间内,一般会暴露出一些在较长时间的可靠性验证试验中不易暴露出来的故障机理,对提高产品的可靠性有重要作用。

环境试验的目的主要是检查产品特别是在特殊环境和恶劣环境条件下工作的产品对环境条件的适应能力,这种试验非常重要。环境条件主要包括以下几个方面。

①气候条件:包括温度、湿度、气压、潮热、盐雾等;

②机械条件:主要是振动、冲击、惯性力;

③辐射条件:主要是电场、磁场以及其他射线的辐射等;

④生物条件:主要是霉菌;

⑤其他因素:如运输、使用、操作、维护等。

当然,对于某种具体产品的环境试验,并不是上述项目都要进行,而是选择与工作环境相似的项目,或者选择对该产品可靠性影响最显著的项目来进行试验。

环境试验按其目的可分为以下三类。

(1)极限试验(对产品耐极限应力的试验):不断增加某一个或某几个环境应力的水平,直至试样失效为止,但失效模式不变,然后比较在正常使用时相应的环境因素的应力水平,确定产品正常使用的安全余度和允许使用的最大环境应力范围。

(2)功能适应性试验:当产品在使用环境条件下极限应力水平已知时,给试样施加在使用中的一个或几个环境因素的极限应力,检验产品的机械、电气特性。该类试验要求产品的工作状态不变,性能参数不超差。

(3)结构完好性试验:当产品在使用环境条件下极限应力水平已知时,给试验样品施加该应力,考核产品能否长期承受这样大的应力水平,而结构不发生损坏;或者考核产品在低于正常使用极限应力的应力水平下使用的潜在能力,验证产品结构是否已经达到最低的安全余度要求。这种试验要求试样在试验中或应力去掉后结构完好,电气、机械性能正常,不允许有结构失效或潜在的结构失效现象。

以上三类试验的时间均不太长,效果好,多年来一直沿用。

### 三、可靠性试验的程序

随着可靠性试验的目的不同,试验的程序也不同。但一般可以把试验程序的流程归纳为图 3.1。可靠性试验首先应明确试验目的是什么。例如,比较两种产品的寿命长短,或探讨产品的故障机理等。

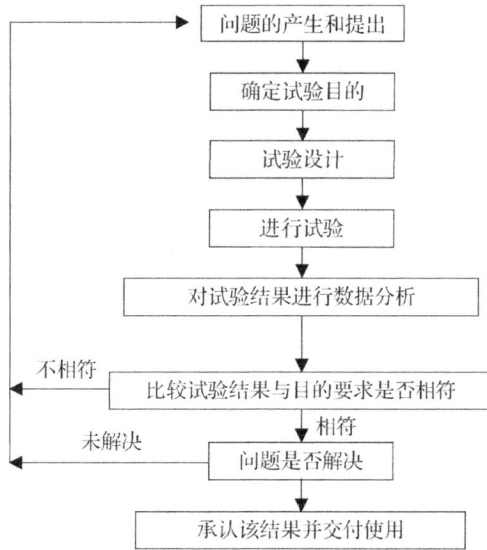

图 3.1  可靠性试验程序

**四、可靠性试验计划**

对于每一项可靠性试验,都应制订试验计划,主要包括以下几个方面。

①产品的可靠性要求;

②可靠性试验的条件;

③可靠性试验的进度计划及费用预算;

④可靠性试验的方案;

⑤受试产品的要求;

⑥可靠性试验中对产品性能监测要求;

⑦可靠性试验用的设备、仪表;

⑧试验结果的数据处理方法;

⑨试验报告内容。

可靠性试验计划在进行试验前应经过包括军事代表参加的评审通过。提出评审的不仅是可靠性试验计划,还应提供下列文件。

①产品环境应力筛选试验报告;

②产品可靠性预计报告;

③产品 FMEA 或 FMECA 报告;

④专项可靠性试验(热测试、振动测定等)报告。

在进行试验计划评审时,故障判据及故障分类准则(即判为关联故障与非关联故障的准则)应由订购方及承制方取得一致意见。

对每一次可靠性试验,还应制订试验程序及质量保证措施等文件。试验完成后,应对每一次试验撰写相应的试验报告。

应特别注意,可靠性试验的受试产品应该经过筛选,以排除产品的早期故障。

## 第二节　环境应力筛选

在产品出厂前,通过试验找出产品潜在缺陷,并将其剔除的过程称为筛选。根据找出潜在缺陷的方法,筛选可分为目视筛选、通电老化筛选和环境应力筛选等。环境应力筛选是一种常用的方法,它是指为减少早期故障,对产品施加规定的环境应力,以发现和剔除制造过程中的不良零件、元器件和工艺缺陷的一种工序和方法。环境应力筛选贯穿于产品的研制、生产及使用阶段。

### 一、环境应力筛选的基本概念

#### (一)筛选的目的和意义

前文已述及,环境应力筛选是排除产品在制造及修理过程中引入缺陷的工艺手段。可靠性是设计到产品中的,但通过设计使产品的可靠性达到了设计目标值,并不意味着投产后生产的产品的可靠性就能达到这一目标值。实际上,由于使用了有缺陷的元器件、零部件、外购件、备件,制造和修理过程操作不当,工艺及检验工序不完善等,会向产品引入各种缺陷。

这些缺陷分为明显缺陷和潜在缺陷两类。明显缺陷通过常规的检验手段(如目检、常温功能测试和其他质量保证工序)即可排除;潜在缺陷用常规检验手段无法检查出来。这些潜在缺陷如果在制造过程中不剔除,最终将在使用期间的应力作用下以早期故障的形式暴露出来。

环境应力筛选的目的:在产品出厂前,有意把环境应力施加到产品上,使产品的潜在缺陷加速发展成为早期故障,以便剔除制造过程使用不良元器件和引入的工艺缺陷,从而提高产品的使用可靠性。环境应力筛选应尽量在每一组装层次上进行。例如,电子产品应在元器件、组件和设备等各组装层次上进行,以剔除低层次产品组装成高层次产品过程引入的缺陷和接口方面的缺陷。因此,环境应力筛选是一种剔除产品潜在缺陷的手段,也是一种检验工艺。

美国某可靠性实验室对19万个元器件在装机前筛选的结果:半导体二极管的筛选剔除率为 $8.2\%\sim13.3\%$,三极管为 $8\%\sim17\%$,线性集成电路为 $12.8\%\sim29.8\%$,TTL集成电路为 $6.2\%\sim18.8\%$,CMDS为 $10.7\%\sim21.3\%$。我国某研究所对所使用的半导体器件的筛选项目和条件:高温储存 $125\sim150\ ℃/(24\sim72)$ h,高低温循环 $-40\sim125\ ℃/30$ min,筛选的结果见表3.2。

表3.2　筛选结果举例

| 项　目 | 品　名 | | |
| --- | --- | --- | --- |
| | 二极管 | 三极管 | 集成电路 |
| 筛选数/个 | 5 039 | 2 942 | 3 866 |
| 失效数/个 | 300 | 725 | 144 |
| 剔除率/(%) | 5.64 | 9.35 | 31.4 |

由此可见,如不筛选,大约会有 1/3 的早期失效的集成电路装于整机中。

国内外的实践均表明,采用环境应力筛选技术,对提高产品可靠性、降低使用维修费用均取得很大的效益,见表 3.3。

表 3.3 环境应力筛选效益

| 产 品 | 效 益 |
|---|---|
| 美国卫星 | 轨道故障减少 50% |
| ANIUYK 20V 计算机 | MTBF 从 1 150 h 提高到 9 534 h,提高 7.3 倍 |
| AG3 变换器 | MTBF 从 15 000 h 提高到 44 362 h,提高 3 倍 |
| A - A17 惯导系统 | 内场故障减少 43% |
| 电子燃料喷射系统 | 外场故障从 23.5% 降到 8% |
| HEWLETT 台式计算机 | 现场维修次数减少 50% |
| 我国某飞机的大气数据计算机 | 故障率降低 40%~70% |

一般地,一个较好的筛选可使整机的平均故障间隔时间提高一个数量级。

当然,筛选要付出一定的代价(如增加成本、可能延长生产周期、总合格品率下降等),但它的好处却很多(如加快整机或系统的调试速度、降低维修费用等)。对许多产品在不同开发阶段更换下来的早期失效的器件所耗费的代价进行比较,结果见表 3.4,由此又可见筛选的经济效益。

表 3.4 故障器件损耗代价的比较 (单位:美元)

| 用 途 | 阶 段 | | | |
|---|---|---|---|---|
| | 器件购买价格 | 从印制板上换下时的费用 | 从系统上换下时的费用 | 现场使用时的费用 |
| 民用消费品 | 2 | 5 | 5 | 50 |
| 工业品 | 4 | 25 | 45 | 215 |
| 军用品 | 7 | 50 | 120 | 1 000 |
| 航天设备 | 15 | 75 | 300 | $2 \times 10^8$ |

**(二)常规筛选与定量筛选**

在环境应力筛选中常用到常规筛选与定量筛选。

1. 常规筛选

常规筛选以能筛选出早期故障为目标。若筛选条件不当,则筛选后的产品不一定能达到故障率基本恒定阶段,如图 3.2 所示。常规筛选的结果,产品的故障率可能达到理想的 F 点,也可能只达到还属于早期故障期的其他点,如图 3.2 中的 A、B、C、D、E 点。

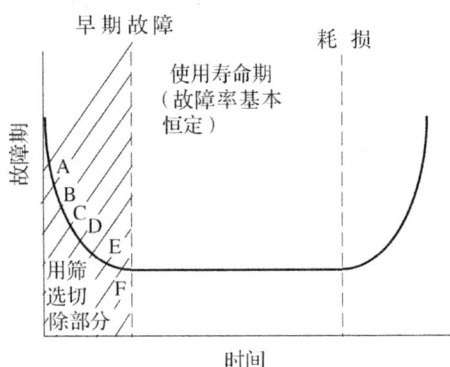

图 3.2　筛选剔除寿命期浴盆曲线中早期故障部分示意图

**2. 定量筛选**

定量筛选是指要求在筛选效果、成本与产品的可靠性目标、现场故障修理费用之间建立定量关系的筛选。定量筛选有三大目标：第一个目标是使筛选后产品残留的缺陷密度与产品的可靠性要求值达到相一致的水平，即真正达到图 3.2 中的 F 点；第二个目标是要保证筛选后所交付产品的无可筛缺陷概率达到规定的水平（满足成品率要求）；第三个目标是筛选中排除每个故障的费用低于现场排除每个故障的平均费用，即低于成本阈值。

**二、环境应力筛选方案及评价方法**

**(一)选择筛选方案的依据**

(1)应能迅速而经济地使产品的各种隐患和缺陷暴露出来。

(2)不应使正常的产品失效。

(3)筛选应力去掉后，不会使产品留下残余应力或严重影响产品的使用寿命。

(4)应着重加强对元器件的筛选等。

**(二)筛选方案的主要内容**

筛选方案的主要内容如下。

(1)施加环境应力的类型、水平及承受应力的时间。

(2)进行环境应力筛选的产品及时机。《装备可靠性工作通用要求》(GJB 450B—2021)中规定，筛选可用于装备研制和生产阶段及大修过程。在研制阶段，筛选可作为可靠性增长试验和可靠性鉴定试验的预处理手段，用以剔除产品的早期故障，以提高这些试验的效率和结果的准确性；生产阶段和大修过程可作为出厂前的常规检验手段，用以剔除早期故障。

(3)试验期间应监控的产品性能和应力参数。

(4)试验持续时间等。

**(三)筛选方法的评价**

要选择较好的筛选方法，必须制定评价筛选方法的标准。目前可用以下三个指标来评价：筛选淘汰率 $Q$、筛选效率 $\eta$ 和筛选效果系数 $B$。

1. 筛选淘汰率 $Q$

筛选淘汰率是指试验所淘汰的产品数与参加试验的样品总数之比,即

$$Q = \frac{n}{N} \times 100\% \qquad (3-1)$$

式中　$n$—— 筛选中被淘汰的产品数;

　　　$N$—— 受试样品总数。

显然,不能认为筛选淘汰率越高产品越可靠,也不能认为淘汰率越低越好,它应是在一定程度上表征了筛选方法及产品可靠性水平。如果淘汰率较高,有可能是筛选应力选择不当,也可能说明元器件的设计、工艺或材料上存在着严重的缺陷,因而提醒人们去注意并找出问题所在。国外在高可靠性产品技术标准中,一般都规定了筛选淘汰率的上限。如果实际产品的筛选淘汰率超过规定上限,该批产品就不能作为高可靠性产品交付使用。例如,美国规定有可靠性指标的元件的筛选淘汰率:电阻器一般不超过 $3\% \sim 10\%$;电容器一般不超过 $5\% \sim 10\%$;电感器一般不超过 $5\%$;继电器一般不超过 $10\%$。

然而,仅用筛选淘汰率 $Q$ 表征产品的好坏还不够全面。因为 $Q$ 值大,除表征早期失效的产品被淘汰的较多外,还可能包含了不该淘汰的正品,所以通常还要用筛选效率和筛选效果系数来评价筛选方法的好坏。

2. 筛选效率 $\eta$

筛选效率是指被淘汰的早期失效产品的比值与未被淘汰的非早期失效产品的比值的乘积,即

$$\eta = \frac{r}{R}\left(1 - \frac{n-r}{N-R}\right) \qquad (3-2)$$

式中　$N$—— 受试产品总数;

　　　$n$—— 被淘汰的产品数;

　　　$R$—— 受试产品中所含早期失效的产品数;

　　　$r$—— 受试产品中早期失效的产品中被淘汰的数。

不难看出,上式中的 $r/R$ 表示受试产品中早期失效的被淘汰的比值。比值越大,表示被剔除的早期失效产品越多。而 $(n-r)/(N-R)$ 表示非早期失效产品被淘汰的比值,显然,它越小越好。因为它越大,表示淘汰非早期失效产品的错误越大。式(3-2)综合考虑了防止漏剔早期失效产品和误剔非早期失效产品两种情况,因此可用筛选效率来评价筛选方法的好坏。显然,$\eta$ 是一个 0 与 1 之间的数,$\eta$ 值越接近 1,筛选方法越好。

3. 筛选效果系数 $B$

筛选效果系数 $B$ 用来表征产品经过筛选后,失效率下降的相对幅度,可用下式表示:

$$B = \frac{\lambda_N - \lambda_S}{\lambda_N} \times 100\% \qquad (3-3)$$

式中　$\lambda_N$—— 筛选前产品的失效率;

　　　$\lambda_S$—— 筛选后产品的失效率。

只有在理想的情况下,$B$ 才等于 $100\%$;当 $B = 90\%$ 时,表示筛选后的产品失效率基本上

能降低一个数量级。

### 三、筛选用典型环境应力

#### (一)典型筛选应力

环境应力筛选使用的应力主要用于激发故障,而不是模拟使用环境。根据以往的实践经验,不是所有应力在激发产品内部缺陷方面都特别有效。因此,通常仅用几种典型应力进行筛选。常用的应力及其强度和费用效果见表3.5。

从表3.5可以看出,应力强度最高的是随机振动、快速温变率的温度循环及其两者的组合或综合,但它们的费用也较高。

表 3.5 典型筛选应力

| 应力类型 | | | 应力强度 | 费 用 |
|---|---|---|---|---|
| 温度 | 恒定高温 | | 低 | 低 |
| | 温度循环 | 慢速温变 | 较高 | 较高 |
| | | 快速温变 | 高 | 高 |
| | 温度冲击 | | 较高 | 适中 |
| 振动 | 扫频正弦 | | 较低 | 适中 |
| | 随机振动 | | 高 | 高 |
| 组(综)合 | 温度循环与随机振动 | | 高 | 很高 |

美国对42家企业进行调查统计,得到的结论是,将热循环与随机振动相结合可以达到90%的筛选率。其中,随机振动应力可筛出15%~25%的缺陷,热循环可筛出75%~85%的缺陷。两者的筛选效率比是1:3.5。而随机振动应力的效率是正弦扫描效率的5倍。美国电子产品环境应力筛选指南推荐的筛选条件如下。

温度: 　　最大　　　　　　　　　　$-55\sim125$ ℃

　　　　　一般　　　　　　　　　　$-40\sim95$ ℃

　　　　　最小　　　　　　　　　　$-40\sim75$ ℃

温变率: 　最大　　　　　　　　　　20 ℃/min

　　　　　一般　　　　　　　　　　15 ℃/min

　　　　　最低　　　　　　　　　　5 ℃/min

随机振动: 一个方向　　　　　　　　10 min

　　　　　不止一个方向　　　　　　每个方向 5 min

　　　　　频率　　　　　　　　　　$20\sim2\,000$ Hz

　　　　　功率谱密度　　　　　　　0.04 $g^2$/Hz

国军标《电子产品环境应力筛选方法》(GJB 1032A—2020)中推荐的温度循环及随机振动功率谱密度如图3.3和图3.4所示。一次温度循环时间为200 min或4 h。在缺陷剔除的试验中,温度循环为 10 次或 12 次,相应的试验时间为 40 h。一般情况只选取一个轴向施加随机振动应力,必要时可以增加施振轴向力,以使筛选充分。

如果在正常的筛选应力下进行筛选而出现大量的元器件失效,就可以说是元器件本身在设计、工艺或材料上有问题。当筛选剔除率高于一定数值时,该批产品应被判为不合格。

值得注意的是,半导体元器件的失效规律与浴盆曲线有所不同。半导体元件的失效率在偶然失效期是随时间缓慢下降的,可近似为常数,并且在相当长的试验过程中没有明显的耗损失效期。因此,不必担心筛选试验会将半导体元件推向耗损期而降低其使用寿命。且采用强应力筛选不仅节省筛选时间,同时还能提高产品的可靠性和稳定性。但强应力筛选的应力一般不应超过极限应力。

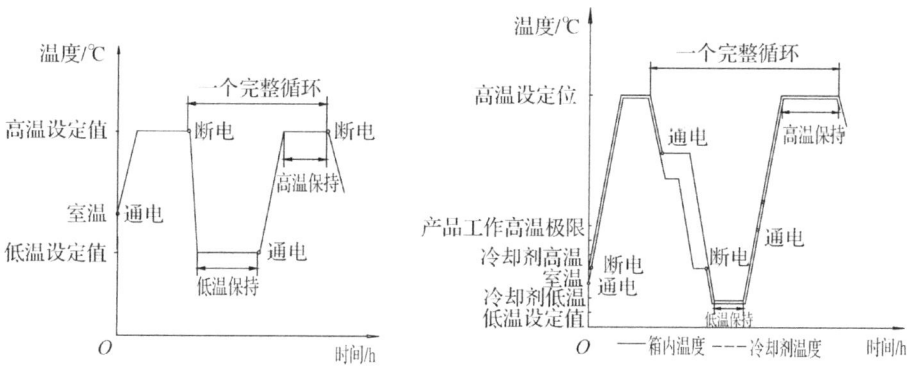

图 3.3 温度循环

(a) 无冷却系统的产品;(b)有冷却系统的产品

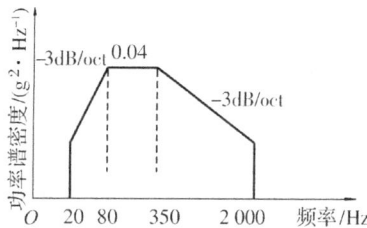

图 3.4 随机振动功率谱密度

**例 3.1** 飞机在一次飞行中的任务剖面、环境条件及主要部件和产生的载荷见表 3.6,试确定航空产品中电子设备的筛选方案。

表 3.6 飞机的任务与环境

| 时间/s | 任务的步骤 | 环境条件 | 操作及产生载荷 |
|---|---|---|---|
| $t_1$ | 发动机起动 | 温度、湿度 | |
| $t_2$ | 从停机坪向跑道滑行 | 发动机推力、温度 | 起落架、轮子 |

续表

| 时间/s | 任务的步骤 | 环境条件 | 操作及产生载荷 |
|---|---|---|---|
| $t_3$ | 离地起飞 | 发动机推力、温度、加速度、振动、速度 | |
| $t_4$ | 爬高 | 温度、气压、振动风压、速度 | 主机翼、载荷 |
| $t_5$ | 巡航(仪器导航，可见度航行) | 温度、气压、振动、速度 | 主机翼、载荷、机身重量 |
| $t_6$ | 下降 | 温度、气压、振动、速度 | 主机翼、载荷 |
| $t_7$ | 降落 | 发动机推力、冲击、振动、速度 | |
| $t_8$ | 从跑道向停机坪移动 | | |
| $t_9$ | 发动机停止工作 | 温度、湿度 | |

**解** 从表3.6中可清楚地看出，飞机所承受的环境是由几种不同的环境复合而成的，温度、湿度、加速度、振动、冲击、发动机推力、气压、风力等在飞机飞行过程绝不是单参数作用，是两个以上的复合作用，因此还必须进行复合试验。

一般用温度变化加机械振动循环来确定环境试验条件。

①高温：49～74 ℃，一般55 ℃；

②低温：−55～0 ℃，一般−54 ℃；

③温度变化率：0.5～22 ℃/min，变化速率越大，筛选效果越好；

④振动时间(一个方向时)：10 min；

⑤振动时间(几个方向时)：每个方向5 min。

振动应力可以正弦定额、正弦扫描，随机振动效果更好。振动频率为20～2 000 Hz，温度循环见图3.5。电子设备不同，筛选循环的次数不同，一般按设备的复杂程度来确定。复杂的设备，所需的

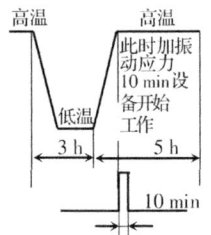

图3.5 温度循环

循环次数要多，而衡量设备复杂程度，一般用设备中所含元器件数来估计。元器件数越多，则认为设备越复杂，筛选循环次数与产品复杂度的关系可由表3.7来确定。

**表3.7 筛选循环次数与产品复杂度的关系**

| 设备类型 | 复杂程度(元器件数/台) | 所需循环数 |
|---|---|---|
| 简单型 | 100 | 1 |
| 中等复杂型 | 500 | 3 |
| 复杂型 | 2 000 | 6 |
| 超复杂型 | ≥4 000 | 10 |

**(二)各种应力筛选的效果比较**

1. 定频正弦振动、扫描正弦振动和随机振动效果比较

定频正弦振动时,产品仅在一个或几个限定的频率上按规定的加速度振动某一规定的时间。如果产品缺陷位置不在振动量值大的应力点上,将不易使缺陷激发,不能发展成为故障。进行扫频正弦振动时,其频率在给定频段内慢速变化,因而能在每个谐振频率上持续一段时间,使激发缺陷的能力有所加强,但隐藏较深的缺陷仍不易暴露。进行随机振动时,所有谐振频率在整个时间内同时受激励,激发能力大大加强。由此可见,在振动筛选中,随机振动是最有效的,其次为扫频正弦振动。

2. 温度循环与随机振动效果的比较

在将潜在缺陷转化为早期故障的机理方面,温度循环与随机振动是不相同的。一般振动应力对激发如松弛、碎屑和固定不紧之类的工艺缺陷更为有效,而温度循环对发现参数漂移、污染循环都很敏感。一般来说,发现缺陷中约有20%是对振动响应的结果,约有80%是对温度响应的结果。

图3.6是某部门的各种应力筛选效果的比较,是对13种应力的筛选效果有限调查统计得出的,有一定的代表性。它说明温度循环是最有效的筛选,其次是随机振动。但激发的缺陷种类不完全相同,两者不能相互替代。

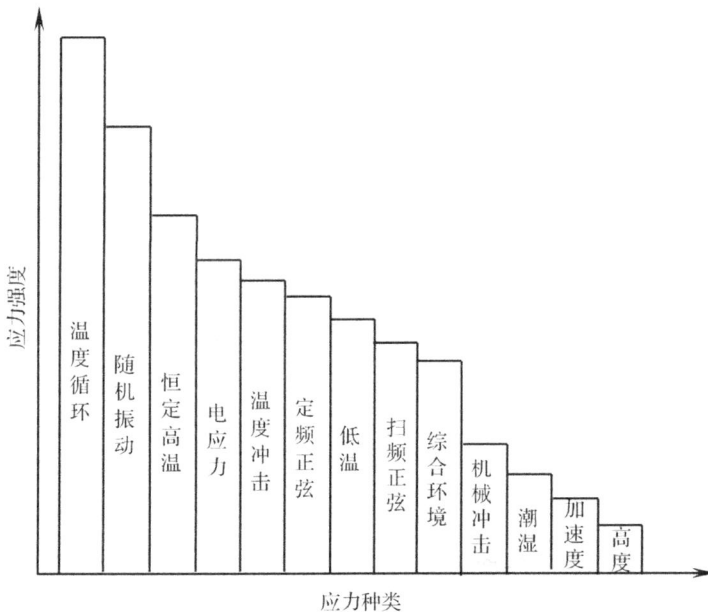

图3.6 某部门的各种应力筛选效果的比较

**四、环境应力筛选的应用**

环境应力筛选可用于产品的研制、生产和使用各阶段,见图3.7。

在研制阶段早期,环境应力筛选可用于寻找产品设计、工艺元器件的缺陷,为改进产品设计、工艺、选用合适的货源(元器件、外购件货源)提供依据。通过改进实现可靠性增长。在研制阶段,环境应力筛选可作为可靠性增长试验和可靠性鉴定试验的预处理手段,用于剔除产品早期故障以提高这些试验结果的准确性。

在生产阶段,除应使用经过筛选的元器件和外购件外,还应逐级或至少在最佳装配等级进行筛选,及早剔除早期故障,避免将缺陷带入更高装配等级。在可靠性验收试验和常规验收试验前,同样要进行筛选以提高试验结果的准确性。

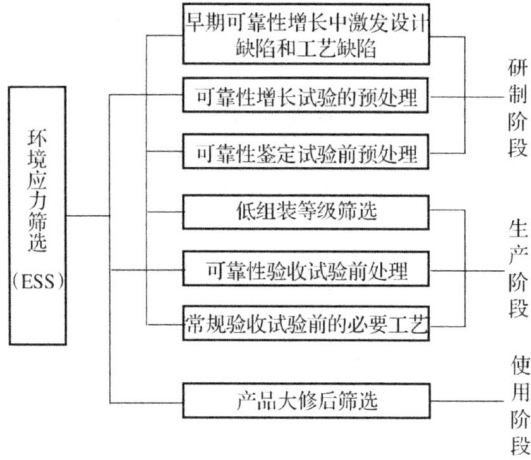

图 3.7　环境应力筛选的应用

在使用阶段,经过大修厂修理的产品,出厂前一般亦应进行 100％的筛选。

需特别强调以下几个方面。

(1)环境应力筛选不应改变产品失效机理。若某产品故障主要是由高温使表面氧化、电气特性退化引起的,则筛选中不能使它由冲击而发生故障。

(2)由于筛选的目的是剔除早期故障,因此不必准确模拟产品真实的环境条件。

(3)筛选可以提高批产品的可靠性水平,但它不能提高产品的固有可靠性,只有改进设计、工艺等,才能提高其固有可靠性。

(4)对于关键设备,应实施三级(元器件级、电路板级、设备级)100％的环境应力筛选。

(5)筛选不是可靠性鉴定、验收试验,但经过筛选的产品有利于鉴定和验收试验的顺利进行。

**五、环境应力筛选与有关工作的关系**

**1. 环境应力筛选与可靠性增长**

环境应力筛选一般只用于揭示并排除早期故障,使产品的可靠性接近设计的固有可靠性水平。可靠性增长则是通过消除产品中的由设计缺陷造成的故障源或降低由设计缺陷造成的故障的出现概率,从而提高产品的固有可靠性水平。

2.环境应力筛选与可靠性鉴定与验收试验

环境应力筛选是可靠性鉴定和验收试验的预处理工艺。任何提交用于可靠性鉴定与验收试验的样本必须经过环境应力筛选。只有通过环境应力筛选、消除了早期故障的样本,其统计试验的结果才代表其真实的可靠性水平。它们之间的比较见表3.8。

**表 3.8　环境应力筛选与可靠性鉴定与验收试验的比较**

| | | 可靠性鉴定与验收试验 | 环境应力筛选 |
|---|---|---|---|
| 应用目的 | | 验证产品的可靠性 | 将潜在缺陷加速发展成为故障并加以排除 |
| 样本量 | | 抽样 | 100％ |
| 接收/拒收准则 | | 有 | 无 |
| 环境应力 | 应力水平 | 动态模拟真实环境 | 加速应力环境,以能激发出缺陷不损坏产品为原则 |
| | 典型环境 | 振　动<br>温　度<br>湿　度<br>电应力<br>或现场使用环境 | 温度循环<br>随机振动<br>电应力 |
| | 应力施加次序 | 综合模拟使用环境或现场使用实际情况 | 根据筛选效果组合,如振动—温度—振动 |

3.环境应力筛选与生产验收

准备交付验收的批生产的样品应100％地进行环境应力筛选。

**六、装备进行环境应力筛选应强调的问题**

(1)《电子产品环境应力筛选方法》(GJB 1032A—2020)主要适用于电子产品,也可用于电气、机电、光电和电化学产品,不适用于机械产品。电子产品的环境应力筛选可以《电子产品环境应力筛选方法》(GJB 1032A—2020)和《电子产品定量环境应力筛选指南》(GJB/Z 34—1993)中规定的方法为基础,进行适当剪裁后进行。非电子产品环境应力筛选尚没有相应的标准,其筛选应力种类和量值只能借鉴《电子产品环境应力筛选方法》(GJB 1032A—2020),并结合产品结构特点确定。对于已知脆弱、经受不住筛选应力的硬件,可以降低应力或不参与筛选,不参与筛选的硬件必须在适当的文件中说明。

(2)环境应力筛选所使用的环境条件和应力施加程序应着重于能够发现引起早期故障的缺陷,而不需对寿命剖面进行准确模拟。环境应力一般是依次施加,并且环境应力的种类和量值在不同装配层次上可以调整,应以最佳费用效益加以剪裁。

(3)承制方应制定环境应力筛选方案并应得到订购方的认可,方案中应确定每个产品的最短环境应力筛选时间、无故障工作时间以及每个产品的最长环境应力筛选时间。

（4）由于产品从研制阶段转向批生产阶段的过程中，制造工艺、组装技术和操作熟练程度在不断地改进和完善，制造过程引入的缺陷会随这种变化而改变，这种改变包括引入缺陷类型和缺陷数量的变化，因此，承制方应根据这些变化对环境应力筛选方法（包括应力的类型、水平及施加的顺序等）作出改变。研制阶段制订的环境应力筛选方案可能由于对产品结构和应力响应特性了解不充分，以及掌握的元器件和制造工艺方面有关信息不确切，致使最初设计的环境应力筛选方案不理想。因此，承制方应根据筛选效果对环境应力筛选方法不断调整。对研制阶段的环境应力筛选结果应进一步深入分析，作为制订生产中用的环境应力筛选方案的基础。对生产阶段环境应力筛选的结果及试验室试验和使用信息也应定期进行对比分析，以及时调整环境应力筛选方案，始终保持进行最有效的筛选。

# 第三节　可靠性增长试验

可靠性增长试验是为暴露产品可靠性薄弱环节，有计划、有目标地对产品施加模拟实际环境的综合环境应力及工作应力，以激发故障、分析故障和改进设计工艺，并验证改正措施有效性而进行的试验。从此定义可以看出，可靠性增长试验是一个有计划地试验、分析及确定问题和改进产品可靠性的过程。在产品研制、生产过程中的各层次都应促进可靠性增长。因此，从原理上说，按可靠性增长试验计划需要进行可靠性试验的部件、分机、设备，在研制阶段产品出来后就应进行可靠性增长试验。

## 一、可靠性增长

### （一）可靠性增长的相关概念

#### 1. 可靠性增长的目的

可靠性增长是通过逐步改进产品设计和制造中的缺陷、不断提高产品可靠性的过程。

由于产品复杂性的增加和新技术的应用，产品设计需要有一个不断深化认识、逐步改进完善的过程。研制或初始生产的产品可能存在某些设计和工艺方面的缺陷，从而导致在试验和初始使用中故障和问题较多。需要通过有计划地采取纠正措施，根除故障产生的原因，从而提高产品的可靠性，逐步达到规定的可靠性要求。可靠性增长就是一个通过逐步改正产品设计和制造中的缺陷，不断提高产品可靠性的过程，它贯穿于产品的整个寿命周期内。可靠性增长的基本过程如图 3.8 所示。

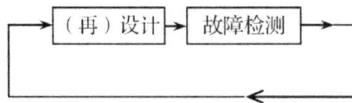

图 3.8　可靠性增长的基本过程

#### 2. 可靠性增长的过程

从图 3.8 可以看出，可靠性增长的基本过程是一个反馈过程，也是一个不断反复设计的过程。当产品设计(包括可靠性设计)完成后,应借助各种运行或试验,诱发产品故障,并通过故障分析找出发生故障原因(这种过程称为故障机理检测),然后将信息反馈给设计。再设计工作应针对这些故障,即通过改进产品管理、设计和排除制造中的缺陷,或通过研究故障机理,使故障彻底消除,或者削弱导致故障的内外因素的作用而使故障明显下降。再设计后的故障检测,除检测新故障机理外,还用作验证再设计的有效性。

可靠性增长的速度取决于分析、试验,发现问题的反馈以及采取的改正措施三要素完善的程度。在多数情况下,故障源是通过试验发现的,因此,可靠性增长过程实际上就是"试验—分析—改进"的过程。

3. 可靠性增长的类型及应注意的问题

可靠性增长可分为研制过程、生产过程和使用过程中的可靠性增长。国内外的工程实践表明,在工程研制阶段,可靠性增长可使产品更有把握地达到预期的可靠性目标;在生产过程中的增长主要是通过对产品的筛选,剔除产品中的不良元器件、部件和工艺缺陷从而得到增长;在使用阶段,可靠性增长可使产品的可靠性有一定程度的提高,改善产品原有的战备完好性。可靠性增长已发展成为可靠性工程技术中的重要工作项目,但还应注意以下问题。

(1)可靠性增长是针对产品的可靠性,或者针对产品的故障而言的。在研制阶段,针对产品战术性能和功能进行的设计改进,虽然也可改正产品设计和制造中的缺陷,有时也会使产品可靠性有所提高,但是,这不能称为可靠性增长。

(2)产品可靠性通过可靠性增长后所得到的提高,必须由相应手段进行验证确认。验证的手段可以是产品的试运行、外场使用,也可以是各种试验,尤其是各种可靠性试验。通常,验证的手段与故障发现时的使用条件是一致的。

因此,如果承制方根据某项试验中发现的故障,在故障分析后对产品设计和制造中的缺陷进行了改正,但是没有实施相应的验证确认或只对该产品的局部组成部分进行了简单的验证,那么该承制方的可靠性增长工作是不完善的。

**(二)常见的可靠性增长方法**

常见的可靠性增长是指国内外已付诸工程实践的可靠性增长。原则上讲,只要对产品缺陷、故障采取有效的设计、工艺、制造的改进措施,均可使产品的可靠性得到增长。下面介绍几种常见的可靠性增长方法。

1. 一般性可靠性增长

一般性可靠性增长是指事先未给出明确的可靠性增长目标,对产品在试验或运行中发生的故障,根据可用于可靠性设计分析技术(如可靠性预计,FMEA、FTA 等)以及良好的信息库支持,选择一部分或全部故障,实施改进设计加以纠正,使产品可靠性得以提高。它一般不制订计划增长曲线,也不跟踪增长过程,仅是采用一两次集中纠正故障的方式,使产品的可靠性得以实际上的提高。我国某些航空军用设备的定寿、延寿的后期工作,都属于一般性的可靠性增长。

2. 可靠性增长管理

可靠性增长管理是指通过拟定可靠性目标,制订可靠性增长计划和对产品可靠性增长过程进行跟踪与控制,把有关试验和可靠性试验纳入"试验—分析—改进"过程的综合管理中,实现预定的可靠性目标。它是一种有计划有目标的可靠性增长工作,绝不能狭隘地理解为可靠性增长过程中的管理工作。可靠性增长管理是产品寿命周期中一项全局性的可靠性增长,是一项为达到预期的可靠性指标,对时间和其他资源进行系统安排,并在估计值和计划值比较的基础上,依靠重新分配资源对实际增长率进行控制的可靠性增长项目。

可靠性增长管理有如下特点。

(1)有一系列逐步提高的可靠性增长目标。对装备实施可靠性增长,除在工程研制、生产、使用阶段转段处设定可靠性增长目标外,还应在此三个阶段根据实际情况设定若干个小阶段,在每个小阶段的进入点与出口也设置可靠性增长目标。这可使可靠性增长目标构成一个逐步提高的系列,有助于严格管理并极大地减少达不到预期可靠性目标的风险。

(2)充分利用寿命周期内的各项试验和运行结果。产品寿命周期中除有各项可靠性试验外,还有各种非可靠性试验和各种运行、人员培训,这些工作都能提供故障信息,用作可靠性增长的故障机理检测。可靠性增长管理在对这些试验、运行和培训的分析和权衡基础上,选择其中一部分纳入自己管辖范围内,与可靠性试验一起构成一个整体,使产品可靠性逐步增长,达到预期目标。

3. 可靠性增长试验

可靠性增长试验是可靠性增长中常见的应用较广泛的一种方法,国内外已积累了较多的实践经验。下面讨论其有关内容。

**二、可靠性增长试验的概念**

前文已述及,可靠性增长试验是一个有计划地"试验—分析—纠正—再试验"的反复循环的过程。在这个过程中,产品处在实际环境、模拟环境或加速变化的环境下经受试验,以暴露设计中的缺陷。

可靠性增长试验是通过发现、分析和纠正故障,以及对纠正措施的有效性检验来增强系统的可靠性,一般称为"试验—分析—改进"(TAAF)。增长试验包含了对产品的性能监测、故障检测、故障分析及其对减少故障再现的设计改进措施的检验。

可靠性增长试验的本身并不能提高产品的可靠性,只有采取了有效的措施来防止产品在现场工作期间出现重复的故障之后,产品可靠性才能真正提高。

**(一)可靠性增长试验的任务**

可靠性增长试验是产品研制阶段单独安排的一个可靠性工作项目。作为研制阶段的组成部分,可靠性增长试验的任务是通过可靠性增长,保证产品进入批生产前的可靠性达到预期的目标。

为了有效地完成规定任务,可靠性增长试验通常安排在工程研制阶段基本完成之后和可靠性鉴定试验之前。这样安排是兼顾了故障机理检测时故障信息的时间性与确实性。在这个时机,产品的性能与功能已基本达到设计要求,产品的结构与布局已接近批生产时的结构与布局,因此故障信息的确实性较高。由于产品尚未进入批生产,故障信息的时间性尚可,因此,在故障纠正时还来得及对产品设计和制造作必要的、较重大的变更。

**(二)可靠性增长试验的适用范围**

可靠性增长试验耗费的资源和时间相当巨大,仅试验总时间通常为产品预期 MTBF 目标值的 5～25 倍,因此,并不是任何一个产品都适宜于安排可靠性增长试验。

新研制的复杂产品,尤其是那些引入较多当代高新技术的产品,适宜于安排可靠性增长试验。如果该产品又是关键产品,那么更应当安排可靠性增长试验。这类产品应当安排严格的可靠性设计与相应的管理。只有严格的可靠性设计,对潜在故障有较深刻的认识与分析,才能保证有效地实施可靠性增长试验。

**(三)可靠性增长试验对受试产品的要求与处理**

1. 可靠性增长试验对受试产品的要求

可靠性增长试验要求受试产品具有"最新"的结构与布局,即要求在此之前所有规定要实施的产品设计与制造的更改都已实施;要求受试设备具备技术要求的性能和功能,并通过了环境试验。如果产品中选用的材料与元器件还有早期故障,那么在进行可靠性增长试验之前应实施早期故障筛选予以排除。

2. 可靠性增长试验对受试产品的处理

经过可靠性增长试验的受试产品,原则上不能再用于别的试验(如可靠性鉴定试验等),更不能作为生产产品交付订购方。因为在可靠性增长试验中产品的结构有可能变化大,试验时间又较长,受试产品很可能已带有较大的残余应力和耗损。应当指出,可靠性增长试验达到预期目标后,应把可靠性增长试验过程中实施的设计和制造更改纳入产品的设计与技术要求中。

**(四)可靠性增长试验与鉴定试验的关系**

可靠性鉴定试验是作为产品工程研制阶段全部可靠性工作成果的考核,虽不能直接提高产品可靠性,但在可靠性工作项目要求中,即使规定有可靠性增长试验,仍将可靠性鉴定试验作为一个重要工作项目列入可靠性工作计划中。但是当产品可靠性工作计划中有可靠性增长试验时,由于它能使产品可靠性得到提高,并能用数理统计方法进行评估,因此,当可靠性增长试验成功后,经订购方同意,可用可靠性增长试验代替可靠性鉴定试验。

**三、可靠性增长试验的基本方法**

**(一)试验、分析与纠正试验**

试验、分析与纠正试验(TAAF 试验)是工程研制中普遍采用的有效方法。可靠性增长试验吸收了 TAAF 试验,并构成可靠性增长试验基本方法的核心部分。

可靠性增长试验中,TAAF 试验以纠正故障为目标,其工作步骤如下。

(1)借助模拟实际使用条件的试验诱发故障,充分暴露产品的问题和缺陷(在一般性可靠性增长中,这步工作也可利用产品的各种运行来完成,在可靠性增长管理中,还可利用各种非可靠性试验)。

(2)对故障定位,进行故障分析,找出故障机理。

(3)根据故障分析结果,设计并制订改正产品设计和制造中缺陷的纠正措施。

(4)制造新设计的有关硬件。

(5)对新硬件继续试验,一面暴露产品的新问题和缺陷,一面验证纠正措施的有效性。

TAAF 试验就是这样一种反复试验、分析和纠正故障的过程,并达到逐步提高产品可靠性和目标。而可靠性增长试验要在限定资源下,使产品可靠性达到预期目标,在 TAAF 试验上还必须配以有关技术与管理方法。

**(二)计划、跟踪与控制**

预期的可靠性增长应表现在各研制阶段和生产过程中都有相应的增长目标值。因此,应制订一个完整的可靠性增长试验计划,以对预期的增长目标、增长规律与所需资源作出明确的规定与估算,并有一套与此相关的技术和方法。这个计划包括为追踪可靠性增长提供一种方法,并能按试验程序跟踪监测进展情况。跟踪过程用来指导 TAAF 试验中每一次故障与故障纠正所反映出来的产品可靠性水平量化的表达,以使产品可靠性增长具有透明度,便于安排进度和订购方的监督与评审。

可靠性增长试验计划应包括以下主要内容。

①试验的目的和要求;

②受试产品及每台产品应进行的试验项目;

③试验条件、环境、使用状况、性能和工作周期;

④试验进度安排;

⑤试验装置、设备的说明及要求;

⑥用于改进设计所需工作时间和资源的要求;

⑦数据的收集和记录要求;

⑧故障报告、分析和纠正措施;

⑨试验产品的最后处理;

⑩其他有关事项。

应特别指出,在可靠性增长试验过程中,把关联故障分为 A 类故障和 B 类故障两类:

A 类故障——不予以纠正,或早期故障可采取环境应力筛选消除;

B 类故障——应予以纠正故障,指故障率超过了容许水平,经权衡纠正措施的费效比后,应予以纠正。

**(三)可靠性增长模型**

可靠性增长模型是描述可靠性增长试验过程中可靠性增长的规律的数学模型,它是制订可靠性增长曲线的依据。

**1. 可靠性增长曲线**

描述"试验—分析—改进—再试验"的过程,即可靠性随时间增长过程的曲线称为可靠性增长曲线,如图 3.9 所示。

图中纵坐标为可靠度 R 或平均故障间隔时间,是描述产品可靠性的指标;横坐标为达到这个指标所对应的累积试验时间 t。

(1)可靠性增长曲线主要应该根据同类产品预研过程中所得的数据制订。应该对这些数据进行分析,以便确定可靠性增长试验时期的长度,并且使用监测试验过程的方法对增长计划进行管理。

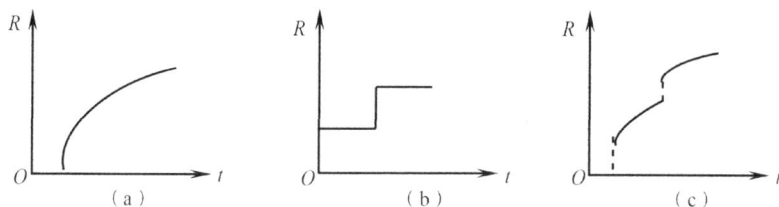

图 3.9　可靠性增长曲线

(2)对订购方规定的系统或主要分系统的可靠性指标(如系统的 MTBF、任务的成功率等),做点估计来拟定可靠性增长曲线,而且应指出计划的各种试验。

(3)可靠性增长曲线的起始点可用日历时间或试验时间标注。计划的可靠性增长曲线应描绘出可靠性增长达到的水平,并且应该与可靠性工作计划的评审工作协调一致。在试验达到终点或在终止试验之前应该达到或超过规定的可靠性指标。

(4)对预定的增长率应给以说明。若预计的增长率是由以前类似产品的数据得出的,则应详细阐明历史数据与现有计划之间的相同点和不同点。

可靠性增长的速率(曲线斜率)取决于分析解决问题的速度和采取改正措施的有效度。图 3.9(a)是出现问题立即改进,然后再试验。这时增长曲线为一条近似月牙形的平滑曲线,适用于问题明显、易于改正的过程。图 3.9(b)是试验过程中发现问题,先记录下来,在一个阶段试验结束后,根据各种失效模式,集中地改进产品,在再试验中产品可靠性有一个较大的突跃。这种改正措施称为延缓改正措施。图 3.9(c)为上述两种办法的综合。试验过程中发现的问题有的立即解决,有的则集中解决。产品可靠性在试验过程中平滑地增长的同时,在下一阶段开始时又有一个突跃。

为了逐步评价和达到管理控制的目的,在产品的设计和研制过程中考察可靠性增长,指出可靠性指标所能达到的上限或通过足够的试验以一定置信水平保证(或确认)产品可靠性能够满足或超过要求的 MTBF,这对系统及各元部件都是至关重要的。由于在反复试验和改进过程中,系统或元部件的可靠性水平在不断改进。因此,反映系统或元部件质量的总体水平也在变动。前面所说的统计分析方法,只能用在总体水平不变的情况下。而可靠性增长所遇到的就是变动总体的统计分析方法。描述这种可靠性增长过程的数学模型有丹尼模型、克劳模型、杜安模型、AMSAA 模型等。本书只介绍杜安模型。

**2.可靠性增长模型**

1)可靠性增长模型的功用

可靠性增长试验必须要有增长模型,以便和可靠性增长试验相配合。

可靠性增长模型依据可靠性增长试验过程中提供的故障次数或故障时间序列,在跟踪过程中能评估产品当前的可靠性水平,在试验结束后能评估产品最终达到的可靠性水平,而不必在产品每一次改进、可靠性水平发生改变后,单独安排可靠性鉴定试验来验证其变动后的实际水平。

另外,可靠性增长试验是一项有目标、有计划的可靠性增长。在制订可靠性增长计划时,必须要知道产品在可靠性增长试验中的增长规律,然而,就具体产品、具体承制方而言,只有当可靠性增长试验结束后才能知道其可靠性增长规律,因此,必须先选定可靠性增长模型,才能解决上述矛盾。

2)可靠性增长模型的选用

可靠性增长模型是一个数学式,它描述了产品在可靠性增长试验过程中产品可靠性增长的规律。增长模型可以是承制方可靠性增长试验的经验总结,也可以是适用的某个理论模型。目前已有近 10 种可靠性增长模型。因此,选用可靠性增长模型时要注意以下 3 个方面。

(1)首先要选用经过实践验证的增长模型。

(2)由于每个增长模型都会有未知参数,所以在选用时应选择那些参数有明显的物理或工程意义的增长模型,以便可能归纳出这些参数的取值范围和选取原则,使之更接近于实际的可靠性增长计划。

(3)要根据产品特点来选取增长模型。

3)可靠性增长模型——杜安模型

目前较为成熟且应用广泛的可靠性增长模型有杜安模型和 AMSAA 模型。杜安模型是目前对可修产品的可靠性增长试验中常用的一种模型,而有时为使杜安模型的适合性和最终评估结果具有坚实的统计学根据,也可用 AMSAA 模型作为补充。下面介绍杜安模型。

美国的杜安经过大量试验研究发现,产品的平均故障间隔时间的变化与试验时间具有如下规律:

$$\theta_R = \theta_I \left(\frac{T_t}{T_I}\right)^m \tag{3-4}$$

式中  $\theta_R$ —— 产品应达到的 MTBF(h);

$\theta_I$ —— 产品试制后初步具有的 MTBF(h);

$T_I$ —— 增长试验前预处理时间(h);

$T_t$ —— 产品由 $\theta_I$ 增长到 $\theta_R$ 所需的时间 (h);

$m$ —— 增长率,$0 < m < 1$。

对式(3-4)取对数,得到

$$\lg\theta_R = \lg\theta_I + m(\lg T_t - \lg T_I) \tag{3-5}$$

采用双对数坐标纸作图,以 MTBF 为纵坐标,累积试验时间为横坐标,则式(3-5)是一条直线,其斜率即增长率,如图 3.10 所示。

图中当前的 MTBF(用 $\theta_i$ 表示)与累积的 MTBF(用 $\theta_C$ 表示)的关系为

$$\theta_i = \frac{\theta_C}{(1-m)} \tag{3-6}$$

$\theta_i$ 指的是当停止可靠性增长,继续做试验时,当前正在受试产品所具有的 MTBF。

在进行可靠性增长试验之前,必须制订一个计划的增长曲线作为监控试验数据依据。按杜安模型[式(3-4)]制订计划增长曲线,首先必须选择 $\theta_I$、$T_I$、$m$ 等参数,而后即可根据规定的可靠性要求 $\theta_R$,确定增长试验时间 $T_t$。

（1）产品初始 MTBF$(\theta_I)$ 可根据类似产品研制经验或已做过的一些试验(如功能、环境试验)的信息确定。一般为产品可靠性预计值$(\theta_P)$的 $10\% \sim 30\%$。

（2）增长试验前预处理时间 $T_I$ 是根据受试产品已有的累积试验时间确定。一般情况下,当 $\theta_P \leqslant 200$ h 时,$T_I$ 取 100 h;当 $\theta_P > 200$ h 时,取 $50\%$ 的 $\theta_P$。

（3）增长率 $m$ 是根据是否采取有力的改进措施以及消除故障的速度和效果确定,一般取 $0.3 \sim 0.7$。当 $m=0.1$ 时,说明增长过程中基本没有采取改进措施;当 $m=0.6 \sim 0.7$ 时,说明在增长过程中采取了强有力的故障分析和改进措施,得到了预期的最大增长效果。

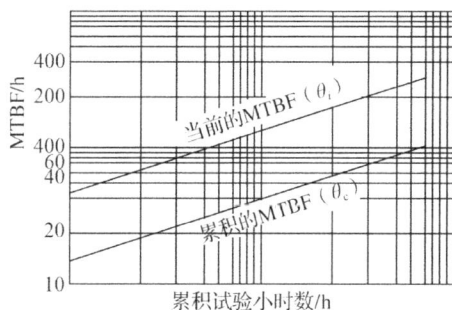

图 3.10 杜安模型

杜安模型形式简单,模型参数的物理意义容易理解,便于制订增长计划;增长过程跟踪简便;用工程方法可以方便地对最终结果作出评估。因此,杜安模型在可靠性增长试验中得到广泛应用。但杜安模型也有不足之处,主要是模型中未考虑随机现象,因而对最终结果不能提供依据数理统计的评估。

### 四、可靠性增长试验的步骤

可靠性增长试验可按照《可靠性增长试验》(GJB 1407—1992)中提供的方法步骤,结合具体产品进行。

**1. 制订试验计划**

制订试验计划是可靠性增长试验的第一步。试验计划包括计划增长曲线,它是可靠性增长试验的基准,也是对可靠性增长过程进行控制的依据。制订计划增长曲线必须先选择合适的增长模型,注意增长的潜力。

**2. 试验前的准备**

在制订增长试验计划后、实施 TAAF 试验前,要进行如下准备工作。

①试验设备的调试与检测;

②受试产品的安装、调试与检测;

③电子类受试产品的可靠性预计;

④受试产品通过性能试验与环境试验;

⑤受试产品通过环境应力筛选;

⑥受试产品初始可靠性的评审或测定;

⑦故障报告闭环系统能配合运转。

### 3. 试验、跟踪、控制与决策

在 TAAF 试验过程中,要实施对试验的紧密跟踪,并采取措施对增长过程进行控制。当试验实际增长过程远优于或远低于计划增长过程时,要采取重大决策,不断运用 TAAF 试验技术、增长模型提供的评估方法、故障报告闭环系统以及故障分类方法,对试验进行控制。

### 4. 中间评审

为保证可靠性增长试验成功,对总试验时间较长而又缺少可靠性增长试验经验的研制项目,在制订增长试验计划时,可安排一次或几次中间评审。

### 5. 产品可靠性最终评估

当 TAAF 试验结束后,要对产品最终达到的可靠性水平作出评估,以确定可靠性增长试验的成功性。

### 6. 结束工作

当试验结束后,除应对受试产品的性能进行测试外,还应对可靠性增长试验资料、数据进行归档,撰写可靠性增长试验总结,尤其是增长规律的总结。

## 第四节　可靠性鉴定与验收试验

可靠性鉴定与可靠性验收试验统称为可靠性验证试验,这两种试验的方法都是按数理统计方法设计的,因此又可称为可靠性统计试验。

### 一、统计试验

#### (一)一些基本概念

统计试验方案中有许多参数,下面进行具体介绍。

#### 1. $\theta_0$、$\theta_1$、$d$

$\theta_0$ 表示 MTBF 检验的上限值,它是可以接收的 MTBF 值。当试验设备的 MTBF 真值接近 $\theta_0$ 时,指数分布标准型试验方案以高概率接收该设备。

$\theta_1$ 表示 MTBF 检验的下限值。当试验设备的 MTBF 真值接近 $\theta_1$ 时,指数分布标准型试验方案以高概率拒收该设备。

$d$ 表示鉴别比,$d = \theta_0/\theta_1$。

#### 2. $\alpha$、$\beta$

$\alpha$ 表示生产方风险,是指当设备 MTBF 的真值等于 $\theta_0$ 时设备被拒收的概率,也叫第一类错误。这是由抽样引起的。如本来该批产品的 MTBF 已达到 $\theta_0$,但由于仅抽取部分产品做试验,刚好抽到的样品的 MTBF 值较小,而使整批合格产品被判为不合格而拒收,致使生产方受到损失。

$\beta$表示使用方风险,是指当设备MTBF的真值等于$\theta_1$时设备被接收的概率,也叫第二类错误。该风险同样是由于抽样造成的,使整批不合格的产品被判为合格而接收,以致使用方受到损失。

### 3. 抽样特性曲线(或称 OC 曲线)

OC 曲线是表示抽样方式的特性曲线。从 OC 曲线可直观地看出抽样方式对检验产品质量的保证程度。

(1) 理想的 OC 曲线,如图 3.11(a)所示。当设备的 MTBF 值达到$\theta_0$时,全部接收,否则,全部拒收,这当然是最理想的情况。但是实际上做的抽样试验,不可能达到这种理想状况。

(2) 实际的 OC 曲线,如图3.11(b)所示。由于抽样的原因,当设备MTBF值达到$\theta_0$时,还有$\alpha$这样的概率被拒收,造成生产方的损失;而当设备的 MTBF 值低到$\theta_1$值时,还有$\beta$这样的概率被接收,造成使用方的损失。

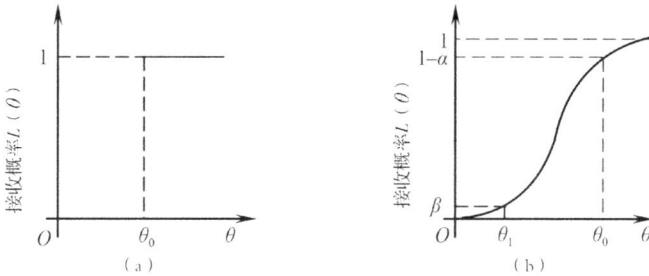

图 3.11　抽样特性曲线

(a)理想的 OC 曲线;(b)实际的 OC 曲线

### 4. 点估计、区间估计、置信度(或显著性水平)

(1) 点估计。根据观测得到的样本值,估计出总体参数的某个具体值(点值)。一般在估计参数上加"$\wedge$"号。

(2) 区间估计。对于总体某个参数真值$\theta$,通过样本观测值,估计出一个具体区间,使该区间包含$\theta$的置信水平为$\gamma$。$\gamma$ 为置信水平(或称置信度),$\gamma = 1 - \alpha$;$\alpha$ 为显著性水平。

### (二)可靠性统计试验方案

可靠性鉴定试验和可靠性验收试验是抽样检验。试验性质决定只能从"母体"中抽取一定的"样本"进行试验,用"样本"的可靠性水平对研制的产品、生产的批产品做出可靠性水平的判定,它对使用方、生产方均存在一定的风险。

### 1. 可靠性统计试验分类

可靠性统计试验可按产品寿命特点以及试验的截尾方式分类。

### 1) 按产品寿命特点分类

若按产品寿命特点分类,可靠性试验方案可分为成败型试验方案和连续型试验方案。

(1)成败型试验方案。对于以可靠度或成功率、合格品率为指标的重复使用或一次使用的产品,可以选用成功率试验方案。成功率是指产品在规定的条件下试验成功的概率。例如,某型导弹对靶板射击 5 发,穿透 4 发,方认为成功,估计这种试验可靠度下限的方案即为成功率试验方案。成功率试验方案是基于假设每次试验在统计意义上是独立的。

(2)连续型试验方案。产品的寿命为指数、威布尔、正态、对数正态分布时,可采用连续型统计试验方案。它可分为全数试验、定数试验、定时试验、序贯试验几种。

2)按试验的截尾方式分类

按试验的截尾方式,可靠性统计试验可分为定时截尾、定数截尾和序贯试验方案。

(1)定时截尾试验方案。定时截尾试验$(n,t_0)$是指对 $n$ 个样品进行试验到规定时间 $t_0$ 时就停止试验,利用试验数据评估产品的可靠性特征量。它按试验过程中对试验样品所采取的措施又分为有替换或无替换两种方案。有替换试验方案$(n,t_0,有)$指当试验样品发生故障后,立即用一个新的产品代替,整个试验过程保持样本数不变。而无替换试验方案$(n、t_0,无)$是指当试验中样品发生故障就撤去,在整个试验过程中,随着故障产品的增加而使样本减少。

定时截尾试验方案优点是规定了试验时间 $t_0$,便于计划管理,并能对产品的 MTBF 的真值作出估计,因此得到广泛应用。

(2)定数截尾试验方案。定数截尾试验方案$(n,r)$是指对 $n$ 个样品进行试验到事先规定故障数 $r$ 就停止试验,利用试验数据评估产品可靠性特征量。同样,也可分为有替换$(n,r,有)$和无替换$(n,r,无)$两种试验方案。由于事先不易估计所需的试验时间,所以实际应用较少。

(3)序贯截尾试验方案。序贯截尾试验是按事先拟定的接收、拒收及截尾时间线,在试验期间,对受试产品进行连续的观测,并将积累的相关故障数与规定的接收、拒收或继续试验的判据做比较的一种试验。

这种试验方案的优点是做出判断所要求的平均故障数和平均累积试验时间最小,因此常用于可靠性验收试验。但其缺点是随产品质量的不同,其总试验时间差别很大,尤其对某些产品,由于不易做出接收与拒收的判断,因而最大累积试验时间和故障数可能会超出相应的定时截尾试验方案。

2.选择试验方案的原则

可靠性试验方案可按试验费用、时间及指标要求选择,也可在现行标准中选择推荐的试验方案。一般选择可靠性试验方案的原则如下。

(1)若必须通过试验,则对 MTBF 的真值进行估计或需预先确定试验总时间和费用,宜选用定时截尾试验方案。一般可靠性鉴定试验较多选用此种方案。

(2)如仅需以预定的判决风险 $\alpha$,对假设的 MTBF 值 $\theta_0$(合格判定值)、$\theta_1$(极限值)作判决,不需要确定试验总时间时,可采用序贯试验方案。因此,一般可靠性验收试验选用此方案。

(3)若由于试验时间或经费限制,且生产方或使用方都愿意接受较高的风险,则可采用高风险定时截尾或序贯截尾试验方案。

(4)当必须对每个样品判决时,可采用全数试验方案,对以可靠度或成功率、合格率为指标的产品,可采用成功率试验方案。该方案不受产品寿命分布的限制。

另外,在样本容量的确定上,无论选用固定样本,还是选序贯试验,所要求的观测数量必须与所要求的鉴别比紧密相连。通常情况下,鉴别比越小,要求的样本容量越大;规定的风险率 $\alpha$、$\beta$ 越小,要求的样本量就越大。

样本容量、试验时间与鉴别比、生产方风险、使用方风险密切相关。鉴别比越小,可靠性指标的上限值和最低可靠性要求越接近,产品可靠性越接近要求值,在双方风险一定的条件下需投入试验样本越多,这就必须增加试验投入(人力、物力、时间等)。同样需由双方在要求、经费、人力、物力及时间上做出综合考虑后决策。

在试验方案确定上,由于计算比较麻烦,现行的许多标准如《设备可靠性试验 恒定失效率假设下的失效率与平均无故障时间的验证试验》(GB/T 5080.7—1986)和《可靠性鉴定和验收试验》(GJB 899A—2009),有许多标准方案或推荐方案供选择,一般不需要自行设计新方案。

**二、可靠性鉴定试验**

可靠性鉴定试验是指为验证产品设计是否达到规定可靠性要求,由订购方认可的单位按选定的抽样方案,抽取有代表性的产品在规定条件下所进行的试验。可靠性鉴定试验的目的是向订购方提供合格证明,即产品在批准投产之前已经符合最低可接收的可靠性要求,因此可靠性鉴定试验必须反映典型的代表性的实际情况,并提供验证可靠性的估计值。在全面研制阶段的后期,这是执行可靠性工作计划过程中一项最关键的内容。实践证明,如果只有可靠性指标而不要求做可靠性鉴定试验,很难使承制方对可靠性工作计划中规定的其他项目(除环境试验外)进行必要的认真的努力。承制方很可能把主要精力投入合同或任务书所要求的性能(这是要通过性能试验证实的硬指标)及进度(保证及时交付产品)上,而可靠性、维修性最终成为一句空话。

在全面研制阶段的后期,可靠性鉴定试验是关键性的,因为只有通过可靠性鉴定试验才能定型,并做出投入生产的决定。由于可靠性鉴定试验费用一般都相当高昂,所以在定型试验中,可靠性试验作为它的一个组成部分,应尽可能与其他试验结合进行,以提高试验的有效性及节省试验费用。例如某些环境试验就可以与鉴定试验结合进行。

**(一)可靠性鉴定试验计划**

试验计划应由承制方制订、订购方认可。试验计划的主要内容如下。

①试验的目的;

②试验方案;

③试验条件;

④受试产品;

⑤试验前应具备的文件;

⑥试验进度等。

**(二)选择可靠性鉴定试验条件的因素和内容**

1. 选择试验条件考虑的因素

选择试验条件主要应考虑的因素如下。

①进行可靠性鉴定试验的基本理由;

②使用条件预期的变化；

③不同应力条件引起故障的可能性；

④不同试验条件所用的试验费用；

⑤可供使用的试验设施；

⑥可以利用的试验时间；

⑦预期的可靠性特征随试验条件变化的情况。

2. 选择可靠性鉴定试验条件的内容

(1)若试验目的是从安全角度来看临界值，则在选择试验条件时，不能排除任何重要的最严酷的使用条件；若为了证明产品在正常使用条件下的可靠性水平，则应选择具有典型代表性的试验条件；若试验的目的仅在于与同类设备进行比较，则应采用接近于使用中极限应力水平的试验条件。在任何情况下，各种应力因素的严酷度，不能超过产品所能承受的极限应力。

(2)在试验过程中，若必须考虑多种工作条件、环境条件和维修条件，则一般应当设计一个能周期性重复的试验周期。详细的试验方案中应包括一个试验周期图表，用来表明试验周期中工作、环境及维护条件的存在、持续时间、时间间隔及其相互关系。

(3)试验周期中各种应力的持续时间要短到不会对试验结论产生实质性影响，同时要长到足以使试验用的应力条件达到规定的程度。

(4)只要有可能，试验条件及典型的试验周期尽可能从相关的标准中选取。

(5)工作条件和环境试验应尽可能符合实际使用中的主要条件。在使用加速试验时要找到相应的加速关系。

(6)当设备在实际使用期间需进行例行的维护工作时，维护程序原则上应该与现场进行的维护相一致。典型的预防性维修包括更换、调整、校准、润滑、清洗、复位、恢复等。

**(三)可靠性鉴定试验产品的性质和数量**

可靠性鉴定试验是产品投入批生产前的试验，应按试验大纲的进度要求及时完成，以便为生产决策提供管理信息。以下情况应进行可靠性鉴定试验。

①新设计的产品；

②经过重大改进的产品；

③在一定环境条件不能满足系统分配的可靠性要求的产品。

鉴定试验样品要具有代表性，能体现设计、制造水平。在鉴定试验前，应对样品进行测试和检查，其主要性能指标及各项功能均符合设备的技术要求。试验样品数不得少于 2 台，特殊情况可允许 1 台。

**(四)指数分布假设的统计试验方案**

在可靠性寿命试验和进行数据分析中，指数分布占有相当重要的地位。在许多场合下，先假设产品的寿命分布为指数分布，再进行试验并计算出产品的各项可靠性特征。

1. 讨论指数分布寿命试验的意义

下列三个原因使讨论指数分布的试验具有重要意义。

(1)指数分布的寿命试验在实际使用中较为普遍。前文曾经分析许多产品的失效率曲线，都可用指数分布来描述。

（2）指数分布与许多试验结果较为接近。寿命服从指数分布模型的物理基础：产品受到应力的偶然冲击而引起失效，很多产品的失效服从威布尔分布。在威布尔分布中，当形状参数 $m=1$ 时，就是指数分布。大量的试验结果表明，很多产品（如电子设备、电子管、晶体管等）在实际使用中的寿命都近似服从指数分布。

（3）在有些情况下，可把指数分布当作实际分布。在不少场合，产品的寿命分布不能用威布尔分布、正态分布、对数正态分布等来描述，或者即使能用，但是产品的可靠性指标尚未找到严格而又方便的计算公式。为了寻找一种统一的对比方法，不得不采用指数分布的各种结果（公式）。虽然这种近似有时精度较低，但是对同一种产品还是能定量地说明问题的。

必须指出，当能够较正确地求出产品的实际分布和各项可靠性指标时，就不要采用指数分布的假定了。这是因为指数分布的计算方法对于不是指数分布的产品来说会产生一些误差。对于威布尔分布形状参数 $m>1$ 的产品，使用指数分布的结果计算的失效率会高于产品实际的失效率而造成生产方的损失；对于形状参数 $m<1$ 的产品，它使计算的失效率低于实际失效率，因而造成用户的损失。

2. 指数分布寿命试验方案的设计

如同一般寿命试验方案一样，对指数分布寿命试验方案，根据实际需要、可能以及缩短试验时间的要求等，一般都进行截尾寿命试验，主要有以下几种。

① 无替换定数截尾试验 $(n, r, 无)$；

② 有替换定数截尾试验 $(n, r, 有)$；

③ 无替换定时截尾试验 $(n, t_0, 无)$；

④ 有替换定时截尾试验 $(n, t_0, 有)$。

在确定统计试验方案中，主要是提出 $\theta_0, \theta_1, \alpha, \beta, d$，再定出产品总的试验时间 $T$ 和试验期内产品合格的判定数 $r$。这些可由标准抽样方案表来进行。表3.9列出了常用的定时截尾试验的标准试验方案。

**表3.9 常用的定时截尾试验标准抽样方案**

| 序 号 | 方 案 | | | | | | |
|---|---|---|---|---|---|---|---|
| | 判断风险率标称值 /（%） | | 鉴别比 | 试验时间 $T$ | 判别标准（失效次数） | 判断风险率真值 | |
| | $\alpha$ | $\beta$ | $d=\theta_0/\theta_1$ | （$\theta_1$ 的倍数） | 接收数（$r\leqslant$） | $\alpha$ | $\beta$ |
| 1 | 10 | 10 | 1.5 | 45.0 | 37 | 12.0 | 9.9 |
| 2 | 10 | 20 | 1.5 | 29.9 | 26 | 10.9 | 21.4 |
| 3 | 20 | 20 | 1.5 | 21.1 | 18 | 17.8 | 22.1 |
| 4 | 10 | 10 | 2.0 | 18.8 | 14 | 9.6 | 10.6 |
| 5 | 10 | 20 | 2.0 | 12.4 | 10 | 9.8 | 20.9 |
| 6 | 20 | 20 | 2.0 | 7.8 | 6 | 19.9 | 21.0 |
| 7 | 10 | 10 | 3.0 | 9.3 | 6 | | 9.9 |

续表

| 序　号 | 方　案 | | | | | | |
|---|---|---|---|---|---|---|---|
| | 判断风险率标称值/（%） | | 鉴别比 | 试验时间 $T$ | 判别标准（失效次数） | 判断风险率真值 | |
| | $\alpha$ | $\beta$ | $d=\theta_0/\theta_1$ | （$\theta_1$ 的倍数） | 接收数（$r\leqslant$） | $\alpha$ | $\beta$ |
| 8 | 10 | 20 | 3.0 | 5.4 | 4 | | 21.3 |
| 9 | 20 | 20 | 3.0 | 4.3 | 3 | 17.5 | 19.7 |
| 10 | 30 | 30 | 1.5 | 8.0 | 7 | 28.8 | 31.3 |
| 11 | 30 | 30 | 2.0 | 3.7 | 3 | 28.8 | 28.5 |
| 12 | 30 | 30 | 3.0 | 1.1 | 1 | 30.7 | 33.3 |

表中的判断风险率标称值和鉴别比是由生产方和使用方共同商定的；$\theta_0$ 也是双方在研制合同中规定的 MTBF（MTTF）值。这样按表中的鉴别比试验时间即可确定对应的时间（以 $\theta_1$ 倍数计算），并查得拒收失效数的判决标准。例如，火炮的可靠性指标为 $\theta_0=300$ 发，$\theta_1=100$ 发，$\alpha=\beta=10\%$ 的试验方案，因为 $d=\theta_0/\theta_1=300/100=3$，查方案序号 7 可知，试验时间 $T=9.3\times\theta_1=9.3\times100=930$（发），失效拒收数为 6，即失效允许数不大于 5。说明试验总发数 930 发，而失效数小于或等于 5 发，判为合格，否则拒收。

**例 3.2**　某坦克的平均故障间隔行驶里程要求是 400 km，最低不可低于 270 km。生产方风险和使用方风险都为 10%。设计一个鉴定试验方案。

**解**　$\theta_0/\theta_1=400/270=1.48\approx1.5$　$\alpha=\beta=10\%$

从表 3.11 中查出是第 1 方案，结果为

$$T=\theta_1\times45=270\times45=12\,150\text{ km}$$

判决标准：当坦克行驶了 12 150 km 以后，若出现了 37 以上的故障，则考核不通过；若出现 36 以下的故障，则通过考核。

通过考核的含义是认为坦克满足设计的可靠性要求或满足批生产的可靠性要求。

**（五）可靠性特征值的点估计和区间估计**

平均寿命的点估计和区间估计可用以下公式计算。

1. 点估计

1）无替换定数截尾试验点估计

$$\hat{\theta}=\frac{T}{r}=\frac{1}{r}\Big[\sum_{i=1}^{r}t_i+(n-r)t_r\Big] \tag{3-7}$$

式中　$r$——故障数；

　　$t_i$——第 $i$ 个产品故障前的工作时间；

　　$n$——样本数；

　　$t_r$——第 $r$ 个故障发生的时间（即定数截尾时间）。

**例 3.3**　从一批电子产品中抽取 50 台进行无替换定数截尾寿命试验，当出现故障数 $r=$

5 时停止。得到的寿命数据为 51 h、87 h、134 h、246 h、317 h，试估计该产品的平均寿命。

**解**　电子产品寿命服从指数分布，代入式(3-7)：

$$\hat{\theta} = \frac{1}{r}\Big[\sum_{i=1}^{r} t_i + (n-r)t_r\Big] = \frac{1}{5}[51+87+134+246+317+(50-5)317] = \frac{15\ 100}{5} = 3\ 020$$

2) 有替换定数截尾试验点估计

$$\hat{\theta} = \frac{n}{r}t_r \qquad\qquad (3-8)$$

3) 无替换定时截尾试验点估计

$$\hat{\theta} = \frac{1}{r}\Big[\sum_{i=1}^{r} t_i + (n-r)t\Big] \qquad\qquad (3-9)$$

式中　$t$—— 截尾时间。

4) 有替换定时截尾试验点估计

$$\hat{\theta} = \frac{n}{r}t \qquad\qquad (3-10)$$

**2. 双侧区间估计**

1) 定数截尾试验区间估计

下限

$$\theta_L = \frac{2T}{\chi^2\left(1-\dfrac{\alpha}{2}, 2r\right)} \qquad\qquad (3-11)$$

上限

$$\theta_U = \frac{2T}{\chi^2\left(\dfrac{\alpha}{2}, 2r\right)} \qquad\qquad (3-12)$$

式中　$T$—— 试验时间；

　　　$\chi^2$—— $\chi^2$ 分布，可查下侧分位数表；

　　　$\alpha$—— 显著性水平，置信水平 $\gamma = (1-\alpha) \times 100\%$；

　　　$r$—— 故障数。

将上例试验数据代入式(3-11)和式(3-12)，得到该产品的平均寿命区间估计值为(设置信度 $\gamma = 0.9$)

$$\theta_L = \frac{2 \times 15\ 100}{\chi^2(0.95,10)} = \frac{30\ 200}{18.307}\ h = 1\ 649.6\ h$$

$$\theta_U = \frac{2 \times 15\ 100}{\chi^2(0.05,10)} = \frac{30\ 200}{3.94}\ h = 7\ 665\ h$$

即该产品平均寿命的置信区间为(1 649.6，7 665)。其平均寿命真值落入该区间的把握(即置信度为0.9)。置信度和置信区间有一定的关系。置信水平越高，置信区间越长，精度较差；反之，降低置信水平，可以缩短置信区间，从而提高估计精度。

2) 定时截尾试验区间估计

$$\theta_L = \frac{2T}{\chi^2\left(1-\dfrac{\alpha}{2}, 2r+2\right)} = \frac{2r\hat{\theta}}{\chi^2\left(1-\dfrac{\alpha}{2}, 2r+2\right)} \qquad\qquad (3-13)$$

$$\theta_{U} = \frac{2T}{\chi^{2}\left(\frac{\alpha}{2}, 2r\right)} = \frac{2r\hat{\theta}}{\chi^{2}\left(\frac{\alpha}{2}, 2r\right)} \tag{3-14}$$

3. 单侧置信下限估计

通常,可靠性试验往往关心的是置信下限,这时可用单侧置信下限的估计公式

定时截尾试验下限 $$\theta_{L} = \frac{2T}{\chi^{2}(1-\alpha, 2r+2)} \tag{3-15}$$

定数截尾试验下限 $$\theta_{L} = \frac{2T}{\chi^{2}(1-\alpha, 2r)} \tag{3-16}$$

$\chi^{2}$ 可查下侧分位点表。

4. 失效数为零时定时截尾试验单侧置信下限估计

当 $r=0$ 时,$\chi^{2}(2r)$ 分布无定义,此时可应用以下公式估计

$$\theta_{L} = \frac{2T}{\chi^{2}(1-\alpha, 2)} \tag{3-17}$$

$$\theta_{L} = \frac{T}{-\ln\alpha} \tag{3-18}$$

**例 3.4** 某火炮在可靠性鉴定试验中共发射了 930 发炮弹,出现 4 发故障,火炮通过考核,试计算 $\hat{\theta}$ 值,求使用方风险为 10%(取 $\alpha=2\beta$)时的置信区间值。

**解** 点估计

$$\hat{\theta} = \frac{T}{r} = \frac{930}{4}(发) = 232(发)$$

区间估计

$$\hat{\theta}_{L} = \frac{2T}{\chi^{2}\left(1-\frac{\alpha}{2}, 2r+2\right)} = \frac{2 \times 930}{\chi^{2}(0.9, 2 \times 4+2)}(发) = 116(发)$$

$$\hat{\theta}_{U} = \frac{2T}{\chi^{2}\left(\frac{\alpha}{2}, 2r\right)} = \frac{2 \times 930}{\chi^{2}(0.1, 2 \times 4)}(发) = 532(发)$$

最后得该炮的平均故障间隔发射发数点估计值为 232 发,在 80% 的置信度下,区间估计值为(116,532)发。

**三、可靠性验收试验**

可靠性验收试验是指为验证批生产产品是否达到规定的可靠性要求,在规定条件下所进行的试验。从此定义可以看出,可靠性验收试验的目的在于对交付的产品或生产批进行评价。

**(一)可靠性验收试验的条件**

(1)进行可靠性验收试验的前提是产品已经通过了定型的鉴定试验,并批准投入生产。

(2)承制方的质量保证体系健全,且认真执行《军工产品质量管理条例》及《质量管理体系要求》(GJB 9001C—2017)标准。

(3)承制方严格执行经订购方认可的可靠性工作计划。

(4)关键的元器件、原材料、生产工序的生产是一致、稳定的,经监督(例如军事代表的监督)、分析证明产品的可靠性不比定型水平有显著下降。

在这些前提之下,判决合格与否的正确性要求冒的风险可以大一些。根据统计学的规律,一般需要的样本量可比鉴定试验少,并且不需要提供验证可靠性的估计值。

**(二)可靠性验收试验计划的主要内容**

可靠性验收试验计划的主要内容包括试验目的和选择理由,受试产品及其试验项目,试验方案、详细试验程序及环境条件,试验进度表等。

**(三)可靠性验收试验方案**

验收试验方案由承制方制订、订购方认可。验收试验可采用序贯试验方案,定时、定数截尾试验方案等。验收试验所采用的试验条件要与可靠性鉴定试验中使用的综合环境条件相同。所用的试验样品要能代表生产批,同时应定义批量的大小,并且由订购方规定抽样规则。验证可接受的性能基准应该在标准的环境条件下进行,以便获取重现的结果。

**(四)受试产品的要求**

由于可靠性验收试验是在连续生产过程中进行的一系列定期性试验,试验的目的是确定产品能否满足规定的性能及可靠性要求,因此,可靠性验收试验一般将自生产合同签订后交付的第一批产品开始在每一生产批上进行。合同中应规定一个批的范围。例如,一个月产量当成一批。但当一个月产品少于3台时,一般可将两个月或3个月以上的产量组成一个批。受试产品在同一批中进行随机抽样。样本大小若订购方无其他规定,则每批受试的样本数目应该是3台。推荐的样本大小为每批的10%,但不超过每批20台产品。

抽来进行验收试验的产品都应通过产品技术规范中规定的试验和预处理,在开始试验前还应进行详细的性能测量,验证试验后可接受的性能基准。

**(五)指数分布概率比序贯试验方案**

可靠性验收试验可采用序贯试验方案,定时、定数截尾试验方案等。由于序贯试验通常具有做出判断所要求的平均失效数最少、所要求的平均累积试验数最少的优点,所以在可靠性验收试验中常用序贯抽样试验方案。

1. 概率比序贯试验方案特征

概率比序贯试验方案的特征由 $\theta_0,\theta_1,\alpha,\beta$ 表示。

与可靠性鉴定试验一样,上述指标的特征值,由生产方和使用方共同按照人力、财力、时间及其他要求共同商定。

2. 试验方案的图表(PRST)

根据《可靠性鉴定试验与验收试验》(GJB 889A—2009)提出的概率比序贯试验方案见表3.10。它的判决标准都是以故障(或失效)时间的分布假设为指数分布的。还可以图表形式给出标准概率比序贯试验方案的判决标准具体数值(可参考文献[5]第396～399页),图3.12给出了其中一个图示以供参考。

表 3.10　概率比序贯试验方案摘要

| 方案序号 | 方案特征 | | 试验作出判决所需时间 | | | 实际风险值 | |
|---|---|---|---|---|---|---|---|
| | 判断风险标称值/(%) | 鉴别比 | ($\theta_1$ 的倍数) | | | % | |
| | $\alpha$, $\beta$ | $d$ | 最小值 | 预期值（MTBF 真值 $\theta_0$） | 最大截尾时间 | $\alpha'$ | $\beta'$ |
| I C | 10 | 1.5 | 6.6 | 25.95 | 49.5 | 11.5 | 12.5 |
| II C | 20 | 1.5 | 4.19 | 11.4 | 21.9 | 22.7 | 23.2 |
| III C | 10 | 2.0 | 4.40 | 10.2 | 20.6 | 12.8 | 12.8 |
| IV C | 20 | 2.0 | 2.80 | 4.8 | 9.74 | 22.3 | 22.5 |
| V C | 10 | 3.0 | 3.75 | 6.0 | 10.35 | 11.1 | 10.9 |
| VI C | 20 | 3.0 | 2.67 | 3.42 | 4.50 | 18.2 | 19.2 |
| VII C | 30 | 1.5 | 3.15 | 5.1 | 6.80 | 31.9 | 32.3 |
| VIII C | 30 | 2.0 | 1.72 | 2.6 | 4.50 | 29.3 | 29.9 |

采用序贯试验方案,其试验时间应根据最大允许试验时间(截尾时间)来设计,而不应按照预期判决时间来设计,以便把试验费用及试验时间控制在计划之内,避免无计划、不能控制的现象发生。试验到总的试验时间及总的失效数均能按规定的方案做出接收或拒收判决时就可截止。该图中总试验时间为用 $\theta_1$ 的倍数表示的总设备工作台数,而每台设备的最低限度试验时间至少应为所有受试设备平均工作时间的一半。

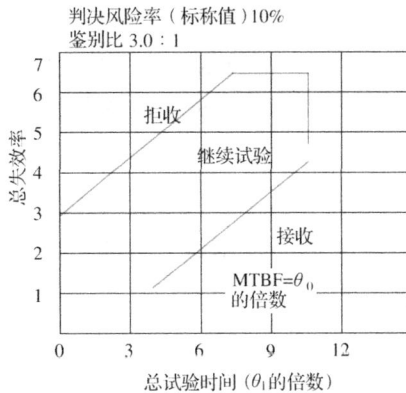

| 失效数 | 总试验时间（$\theta_1$ 的倍数） | |
|---|---|---|
| | 拒收（等于或小于） | 接收（等于或大于） |
| 0 | / | 3.75 |
| 1 | / | 5.40 |
| 2 | 0.57 | 7.05 |
| 3 | 2.22 | 8.7 |
| 4 | 3.87 | 10.35 |
| 5 | 5.52 | 10.35 |
| 6 | 7.17 | 10.35 |
| 7 | 10.35 | / |

图 3.12　试验方案 V C 的判决标准

**例 3.5** 若某火炮发射系统平均无故障发射数要求 300 发,最低为 100 发,双方风险均为 10%,试设计概率比序贯试验方案。

**解** 由题知 $\theta_0 = 300$ 发,$\theta_1 = 100$ 发,因此,鉴别比 $d = \theta_0/\theta_1 = 300/100 = 3$ 及 $\alpha = \beta = 10\%$,经查表 3.10 可知,拟采用方案序号 VC 试验方案。再查表 VC 试验方案判决标准,可得试验总时间与失效数关系,将 $\theta_1$ 代入后可得表 3.11 所列的判决准则。

**表 3.11 例 3.5 判决准则** （单位:发）

| 失效数 | 拒收(等于或小于) | 接收(等于或大于) |
|:---:|:---:|:---:|
| 0 | / | 375 |
| 1 | / | 540 |
| 2 | 57 | 705 |
| 3 | 220 | 870 |
| 4 | 387 | 1 035 |
| 5 | 552 | 1 035 |
| 6 | 717 | 1 035 |
| 7 | 1 035 | / |

该表的意义:当发射 375 发炮弹后,若没有故障再现,就结束试验,接收产品,认为火炮已满足可靠性要求。若出现故障,则继续发射。当再现了一发故障时,若总试验发数超过 540 发,则接收;否则,继续。当出现 2 发故障时,若总试验发数小于 57 发,则拒收;若总试验发数超过 705 发,则接收;否则,继续发射,以此类推。

# 第五节 寿命试验与加速寿命试验

## 一、寿命试验

寿命试验是指为了测定产品在规定条件下的寿命所进行的试验,是可靠性试验中很重要、最基本的试验。它是将产品的样本置于规定的试验条件(可以是实际工作状态的应力和环境条件,也可以是按技术规范规定的额定应力和环境条件)下进行,在试验期间要记录每一个失效时间,以便研究失效时间的分布规律,作为可靠性设计、制定可靠性工艺筛选规范和进一步改进产品可靠性的依据。

寿命试验按施加的应力水平可分为长期寿命试验、加速寿命试验和耐久性试验。长期寿命试验又分为长期工作寿命试验与长期储存寿命试验,两者不同点在于所加应力和应力水平不同。

### 1. 工作寿命试验

工作寿命试验是指产品在规定的条件下,模拟实际工作状态或额定工作状态的试验,以确定使用状态下的寿命和失效率。工作寿命试验分为连续工作寿命试验和间断工作寿命试验。

(1)连续工作寿命试验又可分为静态工作寿命试验和动态工作寿命试验。静态试验是工作应力保持不变的试验。如对电子器件的静态试验,通常是对元器件加上最大直流或电压负载,这样可了解器件在规定应力下工作的可靠性。动态试验是模拟器件实际工作状态下的试验,如规定集成电路在室温下施加额定电压、额定负载和一定频率信号进行寿命试验。

(2)间断工作寿命试验是使产品周期性地处于工作和停止工作状态的试验。对电子产品来说,它主要用于评价大功率器件耐温度剧变和耐电应力突变的能力。

工作寿命试验是实际工作中的一种重要试验,通过它可以确定不同产品的使用期限。例如,飞机的救生弹射火箭使用期限为 6 年,它是指将该火箭装入飞机以后,在与飞机同高度、同飞行速度及施加不同振动冲击负载等状态下,在 6 年之内,弹射火箭能可靠地完成救生任务。

### 2. 储存寿命试验

储存寿命试验是指产品在规定的环境条件下进行非工作状态的存放并定期测量失效时间的试验。其目的是了解产品在特定的环境条件下储存的适应性。例如,炮弹、火箭弹的储存寿命为 15 年,它是指在规定的条件下,炮弹、火箭弹在规定的日历时间内(15 年)持续储存、启封、使用时能完成规定功能的能力。

储存寿命试验的方法很简单,是将样品存放在规定的环境下,然后定期测量或试验,环境条件大多在室内、棚下、露天、坑道等。但是,储存试验的样品处于非工作状态,失效率很低,周期很长。

储存寿命试验所积累的数据对于预测元器件和整机的储存可靠性很有价值。例如,弹药生产出来以后可能都要存放相当长的时间,通过储存试验获得的数据可帮助预测弹药的储存寿命。因此,元器件生产厂应该有计划地进行长期储存试验,这不但有利于改进元器件质量,也有助于整机装配厂合理选择元器件并做好产品的可靠性预测工作。

### 3. 加速寿命试验

加速寿命试验是为缩短试验时间,在不改变产品故障模式和故障机理的条件下,用加大应力的方法进行的寿命试验。它通过提高试验应力,加速产品的失效进程,再根据试验结果,推算额定应力条件下产品的寿命。它可以缩短试验时间,节省人力、费用,快速评价产品的可靠性水平。

### 4. 耐久性试验

产品的耐久性试验亦是一种为测定产品在规定的使用和维修条件下的使用寿命而进行的试验。耐久性试验包括耐久性测定试验和耐久性验收试验。由于耐久性试验时间较长,因而多采用加速试验的方法,但因加速试验得到的使用寿命的估计值不一定准确,往往需要用使用现场试验的数据进行核对。

## 二、加速寿命试验

### (一)加速寿命试验的原理

前文已述及,加速寿命试验是指为缩短试验时间,在不改变故障模式和故障机理的条件下,用加大应力的方法进行的寿命试验。对高可靠性的产品,如果采用在正常的工作条件下做寿命试验的方法来估计产品的可靠性寿命特征,往往需要耗费很长的时间,甚至还来不及做完寿命试验,该产品就会因为性能落后而被淘汰。例如,为了验证置信度为 90%,失效率为 $10^{-3}/h$ 的元器件,如果用长期寿命试验方法进行试验,则要用 23 万只元器件试验 1 000 h,或用 1 000 只元器件试验 $2.3 \times 10^5$ h(26 年),而且不允许有一只失效。这不仅代价高,而且是不现实的,因此长期寿命试验方法已经不能适应产品(尤其是军工产品)迅速发展的需要。

加速寿命试验的基本原则是在不改变失效机理的条件下,加大应力(热应力、机械应力、电应力等),加快产品失效,缩短试验时间,估计出产品在正常工作应力下的可靠性指标。例如弹药的储存寿命一般为 15 年左右,人们不准备做 15 年的寿命试验,而通过提高储存温度等做 1~2 年的加速寿命试验,加速弹药失效,再根据加速寿命的试验结果推测出 15 年以后弹药的可靠度。

加速试验的应力可以是机械的、物理的、化学的或是复合应力。机械应力包括冲击、振动、惯性力等;热应力包括热冲击、高低温循环、高温及高湿;电应力包括电流、电压、电功率;其他环境应力包括潮热、低气压、盐雾、放射性辐射等。

应该指出,加速试验的作用并不限于加大应力促使元件失效,还可以利用加大应力下的寿命与正常应力下寿命间的规律性,由前者推算出后者。因此,加速试验可用于验收、鉴定出厂分类挑选、维修验证及产品可靠性数据确定方面。

需要强调的是,加速试验只能是在不改变产品失效机理的条件下,通过强化产品的储存、使用条件(介质、湿度、温度、振动等)进行试验来外推产品寿命。如果改变了产品的失效机理,就无法外推出产品寿命,这样的试验就毫无意义。另外,加速寿命试验一般在零件级进行,有的产品也可在部件级或整机上进行。

**(二)加速寿命试验的分类**

加速寿命试验,大致可分为以下三种。

1. 恒定应力加速寿命试验

恒定应力加速寿命试验是指将一定数量的试件分成几组,每组固定在一个应力水平下做寿命试验,如图 3.14(a)所示。所选用的最高应力水平应保证试件失效机理不改变,最低应力水平要高于正常工作条件下的应力水平。

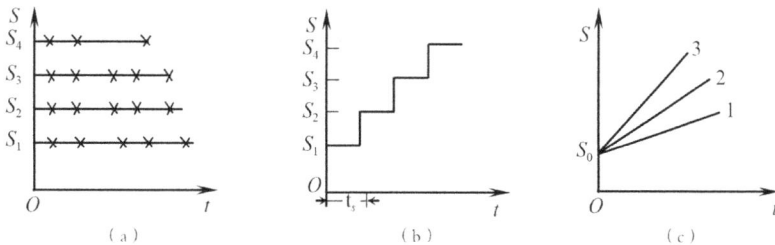

图 3.14　加速寿命试验的应力水平

2. 步进应力加速寿命试验

步进应力加速寿命试验是指用一定数量的试件来做试验,施加应力的方式是以阶梯形式由低到高逐步地提高,一直做到试件大量失效的时刻为止。

例如,选定一组应力 $S_1, S_2, \cdots, S_n$,设 $S_0$ 是正常工作条件下的应力水平。使 $S_0 < S_1 < S_2 < \cdots < S_n$。试验开始时,使一定数量的产品在 $S_1$ 条件下进行试验,达到规定升高应力的时间 $t_S$ 时,可能已有试件失效,这时就把应力水平提高到 $S_2$,未失效的产品在应力 $S_2$ 下继续进行试验,又有些试件失效,如此继续下去,直到大量试件失效为止,如图 3.14(b) 所示。

(1)步进应力加速寿命试验有以下优点。

① 便于观察产品安全承受应力的范围,例如发生失效的应力水平以及产品特性值随应力退化的分布等有关应力余度的问题。

② 有利于掌握产品随应力而发生失效的模式和失效机理的变化,探讨在筛选时有效的应力水平和加速寿命试验的可能性。

③ 便于检查不同厂家、不同产品之间产品质量的差异,便于检验工艺变化对产品质量的影响等。

④ 可作为恒定应力法的预备试验及作为应力试验数据的补充,其效果很好。

(2)步进应力加速寿命试验有如下缺点。

①$t_S$ 的选择范围有一定的限度,仅限于选择较小的值。若 $t_S$ 取得过大,则与恒定应力法无本质差别;若 $t_S$ 取得太小,则应力步进时的过渡效应不能忽略。而且当步进得过快时,使在临界应力范围内产品还来不及充分退化而应力已跃进到超出临界范围。这时过负荷往往会使产品一下子就失效报废,而失去试验的意义。

② 由于变更应力的过渡效应,将使试验产生一定的误差。

③ 当退化机理不是单一的(掺杂有其他机理)时,若步进应力试验初始阶段存在老化过程,则在这个阶段上将产生试验误差。

④ 试验时间并不够短。国外学者多德森和霍华德当初提出步进应力法时,曾强调它有比恒定应力法的试验时间短的优点,实际上这是经过几个步阶后才达到规定退化量的,所试验时间是 $nt_S$,而不是 $t_S$。这样不如用 $nt_S$ 作为试验时间的恒定应力试验的结果确切。

3. 序进应力加速寿命试验

序进应力加速寿命试验是指对一定数量的试件,在施加的应力大小随时间等速直线上升的条件下做寿命试验,直至大量试件失效为止,如图 3.14(c) 所示。这种试验需要有专门的设备。

序进应力试验是近几年来出现的变应力方法之一。例如,电容器在序进直流电压作用下被击穿,并由此电压值反过来推算电容器的寿命,这就是序进应力加速寿命试验。

比较以上三种加速寿命试验,以恒定应力加速寿命试验方法比较成熟,是加速寿命试验最基本最常用的方法。它与其他两种试验相比,所得到的信息也最多,而且所花费的时间比常规的寿命试验缩短了很多。目前,国内已有许多单位采用了恒定应力加速试验方法来估计产品的各种可靠性特征指标。

**（三）加速寿命试验的方法**

在设计加速寿命试验时,首先要明确产品的失效模式及失效机理,以便从中找到引起失效的主要因素,通过提高这种应力水平的办法达到加速试验的目的。

**1. 加速的一般方法**

通常,加速的方法大致有以下几种。

（1）增加应力大小或增加施加应力的次数,如提高温度、增加负荷或增加转动次数和速度等。

（2）严格失效判别标准。

（3）采用已经具有一定程度退化量的试样,如试验试件的疲劳寿命时,可预先在试件下人为地制作一定的伤痕。

（4）按比例放大或缩小模拟试验结果的方法 —— 相似法。

（5）尺寸结构加速法。以产品易发生性能退化或易发生致命失效的结构尺寸做一个试样来进行试验:在研究元器件的物理、化学方面的退化过程时,可以用没有保护层的试件或用小尺寸、低强度的材料作试样进行试验,以此来缩短试验的时间;立足于最弱链模型(薄弱环节),采取降低破坏强度或破坏应力的方法来加快寿命进程。

如果失效机理极为单纯,其加速方法就较简单,预测结果也较为准确。然而大部分产品所受到的环境应力不是单一的,其失效原因也是多种多样的,不可能都同样地进行加速。

通常情形下,只能着重于某个主要失效机理的主要环境应力进行加速寿命试验(如温度、压力、功率、电压等)。对具有多种失效机理的产品来说,很难进行理想的加速寿命试验。若在这种情形下仍然要进行加速寿命试验,则可以参照以下方法考虑试验方案。

（1）在模拟典型环境实际应力的基础上,采用容易使产品失效的恒定高应力。

（2）只对单一的(当然是主要的)失效机理做加速试验,再综合试验结果改进设计,以便预测实际条件下的寿命特征。

（3）当存在几种失效机理时,尽管随着应力的增大,机理的种类和数量有所变化,但是,在进行加速寿命试验时,仍然可按照技术上的判断,着重于主要的失效机理方面。

（4）有的方法虽然在鉴别失效物理、化学机理方面有困难或者不够充分,但是从数理统计来看,如果其试验结果符合艾林模型,性能退化及失效与应力的关系又具有规律性,这种方法就可以应用。例如,对于威布尔型产品,虽然其形状参数由于应力变化了而不是恒定值,但只要随应力的变化是稳定、有规律的变化,也可以对它做加速试验。如果产品质量不稳定,变化无规律,就不能进行加速试验。

**2. 加速系数的确定**

加速系数是指在基准应力条件下进行试验与某应力条件下进行加速试验,两者达到相等的累积故障概率所需时间之比。通常,用符号 $\tau$ 来表示加速系数,即

$$\tau = \frac{t_{p_0}}{t_{p_i}} \tag{3-19}$$

式中　　$t_{p_i}$ —— 产品在第 $i$ 个加速应力 $S_i$ 的作用下达到失效概率为 $p$ 的时间;

　　　　$t_{p_0}$ —— 产品在基准应力 $S_0$ 的作用下达到失效概率为 $p$ 的时间。

加速系数是可靠性技术中一个很有用的参数,它是反映用某一加速应力进行加速寿命

试验效果的一个量,是对两个应力水平而言的。若用 $S_0$ 表示正常应力水平,$S_i$ 表示第 $i$ 个加速应力水平,则随着 $S_i$ 的变化,加速系数 $\tau$ 也随之变化,且 $S_i$ 越高,$\tau$ 越大。当 $\tau=1$ 时,加速寿命试验中就没有加速效果。

有时用到故障率加速系数。其定义是在某种应力条件下的加速试验与正常应力条件下的试验,在某规定时刻的故障率之比,常用符号 $\tau_\lambda$ 表示。例如,在正常应力下产品工作到 1 000 h 的故障率为 $10^{-8}$/h,而加速试验中产品工作到 1 000 h 的故障率为 $10^{-5}$/h,则

$$\tau_\lambda = 10^{-5}/10^{-8} = 1\ 000$$

加速系数的用途很广,可用于选择可靠性筛选条件、制订产品可靠性验收试验方案、对比两批产品可靠性特征、鉴定质量改进措施、设计系统可靠性等。

**(四) 加速寿命试验的设计**

为了节省时间和费用,又能确保所得到的可靠性寿命信息有效,在进行加速寿命试验之前必须对试验作全面的设计和周密的考虑。需进行的主要工作如下。

① 明确试验目的;

② 选择加速应力;

③ 确定加速应力水平;

④ 确定测试参数;

⑤ 确定试验方法;

⑥ 确定测试周期;

⑦ 进行失效分析;

⑧ 明确元器件失效标准;

⑨ 确定试验样本量;

⑩ 确定试验截止时间;

⑪ 确定样本失效时间。

**(五) 正常应力水平 $S_0$ 下的寿命估计**

通过 $k$ 组不同应力水平 $S_1, S_2, \cdots, S_k$ 加速寿命试验,如每组截尾数分别为 $r_1, r_2, \cdots, r_k$。每组试验测得的失效时间:在应力水平 $S_1$ 下,$r_1$ 个失效时间为 $t_{11}, t_{12}, \cdots, t_{1r}$,在应力水平 $S_k$ 下,$r_k$ 个失效时间为 $t_{k1}, t_{k2}, \cdots, t_{kr}$。

利用上述失效数据可估计出在正常应力水平 $S_0$ 下的产品寿命,其方法可用图估法和数值估计法进行。具体可参考文献[2]。

应该说明的是,加速寿命试验可以大大缩短常应力寿命试验所需的时间,但它有局限性,不能完全代替正常使用条件下的寿命试验。首先因为它是一种破坏性试验,所以只能取小部分样本进行试验,就存在着置信度问题,它只是对产品寿命的一个近似估计。目前进行加速寿命试验还存在着许多困难。其主要原因:一是对试验方法及测试条件的保证应有严格的要求;二是为了正确地解释试验结果,必须对产品的失效机理有较深入的了解和研究;三是要有多次的试验结果进行比较和分析。由于加速试验在理论上有着一定的根据,在实践中能节省时间,所以该方法被广泛重视和应用,只是需要有长期低应力寿命试验作补充,以检验加速寿命试验的准确性,且为试验积累数据信息。

### 三、装备寿命试验应注意的问题

（1）由于寿命试验非常耗时且费用昂贵，所以必须对寿命特性和寿命试验要求进行仔细的分析，必须尽早收集类似产品的磨损、腐蚀、疲劳、断裂等故障数据，并在整个试验期间进行分析，否则可能会导致重新设计和项目的延误。

（2）应尽早明确寿命试验要求，当可行时采用加速寿命试验的方法，加速寿命试验一般在零件级进行，有的也可在部件级上进行。

## 第六节　装备可靠性外场试验

装备可靠性外场试验是一种重要的可靠性试验，它能较真实地验证装备在使用条件下的可靠性水平是否达到合同要求，本节参考文献[12]有关内容进行介绍。

### 一、装备可靠性外场试验的目的和特点

#### (一)装备可靠性外场试验的目的

（1）验证装备可靠性指标是否达到合同规定的最终验证。在产品的研制阶段，虽通过可靠性鉴定试验证明产品已达到了可靠性要求值，然而由于装备在实际使用条件下，使用环境对装备的可靠性有很大的影响，且装备在不同严酷程度的环境条件下使用，可能会表现出不同的可靠性量值，因此，装备的可靠性必须在装备使用的真实环境中或模拟的真实环境条件下验证，才能获得准确的可靠性数据，从而评定装备的真实可靠性水平，作出正确的评价，以确定可靠性指标能否达到规定的可靠性要求。

真实的使用环境是由装备停放、工作、运行的地理、大气自然环境以及装备所执行的任务、装备自身的性能等因素决定的，如火炮阵地的自然环境，坦克集结地的自然环境、行使的道路条件等。装备在执行任务时，需要执行各个任务剖面，每个剖面都对应着不同的使用环境，在这种环境条件下验证装备的可靠性，内场试验是无法完成、且不准确的。因此，装备最终可靠性要求的验证只能在使用现场进行，这是订购方和承制方共同关心的最现实的问题。

（2）通过可靠性外场试验，发现装备设计、制造缺陷，以便改进。装备的外场可靠性试验是在综合的、复杂应力环境下进行的，这有利于暴露装备的使用故障和缺陷。

（3）早期阶段的可靠性外场试验，为估计成熟期装备的可靠性水平及所需保障资源提供依据。虽然装备的可靠性外场试验可以在研制、生产、使用各阶段进行，但是，早期的可靠性外场试验所得到的数据可用来估计成熟期装备的可靠性水平，并为规划所需保障资源、编制后勤保障计划提供依据。这一目的是通过对装备可靠性增长管理来实现的。

#### (二)装备可靠性外场试验的特点

装备可靠性外场试验的特点可总结为以下几点。

1. 试验的综合性

试验的综合性表现在装备本身的系统综合、使用环境条件综合、保障设备的综合三个方面。

（1）系统综合。由于装备是由分系统或设备组成的,有机械、电子、液压、光学等,仅分系统或设备各自可靠工作并不等于装备就能可靠工作。因此,需要对装备可靠性进行综合试验,既证明分系统又能证明装备系统工作的可靠,且它试验的结论是真实的。

（2）环境综合。由于研制的装备是为使其在外场作战使用,而外场承受着外部自然环境的温度、压力、湿度以及气候变化时风、砂、雨、雪的影响,在作战任务时,外部环境在变化,且是复杂的环境条件,这种环境条件的综合性是外场可靠性试验所表现的独有特点。

（3）保障设备的综合。装备进行可靠性外场试验,必须在地面保障设备配合下进行。地面保障设备可靠性将影响着装备的外场使用。因此,进行可靠性外场试验,同样也对保障设备进行综合验证,以获得综合的可靠性数据,它对评估装备的作战适用性和作战效能提供了重要依据。

2. 试验的真实性

真实性主要指在可靠性外场试验环境条件最真实、最能接近作战使用环境,只有在真实的环境条件下试验,才能获得较准确的可靠性数据。用以评估装备的可靠性,才有较高的可信性。

3. 试验的经济性

经济性主要指装备的可靠性外场试验可以结合装备的性能试验、鉴定试验、部队试用和使用等进行。一般不再为装备可靠性单独组织外场试验,或只需少量、有重点地进行装备外场可靠性试验,从而节约经费。

**二、装备可靠性外场试验的条件和时机**

**（一）装备可靠性外场试验的条件**

装备可靠性外场试验的条件,对于一些可以重复使用的常规武器（如火炮、坦克、飞机、舰船等）可以在研制单位外场,如飞机工厂的试飞站,也可以在试验单位外场,如坦克试车场、靶场,还可以在使用部门的使用现场。其试验应具备的条件如下。

（1）装备的构型、技术状态已基本稳定。通常进行装备可靠性外场试验的装备应该是装备构型、技术状态都已基本稳定,并与将来交付部队使用的装备构型、技术状态保持一致。否则,试验所得的可靠性量值就没有代表性,也就不能评价部队使用时装备的作战效能与作战适用性。通常新装备在研制阶段结束或投入批生产时,其构型、技术状态能够达到基本稳定的要求。

（2）装备的分系统、设备已达到规定的最低可靠性可接受值的要求。在工程上,由于时间、经费的限制,不可能对装备的分系统、设备全部分别在模拟整机条件下进行外场试验与测定。这就需按产品的重要程度分类,有选择性地进行内场试验考核。而对于那些没有经过内场试验考核的分系统或设备,仍应对其低层次产品可靠性设计或试验数据进行分析评估,预测其能达到的可靠性水平,再装机与装备结合进行可靠性外场试验。

（3）地面保障设备已经配套、到位。只有在地面保障设备配套、到位后才能保证装备可靠性外场试验的进行,同时也可使其可靠性在使用环境下得到综合验证。

（4）已建立健全了 FRACAS 系统。

**(二)装备可靠性外场试验的时机**

当装备研制中具备了上述四个基本条件时,就可进行可靠性外场试验。对不同的装备,还要根据试验的目的选择适当的时机,进行试验与评估。

我国对外场试验时机主要选择在设计定型阶段和生产定型阶段较为合适。通常在设计定型阶段,需要对装备进行定型试验,而定型试验的综合性数据、环境条件接近真实的使用环境,此时就可结合可靠性进行试验,特别是对设计定型阶段有可靠性指标要求的装备,可以通过对其外场可靠性进行考核。当在设计定型阶段还不具备以上四个基本条件的装备,也应重视定型试验的时机进行可靠性数据的收集和评估,以便发现装备存在的缺陷,及时采取纠正措施,提高装备的可靠性水平,以便到生产定型阶段再进行可靠性外场试验验证。由于按照常规武器装备研制程序的规定,在生产定型阶段中都有部队试用装备这一环节,所以在装备研制阶段结束,进入生产定型阶段或接近生产定型时,也需进行装备可靠性外场试验,以验证装备的可靠性水平。

选择装备可靠性外场验证的具体时机,应结合装备的特点、研制合同的要求,由订购方综合论证后,在研制任务书中明确规定。

**三、装备可靠性外场验证的方法**

装备可靠性外场验证试验的方法主要是统计推断法,即以一定数量的装备为样本,在外场使用环境下,使样本在规定的任务剖面工作,运行一定的寿命单位,统计在此期间发生的故障次数,经过分析处理,按照基本可靠性和任务可靠性有关指标定义,计算出各种指标的验证值,并以此推断装备总体的可靠性水平是否达到规定指标。具体方法如下。

**(一)制订详细的验证试验方案和计划**

装备的可靠性外场验证试验是装备可靠性试验的重要组成部分,它涉及面广,耗费人力、财力和时间,需要周密计划和精心组织实施。为此,首先应按合同要求和装备研制的可靠性计划规定的项目,制订装备可靠性外场验证计划。计划一般包括以下几个方面。

①验证的目的、要求;
②验证的进度;
③验证的方案;
④受试装备的说明;
⑤性能监测要求;
⑥数据处理系统;
⑦保障设备等。

在制订统计试验方案时,应选择置信水平,判断风险,规定合格判据,并权衡经费和进度。

**(二)选择验证的参数和指标**

应按《装备可靠性维修性保障性要求论证》(GJB 1909A—2009)中规定,由使用方选择和提出可靠性参数和指标,并明确哪些需要验证,与研制方协商写入研制合同文件,作为外场试验验证工作依据。

### (三)确定验证的样本量及验证强度

选择和确定装备的数量作为可靠性外场验证的样本对推断的准确性有一定影响,为此,在经费许可时,验证的样本量应多一些,有利于推断准确性的提高。但在装备研制阶段,由于受样车、样炮、原型机研制数量的限制,为早期的外场可靠性验证提供的样品不多,如坦克可有 3～5 台,飞机可有 3～5 架。而在部队试用和使用阶段,就可按建制单位,如坦克、火炮的连、营,飞机的飞行中队、大队为单位实施外场验证。

验证强度是指验证的装备在外场验证中所必需经历的寿命单位数量和执行任务剖面的类型、数量,以及各种不同任务剖面所占的比例,如累积的行驶里程、发射炮弹数、飞行小时或起落次数等。在外场验证中,确定所必须经历的寿命单位数量应远大于被验证装备的典型任务时间、MTBF 或 MTTR 等值,通常是典型的任务时间、MTBF 或 MTTR 等值的几十倍或更多。如坦克以每台样车行驶试验不少于 10 000 km,验证平均故障间隔里程为 300～400 km 的指标,飞机累积飞行 500～1 000 h,以验证平均故障间隔飞行小时为 2～3 h 的指标。

在进行验证强度时,还要考虑装备所执行的任务剖面的类型和比例,与实际作战使用应尽量保持一致,以使受验装备的验证强度接近实践条件。

### (四)应明确故障判别准则

在进行可靠性外场试验时,应制定故障判别准则,如早期故障、确实已改正的重复故障、人为的故障、超出规定使用条件产生的故障等不应计入。

### (五)收集、分析和处理数据

在进行装备可靠性外场验证时,最重要的工作就是收集、分析和处理数据,以便对装备的可靠性水平做出评估。但可靠性外场试验数据比较分散,参与纪录与收集的人员又较多,且涉及的专业也较多,困难大,因此对收集到的数据必须进行逐项审查分析,以保证数据的准确性和完整性;必要时应派专人专项调查、跟踪核实。为此,必须注意以下几个方面。

(1)应建立严格的信息管理和责任制度。明确规定信息收集与核实、信息传递与反馈的部门、单位及其人员的职责。

(2)进行使用可靠性信息需求分析,对可靠性外场验证评估及其他可靠性工作的信息需求进行分析,以确定可靠性信息收集的范围、内容和程序等。

(3)应组成专门的小组,对可靠性外场试验信息的收集、分析、储存、传递等工作进行评审,确保信息收集、分析、传递的有效性。

### 四、装备可靠性外场试验结果的评估

装备可靠性外场试验结果评估的主要目的是对装备的使用可靠性水平进行评价,验证装备是否达到了规定的可靠性要求,尽可能地发现和改进装备的使用可靠性缺陷,以便采取纠正措施,为此,应注意以下几个方面。

(1)外场验证的可靠性评估应尽可能在典型的实际使用条件下进行,这些条件必须能代表实际的作战和训练条件。被评估的装备应具有规定的技术状态,使用与维修人员必须经过正规的训练,地面保障设备按规定配备到位。

（2）应制订可靠性评估计划，也可包含在现场使用评估计划［见《装备综合保障通用要求》(GJB 3872A—2022)］中，计划中应明确参与评估各方的职责及要评估的内容、方法和程序等。

（3）在整个评估过程中应不断地对收集、分析、处理的数据进行评价，确保获得可信的评估结果及其他有用信息。

我国装备的可靠性外场验证中，目前仍普遍采用点估计的方法评估验证数据，这就对估计结果有置信度问题。今后新研制装备的外场验证采用何种评估方法，应慎重考虑确定，有条件时应以区间估计为宜。

# 第四章　维修性设计与试验和评定

如前文所述,维修性是由产品设计赋予的使其维修简便、迅速和经济的固有特性。维修性工作是可靠性的重要补充,改善维修性是提高装备系统效能、节省寿命周期费用的重要途径。

维修性工程是为了达到产品的维修性所进行的一系列技术和管理活动。在装备的研制、生产、改进以及改型中的维修性工作,主要包括维修性要求的论证与确定,维修性设计与分析、试验与评定、监督与控制等《装备维修性工作通用要求》(GJB 368B—2022)规定的工作项目。

本章主要参考文献[3]重点介绍维修性设计与分析、试验与评定有关内容,而维修性要求是维修性工作的基础,因此,将其先予以介绍。

## 第一节　维修性要求及维修性模型

维修性要求通常包括定性要求和定量要求两个方面,它们是在一定的保障条件下规定的。维修性定性要求是满足定量要求的必要条件,而定量要求又是通过定性要求在保障条件约束下来实现。在工程实践中,通常将定性要求转化为设计准则,定量要求应明确选用的参数和确定的指标。

### 一、维修性定性要求

#### (一)维修性定性要求的一般内容

1)具有良好的维修可达性

维修可达性是指维修产品时,接近维修部位的难易程度。可达性好,能够迅速方便地达到维修的部位并能操作自如。通俗地说,也就是维修部位能够"看得见、够得着"或者很容易"看得见、够得着",而不需过多拆装、搬动。显然,良好的可达性,能够提高维修的效率,减少差错,降低维修工时和费用。

实现产品的可达性主要措施有两个方面:一是合理地设置各部分的位置,并要有适当的维修操作空间,包括工具的使用空间;二是要提供便于观察、检测、维护和修理的通道。

为实现产品的良好可达性,应满足如下具体要求。

(1)产品各部分可达性的配置应根据其故障率的高低、维修的难易、尺寸和质量大小以及安装特点等统筹安排。凡需要检查、维护、分解或修理的零部件,都应具有良好的可达性;

对故障率高而又经常维修的部位,如电器设备中的保险管、电池及应急开关、通道口,应提供最佳的可达性。产品各系统的检查点、测试点、检查窗、润滑点、添加点及燃油、液压、气动等系统的维护点,都应布局在便于接近的位置上。

(2)为避免各部分维修时交叉作业(特别是机械、电气、液气系统维修中的互相交叉)与干扰,可用专舱、专柜或其他形式布局。

(3)尽量做到在检查或维修任一部分时,不拆卸、不移动或少拆卸、少移动其他部分。产品各部分(特别是易损件和常拆件)的拆装要简便,拆装时零部件出进的路线最好是直线或平缓的曲线。要求快速拆装的部件,应采用快速解脱紧固件连接。

(4)需要维修和拆装的机件,其周围要有足够的空间,以便使用测试接头或工具。

(5)合理地设置维修通道。例如,我国某新型飞机,检修时可打开的舱盖和窗口、通孔有300余处,实现了维修方便、迅速。维修通道口或舱口的设计应使维修操作尽可能简单方便。需要物件出入的通道口应尽量采用拉罩式、卡锁式和铰链式等快速开启的设计。

(6)维修时一般应能看见内部的操作。其通道除了能容纳维修人员的手或臂,还应留有适当的间隙可供观察。在不降低产品性能的条件下,可采用无遮盖的观察孔。需遮盖的观察孔应用透明窗或快速开启的盖板。

2)提高标准化和互换性程度

实现标准化有利于产品的设计与制造,有利于零部件的供应、储备和调剂,从而使产品的维修更为简便,特别是便于装备在战场快速抢修中采用换件和拆拼修理。例如,美军 M1 坦克由于统一了接头、紧固件的规格等,使维修工具由 M60 坦克的 201 件减为 79 件,这就大大减轻了后勤负担,同时也有利于维修力量的机动。

标准化的主要形式是系列化、通用化、组合化。系列化是对同类的一组产品同时进行标准化的一种形式,即对同类产品通过分析、研究,将主要参数、型式、尺寸、基本结构等做出合理规划与安排,协调同类产品和配套产品之间的关系。通用化是指同类型或不同类型的产品中,部分零部件相同,彼此可以通用。通用化的实质,就是零部件在不同产品上的互换。组合化又称模块化设计,是实现部件互换通用、快速更换修理的有效途径。模块是指能从产品中单独分离出来,具有相对独立功能的结构整体。电子产品更适合采用模块化,例如一些新型雷达采用模块化设计,可按功能划分为若干个各自能完成某项功能的模块,如出现故障时能单独显示故障部位,更换有故障的模块后即可开机使用。

互换性是指两个或多个产品在性能、配合和寿命上具有相同功能和物理特征,而且除调整之外,不改变产品本身或与之相邻产品便能将一个产品换成另一个产品时应具有的能力。当两个产品在实体上、功能上相同,能用一个去代替另一个而不需改变产品或母体的性能时,则称该产品具有互换性;如果两个产品仅具有相同的功能,就称之为具有功能互换性或替换性的产品。互换性使产品中的零部件能够互相替换,便于换件修理,并减少了零部件的品种规格,简化和节约了备品供应及采购费用。

有关标准化、互换性、通用化和模块化设计的要求如下。

(1)优先选用标准件。设计产品时应优先选用标准化的设备、工具、元器件和零部件并尽量减少其品种、规格。

(2)提高互换性和通用化程度。在不同产品中最大限度地采用通用的零部件,并尽量减少其品种。军用装备的零部件及其附件、工具应尽量选用能满足使用要求的民用产品。设计产品时,必须使故障率高、容易损坏、关键性的零部件具有良好的互换性。能互换安装的项目,必须能功能互换。当需要互换的项目仅能功能互换时,可采用连接装置来解决安装互换。不同工厂生产的相同型号的成品件、附件必须具有互换性。产品需作某些更改或改进时,要尽量做到新老产品之间能够互换使用。

(3)尽量采用模块化设计。产品应按照功能设计成若干个能够进行完全互换的模块,其数量应根据实际需要而定。需要在战地或现场更换的部件更应重视模块化,以提高维修效率。模块从产品上卸下来以后,应便于单独进行测试。模块在更换后一般应不需进行调整;若需要必须调整时,应能单独进行。成本低的元器件可制成弃件式的模块,其内部各件的预期寿命应设计得大致相等,并加标志。

3)具有完善的防差错措施及识别标记

产品在维修中,常常会发生漏装、错装或其他操作差错,轻则延误时间,影响使用,重则危及安全。因此,应采取措施防止维修差错。著名的墨菲定律指出:"如果某一事件存在着搞错的可能性,就肯定会有人搞错。"实践证明,产品的维修也不例外,由于产品存在发生维修差错的可能性而造成重大事故者屡见不鲜。如某型飞机的燃油箱盖,由于其结构存在着发生油滤未放平、卡圈未装好、口盖未拧紧等维修差错的可能性,曾因此而发生过数起机毁人亡的事故。因此,防止维修差错主要是从设计上采取措施,保证关键性的维修作业"错不了""不会错""不怕错"。所谓"错不了",就是产品设计使维修作业不可能发生差错,比如零件装错了就装不进,漏装、漏检或漏掉某个关键步骤就不能继续操作,发生差错立即能发现,从而从根本上消除这些人为差错的可能。"不会错",就是产品设计应保证按照一般习惯操作不会出错,比如螺纹或类似连接向右旋为紧,左旋为松。"不怕错",就是设计时采取种种容错技术,使某些安装差错、调整不当等不至于造成严重的事故。

除产品设计上采取措施防差错外,设置识别标志也是防差错的辅助手段。识别标记,就是在维修的零部件、备品、专用工具、测试器材等上面作出识别记号,以便于区别辨认,防止混乱,避免因差错而发生事故,同时也可以提高工效。

4)保证维修安全性

维修安全性是指能避免维修人员伤亡或产品损坏的一种设计特性。维修性中所说的安全是指维修活动的安全。维修安全与一般操作安全既有联系又有区别。因为维修中要启动、操作装备,所以维修安全必须操作安全。但操作安全并不一定能保证维修安全,这是由于维修时产品往往要处于部分分解状态而又带有一定的故障,有时还需要在这种状态下作部分的运转或通电,以便诊断和排除故障。维修人员在这种情况下工作,应保证不会引起电击以及有害气体泄漏、燃烧、爆炸、碰伤或危害环境等事故。因此,维修安全性要求是产品设计中必须考虑的一个重要问题。

为了保证维修安全,有以下一般要求。

(1)设计产品时,不但应确保使用安全,而且应保证储存、运输和维修时的安全。要根据类似产品的使用维修经验和产品的结构特点,采用故障树等手段进行分析,并在结构上采取相应措施,从根本上防止储存、运输和维修中的事故和对环境的危害。

(2)设计装备时,应使装备在故障状态或分解状态进行维修是安全的。

（3）在有可能发生危险的部位上,应提供醒目的标记、警告灯、声响警告等辅助预防手段。

（4）严重危及安全的部分应有自动防护措施。不要将损坏后容易发生严重后果的部分布局在易被损坏的(如外表等)位置。

（5）凡是与安装、操作、维修安全有关的地方,都应在技术文件资料中明确提出有关注意事项。

（6）对于盛装高压气体、弹簧、带有高电压等储有很大能量且维修时需要拆卸的装置,应设有备用释放能量的结构和安全可靠的拆装设备、工具,保证拆装安全。

5）具有良好的测试性

测试性是产品便于确定其状态并检测、诊断故障的一种设计特性。产品测试是否准确、快速、简便,对维修有重大影响。因此,在需要进行维修测试的部位,应提供相应的测试点、测试手段。

（1）测试点的种类与数量应适应各维修级别的要求,并考虑测试技术不断发展的要求。

（2）测试点的布局要便于检测,并尽可能集中或分区集中,且可达性良好。其排列应有利于进行有顺序的检测与诊断。

（3）测试点的选配应尽量适应原位检测的需要。产品内部及需修复的可更换单元还应配备适当数量供修理使用的测试点。

（4）测试点和测试基准不应设置在易损坏的部位。

（5）应尽量采取原位(在线,实时与非实时的)检测方式。重要部位应尽量采用性能监测(视)和故障报警装置。对危险的征兆应能自动显示、自动报警。

（6）对复杂的装备系统,应采用机内测试(BIT)、外部自动测试设备、测试软件、人工测试等形成高的综合诊断能力,保证能迅速、准确地判明故障部位。要注意被测单元与测试设备的接口匹配。

（7）在机内测试、外部自动测试与人工测试之间要进行费用效能的综合权衡,使系统诊断能与费用达到最优化。

（8）测试设备应与主装备同时进行选配或研制、试验、交付使用。研制时应优先选用编制中适用的或通用的测试设备;必要时考虑测试技术的发展,研制新的测试设备。

（9）测试设备要求体积和质量小、在各种环境条件下可靠性高、操作方便、维修简单和通用化、多功能化。

6）要重视贵重件的可修复性

可修复性是当产品的零部件磨损、变形、耗损或以其他形式失效后,可以对原件进行修复,使之恢复原有功能的特性。实践证明,贵重件的修复,不仅可节省维修资源和费用,而且对提高装备可用性有着重要的作用。因此,装备设计中要重视贵重件的可修复性。

为使贵重件便于修复,应使其可调、可拆、可焊、可矫,应满足如下要求。

（1）装备的各部分应尽量设计成能够通过简便、可靠的调整装置消除因磨损或漂移等原因引起的常见故障。

（2）对容易发生局部耗损的贵重件,应设计成可拆卸的组合件,例如将易损部位制成衬套、衬板,以便局部修复或更换。

(3)需加工修复的零件应设计成能保持其工艺基准不受工作负荷的影向而磨损或损坏，必要时可设计专门的修复基准。

(4)采用热加工修理的零件应有足够的刚度，防止修复时变形。需焊接及堆焊修复的零件，其所用材料应有良好的可焊性。

(5)对需要原件修复的零件尽量选用易于修理并满足供应的材料。若采用新材料或新工艺时，应充分考虑零部件的可修复性。

7)要减少维修项目和降低维修技能要求

在产品设计时，就要考虑以下两个方面。

(1)减少维修项目，降低故障率，将产品设计成不需要或很少需要预防性维修的结构，如设置自动检测、自动报警装置，改善润滑、密封装置，防止生锈能减缓磨损等，以减少维修工作量。

(2)减少复杂的操作步骤和修理工艺要求，如尽量采用换件修理或简易的检修方法等，做到维修简便，以缩短维修时间，缩短维修人员培训期限。

8)要符合维修中人素工程要求

人素工程又称人机环工程，主要研究如何达到人与机器的有效结合及对环境的适应和人对机器的有效利用。维修的人机环工程是研究在维修中人的各种因素，包括生理因素、心理因素和人体的几何尺寸与装备和环境的关系，以提高维修工作效率、质量和减轻人员疲劳等方面的问题，其基本要求如下。

(1)设计装备时应按照使用和维修时人员所处的位置、姿势与使用工具的状态，并根据人体的量度，提供适当的操作空间，使维修人员有比较合理的维修姿态，尽量避免以跪、卧、蹲、趴等容易疲劳或致伤的姿势进行操作。

(2)噪声不允许超过规定标准。如难避免，对维修人员应有保护措施。

(3)对维修部位应提供适度的自然或人工的照明条件。

(4)应采取积极措施，减少装备振动，避免维修人员在超过国家规定标准的振动条件下工作。

(5)设计时，应考虑维修操作中举起、推拉、提起及转动物体时人的体力限度。

(6)设计时，应考虑使维修人员的工作负荷和难度适当，以保证维修人员的持续工作能够进行。

**(二)维修性定性要求的确定**

准确、恰当地提出和确定维修性定性要求，是搞好产品维修性设计的关键环节。

对产品维修性的一般要求，可根据该产品在维修性方面的使用需求，按照《装备维修性工作通用要求》(GJB 368B—2009)及该产品的专用规范和有关设计手册提出。另外，还要分析相似产品维修性的优缺点，特别是在相似产品不满足维修性要求的设计缺陷的基础上，根据产品的特殊需要及技术发展，有重点地、有针对性地提出若干必须达到的维修性定性要求。例如，某产品中设计了高性能且结构复杂的火控系统，因此，就要考虑电子部分采用模块化和自动检测；针对相似产品的维修性缺陷，在机械部分有针对性地提高某些部件的互换性和标准化程度，部分主要部件应与现有产品通用，便于拆装修理等。

### 二、维修性定量要求

满足了维修性的定性要求,能提高产品的维修性,但还不便于度量产品维修性的优劣程度。因此,还需要对维修性进行定量描述。同可靠性相似,描述维修性的特征量,称为维修性参数,而对维修性参数要求的量值称为维修性指标。维修性定量要求就是通过选择适当的参数及确定指标来提出的。

为说明维修性参数概念,先介绍有关维修性的概率度量——维修性函数。

#### (一)维修性函数

1. 维修度 $M(t)$

维修性用概率来表示,就是维修度 $M(t)$,可表示为

$$M(t) = P\{T \leqslant t\} \tag{4-1}$$

维修度可以根据理论分析求得,也可按照统计定义通过试验数据求得。根据维修度定义

$$M(t) = \lim_{N \to \infty} \frac{n(t)}{N} \tag{4-2}$$

式中　$N$—— 维修的产品总(次)数;

$n(t)$——$t$ 时间内完成维修的产品(次)数。

在工程实践中,试验或统计现场数据 $N$ 为有限值,用估计量 $\hat{M}(t)$ 来近似表示 $M(t)$,则

$$\hat{M}(t) = \frac{n(t)}{N} \tag{4-3}$$

2. 维修时间密度函数 $m(t)$

既然维修度 $M(t)$ 是时间 $t$ 完成维修的概率,那么它有概率密度函数,即维修时间密度函数,可表达为

$$m(t) = \frac{\mathrm{d}M(t)}{\mathrm{d}t} = \lim_{\Delta t \to 0} \frac{M(t + \Delta t) - M(t)}{\Delta t} \tag{4-4}$$

维修时间密度函数的估计量,可由式(4-4)得:

$$\hat{m}(t) = \frac{n(t + \Delta t) - n(t)}{N \Delta t} = \frac{\Delta n(t)}{N \Delta t} \tag{4-5}$$

式中　$\Delta n(t)$—— 从 $t$ 到 $t + \Delta t$ 时间内完成维修的产品(次)数。

维修时间密度函数表示单位时间内修复数与送修总数之比,即单位时间内产品预期被修复的概率。

3. 修复率 $\mu(t)$

修复率 $\mu(t)$ 是在 $t$ 时刻未能修复的产品,在 $t$ 时刻后单位时间内修复的概率。可表示为

$$\mu(t) = \lim_{\substack{\Delta t \to 0 \\ N \to \infty}} \frac{n(t + \Delta t) - n(t)}{[N - n(t)] \Delta t} = \lim_{\substack{\Delta t \to 0 \\ N \to \infty}} \frac{\Delta n(t)}{N_\mathrm{s} \Delta t} \tag{4-6}$$

其估计量

$$\hat{\mu}(t) = \frac{\Delta n(t)}{N_s \Delta t} \tag{4-7}$$

式中　$N_s$——$t$ 时刻尚未修复数(正在维修数)。

在工程实践中常用平均修复率或取常数修复率 $\mu$,即单位时间内完成维修的次数,可用规定条件下和规定时间内,完成维修的总次数与维修总时间之比表示。

由式(4-7)可知

$$\hat{\mu}(t) = \frac{\Delta n(t)}{N_s \Delta t} = \frac{\Delta n(t)}{N[1 - \hat{M}(t)]\Delta t} = \frac{\hat{m}(t)}{1 - \hat{M}(t)}$$

取极限得

$$\mu(t) = \frac{m(t)}{1 - M(t)} \tag{4-8}$$

**(二) 维修性参数**

1. 维修时间参数

缩短维修延续时间,是装备维修性中最主要的目标,即维修迅速性的表征。它直接影响装备的可用性、战备完好性,又与维修保障费用有关。由于装备的功能、使用条件不同,因此,可选用的参数也可不同。

1) 平均修复时间 $\overline{M}_{ct}$(MTTR)

平均修复时间即排除故障所需实际修复时间平均值。其度量方法:在一给定期间内,修复时间的总和与修复次数 $n$ 之比,即

$$\overline{M}_{ct} = \frac{\sum\limits_{i=1}^{n} t_i}{n} \tag{4-9}$$

当装备由 $n$ 个可修复项目(分系统、组件或元器件等)组成时,平均修复时间为

$$\overline{M}_{ct} = \frac{\sum\limits_{i=1}^{n} \lambda_i \overline{M}_{cti}}{\sum\limits_{i=1}^{n} \lambda_i} \tag{4-10}$$

式中　$\lambda_i$—— 第 $i$ 个可修复项目的故障率;

　　　$\overline{M}_{cti}$—— 第 $i$ 个可修复项目故障时的平均修复时间。

对于维修时间服从指数分布情形

$$\overline{M}_{ct} = \frac{1}{\mu} \tag{4-11}$$

2) 恢复功能的任务时间 MTTRF

排除致命性故障所需实际时间的平均值称为恢复功能任务时间。其量度方法:在规定的任务剖面中,产品致命性故障(使产品不能完成规定任务或可能导致人或物重大损失的故障)总的修复时间与致命性故障总次数之比。它反映装备对任务成功性的要求,是任务维修性的一种量度。

MTTRF 的计算公式与 MTTR 相似,只是它仅计算任务过程的致命性故障及其排除

时间。

3）最大修复时间 $M_{\max \mathrm{ct}}$

在许多场合，使用部门更关心绝大多数装备能在多长时间内完成维修，这时，则可用最大修复时间参数。最大修复时间是装备达到规定维修度所需的修复时间，也即预期完成全部修复工作的某个规定百分数（通常为 95% 或 90%）所需的时间，亦可记为 $M_{\max \mathrm{ct}}(0.95)$，括号中数字即规定的百分数。当取规定百分数为 50% 时，即为修复时间中值。

与 MTTR 相同，最大修复时间不计供应和行政管理延误时间。在提出此指标时，应指明其维修级别。

4）预防性维修时间 $M_{\mathrm{pt}}$

预防性维修同样有均值、中值和最大值，含义及计算方法与修复时间相似，只是用预防性维修频率代替故障率，用预防性维修时间代替修复时间。

平均预防性维修时间是装备每次预防性维修所需时间的平均值。平均预防性维修时间可用下式表示：

$$\overline{M}_{\mathrm{pt}} = \frac{\sum_{j=1}^{m} f_{\mathrm{p}j} \overline{M}_{\mathrm{pt}j}}{\sum_{j=1}^{m} f_{\mathrm{p}j}} \tag{4-12}$$

式中　$f_{\mathrm{p}j}$——第 $j$ 项预防性维修作业的频率，通常以装备每工作小时分担的第 $j$ 项维修作业次数来计；

$\overline{M}_{\mathrm{pt}j}$——第 $j$ 项预防性维修作业所需的平均时间；

$m$——预防性维修作业的项目数。

预防性维修时间不包括装备在工作的同时进行的维修作业时间，也不包含供应和行政管理延误的时间。

5）平均维修时间 $\overline{M}$

平均维修时间是产品（装备）每次维修所需时间的平均值。此处的维修是把两类维修结合在一起来考虑，既包含修复性维修，又包含预防性维修。其度量方法：在规定条件下和规定期间内产品修复性维修和预防性维修总时间与该产品维修总次数之比。平均维修时间 $\overline{M}$ 可用下式表达：

$$\overline{M} = \frac{\lambda \overline{M}_{\mathrm{ct}} + f_{\mathrm{p}} \overline{M}_{\mathrm{pt}}}{\lambda + f_{\mathrm{p}}} \tag{4-13}$$

式中　$\lambda$——装备的故障率，$\lambda = \sum_{i=1}^{n} \lambda_i$；

$f_{\mathrm{p}}$——装备预防性维修的频率（$f_{\mathrm{p}}$ 和 $\lambda$ 应取相同的单位），$f_{\mathrm{p}} = \sum_{j=1}^{m} f_{\mathrm{p}j}$。

6）维修停机时间率 A 型和 MTUT

维修停机时间率 A 型是保证产品（装备）每工作小时所需维修停机时间的平均值。此处的维修包括修复性维修和预防性维修。

$$M_{\mathrm{DT}} = \sum_{i=1}^{n} \lambda_j \overline{M}_{\mathrm{ct}i} + \sum_{j=1}^{m} f_{\mathrm{p}j} \overline{M}_{\mathrm{pt}j} \tag{4-14}$$

式(4-14)中右边的第一项是修复性维修停机时间率,可作为一个单独的参数,叫"每工作小时平均修复时间",用MTUT表示,是保证装备单位工作时间所需的修复时间平均值。其量度方法:在规定条件下和规定期间内,装备修复性维修时间之和与总工作时间之比。

MTUT反映了产品(装备)单位工作时间的维修负担,它实质上是可用性参数。

7) 重构时间 $M_{rt}$

系统故障或损伤后,重新构成能完成其功能的系统所需时间。对于有余度的系统,是其发生故障时,使系统转入新的工作结构(用冗余部件替换损坏部件)所需的时间。

2. 维修工时参数

维修工时参数反映维修的人力、机时消耗,直接关系到维修力量配置和维修费用,因而也是重要的维修性参数。常用的维修工时参数是维修性指数 $M_I$,它是每工作小时的平均维修工时,又称维修工时率。

$$M_I = \frac{M_{MH}}{T_{OH}} \tag{4-15}$$

式中　　$M_{MH}$—— 装备在规定的使用期间内的维修工时数;

$\quad\quad T_{OH}$—— 装备在规定的使用期间内的工作小时数。

3. 维修费用参数

常用年平均维修费用,即装备在规定使用期间内的平均维修费用与平均工作年数的比值。根据需要也可用每工作小时的平均维修费用。这种参数实际上是维修性、可靠性的综合参数。为单独反映维修性,可用每次维修拆除更换的零部件费用及其他费用,计算出每次维修的平均费用作为装备的维修费用参数。

### 三、维修性参数的选择

确定和提出维修性定量要求,先要选择好适当的参数,以表达用户的要求。同可靠性一样,维修性参数也分使用参数与合同参数。使用部门或订购方在装备论证时用使用参数、使用指标提出要求,经过与承制方协商转换变为合同参数、合同指标。明确定义及条件的某些使用参数及指标也可以作为合同参数和指标。

参数选择主要依据下列因素。

(1)装备的使用需求。例如,常年战备值班的装备(如警戒雷达、通信装备)要随时处于战备状态,首先应选用反映战备完好性的维修性参数。对于执行任务中停机会严重影响作战任务完成的装备(如坦克、火炮等),要首选反映任务维修性的参数。对于维修费用高、花费人力多的装备要注意选择反映维修人力和保障费用的参数。

(2)装备的构造特点。例如:对于电子装备,故障检测和隔离是影响维修时间长短的主要因素,要注意选择有关测试性的参数;对于机械装备,维护和拆卸、更换、原件修复和预防性维修往往是影响维修时间的主要因素,要注意选择反映预防性维护、拆卸、更换、维护时间的有关参数;对于光机电结合的装备,检查、校正所需维修时间比例大,因此要选择控制检查校验的维修性参数。

(3)预期的维修方案。若某装备预期的维修方案是在部队基层级完成全部维修作业,基层级不能修复杂装备就报废,则只需要反映基层级维修性要求的参数。

(4)参数的考核和验证。无法在内场考核和验证的参数只作为使用参数提出,不能作为合同参数。只有经过适当转换,能够考核、验证后才能作为合同参数。考核方法有试验验证、分析判断、使用验证等。当选择某一维修性参数时,就应同时确定相应的考核方法,否则,所提的维修性要求会没有实际效果。

**四、维修性指标的确定**

同可靠性一样,维修性指标分为使用指标与合同指标。使用指标分目标值、门限值,合同指标分为规定值、最低可接受值。

确定维修性指标通常要依据下列因素。

1. 使用需求

维修性指标特别是维修持续时间指标,首先要从使用或作战的需求来论证和确定。维修性不只是维修部门的需要,首先是作战使用的需要。例如各种枪、炮及火力控制系统的维修停机时间主要影响作战,削弱部队火力。因而应以不影响作战或影响最小的原则来论证和确定允许的维修停机时间。以某型小口径高炮为例,该种火炮是用于对低空目标射击的,射击中发生的致命性故障应尽量在阵地修复。假设敌机袭击每小时为 2~6 个批次,即平均间隔 10~30 min 袭击一次。要保证不影响作战,这个间隙时间就是战时基层级阵地抢修的最大允许时间,该炮的任务维修性参数为恢复功能用的任务时间。要保证前一批敌机袭击时火炮出现的故障绝大部分(95% 以上)能在下一批敌机再犯之前排除,故其最大修复时间可取为 10~30 min,从最坏情况考虑,取 $M_{\max\text{ct}}=10$ min。由于平均时间大约为最大修复时间的 1/3~1/2,所以取该炮恢复功能用的任务时间为 3~5 min。应当注意的是,这里"使用需求"是一个大的概念。除作战外,还可以从行军、执勤、训练等多方面探求。

2. 参考国内外现役同类装备的维修性水平

详细了解现役同类装备维修性已经达到的实际水平,是对新研装备确定维修性指标的起点。新研装备维修性指标一般应优于同类现役装备的水平。

3. 预期采用的技术可能使产品达到的维修性水平

采用现役装备成熟的维修性设计能保证达到现役装备的水平。针对现役同类装备的维修性缺陷进行改进,就可能达到比现役装备更高的水平。例如,国外某型雷达原来的平均修复时间 $\overline{M}=1$ h,新改进型提出全机采用插件电路板和模件化更换单元,提高机内测试能力,能把故障隔离到各可更换的电路板或模块,并能迅速更换,因此将平均修复时间的指标提高到 $\overline{M}_{\text{ct}}=0.5$ h。

4. 现行的维修保障体制、维修职责分工、各级摊修时间的限制

军队装备维修保障体制是从实战需要建立的。一般情况下装备的维修性指标应反映现行装备管理的要求,适应现行管理体制,以免增加部队管理的额外负担。

5. 应与可靠性、寿命周期费用、研制进度等多种因素进行综合权衡

由于可靠性与维修性关系十分密切,所以在确定维修性指标时往往需要进行可用度分

析和可靠性权衡。

# 第二节 维修性模型的建立

维修性模型是指为分配、预计、分析或估算产品的维修性所建立的模型。

**一、维修性模型的作用**

与可靠性模型相似,维修性模型是维修性分析与评定的重要基础和手段。维修性模型用于以下几个方面。

(1)进行维修性分配,把系统级的维修性要求分配给系统级以下各个层次。

(2)进行维修性预计和评价,估计或确定各种设计和设计方案,比较各个备选的设计构型,为维修性设计决策提供依据。

(3)当设计变更时,进行灵敏度分析,确定系统内的某个参数发生变化时,对系统维修性、可用性和费用的影响。

(4)维修性模型还可用于分析和评定系统的维修性指标,并为保障性分析提供输入数据。

**二、维修性模型的分类**

按建模的目的即模型的用途不同,维修性模型的分类如下。

(1)设计评价模型:指通过对影响产品的维修性的各个因素进行综合分析,评价有关的设计方案,设计决策提供依据。

(2)分配、预计模型:指为了维修性分配与预计而建立的模型。

(3)统计与验证模型:用于维修性试验与验证而建立的模型。

按模型的形式不同,维修性模型的分类如下。

(1)框图模型:主要是采用维修职能流程图、包含维修的功能层次框图等形式,标示出各项维修活动间的顺序或产品层次、维修的部位和工作,判明其相互影响,以便于分配、评估产品的维修性并及时采取纠正措施。

(2)数学模型:主要是种数学表达式,用于进行维修性分析、评估与综合权衡。

(3)计算机仿真模型:由于维修作业的发生和持续时间的随机性,难以用一般数学模型描述,可建立系统维修性的仿真模型,通过仿真求解系统维修时间。

(4)实体模型:用于维修性核查、演示、验证的模型,比如产品或设计方案的木质或金属模型、样机等。

下面主要讨论框图模型和数学模型。

**三、维修性系统框图模型**

1. 维修职能流程图

为了进行维修性分析、评估以及分配,往往需要掌握维修的实施过程及各项维修活动之间的关系。用框图形式描述维修职能正是这个目的。维修职能是一个统称,它可以指实施装备维修的级别,如基层级维修、基地级维修等;也可以指在某一具体级别上实施维修的各项活动,这些活动是按时间顺序排列出来的。

维修职能流程图是提出维修的要点并找出各项职能之间相互联系的一种流程图。对某一个维修级别来说,是从产品进入维修时起直到完成最后一项维修职能,使产品恢复到或保持其规定状态所进行活动的流程框图。

维修职能流程图随装备的层次、维修的级别不同而不同。图 4.1 是某装备系统最高层次的维修职能流程图,它表明该系统在使用期间要由操作人员进行维护。由维修机构实施的预防性维修或排除故障维修可分为三个级别,即基层级、中继级和基地级。装备一般是在某一机构维修,完成维修后再转回使用。

图 4.2 是装备中继级维修的一般职能流程图,它是图 4.1 中 4.0 的展开图。它表示出从接收该待修装备到修完返回使用单位(或供应部门)的一系列维修活动,包括准备活动、诊断活动和更换活动等。

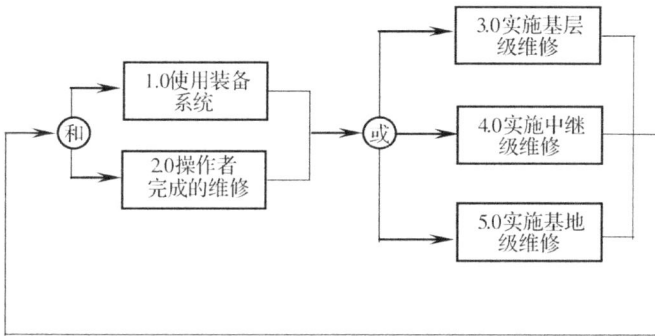

图 4.1　某装备系统最高层次的维修职能流程图

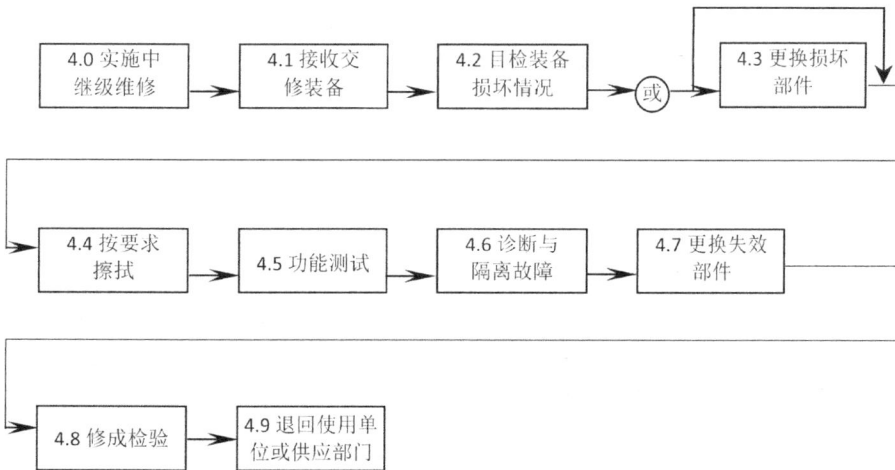

图 4.2　装备中继级维修的一般职能流程图

维修职能流程图是一种非常有效的维修性分析工具,它可以把装备维修活动的先后顺序整理出来,形成非常直观的流程图。若把有关的维修时间和故障率等数值标注在图上,则可以很方便地进行维修性的分配和预计以及其他分析。

2. 系统功能(包含维修)层次框图

维修职能流程图是从纵向按时序表达各项维修工作、活动的关系;而包含维修的系统功能层次框图则是从横向按组成表达系统与各部分维修工作、活动的关系,以便掌握系统与单元的维修性的关系。系统功能层次框图是表示从系统到可更换单元的各个层次所需的维修措施和维修特征的系统框图。它可以进一步说明维修职能流程图中有关装备和维修职能的细节。

系统功能层次的分解是按其结构(工作单元)自上而下进行的,一般从系统级开始,分解到能够做到故障定位、更换故障件、进行维修或调整的层次为止。分解时应结合维修方案,在各个产品上标明与该层次有关的重要维修措施(如弃件式维修、调整或修复等),为了简化这些维修措施,可用符号表示。具体可参考文献[3]。

如果把有关的维修时间指标和故障率或预防性维修频率与框图联系在一起,就可以进行维修性预计、分配或维修性分析或权衡研究。

**四、维修性数学模型**

维修性的参数很多,但维修时间是最基本的,通常由它可得出其他的参数。维修时间的计算是维修性分配、预计及试验数据分析等活动的基础。因此,维修性的数学模型,主要是计算维修时间的模型。这里的维修时间是一个统称,它可以指修复性维修时间,也可以指预防性维修时间,为了方便,统称为维修时间。

由于维修时间是随机变量,它通常可以用某一统计分布形式来近似表述,所以,维修时间的计算模型可分为两类。一是用分布计算模型,通过分析、计算得出维修时间的分布规律;二是特征值计算模型,用于计算维修时间的特征值,如平均值、中值、最大值等。以下仅介绍常见的维修时间模型。

在描述维修时间时,常用到维修事件、维修活动和维修作业这三个概念。

维修事件是指由于故障、虚警(检测设备指示被测项目有故障,而实际该项目无故障称为虚警)或按预定的维修计划进行的一种或多种维修活动。因此,一个产品通常存在多个不同种类的维修事件,如因为单元 A 故障造成的修复性维修事件,或因为单元 B 的第一种故障模式发生造成的修复性维修事件等,可以说一个维修事件就代表着一次维修。对于修复性维修事件,其发生时机与种类都是随机的,而对计划性维修事件,则是确定性的。

维修活动是维修事件的一个局部,包括使产品保持或恢复到规定状态所必需的一种或多种基本维修作业,如故障定位、隔离、修理和功能检查等。基本维修作业是一项维修活动可以分解成的工作单元,如拧螺钉、装垫片等。

1. 系统维修时间模型

系统平均维修时间模型通常是指系统平均维修时间与系统各组成单元维修性参数或其他系统参数之间的数学关系。如最常用的加权平均值公式

$$\overline{M}_{ct} = \frac{\sum_{i=1}^{n} \lambda_i \overline{M}_{cti}}{\sum_{i=1}^{n} \lambda_i} \tag{4-16}$$

它表示了一种系统各可修理单元的平均故障修复时间之间的关系,也称为均值计算模型。该模型不仅用于系统级的维修时间计算,还可以用于维修性分配的核算,也是许多维修性分配方法的原始出发点。

2. 串行作业模型(累加模型)

串行作业是指一系列作业首尾相连,前一作业完成时后一作业开始,既不重叠又不间断。在维修工作中,一次维修事件是由若干维修活动组成的,而各项维修活动是由若干项基本维修作业组成的。如果只有一个维修人员或维修组,不能同时进行几项活动或作业,就是串行作业。在这种情况下,完成一次维修或一项维修活动的时间就等于各项活动或各基本维修作业时间的累加值。串联维修作业表示方法如同可靠性设计中的串联图框一样,如图4.3所示。

图 4.3　串联作业职能流程图示例

假设某项维修事件(活动)的时间为 $T$,完成该项维修事件(活动)需要 $n$ 个活动(基本维修作业),每项活动(基本维修作业)的时间为 $T_i(i=1,2,\cdots,n)$,它们相互独立,则

$$T = T_1 + T_2 + \cdots + T_n = \sum_{i=1}^{n} T_i \tag{4-17}$$

若已知每项活动(基本维修作业)时间的分布函数,则可以求得总时间 $T$ 的分布。

**例 4.1**　某设备的电源故障后,其修理流程如下。

已知每项活动的时间均服从正态分布,其分布参数如下:

拆卸盖板: $\theta_1 = 15$ min, $\sigma_1 = 3$ min;

更换电源: $\theta_2 = 20$ min, $\sigma_2 = 5$ min;

安装盖板: $\theta_3 = 18$ min, $\sigma_3 = 4$ min。

求修理电源的时间分布。

**解**　由于每项修理活动时间均服从正态分布,则总的时间分布也是正态分布。在每个 $T_i$ 的均值和方差确定的情况下,$T$ 的均值和方差可直接用以下公式确定:

$$\theta = \theta_1 + \theta_2 + \theta_3 = 53 \text{ min}$$

$$\sigma = \sqrt{\sigma_1^2 + \sigma_2^2 + \sigma_3^2} = 7.07 \text{ min}$$

对于一般的分布,通常可以考虑用卷积方法或数字仿真的方法来求解。

3. 并行作业模型

若组成维修事件(活动)的各项维修活动(基本维修作业)同时开始,则为并行作业。在大型装备中常常是多人或多组同时进行维修,以缩短维修持续时间。如果各项活动或作业是同时开始的,就应当使用并行作业模型。

并行维修作业模型适用于预防性维修活动,装备使用前、后的勤备检查等时间分析。并行维修作业的表示方法如同系统可靠性计算中的并联流程图,如图4.4所示。

图 4.4　并行维修作业职能流程图

显然,并行作业的维修持续时间等于各项活动(基本维修作业)时间的最大值,即

$$T = \max(T_1, T_2, \cdots, T_n) \tag{4-18}$$

而其维修度为

$$M(t) = P\{T \leqslant t\} = P\{\max(T_1, T_2, \cdots, T_n) \leqslant t\}$$
$$= P\{T_1 \leqslant t, T_2 \leqslant t, \cdots, T_n \leqslant t\} = \prod_{i=1}^{n} M_i(t) \tag{4-19}$$

4. 网络作业模型

若组成维修事件(活动)的各项活动(基本维修作业)既不是串行又不是并行关系,则可用网络模型来描述,采用网络计划技术计算维修时间。它适用于装备大修时间分析或复杂装备的维修时间分析,也可用于有交叉作业的其他维修时间计算。其具体方法可参考运筹学等有关书籍。

除上述内容外,在维修性分配、预计、验证的方法和标准中,往往都规定或介绍有适用的模型。在工程项目研制中主要是选择适当的模型,并作必要的修改或补充。

## 第三节　维修性分配与预计

### 一、维修性分配

#### (一)维修性分配概述

维修性分配是指为了把系统的维修性定量要求按照给定的准则分配给各组成部分而进行的工作。它是维修性工程很重要的内容。

1. 维修性分配的目的

在装备研制或改进中,有了系统总的维修性指标,还要把它分配到各功能层次的各部分,以便明确各部分的维修性指标,这就是维修性分配。其目的包括以下两个方面。

(1)为系统或设备的各部分(各个低层次产品)研制者提供维修性设计指标,以保证系统或装备最终符合规定的维修性要求。

(2)通过维修性分配,明确各转承制方或供应方的产品维修性指标,以便于系统承制方对其实施管理。

维修性分配是装备研制与改进中一项必不可少的维修性工作。因为任何设计总是从明确的目标或指标开始的,不仅系统级如此,低层次产品也应如此。只有合理分配指标,才能避免设计的盲目性。合理的指标分配方案,可以使系统经济而有效地达到规定的维修性目标。

**2.维修性分配的指标及产品层次**

维修性分配的指标应当是在合同或研制任务书中规定的。最常见的是平均修复时间 $\overline{M}_{ct}$(MTTR)、平均预防性维修时间 $\overline{M}_{pt}$(MPMT)和维修工时率 $\overline{M}_I$。

原则上说,维修性分配的产品层次和范围,是那些影响系统维修性的部分。对于具体产品,要根据系统级的要求、维修方案等因素而定,而且随着设计的深入,分配的层次也是逐步展开的。如果装备维修性指标只规定了基层级的维修时间(工时),而对中继级、基地级没有要求,那么指标只需分配到基层级的可更换单元。如果指标是中继级维修时间(工时),那么应分配到中继级可更换单元,显然,它比基层级分得更细、更深。

**(二)维修性分配的程序**

(1)系统维修职能分析。系统维修职能分析是根据产品的维修方案规定的维修级别划分,确定各级别的维修职能,以及在各级别上维修的工作流程,并用框图的形式描述这种工作流程,图 4.1 和图 4.2 是框图的示例。

(2)系统功能层次分析。在一般系统功能分析和维修职能分析的基础上,对系统各功能层次各组成部分逐个确定其维修措施和要素,并用一个包含维修的系统功能层次图来表示。

(3)确定各层次各产品的维修频率。给各产品分配维修性指标,要以其维修频率为基础。故应确定各层次各产品的维修频率,包括修复性维修和预防性维修的频率。显然,各产品修复性维修的频率等于其故障率,由可靠性分配或预计得到。而预防性维修频率,可根据故障模式与影响分析,采用"以可靠性为中心的维修分析"(RCMA)等方法确定。在研制早期,可参照类似产品的数据,确定各产品的维修频率。

(4)分配维修性指标。将给定的系统维修性指标自高向低逐层分配到各产品。

(5)研究分配方案的可行性,必要时进行调整。分析各个产品实现分配指标的可行性,要综合考虑技术、费用、保障资源等因素,以确定分配方案是否合理、可行。如果某些产品的指标不尽可行,可以采取以下措施。

①修正分配方案,即在保证满足系统维修性指标的前提下,局部调整产品指标;

②调整维修任务,即对维修功能层次框图中安排的维修措施或设计特征作局部调整,使系统及各产品的维修性指标都可望实现。但这种局部调整,不能违背维修方案总的约束,并应符合提高效能减少费用的总目标。

若这些措施仍难奏效,则应考虑更大范围的权衡与协调。

**(三)维修性分配的方法**

如前文所述,系统(上层次产品)与其各部分(下层次产品,以下称单元)的维修性参数 $\overline{M}_{ct}$、$\overline{M}_{pt}$、$\overline{M}_{max\,ct}$、$M_I$ 等大都为加权和的形式,其他参数的表达式也类似,以下均用 $\overline{M}_{ct}$ 来讨论。式(4-16)通常是指标分配必须满足的基本公式。但是,满足此式的解集 $\{\overline{M}_{ct}\}$ 是多值的,需要根据维修性分配的条件及准则来确定所需的解。这样,就有各种不同的分配方法。

1. 等值分配法

取各单元的指标相等,即

$$\overline{M}_{ct1} = \overline{M}_{ct2} = \cdots = \overline{M}_{ctn} = \overline{M}_{ct} \tag{4-20}$$

这是一种最简单的分配方法,其适用的条件:组成上层次产品的各单元的复杂程度、故障率及预想的维修难易程度大致相同。该分配方法也可用在缺少可靠性、维修性信息时,作初步的分配。

2. 按故障率分配法

按故障率分配法又称等可用度分配法,适用于故障分布服从指数分布且可用度相等的情况,此时取各单元的平均修复时间 $\overline{M}_{cti}$ 与其故障率成反比,即

$$\lambda_1 \overline{M}_{ct1} = \lambda_2 \overline{M}_{ct2} = \cdots = \lambda_n \overline{M}_{ctn}$$

由式(4-20)得

$$\overline{M}_{cti} = \frac{\overline{M}_{ct} \sum_{i=1}^{n} \lambda_i}{n \lambda_i} \tag{4-21}$$

当各单元故障率 $\lambda_i$ 已知时,可求得各单元的指标 $\overline{M}_{cti}$。显然,单元的故障率越高,分配的修复时间则越短;反之,则长。这样,可以比较有效地达到规定可用性和战备完好目标。显然,这要比等值分配法修复时间更合理。

3. 按相对复杂性分配

在分配指标时,要考虑其实现的可能性,通常是考虑各单元的复杂性。一般地说,产品结构越简单,其可靠性越好,维修也越简便、迅速,可用性好;反之,结构越复杂,则可用性越难满足要求。因此,可先按相对复杂程度分配各单元可用度,即取复杂性因子 $K_i$,定义为预计第 $i$ 单元的元件数与系统(上层次)的元件总数的比值,则

$$\overline{M}_{cti} = \frac{1}{\lambda_i}(A_S^{-K_i} - 1) \tag{4-22}$$

式中　$A_S$——系统的可用度值。

此种分配法又称非等可用度分配法。

**例 4.2**　某串联系统由 4 个单元组成,要求系统可用度 $A_S = 0.95$,预计各单元的元件数和故障率见表4.1,试确定各单位的平均修复时间指标。

**表 4.1　预计各单元的元件数和故障率**

| 单元号 | 1 | 2 | 3 | 4 | 5 |
|---|---|---|---|---|---|
| 元件数 | 1 000 | 2 500 | 4 500 | 6 000 | 14 000 |
| $\lambda(1/K_i)$ | 0.001 | 0.005 | 0.01 | 0.02 | 0.036 |

**解**　将表中各值代入式(4-22),可得各单元可用度

$$A_1 = 0.95 \times (1\ 000/14\ 000) = 0.996\ 3$$

$$A_2 = 0.990\ 9, A3 = 0.983\ 6, A4 = 0.978\ 3$$

则

$$\overline{M}_{ct1} = \frac{1}{0.001}\left(\frac{1}{0.996\ 3} - 1\right) = 3.71\ \text{h}$$

$$\overline{M}_{ct2} = 1.462\ \text{h}, \overline{M}_{ct3} = 1.667\ \text{h}, \overline{M}_{ct4} = 1.111\ \text{h}$$

系统平均修复时间

$$\overline{M}_{ct} = \frac{1}{0.036}\left(\frac{1}{0.95} - 1\right) = 1.462\ \text{h}$$

### 4. 相似产品分配法

装备设计总是有继承性的,因此可借用已有的相似产品维修性信息,作为新研制或改进产品维修性分配的依据。

已知相似产品维修性数据,新(改进)产品的维修性指标可用下式计算:

$$\overline{M}_{cti} = \frac{\overline{M}'_{cti}}{\overline{M}'_{ct}}\overline{M}_{ct} \tag{4-23}$$

式中　$\overline{M}'_{ct}$ 和 $\overline{M}'_{cti}$ —— 相似装备(系统)和它的第 $i$ 单元的平均修复时间。

### 5. 加权因子分配法

在分配维修性指标时,应当考虑到各部分的设计特性。若某部分的设计方案有利于维修,则分配其较小的维修时间;否则,分配其较长的维修时间。这种思路是对组成单元配以加权因子的方法进行,在考虑第 $i$ 个单元的加权因子时,若其设计有利于维修,则给一个较小的值;否则,给一个较大的值。在加入因子后,可用下式进行维修性分配:

$$\overline{M}_{cti} = \frac{k_i \sum_{i=1}^{n} \lambda_i}{\sum_{i=1}^{n} k_i \lambda_i}\overline{M}_{ct} \tag{4-24}$$

式中　$k_i$ —— 单元 $i$ 的加权因子。

加权因子的确定可以根据实际情况来进行,但要求在同一系统中应该用同一个标准。《维修性分配与预计手册》(GJB/Z 57—1994)中给出了一种加权因子确定方法。分配时,可以根据各单元的实际设计方案,对照该表中的四种因子,分别按相应的类型确定因子,再相加后得到该单元的加权因子进行分配。

## 二、维修性预计

### (一)维修性预计概述

维修性预计是为了估计在给定工作条件下的维修性而进行的工作。

#### 1. 维修性预计的目的

在装备研制或改进过程中,进行了维修性设计,但是否能达到规定的要求,是否需要进行进一步的改进,这就要开展维修性预计。因此,预计的目的是,预先估计产品的维修性参数值,了解其是否满足规定的维修性指标以便对维修性工作实施监控。其具体作用如下。

（1）预计装备设计或设计方案可能达到的维修性水平，了解其是否能达到规定的指标，以便做出研制决策（选择设计方案或转入新的研制阶段或试验）。

（2）及时发现维修性设计及保障方面的缺陷，作为更改装备设计或保障安排的依据。

（3）当研制过程更改设计或保障要素时，估计其对维修性的影响，以便采取适当对策。

此外，维修性预计的结果常常是用作维修性设计评审的一种依据。

预计是一种分析性的工作，它可以在装备试验之前、制造之前，乃至详细的设计完成之前，对其可能达到的维修性水平做出估计。尽管这种估计往往带有很大的误差，不是验证的依据，却赢得了研制过程宝贵的时间，以便研制者早日做出决策，避免设计的盲目性。

2. 维修性预计的参数

维修性预计的参数应同规定的维修性指标相一致。最经常预计的是平均修复时间。根据需要也可预计最大修复时间、工时率或预防性维修时间。

维修性预计的参数通常是系统或设备级的，以便与合同规定和使用需求相比较。而要预计出系统或设备的维修性参数，必须先求得其组成单元的维修时间或工时，以及维修频率。在此基础上，运用累加或加权和等模型方法，求得系统或设备的维修时间或工时均值、最大值。

3. 维修性预计的条件

维修性预计一般应具有以下条件。

（1）现有相似产品的数据，包括产品的结构和维修性参数值。这些数据用作预计的参照基础基准。

（2）维修方案、维修资源（包括人员、物质资源）等约束条件，只有明确了维修保障条件，才能确定具体产品的维修时间、工时等参数值。

（3）系统各个产品的故障率数据，可以是预计值或实际值。

（4）维修工作的流程、时间元素及顺序等。

**（二）维修性预计的程序**

不同的维修性预计方法，其工作程序略有区别，但一般要遵循以下程序。

（1）收集资料。预计是以产品设计或设计方案为依据的，因此，做维修性预计首先要收集并熟悉所预计产品设计或设计方案的资料，包括各种原理图、方框图、可更换或可拆装单元清单，乃至线路图、草图直至产品图等。维修性预计又要以维修方案、保障方案为基础，因此，还要收集有关维修（含诊断）与保障方案及其尽可能细化的资料。此外，所预计产品的可靠性数据也是不可缺少的。这些数据可能是可靠性预计值或试验值。所要收集的第二类资料，是类似产品的维修性数据。

（2）维修职能与功能分析。与维修性分配相似，在预计前要在分析上述资料基础上，进行系统维修职能与功能层次分析，建立框图模型。

（3）确定设计特征与维修性参数值的关系。维修性预计要由产品设计或设计方案估计其维修性参数，这就必须了解维修性参数值与设计特征的关系。这种关系可以用图表、公式、计算机软件数据库等形式。《维修性分配与预计手册》（GJB/Z 57—1994）提供了一些图表和公式,可供选用。当数据不足时,需要从现有类似装备中找出设计特征与维修性参数值的关系,为预计做好准备。这实际上是建立有关的回归模型。

(4)预计维修性参数值。选用适当的预计方法预计维修性参数值。

**(三)维修性预计的方法**

维修性预计的方法有多种,本节介绍的是适用范围较广的一些方法。

**1.推断法**

推断法是广泛应用的现代预测技术。其中最常用的就是回归预测,显然这种推断方法是一种粗略的早期预计技术。因为不需要多少具体的产品信息,所以其在研制早期(例如战技指标论证或方案探索中)仍有一定应用价值。

**2.单元对比法**

任何装备的研制都会有某种程度的继承性,在组成系统或设备的单元中,总会有些是使用过的产品和结构。因此,可以从研制的装备中找到一个已知其维修时间的单元,以此作基准,通过与基准单元对比,估计各单元的维修时间,进而确定系统或设备的维修时间。这就是单元对比法的思路,具体应用请参阅《维修性分配与预计手册》(GJB/Z 57—1994)中的方法 206。

**3.时间累计法**

这种方法是一种比较细致的预计方法。它根据历史经验或现成的数据、图表,对照装备的设计或设计方案和维修保障条件,逐个确定每个维修项目、每项维修工作或维修活动乃至每项基本维修作业所需的时间或工时,然后综合累加或求均值,最后预计出装备的维修性参量。下面介绍一种典型的时间累计法。

1)适用范围

用于预计各种(航空、地面及舰载)电子设备在各级维修的维修性参数,也可用于任何使用环境的其他各种设备的维修性预计。但该方法中所给出的维修作业时间标准主要是电子设备,用于预计其他设备时,需要补充或校正。

平均修复时间 $\overline{M}_{ct}$ 是预计的基本参数。还可以预计在 $\varphi$ 百分位的最大修复时间 $M_{\max ct}(\varphi)$、故障隔离率 $r_{FI}$、每次修理的平均工时 $M_{MH}/R_P$、工时率 $M_I(M_{MH}/O_H$ 或 $M_{MH}/F_H,O_H$ 和 $F_H$ 是设备工作小时或飞行小时)。

2)预计需要的资料

①主要可更换单元(RI)的目录及数量(实际的或估算的);

②各个主要可更换单位(RI)预计或估算的故障率;

③每个 RI 故障检测隔离的基本方法(如机内自检、外部检测设备或人工隔离等);

④故障隔离到一组 RI 时的更换方案(如全组更换,或者用交替更换继续隔离到更换层次);

⑤封装特点;

⑥估算的或要求的隔离能力,即故障隔离到单个 RI 的隔离率或者隔离到 RI 组的平均规模(平均由几个 RI 组成)。

3)预计的基本原理和模型

面对一个系统或一台设备,要直接估计出其维修性参数值是不现实的。但可以把它分解开来,把每个单元出故障后的维修过程也分解开来,针对某个单元、某项活动或作业,估计其时间或工时则比较现实。然后对各项作业、各个单元的时间或工时进行综合,估计出系统或设备的参数值。这就是时间累计法的思路或过程。

### 4. 抽样评分法

抽样评分法是指采用随机抽样的基本原理对地面电子系统和设备维修性进行预计的评分方法,即可从系统中随机抽取有代表性的维修作业样本来代替对全部单元的维修分析,这些维修作业样本所需的时间可通过对能反映实际工作中较典型的系统维修性的分析来确定。因此,通过对单元维修性进行分析,就能估计出完成该维修作业所需的时间,最终预计出系统的维修性参数。该方法用于预计地面电子系统和设备的平均的和最大修复性维修时间。如果将拟合的系数按其他系统进行修改,那么该方法还可以用于其他设备的预计。具体程序请参见《维修性分配与预计手册》(GJB/Z 57—1994)中的方法 203。

### 三、维修性分析

#### (一)维修性分析概述

维修性分析是一项非常重要、非常广泛的维修性工作。一般地说,它应当包含研制、生产、使用中涉及维修性的所有分析工作。参数、指标的分析论证,指标的分配、预计,设计方案的分析权衡,具体设计特征的分析检验,试验结果的分析等都可称为维修性分析。本节所说的维修性分析是狭义的,即将从承制方的各种研究报告和工程报告中得到的数据和从订购方得到的信息转化为具体的设计而进行的分析活动。

维修性分析的目的可以归纳为以下几个方面。
①为制定维修性设计准则提供依据;
②进行备选方案的权衡研究,为设计决策创造条件;
③评估并证实设计是否符合维修性设计要求;
④为确定维修策略和维修保障资源提供数据。

在装备研制过程中,维修性分析的作用可用图 4.5 表示。

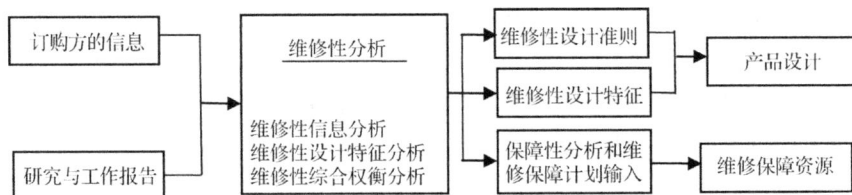

图 4.5　维修性分析的作用

从图 4.5 中可以看出,整个维修性分析工作的输入是来自订购方和承制方两方面的信息。订购方的信息主要是通过各种合同文件、研制总要求等提供的维修性要求和各种使用与维修保障方案要求的约束。这些信息是装备设计的出发点和依据。承制方的信息来自于各项研究与工程活动的结果,特别是各项研究与工程报告。其中最为重要的是可靠性分析、人素工程研究、系统安全性分析、费用分析和前阶段的保障性分析等。这些信息提供了产品设计的约束或权衡、决策的依据。此外,产品的设计方案,特别是有关维修性(包含测试性)的设计特征,也是维修性分析的重要输入。

**(二)维修性分析的内容**

维修性分析的内容或对象很广泛,其中最主要的是维修性信息分析、有关维修性的权衡分析和设计特征的可视化分析。

1. 维修性信息的分析

维修性信息的一个主要来源是 FMEA(包含损坏模式及影响分析 DMEA),它确定了装备故障和损伤及其影响,提供如何维修的信息。在此基础上,结合装备的具体结构,可以确定产品维修的具体活动和作业。这些信息既可用于评估维修的难度、估计所需时间和所需的各种人力、财力和物力资源,对维修性做出评价,又可为保障性分析、确定维修保障计划和资源提供依据。

2. 有关维修性的权衡分析

有关维修性的权衡分析内容很广泛,具体包括以下几个方面。

(1)维修性指标分配中的权衡,使各部分维修性指标的分配合理可行。

(2)维修性与可靠性、保障性等特性的权衡。这种权衡是同一产品几个特性指标之间的权衡。例如,实现规定的使用可用性指标,可以有不同的可靠性(MTBF)、维修性(MTTR)和保障性(MTLD)指标的组合。这就需要在其间进行权衡分析,这种分析可以以可用度和保障资源为约束,以费用为目标进行。

(3)设计特性与保障资源的权衡。例如,实现产品的维修性要求,可能采取改进维修性(可达性、识别标记、模块化、机内测试等)的途径,也可采用改进维修资源(如增加或改进专用工具或仪器甚至设施)。究竟采用那种途径,需要进行分析权衡,既要考虑总的费用,又要考虑部队的机动能力和生存性等因素,以便做出合理的选择。

3. 设计特征的可视化分析

维修性设计中的重要问题是关于人体、视力和工具是否可达到检测、维修部位并能方便地进行操作,包括单元、零部件的拆卸安装等。产品的结构、组装、连接、外形尺寸,测试点的设置,可更换单元的划分等设计特征是解决这些问题的关键。要从维修性以及相关的人素工程要求角度对这些设计特征进行分析、考察,决定其是否可行。分析中要考虑人及其肢体、工具所占的空间和活动范围,视力范围及遮挡关系,以及人的用力限度等多种因素,同时要考虑结构的可靠性、测试性和操作的安全性,特别是战损修复的方便性等。这种分析往往需要采用设计特征可视化的途径。

**(三)维修性分析的技术与方法**

维修性分析采用定性与定量分析相结合的方法。分析的目的不同,项目不同,维修性分析所使用的技术和方法也不同。下面简要讨论维修性分析中常用到的技术与方法。应该说明的是,这些方法并不都是维修性分析所特有的,它也可能用在其他工程专业中。

### 1. 故障模式、影响分析与故障模式、影响及危害性分析

通过故障模式、影响分析(FMEA)与故障模式、影响与危害性分析(FMECA)可以明确产品可能发生的故障及故障原因和危害程度。在维修性、安全性工程等其他学科中,也都要进行 FMECA 或 FMEA。通过 FMECA、FMEA 分析,可以确定可能的故障模式、故障原因及故障影响,在此基础上确定需要的维修性设计特征,包括故障检测隔离分系统的设计特征,如故障指示器的确定和设计、测试点的布置与性质、故障诊断方案等。

当然,进行 FMEA 分析的深度取决于各维修级别上规定的维修性要求和产品的复杂程度和类别。若产品比较简单,维修性要求仅限于基层级,则 FMEA 的范围就比较小。分析的深度也只到基层级的(外场)可更换单元,而不必对基层级可更换单元以下层次进行分析。对比较复杂的产品,若基层级和中继级都有维修性要求,中继级(车间)可更换单元在基层级可能是不可更换单元,基层级可更换单元的分单元在中继级可能是可更换单元,则 FMEA 的分析范围就比较大,分析深度要求达到中继级的更换单元。

### 2. 利用维修性模型

关于维修性模型,在前文已有详细的介绍。在设计过程中,特别是涉及有关维修性的分配、预计,维修性设计方案的权衡决策,维修性指标的优化时,都需要使用维修性模型。通过维修性模型,可以把复杂的实际装备的维修和维修性问题简化为功能流程图、框图或数学关系式,从而简化分析的过程并进行定量分析。另外,通过把维修性模型同费用模型、系统战备完好性模型以及其他保障分析的模型结合起来,还可以确定某个维修性参数(如平均修复时间、规定维修度的最大修复时间、故障检测率、故障隔离率等)的变化对整个系统的费用、维修性或维修保障带来的影响,从而为设计和保障决策提供依据。

### 3. 设计特征可视化分析

在上面所说的维修性设计特征的分析中,考查、评价产品设计和维修保障资源时,若设计人员能够直观地看见产品构形和维修人员、工具以及维修作业的动作过程,而不是"凭空想象",则必将提升分析效果和提高效益。这也就是"可视化"维修性分析的意义所在。维修性设计特征的可视化,区别于在实体模型、样机上的演示或实际操作,它不过分依赖于实体模型或样机,而是利用计算机软、硬件平台建立产品的"电子样机"和人体模型,通过三维图形、图像以及动画技术来模拟维修操作或过程,并能根据需要进行各种活动的演示。实现维修性分析可视化,是推进维修性理论与技术在工程设计领域的进一步应用的迫切需要,也是十余年来计算机辅助设计(CAD)技术、计算机辅助工程(CAE)技术、维修性技术和人体建模技术等高新技术迅速发展和相互结合的产物。

### 4. 寿命周期费用分析

寿命周期费用(LCC)是系统论证、方案设计乃至整个研制过程中最主要的决策参数之一,也是最为敏感的决策参数。几乎任何一次研制过程中的决策都会对寿命周期费用产生影响,与该参数发生联系。装备的维修性设计既影响设计与制造费用,又影响维修保障费用。例如,提高产品的可达性和诊断能力,可能要开通道、加口盖、使用快速紧固件和 BIT

等,这必然会增加设计和制造费用;但同时也可减少维修时间、人力及保障设备,从而减少维修费用。此时决策的主要变量就是维修时间和寿命周期费用。因此,费用分析是维修性分析中用到的重要技术。需要建模求得费用值来完成的工作包括说明所分析项目对费用的影响,维修性分配,提出经济、有效的维修性设计和测试分系统设计,以及为保障性分析准备输入数据。

5. 综合权衡分析技术

综合权衡是指为了使系统的某些参数优化,而对各个待选方案进行的分析比较,确定其最佳组合的过程。权衡分析可以是定性的也可以是定量的,涉及性能、可靠性、维修性、费用、进度和风险等多因素。涉及维修性的有关综合权衡项目的工作包括可靠性与维修性的权衡、原件修复与换件修理权衡、设计方案评定、系统修复与维护层次的确定等。应当采用适宜的定量与定性的权衡技术和方法。

6. 对比分析法

任何一种新的装备都是在原有装备的基础上发展起来的,它们之间会不同程度地存在着继承性和相似性。对比分析法就是利用新老装备之间或不同装备某些部分之间存在的相似性,用老装备或其他装备或其部分的维修性来对照、评价新装备维修性特征的一种方法。这种方法被广泛地应用于维修性分配、预计、设计特征的分析中。对比分析所选择的装备或部分最好是应用实际数据做过维修性分析、试验的相似装备或部分。

应用对比分析法时,既要考虑到产品之间的相似性与继承性,又要考虑到新产品的先进性,其可靠性与维修性水平会有一定的提高。因此,对相似装备的维修性值应加以修正。

## 第四节 维修性试验与评定

维修性试验与评定是装备研制、生产和使用阶段所进行的各种试验与评定工作的一部分,是极为重要的维修性工作。本节将介绍其基本原理和方法。

### 一、维修性试验与评定概述

#### (一)维修性试验与评定的目的与作用

维修性试验与评定贯穿于装备全寿命过程,其目的和作用在各阶段显然有区别。但一般地说,维修性试验与评定的目的是考核、验证和发现缺陷,并对有关维修保障要素进行评价。

1. 考核、验证产品维修性

从根本上说,产品的维修性应当用实际使用中的维修实践来进行考核、评定,以确定产品维修性的实际水平。然而,这种考核评定又不可能都在完全真实的使用条件下,通过整个寿命周期的维修实践来完成。这就要在研制过程、生产过程,采用统计试验的方法,及时作出产品维修性是否符合要求的判定,使承制方对其产品维修性"胸中有数",使订购方决定是否接收该产品。事实上,维修性的考核、验证,对承制部门是一种"压力",没有验证,就没有压力。

**2. 发现和鉴别维修性设计缺陷,提供改进的依据**

在研制、生产和使用阶段的维修性试验中,将发现并鉴别设计维修性方面的缺陷,为改进设计提供依据。特别是在研制过程中,通过各种形式的维修性核查,及早发现问题,提出改进意见,采取措施进行纠正,将使产品的维修性得到不断的增长,最终达到规定要求。因此,维修性试验、评定是完善产品维修性的必要措施。

**3. 评价有关维修保障要素**

在维修性试验的同时,对维修保障要素(包括人员及其训练、维修技术文件、备件、工具、设备、设施和计算机资源等)也是一次考核,并可能发现这些要素存在的不足,为改进和完善保障要素提供依据。

**(二)维修性试验与评定的时机和种类**

为了提高试验的效率和节省试验经费,并确保试验结果的准确性,研制、生产中的维修性试验与评定一般应与功能试验及可靠性试验结合进行,必要时也可单独进行。

根据试验与评定的时机、目的和要求,通常将系统级维修性试验与评定分为核查、鉴定和评价。系统级以下层次产品维修性试验与评定如何划分,需根据产品具体情况确定。

**1. 维修性核查**

维修性核查是研制过程中的工程试验,即承制方为实现装备的维修性要求,自签订装备研制合同之日起,贯穿于从零部件、元器件到组件、分系统、系统的整个研制过程中,不断进行的维修性试验与评定工作。

维修性核查的目的是检查与修正进行维修性分析与验证所用的模型及数据,鉴别设计缺陷,以便采取纠正措施,使维修性不断增长,保证满足规定的维修性要求和便于以后的验证。根据这样的目的和试验的时机,核查的方法比较灵活,应最大限度地利用在研制过程中各种试验(如功能、样机模型、合格鉴定和可靠性等试验)进行的维修作业所得到的数据,并采用较少的和置信度较低的(粗略的)维修性试验。在研制早期还可采用木质或金属模型进行演示、测算。应用这些数据、资料进行分析,找出维修性的薄弱环节,采取改进措施,提高维修性。

**2. 维修性鉴定**

维修性鉴定是一种正规的严格的检验性的试验评定,即为确定装备是否达到了规定的维修性要求,由指定的试验机构进行的或由订购方与承制方联合进行的试验与评定工作。维修性鉴定通常在设计定型、生产定型阶段进行。在生产阶段进行装备验收时,如有必要,也要进行维修性鉴定。

维修性鉴定的目的是全面考核装备是否达到规定的维修性要求。维修性鉴定的结果应作为批准装备定型的依据。因此,鉴定试验的环境条件应尽量与装备实际使用维修环境一致或十分类似。试验中维修所使用的工具、保障设备、设施、备件、技术文件,应与正式使用时的保障计划规定一致,以保证鉴定结果可信。维修性鉴定的指定试验机构,一般是专门的装备试验基地或试验场,也可以是经订购方和承制方商定的具备条件的研究所、生产厂或其他合适的单位。参加鉴定试验的维修人员,应当是由专门试验机构的或订购方的现场维修人员,或经验和技能与实际使用保障中的维修人员同等程度的人员。这些人员应经承制方适当训练,其数量和技术水平应符合规定的保障计划的要求。

3. 维修性评价

维修性评价是指使用部门(订购方)在承制方配合下,为确定装备在实际使用、维修及保障条件下的维修性所进行的试验与评定工作。通常在部队试用时或(和)在装备使用阶段进行。

维修性评价的目的是确定装备在部署以后的实际使用与维修保障条件下的维修性水平,观察实际维修保障条件对该装备维修性的影响,检查维修性验证中所暴露的维修性缺陷的纠正情况。除重点评价实际条件下基层级和中继级维修的维修性外,当有基地级维修性要求时,还应评价基地级维修的维修性(装备在基地级维修的维修性在核查、验证阶段是不评定的)。评价的对象即所用的实体应为已部署的装备(硬件、软件)或与其等效的样机。需要考核的维修作业应是实际使用中遇到的维修工作,一般不需进行专门的故障模拟及维修。也就是说,维修性评价主要是靠统计实际维修数据,了解部队维修状况来进行的。维修性评价是一项很重要的工作,为新型装备的维修性指标的论证与确定以及研制工作提供了基础。

**二、维修性试验与评定的一般程序**

维修性试验与评定按程序分为准备阶段和实施阶段。准备阶段的工作如下。

①制订试验计划;

②选择试验方法;

③确定受试品;

④培训试验维修人员;

⑤准备试验环境和试验设备及保障设备等资源。

实施阶段的工作如下。

①确定试验样本量;

②选择与分配维修作业样本;

③故障的模拟与排除,即进行修复性维修试验;

④预防性维修试验;

⑤收集、分析与处理维修试验数据和试验结果的评定;

⑥编写试验与评定报告等。

下面仅介绍几个主要问题。

**(一)统计试验方法的选择**

如前文所述,维修性核查和评价中,主要是利用各种试验或现场数据,或采用某些演示方法等;而维修性定量指标的试验鉴定则属于统计试验,要用正规的统计试验方法。在国军标《维修性试验与评定》(GJB 2072—1994)中规定了 11 种方法(见表 4.2)可供选择。

### 表 4.2　试验方法汇总表

| 方　法 | 检验参数 | 分布假设 | 样本量 | 推荐样本量 | 作业选择 | 需要规定的参量 |
|---|---|---|---|---|---|---|
| 1-A | 维修时间平均值 | 对数正态，方差已知 | | 不小于 30 | 自然或模拟故障 | $\mu_0,\mu_1,\alpha,\beta$ |
| 1-B | | 分布未知，方差已知 | | 不小于 30 | | |
| 2 | 规定维修度的最大修复时间 | 对数正态，方差未知 | | 不小于 30 | | $T_0,T_1,\alpha,\beta$ |
| 3-A | 规定时间维修度 | 对数正态 | | | | $p_0,p_1,\alpha,\beta$ |
| 3-B | | 分布未知 | | | | |
| 4 | 装备修复时间中值 | 对数正态 | 见试验方法的具体规定 | 20 | | $\overline{M}_{ct}$ |
| 5 | 每次运行应计入的维修停机时间① | 分布未知 | | 50 | 自然故障 | $A,T_{CMD}/N$ $T_{DD}/N,\alpha,\beta$ |
| 6 | 每飞行小时的维修工时(MI) | 分布未知 | | | | $M_I,\Delta M_I$ |
| 7 | 地面电子系统工时率 | 分布未知 | | 不小于 30 | 自然或模拟故障 | $\mu_R,\alpha$ |
| 8 | 均值与最大修复时间的组合 | 对数正态 | | | 自然故障或随机（序贯）抽样 | 均值及 $M_{max}$ 的组合 |
| 9 | 维修时间平均值和最大修复时间 | 分布未知 | | 不小于 30 | 自然或模拟故障 | $\overline{M}_{ct},\overline{M}_{pt},\beta$ $\overline{M}_{p/c},M_{max\,ct}$ |
| 10 | 最大维修时间和维修时间中值 | 分布未知 | | 不小于 50 | | $\widetilde{M}_{ct},\widetilde{M}_{pt},\beta$ $M_{max\,ct},M_{max\,pt}$ |
| 11 | 预防性维修时间 | 分布未知 | 全部任务完成 | | | $\widetilde{M}_{pt},M_{max\,ct}$ |

① 用于验证装备可用度 $A$ 的一种间接试验方法

选择时,应根据合同要求的维修性参数、风险率、维修时间分布假设以及试验经费和进度要求等因素综合考虑,在保证满足不超过订购方风险的条件下,尽量选择样本量小、试验费用省、试验时间短的方法。由订购方和承制方商定,或由承制方提出、经订购方同意。除上述国军标规定的 11 种方法外,也可以选用有关国标中规定的适用的方法,但都应经订购方同意。例如,某新研装备合同要求平均修复时间的最低可接受值为 0.5 h,订购方风险率 $\beta$ 不大于 0.10。由于是新研装备,所以维修时间的分布及方差都是未知的。表 4.2 中方法 9 的维修时间平均值的检验正符合上述条件,且样本量为 30,相对别的方法较少,故可选择方法 9。

**(二)样本量的确定**

维修性统计试验中要进行维修作业,每次维修算一个样本。只有足够的样本,才能反映总体的维修性水平。如果样本量过小,就会失去统计意义,使订购方和承制方的风险都增大。样本量应按所选试验方法中的公式计算确定,也可参考表 4.2 中所推荐的样本量。某些试验方案(如表 4.2 中试验方法 1 维修时间平均值的试验),在计算样本量时,还应对维修时间分布的方差作出估计。表 4.2 对不同试验方法列有推荐的最小样本量,这是经验值。

**(三)选择与分配维修作业样本**

1. 维修作业样本的选择

为保证试验所作的统计学决策(接受或拒绝)具有代表性,所选择的维修作业最好与实际使用中所进行的维修作业一致。对于修复性维修的试验,可用以下两种方法产生的维修作业。

(1)自然故障所产生的维修作业。装备在功能试验、可靠性试验、环境试验或其他试验及使用中发生的故障,均称为自然故障。一般地说,这种自然故障发生的多少、影响的程度是符合实际的,最具代表性。因此,由自然故障产生的维修作业,当次数足以满足所采用的试验方法中的样本量要求时,应优先采用作为维修性试验样本。如果对上述自然故障产生的维修作业在实施时是符合试验条件要求的,那么当时所记录的维修时间也可以作为有效的数据,用于维修性验证时的数据进行分析和判决。

(2)模拟故障产生的维修作业。当自然故障所进行的维修作业次数不足时,可以通过对模拟故障所进行的维修作业次数补足。为了缩短试验时间,经承制方和订购方商定,也可采用全部由模拟故障所进行的维修作业作为样本。

预防性维修应按维修大纲规定的项目、工作类型及其间隔期确定试验样本。

2. 维修作业样本的分配方法

当采用自然故障所进行的维修作业次数满足规定的试验样本量时,显然不需要进行分配。当采用模拟故障时,在什么部位、排除什么故障,需合理地分配到各有关的零部件上,以保证能验证整机的维修性。

维修作业样本的分配以装备的复杂性、可靠性为基础。若采用固定样本量试验法检验维修性指标,则可运用按比例分层抽样法进行维修作业分配;若采用可变样本量的序贯试验法进行检验,则应采用按故障分摊率的简单随机抽样法。所谓故障分摊率,是指单元故障率与装备(产品)总故障率之比。用它乘以样本量 $N$,即为单元的维修作业样本数。

**(四)模拟与排除故障**

1. 故障的模拟

一般采用人为方法进行故障的模拟。对不同类型装备可采用不同的模拟故障或称注入故障方法,应根据故障模式及其原因分析选择。常用的模拟故障的方法如下。

(1)用故障件代替正常件,模拟零件的失效或损坏。

(2)接入附加的或拆除不易察觉的零、元件,模拟安装错误和零、元件丢失。

(3)故意造成零、元件失调变位。

模拟故障应尽可能真实、接近自然故障。基层级维修以常见故障模式为主,可能危害人员和装备安全的故障不得模拟(必要时应经过批准,并采取有效的防护措施)。在模拟故障过程中,参加试验的维修人员应当回避。

**2. 故障的排除**

由经过训练的维修人员排除故障,并由专人记录维修时间。完成故障检测、隔离、拆卸、换件或修复原件、安装、调试及检验等一系列维修活动,称为完成一次维修作业。在排除的过程中必须注意以下几个方面。

(1)只能使用根据维修方案规定的维修级别所配备的备件、附件、工具、检测仪器和设备。不能使用超过规定的范围或使用上一维修级别所专有的设备。

(2)按照本级维修技术文件规定的修理程序和方法。

(3)人工或利用外部测试仪器查寻故障及其他作业所花费的时间均应计入维修时间中。

**三、维修性指标的验证方法**

本节仅讨论两种常用的验证方法。其他方法可参阅《维修性试验与评定》(GJB 2072—1994)。

**(一)维修时间平均值和最大修复时间的检验**

这种方法是表 4.2 中的第 9 种统计试验方法。它以中心极限定理为依据,在大样本($n \geqslant 30$)的基础上进行统计判决。

**1. 使用条件**

(1)在检验修复时间、预防性维修时间、维修时间的平均值时,其时间分布和方差都未知;在检验最大修复时间时,假设维修时间服从对数正态分布,其方差未知。

(2)维修时间定量指标的不可接受值 $\overline{M}_{ct}$、$\overline{M}_{mct}$(恢复功能用的时间)、$\overline{M}_{pt}$、$M_{max\,ct}$ 等应按合同规定,对 $M_{max\,ct}$ 还应明确规定其百分位(维修度)$P$。

(3)只控制订购方的风险 $\beta$,其值由合同规定。

**2. 试验与统计计算**

样本量最小为 30,实际样本量应根据受试品的种类,经订购部门同意后确定。验证预防性维修参数及指标时,需另加 30 个预防性维修作业样本。维修作业样本应根据上面所介绍的程序选择,试验并记录每一维修作业的持续时间,计算统计量、均值和方差。

(1)在检验修复时间时,取样本均值

$$\overline{X}_{ct} = \frac{\sum_{i=1}^{n_c} X_{cti}}{n_c} \tag{4-25}$$

修复时间样本方差

$$\hat{d}_{ct}^2 = \frac{1}{n_c - 1} \sum_{i=1}^{n_c} (\overline{X}_{cti} - \overline{X}_{ct})^2 \tag{4-26}$$

式中  $\overline{X}_{cti}$ —— 第 $i$ 次修复性维修时间;

$n_c$ —— 修复性维修的样本量,即修复性维修作业次数。

（2）检验预防性维修时间时，取样本均值

$$\overline{X}_{\text{pt}} = \frac{\sum\limits_{i=1}^{n_{\text{p}}} X_{\text{pt}i}}{n_{\text{p}}} \tag{4-27}$$

预防性维修时间样本方差

$$\hat{d}_{\text{pt}}^{2} = \frac{1}{n_{\text{p}} - 1} \sum\limits_{i=1}^{n_{\text{p}}} (\overline{X}_{\text{pt}i} - \overline{X}_{\text{pt}})^{2} \tag{4-28}$$

式中    $\overline{X}_{\text{pt}i}$ —— 第 $i$ 次预防性维修时间；

       $n_{\text{p}}$ —— 预防性维修的样本量，即预防性维修作业次数。

（3）在检验维修时间时，取样本均值

$$\overline{X}_{\text{p/c}} = \frac{f_{\text{c}} \overline{X}_{\text{ct}} + f_{\text{p}} \overline{X}_{\text{pt}}}{f_{\text{c}} + f_{\text{p}}} \tag{4-29}$$

维修时间样本方差

$$\hat{d}_{\text{p/c}}^{2} = \frac{n_{\text{p}} (f_{\text{c}} \hat{d}_{\text{ct}})^{2} + n_{\text{c}} (f_{\text{p}} \hat{d}_{\text{pt}})^{2}}{n_{\text{p}} n_{\text{c}} (f_{\text{c}} + f_{\text{p}})} \tag{4-30}$$

式中    $f_{\text{c}}$ —— 在规定的期间内发生的修复性维修作业预期数；

       $f_{\text{p}}$ —— 在规定的期间内发生的预防性维修作业预期数。

（4）检验最大修复时间时，取样本值

$$X_{\text{max ct}} = \exp \frac{\sum\limits_{i=1}^{n_{\text{c}}} \ln X_{\text{ct}i}}{n_{\text{c}}} + \psi \sqrt{\frac{\sum\limits_{i=1}^{n_{\text{c}}} (\ln X_{\text{ct}i})^{2} - (\sum\limits_{i=1}^{n_{\text{c}}} \ln X_{\text{ct}i})^{2} / n_{\text{c}}}{n_{\text{c}} - 1}} \tag{4-31}$$

式中    $\psi = Z_{p} - Z_{\beta} \sqrt{1/n_{\text{c}} + Z_{p}^{2}/2(n_{\text{c}} - 1)}$，当 $n_{\text{c}}$ 很大时，$\psi = Z_{p}$；

       $Z_{p}$ —— 对应下侧概率百分位 $p$ 的正态分布分位数。

### 3. 判决规则

为了对产品维修性是否符合指标要求做出判决，需要建立判决规则。这就要运用假设检验的原理。以平均修复时间的检验来说，要求产品的修复时间均值不大于合同规定的指标 $\overline{M}_{\text{ct}}$。

平均修复时间的接受域为

$$\overline{X}_{\text{ct}} \leqslant \overline{M}_{\text{ct}} - Z_{1-\beta} \frac{\hat{d}_{\text{ct}}}{\sqrt{n_{\text{c}}}} \tag{4-32}$$

若满足此条件，平均修复时间符合要求，则应予接受；否则，拒绝。与此类似，平均预防性维修时间或平均维修时间的接受域为

$$\overline{X}_{\text{pt}} \leqslant \overline{M}_{\text{pt}} - Z_{1-\beta} \frac{\hat{d}_{\text{pt}}}{\sqrt{n_{\text{p}}}} \tag{4-33}$$

$$\overline{X}_{\text{p/c}} \leqslant \overline{M}_{\text{p/c}} - Z_{1-\beta} \sqrt{\frac{n_{\text{p}} (f_{\text{c}} \hat{d}_{\text{ct}})^{2} + n_{\text{c}} (f_{\text{p}} \hat{d}_{\text{pt}})^{2}}{n_{\text{c}} n_{\text{p}} (f_{\text{c}} + f_{\text{p}})^{2}}} \tag{4-34}$$

对最大修复时间的可接受域为

$$X_{\max ct} \leqslant M_{\max ct} \tag{4-35}$$

**（二）预防性维修时间的专门试验**

这是表 4.2 中的试验方法 11，是用于检验平均预防性维修时间 $\overline{M}_{pt}$ 和最大预防性维修时间 $M_{\max ct}$ 以及要求完成全部预防性维修任务的一种特定方法。

1. 使用条件

本试验方法的使用条件，不考虑对维修时间分布的假设，只要规定了平均预防性维修时间的可接受值 $\overline{M}_{pt}$ 或最大预防性维修时间的百分位和可接受值 $M_{\max pt}$，即可进行检验，因而应用范围广，只要能统计全部预防性维修任务的都可使用。

2. 维修作业的选择与统计计算

样本量应包括规定的期限内的全部预防性维修作业。这个规定期限应专门定义，例如一年或一个使用循环或一个大修间隔期，由订购方和承制方商定。在规定期限内的全部预防性维修作业，例如应包括其间的每次日维护、周维护、年预防性维修或其他种类预防性维修作业时间 $X_{ptj}$ 以及每种维修作业的频数 $f_{pj}$。

1）计算平均预防维修时间的样本均值

$$X_{pt} = \frac{\sum\limits_{j=1}^{m} f_{pj} X_{ptj}}{\sum\limits_{j=1}^{m} f_{ptj}} \tag{4-36}$$

式中　$m$—— 全部预防性维修的种类数。

2）确定在规定百分位上的最大预防性维修时间 $X_{\max pt}$

将已进行的 $n$ 个预防性维修作业时间 $X_{ptj}$ 按量值最短到最长的顺序排列。统计在规定的百分位上的 $X_{\max pt}$。例如规定百分位为 90%，当 $n$ 等于 35 时，应选取排列在第 32 位（因为 $90\% \times 35 = 31.5 \approx 32$）上的维修时间作为 $X_{\max pt}$。

3）判决规则

对于 $\overline{M}_{pt}$，若

$$X_{pt} \leqslant \overline{M}_{pt} \tag{4-37}$$

则符合要求而接受；否则，拒绝。

对于 $M_{\max pt}$，若

$$X_{\max pt} \leqslant M_{\max pt} \tag{4-38}$$

则符合要求而接受，否则，拒绝。

**四、维修性参数值的估计**

维修性参数值及指标的验证一般只能确定产品的维修性是否满足要求，而未明确给出维修性参数的估计值。最常用的参数估计是对维修时间平均值及规定百分位最大维修时间的估计。

**（一）维修时间平均值 $\mu$ 和方差 $\sigma^2$ 的估计**

1. $\mu$ 和 $\sigma^2$ 的点估计

无论维修时间服从对数正态分布或分布未知，$\mu$ 和 $\sigma^2$ 的点估计可用下式得到

$$\hat{\mu} = \frac{1}{n} \sum_{i=1}^{n} X_i \tag{4-39}$$

式中　　$n$——样本量；

　　　$X_i$——第 $i$ 次维护作业的维修时间。

$$\hat{\sigma}^2 = \frac{1}{n-1} \sum_{i=1}^{n} (X_1 - \overline{X})^2 \tag{4-40}$$

式中　　$\hat{\sigma}$——方差 $\sigma$ 的点估计；

　　　$\overline{X}$——维修时间的平均值 $X = \mu$。

2. $\mu$ 的区间估计

给定置信度 $1-\alpha$，当维修时间分布未知时，$\mu$ 的两种区间估计如下。

1）单侧置信上限

平均值 $\mu$ 上限

$$\mu = X + Z_{1-\alpha} \frac{\hat{\sigma}}{\sqrt{n}} \tag{4-41}$$

2）双侧置信上、下限

平均 $\mu$ 下限

$$\mu_L = X + Z_{\alpha/2} \frac{\hat{\sigma}}{\sqrt{n}} \tag{4-42}$$

平均 $\mu$ 上限

$$\mu_U = X + Z_{1-\alpha/2} \frac{\hat{\sigma}}{\sqrt{n}} \tag{4-43}$$

**（二）规定百分位的最大维修时间估计**

若维修时间服从对数正态分布，则设 $Y$ 为 $X$ 的自然对数 $Y = \ln X$，$Y_Z = \ln X_i$，此时 $Y$ 的样本平均值

$$\overline{Y} = \frac{1}{n} \sum_{i=1}^{n} Y_i$$

$Y$ 的样本方差

$$S^2 = \frac{1}{n-1} \sum_{i=1}^{n} (Y_i - \overline{Y})^2$$

又设 $X_p$ 为 $X$ 的第 $100p$ 百分位值，例如，当 $p = 0.95$ 时，$X_p = X_{0.95}$ 表示第 95 百分位数的最大维修时间。

1. 规定百分位的最大维修时间 $X_p$ 的点估计

$$X_p = \exp\{\overline{Y} + Z_p S\} \tag{4-44}$$

2. $X_p$ 的区间估计

给定置信度为 $1-\alpha$，规定百分位的最大维修时间 $X_p$ 的两种区间估计如下。

1）单侧置信上限

$$X_p = \exp\left\{\overline{Y} + \left[Z_p + Z_{1-\alpha}\sqrt{\frac{1}{n} + \frac{Z_p^2}{2(n-1)}}\right]S\right\} \qquad (4-45)$$

2）双侧置信上、下限

$$X_{pL} = \exp\left\{\overline{Y} + \left[Z_p + Z_{1-\alpha}\sqrt{\frac{1}{n} + \frac{Z_p^2}{2(n-1)}}\right]S\right\} \qquad (4-46)$$

$$X_{pO} = \exp\left\{\overline{Y} + \left[Z_p + Z_{1-\alpha/2}\sqrt{\frac{1}{n} + \frac{Z_p^2}{2(n-1)}}\right]S\right\} \qquad (4-47)$$

# 第五章　测试性设计与验证

测试性是产品(系统、子系统、设备或组件)能够及时而准确地确定其状态(可工作、不可工作或性能下降)，并隔离其内部故障的能力。测试性工程是为了满足和达到测试性要求所进行的一系列技术和管理活动。测试性工作包括的主要内容有测试性设计、测试性验证和测试性管理等内容。

本章就测试性设计与验证有关内容予以讨论。

## 第一节　测试性设计概述

测试性设计就是通过测试性分配、测试性预计和测试性分析等工程活动，将测试性要求设计到产品的技术文件和图样中，以形成产品的固有测试性。

### 一、测试性设计的目的

测试性和机内测试(BIT)设计的直接目标是使系统具有以下三种能力。

(1)具有较强的性能监控能力：在系统运行中能实时监测系统的运行状况，能显示和存储故障信息以及必要时的告警(状态监控)。

(2)具有较强的工作检查能力：能准确检查系统是否可投入正常运行，有无故障，并给出相应指示以及维修后检验等(故障检测)。

(3)具有较强的故障隔离能力：能把检测到的故障定位、隔离到规定的可更换单元上(故障隔离)。

当产品具有上述能力时，系统就越能安全、可靠地工作，减少维修时间，提高可用性，降低寿命周期费用，并应在尽可能少的附加硬件和软件基础上，以最少的费用达到并满足规定的定量要求，如故障检测率、隔离率和虚警率等，这也是测试性设计的最终目标。

### 二、测试性设计的内容

系统测试性设计内容主要包括以下四个方面。

1. 确定测试性要求和测试方案

系统测试性要求就是为了满足战备完好性和任务成功性而必须具备的能力。系统测试方案是指适应维修方案的需要，在各级维修中所用的测试方法、测试设备和有关手册等配置的建议。

2.测试性特性分析与设计

测试性特性分析与设计主要是测试性初步分析与设计,指为把测试性要求与系统或设备的早期设计相结合,应从方案论证与确认阶段就开始必要的测试性分析与设计工作,主要包括以下内容。

(1)权衡分析,包括自动测试与人工测试比较,机内测试(BIT)与自动测试(AET)比较,每个单元的机内测试(BIT)能力的初步考虑,初步选择系统测试方案。

(2)固有测试性分析与设计,包括制定和贯彻测试性设计准则,拟定固有测试性检查表和度量方法。

(3)测试性分配,指将系统测试性指标分配给子系统和外场可更换单元(LRU)等。

(4)测试性预计,指根据设计方案来定量估计测试性设计参数是否达到了指标要求。

(5)进行机内测试的初步分析与设计。主要工作如下:

①机内测试配置,配置到系统级、外场可更换单元(LRU)、车间可更换单元(SRU)和产品其他组成部件,是集中式或分布式的机内测试(BIT);

②故障检测方法,利用硬件余度、连续监控、周期性测试、启动式测试、激励信号、BIT软件等;

③BIT工作模式,有关任务前、任务期间和任务后BIT的有关规定和要求;

④故障指示、报警,以及检测数据存储记录和存取方式的考虑。

3.机内测试设计

机内测试设计主要是测试性详细分析与设计,即对初步设计中采用的分析技术和结果的进一步贯彻和改进,进行BIT软件、硬件设计和故障模拟等,预计测试有效性。若不满足规定要求,则应改进设计,直到在费用最少条件下满足要求,具体工作如下。

①选择测试参数及测试点,确定容差和故障判据;

②BIT硬件、软件设计、故障指示、告警装置设计;

③分析导致虚警的原因,采取相应措施;

④进行故障检测率、隔离率、虚警率以及检测和隔离时间的预计;

⑤故障模拟以检查评估BIT的有效性;

⑥估计有关测试性设计的成本。

4.兼容性设计

兼容性设计是指尽可能利用现有的自动检测、外部检测设备,合理选择与确定被测装置测试点的数量与位置,既能落实故障检测隔离的要求,又能迅速连接外部测试设备,使被测装置与测试设备兼容。

此外,在生产和使用中还应收集与分析有关测试性数据,需要时采取改进措施。

**三、产品各研制阶段测试性的设计工作**

1.论证阶段的测试性工作

(1)建立系统性能监控、BIT和脱机测试目标,估计实现其风险及不可靠因素。

(2)进行初步测试性分析,确定系统BIT,测试设备初步要求和约束条件。

2. 方案论证与确认阶段的测试性工作

(1)拟订测试性工作计划,明确设计工作任务、实施方法。

(2)选择、评价诊断原理与测试方案,包括评价系统状态对测试性参数的影响(变化灵敏度)、测试性参数对寿命周期费用影响、测试方案与维修工时及人员水平的适应性以及每个诊断测试方案相关风险等。

(3)确定系统和系统 BIT 性能要求,除使用方规定的主要指标外,还应考虑其他有关要求,如允许的故障检测时间最大值、虚警引起的最大允许停机时间、外场维修允许的最大停机时间及最小的寿命周期费用等。

(4)将测试性要求分配给各组成项目,列入项目的设计规范。

(5)根据有关标准、指南、大纲和设计要求,制定或确认系统测试性设计准则。

(6)把测试性结合到初步设计中去,包括固有测试性分析、兼容性、测试点以及 BIT 初步分析与设计等。

3. 工程研制阶段的测试性工作

(1)把测试性结合到产品详细设计中,包括设计并实现 BIT 硬件、软件或固件(微程序语言)以及虚警措施等。

(2)预计系统、子系统、基层级(LRU)的故障检测和故障隔离能力,必要时综合可测性特性,检查系统所有关键功能是否得到规定程度的测试,对每个技术状态项目(CI)进行功能测试覆盖分析。

(3)准备测试性验证计划,确定验证的具体内容和方法,实施测试性验证。

(4)制订试运行、生产和现场使用中测试数据收集与分析计划,以评价和改进测试性设计。

(5)编写各阶段测试性分析报告,进行各阶段设计评审。

4. 生产和使用阶段的测试性工作

(1)建立测试性数据收集系统(与维修性、可靠性结合进行)。

(2)收集、分析生产和使用中的测试性数据。

(3)必要时评估测试性水平,提出改进措施。

**四、测试方案的确定与固有测试性设计**

**(一)测试方案**

测试方案是装备测试总的设想。它指明装备中哪些产品要测试,何时(连续或定期)、何地(现场或车间,或哪个维修级别)测试及其技术手段。确定测试方案的目的是合理地综合应用各种测试手段来提供系统或设备在各级维修所需的测试能力,并降低寿命周期费用。

1. 确定测试方案的依据

确定测试方案的依据是技术合同中规定的要求,被测系统的构型,可靠性 FMECA 数据以及维修方案与综合保障要求等。

通常,系统和设备应用机内测试(BIT)、自动测试设备和人工规定测试性要求和降低寿命周期费用为目标。确定机内测试、自动测试与人工测试的恰当组合,选出最佳的系统测试方案,构成故障诊断测试子系统(FDS)。

**2. 初步测试方案的组成**

初步测试方案的组成可以包括以下任意几项或全部的组合。

(1)测试点,包括用于连接测试设备的内部和外部测试点、检查插座、人工观测点等。

(2)传感器,用于获得诊断故障所需的系统性能或特征的信息,并以电信号形式传到需要的地点。

(3)BIT 或其他监测电路。

(4)指示或显示器,用于指示系统或某个组成部分的状态,显示系统或规定项目检测结果,如仪表、指示灯或多用途功能显示器。

(5)警告或告警装置。

(6)诊断程序,包括计算机故障检测程序、故障隔离程序、状态评定程序等。

(7)计算机,用于测试控制、数据处理、故障诊断、状态诊断等。

(8)接口装置,包括接口装置硬件和程序,以及有关操作规定等,以保证被测对象与测试设备兼容等。

(9)故障数据的存储和记录装置。

(10)外部测试设备,包括专用、通用和自动化的测试设备。

(11)有关维修测试的规定、程序、方法的技术文件和手册,如故障隔离手册、维修手册等。

**3. 最佳测试方案的选择**

最佳测试方案是根据对系统的特点、使用要求的分析和各种测试方法优缺点的比较,可初步拟定出多个测试方案,分析并估计各方案的效能和有关费用,选择费效比较大者,即为最佳测试方案。

最佳测试方案一般用效能分析与估计以及费用估计来选择。

**(二)固有测试性设计**

固有测试性设计是指仅取决于系统或设备硬件的设计,不受测试激励数据和响应数据影响的测试性。固有测试性是达到测试性指标的基础。

**1. 固有测试性设计内容**

固有测试性应包括系统硬件设计时的测试性考虑和外部测试设备兼容性两个方面。

1)硬件设计时的测试性考虑

在硬件设计时,应考虑测试性设计的有关因素,主要包括以下几个方面。

(1)功能划分,每个功能应划分一个单元,以保证对其进行测试。

(2)结构划分,应参考功能划分情况,在结构上划分为外场可更换单元(LRU)、车间可更换单元(SRU)或更小组件,以便故障隔离和故障更换。

(3)电气划分,尽量减少各单元之间的连续和信息交叉,可能的话,可利用闭锁电路、三态器件等隔开。

(4)系统或设备应具有明确的可预置初始状态,以便开始故障隔离过程和重复测试。

（5）测试可控制性设计，应提供专用测试输入信号、数据通路和电路，以便检测和隔离故障。

（6）测试可观测性预计，应备有数据通路和电路、测试点、检测插座等，以便为测试子系统（BIT、ATE）提供定制的内部特征数据，用于故障检测和隔离。

（7）元、部件选择应优化选用具有可测试特性和故障模式比较成熟的集成电路或组件。

（8）模块或组件接口，应尽可能使用现有连接器插针进行测试控制或观测。

（9）进行 FMEA 并充分收集利用已有经验和数据，以便将产品的故障模式、故障影响、故障率等与硬件设计、布局相关。

2）被测单元与自动测试设备的兼容性设计

所设计的每个被测单元（UUT）在电气上和结构上都应与自动测试设备兼容，以减少专用接口装置并便于测试。

自动测试设备应能控制被测单元的电器划分，以简化故障判断和隔离。被测单元设计应保证能在 ATE 上运行各个测试程序。选择被测单元测试点的数目和位置，应能满足故障检测隔离要求，并可迅速连接到外部测试设备上。

2. 固有测试性设计程序

固有测试性设计主要是制定和贯彻测试性设计准则，在初步设计阶段进行，持续到详细设计阶段，并应参加关键设计评审。设计程序如下。

①参考已有的设计准则，制定各类装备的设计准则；

②贯彻装备设计准则；

③建立固有测试性设计检查表；

④确定固有测试性定量评分方法（见文献[2]，第 215 页），并应经军事代表同意；

⑤进行测试性评价；

⑥进行测试性评审，在详细设计阶段应参加关键设计评审。

固有测试性设计与分析、维修性设计分析密切相关，可结合进行。除测试性预计、分配外，更多地采用定性方法或评分方法。先根据测试性要求，建立装备测试性预计准则，按设计准则将测试性综合到系统及其各个部分设计中，然后用制订的测试性核对检查表和定量评分方法，结合各项设计评审检查，考核产品固有测试性。

固有测试性设计是一个反复达到的过程，该过程要结合必要的测试性试验评定。

# 第二节　测试性要求及确定

装备的测试性，曾作为维修性组成部分或与可靠性、维修性紧密联系的质量特性，它与可靠性、维修性有着一致的目标，即通过改善测试性提高装备的战备完好性和任务成功性，降低维修人力与保障资源费用。为实现这一目标，装备要满足测试性的定性与定量要求。

## 一、测试性定性要求

测试性定性要求，总的来说，应在尽可能少地增加硬件和软件的基础上，以最少的费用使装备获得所需的测试能力，实现检测诊断简便、迅速、准确。其主要要求如下。

（1）合理划分产品单元。根据不同维修级别的要求,把系统划分为易于检测和更换的单元,如外场(现场)可更换单元(LRU)、车间(中继级)可更换单元(SRU),以提高故障隔离能力。

（2）合理设置测试点。根据不同级别的维修需要,在设备内、外设置必要而充分的测试点,以便在各级维修测试时应用,测试点应有明显标记。

（3）合理选择测试的方式、方法。根据装备功能、结构及使用、维修需要,并与费用等因素综合权衡,正确确定测试方案,选择自动、半自动、人工测试、机内、外部测试设备等,并使系统测试有最好的协调配合。

（4）性能监控要求。技术规范中应说明对安全、关键任务有影响的部件性能。

（5）兼容性。在满足测试能力要求前提下,尽可能选用标准化的、通用的测试设备及附件,优先采用现装备的测试设备。

（6）故障指示、报告、记录(存储)要求。

## 二、测试性定量要求

测试性定量要求是一系列指标,而指标是测试性参数的要求值,常用的测试性参数如下。

### 1. 故障检测率 $r_{FD}$

故障检测率是用规定的方法正确检测到的故障数与故障总数之比,用百分数表示,即

$$r_{FD} = \frac{N_D}{N_T} \times 100\% \qquad (5-1)$$

式中　　$N_D$—— 在同一期间内,在规定条件下、用规定方法正确检测出的故障数;

　　　　$N_T$—— 在规定期间内发生的全部故障数。

这里的"被测试项目"可以是系统、设备、外场可更换单元等。"规定期间"是指用于统计发生故障总数和检测出故障数的时间区间,此时间应足够长。"规定条件"是指测试的时机(任务前、任务中或任务后)、维修级别、人员水平等。"规定方法"是指用机内测试、专用或通用外部测试设备、自动测试设备(ATE)、人工检查或几种方法的综合来完成故障检测,应根据具体被测对象而定。在规定故障检测率指标时,以上这些规定内容应表述清楚。

对于电子系统和设备以及一些复杂装备,在进行测试性分析、预计时,可取故障率 $\lambda$ 为常数,式(5-1)变为

$$r_{FD} = \frac{\lambda_D}{\lambda} \times 100\% = \frac{\sum \lambda_{Di}}{\sum \lambda_i} \times 100\% \qquad (5-2)$$

式中　　$\lambda_i$—— 被测试项目中第 $i$ 个部件或故障模式的故障率;

　　　　$\lambda_{Di}$—— 其中可检测的故障率。

从式(5-2)中可以看出,设计时应优先考虑故障率高的部件或故障模式的检测问题。

### 2. 故障隔离率 $r_{FI}$

故障隔离率是被测试项目在规定期间内已被检出的所有故障,在规定条件下用规定方法能够正确隔离到规定个数 $L$ 以内可更换单元的百分数,即

$$r_{\mathrm{FI}} = \frac{N_{\mathrm{L}}}{N_{\mathrm{D}}} \times 100\% \tag{5-3}$$

式中　$N_{\mathrm{L}}$——在规定条件下用规定方法正确隔离到小于或等于 $L$ 个可更换单元的故障数。

可更换单元根据维修方案而定,一般在基层级维修是外场可更换单元,在中继级维修是车间可更换单元,在基地级或制造厂测试时是指可更换的元、部件。当 $L=1$ 时,是确定(非模糊)性隔离,要求直接将故障确定到需要更换以排除故障的那一个单元。当 $L>1$ 时,为不确定(模糊)性隔离,即机内测试或其他检测设备等只能将故障隔离到 $1\sim L$ 个单元,到底是哪个单元损坏,还需要采用交替更换等方法来确定。因此,$L$ 表示隔离的分辨能力。

与故障检测率类似,分析和预计时可用数学模型为

$$r_{\mathrm{FI}} = \frac{\lambda_{\mathrm{L}}}{\lambda_{\mathrm{D}}} \times 100\% = \frac{\sum \lambda_{\mathrm{L}i}}{\sum \lambda_{\mathrm{D}i}} \times 100\% \tag{5-4}$$

式中　$\lambda_{\mathrm{L}i}$——可隔离到小于或等于 $L$ 个可更换单元的第 $i$ 个故障模式或部件的故障率。

3. 虚警率 $r_{\mathrm{FA}}$

BIT 或其他检测设备指示被测项目有故障,而实际该项目无故障称为虚警。虚警虽然不会造成装备或人员的损伤,但它会增加不必要的维修工作,降低装备的可用度,甚至延误任务。因此,要求测试设备或装置虚警越少越好。这就提出了虚警率的要求。所谓虚警率,是在规定期间内发生的虚警数与故障指示总次数之比,以百分数表示,即

$$r_{\mathrm{FA}} = \frac{N_{\mathrm{FA}}}{N_{\mathrm{F}} + N_{\mathrm{FA}}} \times 100\% \tag{5-5}$$

式中　$N_{\mathrm{FA}}$——虚警次数;
　　　　$N_{\mathrm{F}}$——真实故障指示次数。

与检测率类似,在分析预计时可用数学模型

$$r_{\mathrm{FA}} = \frac{\sum \delta_i}{\sum \lambda_{\mathrm{D}i} + \sum \delta_i} \times 100\% \tag{5-6}$$

式中　$\delta_i$——第 $i$ 个导致虚警事件的频率,包括会导致虚警的 BITE 故障模式的故障率和未防止的其他因素、事件发生的频率等。

4. 故障检测时间

故障检测时间是指从故障发生到检出故障并给出指示所经过的时间。

5. 故障隔离时间

故障隔离时间是指从检出故障到完成隔离程序指出要更换的故障单元所经过的时间。

6. 不能复现率

BIT 和其他检测装置指示被测项目有故障,在现场维修检测时故障不能重现的比例称为不能复现(CND)率。

7. 重测合格率

在现场识别出有故障的项目,在中继级或基层级维修测试中是合格的比例称为重测合

格(RTOK)率。

虚警与 CND、RTOK 的区别:虚警主要是针对不存在故障的情况,用于工作中测试;而 CND 和 RTOK 所涉及的还包括有故障未检出的情况,主要用于各级维修测试中。

在上述参数中经常选用的参数是故障检测率、故障隔离率和虚警率。

### 三、测试性要求的确定

#### (一)确定装备的测试性要求的时机

装备的测试性要求,应当同维修性要求同时考虑与确定,并应密切协调。

在战术、技术指标论证阶段,要根据订购方的使用需求,提出初步的测试性要求及其约束(可以作为维修性的一部分或单独列出)。这时的要求以定性条款为主,也可参考其他相似装备水平提出故障检测率、故障隔离率和虚警率指标。

在方案阶段,承制方对订购方提出的初步测试性要求加以分析、论证与权衡,制定测试方案并与维修、保障方案相协调,经过论证、初步的预计与验证、协商后确定系统测试性的定性与定量要求及约束条件,作为技术规范(技术规格书)的一部分。

系统测试性要求确定后,还要将其分配到各层次及可更换单位,作为各产品设计的依据,定量要求可用目标值或门限值表示。

#### (二)确定测试性要求需考虑的因素

确定测试性要求时需考虑的主要因素如下。

1. 保障性分析对系统测试的要求

由于使用保障方案中的人员配置、技术水平、培训和管理、测试设备状况及产品备件规划等都与系统故障诊断能力有关,所以应对保障性分析结果及时取得有关信息。

2. 可用的设计技术

分析可用于设计的技术措施,吸取先前装备的使用经验与教训,以便合理确定故障诊断能力,进而确定可行的测试性要求。

3. 标准化要求

机内测试(BIT)要尽量使用标准化零件、部件和程序语言,并尽可能与被测试对象一致,以考虑使用通用测试设备和自动测试设备(ATE)的可能性。

4. 任务、安全和使用者的要求

(1)分析关键性任务功能监控对机内测试(BIT)的要求。

(2)分析影响安全的部件或故障模式的监控要求。

(3)考虑冗余设备管理和降低使用对机内测试(BIT)的要求。

(4)考虑操作者在工作中对系统状态监控的要求。

根据以上分析,确定连续和周期 BIT 的故障检测(FD)、故障隔离(FI)、检测与隔离时间要求,以及有关的故障显示、告警和记录要求。

5. 考虑现场检查维修对测试的要求

(1)分析装备备用状态(战备完好性)、允许停机时间和基层级 MTTR 对测试的要求。

（2）确定任务前 BIT 和任务后 BIT 的要求（FD、FI 和检测隔离时间 t 要求值），以及操作者、维修者及测试设备（TE）的接口要求。

6. 考虑维修与维修方案对测试性的要求

（1）分析维修性指标和规划维修活动，确定自动、半自动和人工测试要求。

（2）根据 BIT 能力，确定外部测试设备的技术要求。

（3）确定各级维修的故障检测、故障隔离和时间要求，利用所有维修测试手段应提供完全的诊断能力。

7. 分配测试性定量要求

根据可靠性分析结果（如故障率数据、FMECA 等）和实现 BIT 的复杂程度等因素，把系统的测试性定量要求分配给子系统和可更换单元（LRU），列入其产品规范。

**四、确定测试性要求的程序**

在战术、技术指标论证与确认阶段，要根据使用要求确定初步的测试性要求（多为定性条款），列入初始系统规范中。

在方案论证与确认阶段，经过综合分析和必要的定量权衡后，确定系统定性与定量测试性要求和有关的约束条件，构成系统技术规范的组成部分。

当系统测试性指标确定后，按选定方法把系统指标分配给子系统或 LRU，作为子系统或 LRU 的设计要求列入相应的产品规范中，定量指标可用目标值或门限值表示。

# 第三节　测试性分配与预计

**一、测试性分配**

测试性分配是为了把系统或设备的测试性指标落实到各层次产品，按照一定的准则将指标逐级分配到各可更换单元（LRU、SRU），作为产品设计的依据的过程。

常用测试性分配的方法有按故障率分配法、加权分配法等。

**（一）按故障率分配法**

（1）根据系统功能的划分情况，画出系统功能层次图。

（2）取得各组成部分故障率数据 $\lambda_i$。

（3）计算各组成部分分配值。

$$P_{ia} = P_{sr} \frac{\lambda_i \sum\limits_{i=1}^{n} \lambda_i}{\sum\limits_{i=1}^{n} \lambda_i^2} \tag{5-7}$$

式中　　$P_{sr}$——要求的系统测试性指标。

（4）权衡、调整计算所得 $P_{ia}$ 值。

（5）验算分配结果，将各分配值代入下式计算系统指标，若 $P_s > P_{sr}$，则分配工作完成；

否则,重复步骤(4)和(5)。

$$P_s = \frac{\sum_{i=1}^{n} \lambda_i P_{ia}}{\sum_{i=1}^{n} \lambda_i} \qquad (5-8)$$

按故障率分配法比较简单,从确保可用度角度也是合理的。但当各 $\lambda_i$ 值相差比较大时,计算的各 $P_{ia}$ 值也相差比较大,从可行性考虑未必合适,需要的调整量大。

**(二)加权分配法**

此方法与维修性分配中的加权分配方法相似。按故障率分配仅考虑一个因素,加权分配则需考虑多个因素,并给出相应的加权系数,用来计算分配指标。

加强分配法主要步骤如下。

(1)先把系统划分为定义清楚的 LRU,LRU 再划分为 SRU,然后画出系统功能层次图,其详细程度取决于指标分配到哪一级。

(2)进行 FMEA,取得故障模式、影响和故障数据,或从可靠性分析中获得有关数据资料。

(3)按照系统的构成情况和维修要求等,通过工程分析、专家经验和以前类似产品的经验,确定系统各组成项目各影响因素加权系数。在测试性分配中,此处考虑 5 个因素,取加权系数如下。

$k_{i1}$——故障率系数,即故障分摊率,为单元故障率与系统总故障率之比;

$k_{i2}$——故障影响系数(故障影响严重的单元,取较大的值,可用各单元的 1、2 类故障数与系统总的 1、2 类故障数之比来表示);

$k_{i3}$——修复时间系数,单元分配的修复时间指标小的,系数应取较大的值;

$k_{i4}$——自动测试难易系数,实现 BIT 较容易,而用人工测试比较困难的单元,应取较大的值;

$k_{i5}$——故障成本系数,实现自动测试成本较低的,应取较大的值。

将 5 个系数相加可得到第 $i$ 单元的加权系数,即

$$k_i = k_{i1} + k_{i2} + k_{i3} + k_{i4} + k_{i5} \qquad (5-9)$$

(4)计算第 $i$ 项目测试性指标的分配值 $P_{ia}$

$$P_{ia} = P_{sr} \frac{k_i \sum_{i=1}^{N} \lambda_i n_i}{\sum_{i=1}^{N} n_i \lambda_i k_i} \qquad (5-10)$$

式中　　$n_i$—— 第 $i$ 部分 LRU 的个数;

$P_{ia}$—— 第 $i$ 项目 LRU 的分配指标;

$\lambda_i$—— 第 $i$ 项目 LRU 的故障率;

$P_{sr}$—— 系统要求的指标;

$N$—— 项目的种类数。

(5)调整和修正计算得到的 $P_{ia}$ 值。其原因是各加权系数是按经验确定的,有时不一定合理,需调整。

（6）验算。调整和修正后的 $P_{ia}$ 值要用下面公式验算，以确定分配指标是否满足系统要求。

$$P_s = \frac{\sum_{i=1}^{N} \lambda_i P_{ia}}{\sum_{i=1}^{N} \lambda_i} \qquad (5-11)$$

式中　　$N$ —— 项目总数。

若计算的系统 $P_s$ 值大于要求值 $P_{sr}$，则分配工作完成。$P_{ia}$ 可作为第 $i$ 个项目的指标，否则，应重复步骤（5）和（6），直到满足要求为止。

**二、测试性预计**

测试性预计是为确定产品设计的测试性水平，根据设计方案或详细设计资料预测其是否达到规定的指标要求的过程。

同维修性预计相似，测试性预计的目的是根据设计方案或设计资料估计测试性设计参数是否达到了指标要求，及早发现设计薄弱环节，研究纠正措施。预计是按系统组成情况，由 SRU 到 LRU，再到子系统，最后估计出系统的测试性参数值。

预计的指标主要是故障检测率、隔离率、虚警率、故障检测与隔离时间等，其中检测、隔离时间通常在维修性预计中与其他维修活动时间一并进行预计。

**（一）机内测试性预计**

机内测试（BIT）参数预计在 BIT 设计基础上进行，预计 BIT 故障检测与隔离能力，分析防止虚警的可能措施。主要步骤如下。

（1）准备测试性框图。结合系统功能分析和固有测试性设计结果绘制测试性框图，以表示出各组成单元之间的功能关系、信号流向、设置的测试点和机内测试设备（BITE）等，必要时给出各功能方框的描述和说明。

（2）BIT 方案分析。分析任务前 BIT、任务中 BIT 和维修中 BIT 的工作原理、电路、检测的范围、起动和结束测试的条件、故障显示与记录等情况。

（3）BIT 算法分析。对所有的 BIT 算法、软件进行分析，以识别各种 BIT 模式可检测和隔离功能单元、部件或故障模式。

（4）故障模式分析。根据 FMECA 和可靠性预计结果，取得各功能单元（LRU、SRU）及元部件的故障模式、影响、故障率和故障模式发生频数比。

（5）故障检测分析。根据前面所得数据和分析结果，识别每个功能单元和部件的各故障模式能否由 BIT 检测到，是哪一种 BIT 模式检测的，不能检测的故障模式又是哪些。

（6）故障隔离分析。分析 BIT 检测出的故障模式能否用 BIT 隔离，可隔离到几个可更换单元（LRU 或 SRU）上。

（7）虚警分析。根据 BIT 算法和有关电路分析结果，鉴别虚警防止措施的有效性；分析故障判据、测试容差（门限值）设置是否合理；可能导致虚警的那些因素、事件的频率、分析 BITE 的故障模式和影响，找出会导致虚警的那些故障模式的故障率；可能导致虚警防止措施的有效性。

(8)填写机内测试预计工作单。把以上所得有关数据和分析结果(各种 BIT 可检测和隔离的故障率等)填入 BIT 预计工作单中,见表 5.1。

**表 5.1　BIT 预计工作单**

①LRU(分系统):LRU1　　　　　　　　　分析者:　　　　　　　　日期:测试编号

| ②项目 | | ③组成部件 | | ④故障率 | | | ⑤检测 $\lambda_D$ | | | | ⑥隔离 $\lambda_1$ | | | | | ⑦虚警 $\delta$ | ⑧测试编号 | 备注 |
|---|---|---|---|---|---|---|---|---|---|---|---|---|---|---|---|---|---|---|
| 序号 | 名称代号 | 编号 | $\lambda_p$ | FM | $a$ | $\lambda_{FM}$ | PBIT | IBIT | MBIT | UD | 1SRU | 2SRU | 3SRU | 1SRU | 2SRU | | | |
| 1 | SRU$_1$ | U$_1$ | 120 | FM$_{11}$ | 0.3 | 36 | 36 | 36 | 36 | | 36 | | | 36 | | | | |
| | | | | FM$_{12}$ | 0.3 | 36 | 36 | 36 | 36 | | | 36 | | 36 | | | | |
| | | | | FM$_{13}$ | 0.4 | 48 | 48 | 48 | 48 | | 48 | | | 48 | | | | |
| 2 | SRU$_2$ | U$_2$ | 40 | FM$_{21}$ | 0.6 | 24 | 24 | 24 | 24 | | 24 | | | 24 | | | | |
| | | | | FM$_{22}$ | 0.4 | 16 | 0 | 16 | 16 | | 16 | | | 16 | | | | |
| 3 | SRU$_3$ | U$_3$ | 28 | FM$_{31}$ | 0.5 | 14 | 14 | 14 | 14 | | | | 14 | 14 | | | | |
| | | | | FM$_{32}$ | 0.5 | 14 | 0 | 0 | 0 | 14 | | | | | | | | |

(9)计算预计结果。分析计算工作单上各栏的故障率总和,用式(5-2)、式(5-3)和式(5-5)计算 BIT 故障检测率、隔离率和虚警率预计是很困难的,其结果是粗略的,但可用来检查虚警防止措施有效性。

(10)综合系统 BIT 预计结果。

①根据各 LRU 指标计算系统指标预计值[可用式(5-11)];

②比较预计值与要求值,看是否满足要求;

③列出 BIT 不能检测和不能隔离的故障模式和功能单元,并分析它们的影响;

④必要时提出改进 BIT 建议。

**(二)系统测试性预计**

系统和设备的测试性预计是根据系统设计来估计可达到的故障检测与隔离能力,所用的检测方法包括 BIT、操作者判断、维修人员的计划维修检测等。预计的主要工作及其工作单的格式和填写方法与 BIT 预计工作单类似,只是表中第⑤栏"检测 $\lambda_D$"不是按 BIT 分类填写的,而是填写可测试故障模式的故障率,其中包括

B——BIT 可检测的;

P——操作者、驾驶员可判断的;

M——维修时可检测出的;

UD——以上三种方法都检测不到的;

$d$——可检测系数,如肯定可检测到时,$d=1$,完全检测不到时,$d=0$,如某故障模式的检测不能完全肯定,还依赖其他条件和因素不容易判定(如有渗漏情况是否判为故障)时,可取 $d=0.5$;

$\lambda_d$——产品故障模式可检测的故障率,$\lambda_d=d\lambda_{FM}$。

系统中的 LRU 和 SRU(特别是电子类的)也应进行测试性分析,该预计一方面为系统

级测试性预计打下基础,另一方面可评定检查 LRU 和 SRU 的设计特性能否满足测试性要求。即要根据 BIT 软硬件设计、内部和外部测试点(TP)、输入与输出(I/O)信息、连接器以及外部测试设备(ETE)等,分析故障检测和隔离能力,并填写相应的测试性预计工作单,方法与系统测试性预计类似,具体可参阅文献[3]第 231 页。

## 第四节  测试点与诊断程序的确定

测试点和诊断程序是一个完整的测试系统不可缺少的部分。它们的确定是否合理,对"三率"、测试时间、工作量有明显的影响。测试点和诊断程序的确定,是测试性设计的重要内容。在使用阶段和装备改进中,有时也要对其进行优化。

### 一、测试点及其分类

测试点(TP)是指测量被测单元(UUT)状态信息和特征量的位置。在电量测量中,测试点是指测量或注入信号的电气连接点;对非电测量,有时是指需要用传感器把非电量变成电量,并将其引到方便测量的地点。无论采用机内测试(BIT)、自动测试设备(ATE)或人工测试,都需要引入激励和输出信息,因此都需要测试点。测试点通常分类如下。

(1)机内测试(BIT)用测试点(TP):用于完成 BIT 功能的测试点,一般设在产品内部或用工作连接插头传出故障信息。

(2)外部测试点(TP):用于引入、引出信息到 LRU 的外壳检测插座或工作插座上,与外部测试设备配合使用。

原位检测用测试点(TP):在外场用于原位故障检测与隔离、调整校准或检验的 BIT,将信号引到检测插头上。

原级检测用测试点(TP):拆换下来的 LRU 在车间检修时用,可将信号引到工作插头或检测插头上,应能与 ATE 方便连接。

(3)内部测试点(TP):LRU 内部 SRU 上设置的 TP,用于对拆换下来的 SRU 进行检测,提供信号输入、输出路径,把故障隔离到元、部件上。

### 二、确定测试点的步骤

测试点的选择、确定,应在确定了产品设计方案、维修方案和测试方案后进行。其具体步骤如下。

1. 分析被测对象的性能和特点

(1)分析有关设计资料和使用要求,如系统构成和功能说明、原理图、FMEA、故障率数据,以及各级维修的测试要求等。分析从整体到局部逐步细化,明确各级的测试对象。

(2)对每一级测试对象,分析其功能、性能特性参数及其极限值、特征数据、输入输出信号、故障影响和故障率等,这些都是测量参数的候选者和选择的依据。

(3)确定各测试对象的每一种功能和故障定义及表示各个故障模式的特征量。

2. 选择各级测试对象的测量参数

(1)根据对系统、子系统或设备的分析结果选出Ⅰ级测量参数,含检测用参数($FD_1$)和隔离用参数($FI_1$)。Ⅰ级参数用于高层次产品测试。

(2)根据对 LRU 的分析结果选出相应的Ⅱ级测量参数,也包括检测用参数($FD_2$)和隔离用参数($FI_2$)。

(3)根据对各 SRU 的分析结果选出相应的Ⅲ级测量参数,也包括检测用和参数($FD_3$)和隔离用参数($FI_3$)。

这样逐级深化地分析和选择测量参数的方法,可减少工作量并避免重设测试点。

3. 确定测试点的位置并优化

(1)初定测试点。在一般情况下,把各功能单元的信号输出点定为测试点,系统总的输出是故障检测用测试点的候选对象,系统内各功能单元的输出是隔离用测试点候选对象。若某个参数测量很困难,则可考虑用另外的测试点代替。

(2)测试点的优化。将各单元输出点作为测试点,可能测试各单元的输出信号,进而判断其状态,但其中可能有些点是不必要的。因此,初定的测试点有进行优化的必要,以便用最少的测试点、最少的测试满足诊断要求。

### 三、故障诊断程序的确定

故障诊断包括故障检测并将故障隔离的过程。从顺序上说,总是先检测故障,当确定了产品的测试点后,还需确定合理的测试程序,以便正确而快速地检测和隔离故障,再把故障隔离到可更换单元。

1. 故障检测

在故障诊断中,首先要对检测用的测试点逐一进行检测,发现所有的故障。当产品有多个测试点时,就有一个合理确定检测顺序的问题。检测顺序可按不同的原则、方法确定。

(1)先按测试点检测权值从大到小排列,用检测权值大的测试点进行检测,然后依次把各个检测用的测试点都检测一遍。

(2)按测试点所能检测故障的总故障率从大到小排列顺序,故障率大的应当先检测。

(3)按测试点的可达性排序。各检测用的测试点中,可达性好的先检测,可达性差的后检测。

当有多个检测用的测试点时,不论用上述哪种方法排序,都要考虑便于序贯检测。就是说,原则上按上述各种方法排序均可,但排序后要做必要的调整,使操作能够有序地进行,而不必来回倒动位置。

在检测故障时,系统的反馈通路应当处于闭合状态。

2. 故障隔离

故障隔离的顺序应当按照以上选定测试点的顺序,在隔离故障时,常常需要打开反馈通路,以便能把故障隔离到有反馈通路的单元。

### 四、选择测试点的准则

(1)选择测试点应从系统级到基层级(LRU),再到中继级(SRU),按性能监控和维修测试统一考虑。

(2)测试点的数目和位置在满足诊断定量要求条件下,越少越好。

（3）当测试点数目受限制时，应优先选用：

①影响安全和任务的功能单元的测试点；

②故障率高的功能单元的输出点的测试点；

③故障检测用的测试点（与隔离用的测试类比较）。

（4）测试点中应有作为测量信号参考基准的公共点（如设备地线）。

（5）模拟电路与数字电路应分开设置测试点，以便独立测量。

（6）高压大电流的测试点与低压电平信号隔离开，并注意符合安全要求。

（7）测试点尽可能集中到一个或几个插座上，有与维修手册一致的标记，如编号、颜色、说明等。

（8）应注意测量精度、频率、接口、隔离等方面与自动测试的兼容性。

（9）在用传感器时，尽量用无源的、不需调整的和工作可靠便于维修的。

# 第五节　测试性验证

测试性验证的目的是评价与鉴定测试性设计是否达到了合同规定的测试性要求。以下根据文献[3]，对其有关内容予以介绍。

## 一、测试性验证的内容

一般情况下评价验证的主要内容如下。

①系统检查差错的能力；

②BIT 故障检测与隔离能力；

③被测单元（UUT）与自动测试设备（ATE）的兼容性；

④自动测试设备（ATE）的故障检测与隔离能力；

⑤机内测试（BIT）测试结果与脱机测试结果的一致性；

⑥有关故障字典、诊断手册、故障查找程序等技术文件的充分性；

⑦故障检测与隔离时间是否符合要求；

⑧虚警率是否符合要求；

⑨其他定性要求的符合性等。

## 二、测试性验证的程序

测试性验证不论是维修性等试验结合进行还是独立进行，测试性验证程序一般如下。

①确定验证要求、检验的指标及范围等；

②确定验证方案、数据获取途径、要求及与其他试验的结合方法；

③技术准备，包括确定受试产品、样本量，并分配样本（直到各可更换单元及相应故障模式），还要确定故障模拟方法及识别、测量记录方法等，以及参试人员的培训、试验器材设备准备等；

④实施试验，记录测试结果，取得测试性数据。例如，在 N 次故障试验中，由机内测试测出的故障数 N、外部检测设备检测出的故障数 NE，以及隔离的故障数、检测时间等；

⑤进行试验数据的分析计算，利用有效数据，计算有关的测试性参数值；

⑥编写测试性试验验证报告。

### 三、测试性验证常用的方法

测试性与维修性、可靠性、保障性等密切相关，测试性评价与验证应尽量与其他试验结合起来进行。

(1)测试性验证与维修性验证试验相结合——可以把故障检测率、隔离率、检测时间与隔离时间的验证纳入维修性验证计划之中，作为它的一部分。但要考虑测试性特点，如检测率与隔离率的合格判据等。故障注入(模拟)方法、测试作业样本分配方法、故障模式的随机抽取方法等，完全与维修性验证相同。

(2)测试性验证与可靠性鉴定试验相结合——可靠性试验中发生了故障就要用 BIT、ATE 或人工进行检测和隔离，这些数据如符合测试性验证要求的话，可以作为测试性验证数据的一部分。虚警率的验证需要较长的试验时间，可结合可靠性试验来进行，虚警作为关联故障来处理。

(3)测试性验证与性能、使用操作试验相结合——BIT 的性能监控与检测功能等与装备性能、使用操作、余度管理、自修复功能等密切相关，装备的很多试验都包括 BIT 的功能试验。因此，试验中有关自然发生的故障或人为模拟(注入)故障数据，符合要求的均可作为测试性验证数据的一部分。

但是，测试性也有它自己的特点，应单独确定验证要求、制订实施计划。当不能从其他试验中获得足够数据且条件又允许时，也可单独组织测试性验证试验。

### 四、试验数据的整理与计算

收集和分析测试性验证数据记录，把有效的数据，按 BIT、外部测试设备(ETE)和人工方法的检测、隔离和所有时间分别填入测试性验证数据综合表(见表 5.2)，然后分别计算有关参数的观测值。

#### 表 5.2 测试性验证数据综合表

填表人：　　　　　　日期：

| 试验序号 | 故障模式 | 产品名称(代号)： | | | | | | | | | | | | 虚警次数 | 产品工作时间 | 备注 |
| | | 故障检测 | | | | BIT 故障隔离 | | | ETE 故障隔离 | | | 人工隔离 | | | | |
| | | BIT | ETE | 人工 | 时间 | LRU | SRU | 时间 | LRU | SRU | 时间 | LRU | SRU | 时间 | | | |
| 1 | 01 | Y | | | | 1 | | | | | | | | | | | |
| 2 | 02 | Y | | | | 1 | | | | | | | | | | | |
| 3 | 03 | Y | | | | | 2 | | | | | | | | | | |
| 4 | 04 | N | Y | | | | | | | 1 | | | | | | | |
| | | | | | | | | | | | | | | | | |
| | | | | | | | | | | | | | | | | |
| 总计 | | | | | | | | | | | | | | | | | |

（1）机内测试故障检测率观测值 $r_{FDB}$：

$$r_{FDB} = N_B/N \qquad (5-12)$$

式中   $N$—— 模拟（注入）故障总数；

$N_B$——BIT 检测出故障数。

（2）外部测试故障检测率观测值 $r_{FDE}$：

$$r_{FDE} = N_E/N \qquad (5-13)$$

式中   $N_E$—— 外部测试检测出故障数（BIT 不能检测的）。

（3）机内测试与机外测试的故障检测率观测值 $r_{FDBE}$：

$$r_{FDBE} = r_{FDB} + r_{FDE} \qquad (5-14)$$

（4）机内测试隔离到 $k$ 个基层级（LRU）的隔离率 $r_{FI}(k)$：

$$r_{FI}(k) = n_B/N_B \qquad (5-15)$$

式中   $n_B$—— 由机内测试隔离到 $k$ 个基层级（LRU）的故障数。

（5）由机内测试隔离到小于或等于 $L$ 个基层级（LRU）的隔离率 $r_{FIBL}$：

$$r_{FIBL} = \sum_{k=1}^{L} r_{FI}(k) \qquad (5-16)$$

（6）外部测试设备（ETE）隔离到 $k$ 个中断级（SRU）的隔离率 $r_{FIE}(k)$：

$$r_{FIE}(k) = n_E/N_E \qquad (5-17)$$

式中   $N_E$—— 由外部测试设备（ETE）隔离到 $k$ 个中继级（SRU）的故障数。

（7）由外部测试设备（ETE）隔离到小于或等于 $L$ 个中继级（SRU）的隔离率 $r_{FIEL}$：

$$r_{FIEL} = \sum_{k=1}^{L} r_{FIE}(k) \qquad (5-18)$$

（8）平均故障检测时间 $T_D$：

$$T_D = \sum_{i=1}^{N_D} t_{Di}/N_D \qquad (5-19)$$

式中   $t_{Di}$—— 第 $i$ 次故障检测时间（h）；

$N_D$—— 检测总次数。

（9）平均故障隔离时间 $T_i$：

$$T_i = \sum_{i=1}^{N_i} t_{Ii}/N_I \qquad (5-20)$$

式中   $t_{Ii}$—— 第 $i$ 次故障检测时间（h）；

$N_I$—— 隔离次数。

**五、测试性参数估计**

在故障检测中，其结果只有两种可能：检测成功或失败，即检测到或没有检测到故障，能或不能隔离到规定的可更换单元，指示的是真实故障或是虚警。因此，可按二项分布来处理。故障检测率和隔离率以及故障指示成功率越高越好（虚警率越低越好）。若在规定的置信度下估计出单侧置信下限 $q_L$ 大于或等于最低可接受值 $q_1$，则可以认为系统设计达到了要求。

根据统计理论可知,当规定置信度为 $1-\alpha$ 时,单侧置信下限 $q_L$ 可由下式示出:

$$\sum_{i=1}^{r} \binom{n}{i} (1-q_L)^i q_L^{n-i} = 1-\alpha \tag{5-21}$$

式中　　$n$——样本量;

　　　　$r$——测试失败次数。

它表明,在 $n$ 次故障中检测(隔离)失败次数不大于 $r$ 时的检测率(隔离率)不低于 $q_L$ 的置信度为 $\alpha$。用此公式求解 $q_L$ 值很多,对应不同的置信度($1-\alpha$)已制成专门表格,可查。

本章简要介绍了测试性与测试性工作有关内容和方法,应该指出,测试性工作是从维修性工程独立出来的一门工程技术,它的许多理论、方法应用还不能像可靠性维修性工程技术那样成熟,在工程实践中还有很多实际问题需要进一步完善。有关测试性技术较详细的论述可参见文献[3]和文献[18]。

# 第六章 规划保障与保障性试验和评价

绪论中讲到,保障性是指装备的设计特性和计划的保障资源满足平时战备完好性和战时利用率要求的能力。综合保障是在装备寿命周期内,综合考虑装备的保障问题,确定保障性要求,进行保障性设计,规划并研制保障资源,进行保障性试验与评价,建立保障系统,以最低费用提供所需保障而反复进行的一系列管理与技术活动。

《装备综合保障通用要求》(GJB 3872—1999)中规定,综合保障的内容主要包括确定保障性要求,规划保障、规划研制与提供保障资源,保障性试验与评价等工作。本章就以上有关内容进行简要讨论。

## 第一节 确定保障性要求

保障性要求是装备性能要求的不可分割的组成部分,它与装备任务密切相关,是装备保障性设计的重要特性,确定合理的保障性要求是综合保障的重要工作之一,也是规划保障与保障性工作的基础。

### 一、确定保障性要求的原则

确定保障性要求要达到的主要目标:提高战斗力;降低战斗保障机构的易毁性;提高每个保障单元的机动性要求,减少每个保障单元的人力要求;降低使用与维修保障费用。因此,在确定保障性要求时,一定要遵循以下原则。

(1)完整性原则:必须把确定保障性要求的论证过程纳入装备立项综合论证和研制总要求的综合论证工作之中。这是因为装备保障性是装备性能的重要组成部分。

(2)必要性原则:无论是保障性定性或定量要求,都应该是为了实现保障性目标,为了满足未来作战需求装备必须具备的一种性能。

(3)可行性原则:保障性要求应结合我国国情和具体条件,使其确定的保障性要求可行,且降低研制难度。

(4)先进性原则:对于保障性要求可行、经费允许条件下,应更多借鉴国外先进的经验和做法,使我国装备的保障性指标逐步向先进水平靠拢。

(5)系统性原则:一方面要保证保障性要求的完整性和协调性,另一方面又应以尽量少的参数来描述保障性定量要求,同时还应采用系统分析的方法,进行权衡分析,以求得保障性要求与功能特性要求、费用和进度之间取得平衡。

## 二、确定保障性要求的一般过程

确定保障性要求要经历一个初定到确定、由使用要求到合同要求,由综合特性要求到单一特性要求的细化、分解、转换并权衡的过程,也是一个反复选代的过程。其主要步骤如下。

### 1. 在立项综合论证时提出保障性使用要求

当装备任务需求明确后,在立项综合论证时,订购方应通过使用研究和现有类似装备或基准比较系统的对比分析,从使用角度提出初始的保障性要求。此时的保障性要求应较为综合,属总体要求的一部分,主要包括系统战备完好性要求(目标和门限值)、初始的保障方案、主要的可靠性维修性要求(使用值)、有关使用保障的设计特性要求,以及考虑保障资源时应遵循的原则和约束等,并将其列入"立项的综合论证报告"。

### 2. 在研制总要求论证时,细化、协调保障性要求

随着装备设计方案和保障方案的不断明确,订购方(或与承制方一起)应调整并细化保障性使用要求。通过保障性分析(即进一步的使用研究与比较分析、标准化分析、技术机理分析等)和可靠性维修性分配、预计等工作,细化保障性设计特性要求。协调系统战备完好性、可靠性维修性和保障资源要求之间的关系。另外,还应包括对初始保障方案及约束条件的调整,并通过权衡分析等确定和优化保障方案,进一步修正保障要求。

### 3. 确定保障性合同要求

在进行了上述工作后,可将使用要求转换为合同要求。此时的保障性要求是完整的、更细化的且协调匹配的,具体包括已确定的系统战备完好性要求、可靠性维修性要求,使用保障设计特性要求、各资源要求,以及更加明确的保障方案和有关约束条件等,并将其纳入"研制总要求的综合论证报告",作为制订研制合同的主要依据。

## 三、保障性定量要求

保障性定量要求应是可度量的、可验证的,对于合同要求还应是在装备研制中可以控制的。保障性定量要求是用保障性参数及其量值即保障性指标来规定的。

依据保障性要求的分类,保障性参数分为三类。

### 1. 系统战备完好性参数

系统战备完好性是指装备系统在平时和战时的保障条件能随时开始执行预定任务的能力。系统战备完好性参数是为获得能够经济有效地进行保障的可靠的装备系统,以满足平时和战时的战备完好性要求。它反映了在规定的保障条件为满足执行任务和作战要求而达到的准备状态,即任一随机时刻可用的能力。

战备完好性随装备不同、平时与战时的不同,也可用不同的参数度量。常用的系统战备完好性参数示例见表 6.1。

表 6.1 常用的系统战备完好性参数示例

| 装备类型 | 参数示例 |
| --- | --- |
| 飞机 | 能执行任务率（MC）、出动架次率（SGR）、利用率（UR）、使用可用度（$A_o$）、再次出动准备时间（TAT） |
| 装甲车辆 | 使用可用度（$A_o$）、能执行任务率（MC）、单车战斗准备时间 |
| 陆基导弹 | 能执行任务率（MC）、发射（技术）准备时间 |
| 舰船 | 使用可用度（$A_o$） |
| 地面通信系统 | 能执行任务率（MC）、能工作率（UTR）、利用率（UR） |

**2. 保障性设计参数**

装备保障性设计特性要求，是为了便于指导设计，一般用单一的性能参数描述。如与"保障"有关的使用参数，如平均维修间隔时间（$T_{BM}$）；也有合同参数，如平均故障间隔时间（$T_{BF}$）。有时保障性设计特性也可用综合参数描述，如固有可用度（$A_i$），它反映了可靠性、维修性的综合影响。常用的保障性设计参数示例见表 6.2。

表 6.2 常用的保障性设计参数示例

| 使用参数 | 合同参数 |
| --- | --- |
| 平均不能工作事件间隔时间（MTBDE）<br>平均维修间隔时间（MTBM）<br>平均需求间隔时间（MTBD）<br>平均拆卸间隔时间（MTBR）<br>维修活动的平均直接维修工时（DMMH/MA）<br>更换主要部件时间<br>故障检测率<br>故障隔离率<br>虚警率 | 平均故障前时间（MTTF）<br>平均故障间隔时间（MTBF）<br>故障率（λ）\|可靠度（R）<br>平均修复时间（MTTR）<br>维修活动的平均直接维修工时（DMMH/MA）<br>更换主要部件时间<br>故障检测率<br>故障隔离率<br>虚警率<br>受油速率 |

**3. 保障系统及其资源的保障性参数**

针对保障系统的参数主要包括平均保障延误时间（MLDT）、平均管理延误时间等。这些要求对战备完好性有直接影响，是衡量保障系统效能的重要度量指标。针对保障资源的参数有备件利用率、保障设备利用率等，这些要求是经济性和战备完好性权衡的结果，直接影响规划保障资源的结果，影响保障系统的设计。常用的保障系统及其资源参数示例见表 6.3。

表 6.3　常用的保障系统及其资源参数示例

| 对　象 | 参数示例 |
|---|---|
| 保障系统 | 平均保障延误时间(MLDT)<br>平均管理延误时间(MADT) |
| 对　象 | 参数示例 |
| 保障资源 | 备件利用率、备件满足率<br>保障设备利用率、保障设备满足率<br>人员培训率<br>供油速率 |

**四、保障性定性要求**

保障性定性要求是保障性要求的重要组成部分,是保障性定量要求的重要补充。保障性定性要求主要包括以下四个方面。

**(一)可靠性定性要求**

(1)难以或不便用定量指标描述的可靠性要求,如坦克门窗开启和关闭时应锁紧可靠等。

(2)可靠性设计要求。有些设计要求可能与可靠性设计准则相同,但这是对具体产品的可靠性要求,例如,某一功能必须有冗余的要求,像坦克的起动系统要求必须有电和高压空气两种起动方式等。

(3)某些特殊的可靠性要求,如装甲车的防弹轮胎被击穿后,应能继续行驶的要求等。

**(二)维修性定性要求**

(1)维修性定性要求是指维修性难以用定量指标来描述的维修性要求,如维修经常调整、清洗、更换的部件应便于拆装或可进行原位维修的要求等。

(2)维修性设计要求,指对某一产品的维修性设计要求,如哪些部件可以互换、互用的要求等。

(3)有关战场抢修的要求,如坦克诱导轮损坏时,应能实现履带短接的要求等。

**(三)测试性定性要求**

(1)对机内测试(BIT)和外部测试设备的功能要求,如电子设备的机内测试(BIT)应能满足基层级维修的要求等。

(2)对于更换单元划分的要求,如对坦克火控系统要求进行功能分解,确定第二层、第三层的功能等。

(3)对自动测试设备(ATE)和外部检测设备的要求,包括功能组合化,采用标准的计算机测试语言、自检功能、与被测对象自检测兼容、被测试对象接口要求等。

(4)其他特殊要求,如采用油液光、铁谱分析来监控装备技术状况时,采集油样的接口要求、涉及装备安全性的有关参数的监控、报警的要求等。

**(四)保障系统及其资源要求**

应列出每一项综合保障要素的定性要求(约束条件),主要考虑以下方面。

(1)与保障性设计有关要求,如要有辅助动力、自制氧、自制高压空气的要求等。

(2)对保障方案的要求,即提出初始保障方案,应明确有关维修级别、维修机构设置的设想、基层级和中继级实施换件修理的设想、实施承包商维修的方针政策和初步设想等。

(3)保障资源的约束条件,包括人员的数量和技术水平的约束、保障设备的品种和数量约束,尽量采用现有设备和设施要求储存方法和技术的约束条件、环境条件的约束等。

(4)保障资源通用化、系列化要求,如尽量采用系列化维修专用工具的要求,尽量采用通用维修设备的要求,应尽量采用现有燃料、润滑剂品种的要求等。

(5)有关保障单元的运输量(机动性)的要求,如保障单元工种和人数的约束、设备质量、体积的约束,尽量减少战时机动维修设备(工程车、方舱)的要求等。

(6)有关保障系统生存性的要求,如减少保障系统规模,提高其防护能力的要求,尽量减少中继级维修的范围,甚至在战时取消中继级维修的要求。

(7)其他特殊要求,如坦克在沙漠、沼泽地区使用和潜渡时的特殊保障要求等。

保障性要求确定过程一般包括任务需求分析、确定功能要求、使用研究与标准化研究,确定初步的保障性要求、可行性分析、优化和细化保障性要求等。

# 第二节　规　划　保　障

规划保障是综合保障的重要工作,规划保障分为三部分,即规划使用保障、规划维修和规划保障资源,并定义为从确定装备保障方案到制订装备保障计划的工作过程。按照定义,规划使用保障应包括规划使用保障资源,规划维修应包括规划维修保障资源,之所以把规划保障资源单独列出,是因为力求对规划使用保障和规划维修过程中提出的初步保障资源需求进行协调、优化和综合,并形成最终的保障资源需求。

本节主要介绍规划使用保障和规划维修的内涵、程序、主要工作和主要分析方法。

**一、规划使用保障**

**(一)规划使用保障的内涵**

1. 使用保障的含义

使用保障是指为了充分发挥装备的作战性能所进行的一系列技术和管理活动,以及为保证这些活动有效地实施所需的保障资源,例如装备使用前的准备、检查、加注燃料和冷却液、补充弹药、装备的储存和运输等。

在装备研制过程中,使用保障应主要考虑以下几个方面。

①所设计的装备要便于操作,降低人员和人力的需求;

②能迅速有效地供应能源,如装备所需的油料和特种液应尽量通用化、系列化以减少供

应的品种和数量；

③要规划和编制适用的使用保障技术文件；

④保证装备正常使用所需的检测设备及工具，要便于操作、携带和运送；

⑤具有与装备运输性设计相匹配的运输与装卸设备；

⑥良好的弹药加挂和补充能力，具有与装备使用要求相匹配的弹药储存、运输和供弹设备；

⑦装备能合理和方便地储存，并配备与装备储存要求相匹配的封存器材和防护涂料，提供有效的封存期的检测要求及必要的检测设备；

⑧装备适用的场站、仓库和码头设施等。

2. 规划使用保障的含义

规划使用保障是指从确定装备的使用保障方案到制订使用保障计划的工作过程。

前文已述及，保障方案是保障系统（使用与维修装备所需的所有保障资源及其管理的有机组合）完整的总体描述。它由一整套综合保障要素方案组成，满足装备功能保障的保障要求，并与设计方案及使用方案（对装备预期的任务、编制、部署、使用、保障及环境的描述）相协调。保障计划是装备保障方案的详细说明，涉及综合保障每个要素，并使各要素之间相互协调。其内容可涉及硬件的较低的确定层次，并提供比保障方案更具体的维修级别的任务范围。一般包括使用保障计划和维修保障计划。而使用保障方案的定义为完成使用任务所需的装备保障的描述，它应包括装备的一般说明、使用保障的基本原则（如装备使用中要求集中保障还是分散保障等）、战时和平时使用保障的一般要求，还应包括动用准备方案、使用操作人员分工和主要任务、使用人员的训练和训练保障方案、检测方案、能源和特种液补给方案（包括燃料、润滑油、冷却液、电源、气源等的种类及其储存、运输、加注、补充方案）、弹药准备和补给方案、运输方案和储存方案等。

使用保障计划是保障计划的组成部分，其定义是装备使用保障的详细说明，包括执行各项使用任务所需的装备保障工作的步骤、方法及保障资源等。使用保障计划还应说明其适用范围和编制的主要依据以及装备的主要用途、功能及性能指标、动用原则、使用方式、使用环境等。

**(二)规划使用保障的程序和主要工作**

1. 规划使用保障的程序

规划使用保障的过程是保障性分析的一部分，根据使用方案和初步的保障要求，依据《装备保障性分析》（GJB 1371—1992）的要求，进行200系列、300系列、400系列等工作项目，确定使用保障方案和使用保障计划。

规划使用保障是一项反复迭代的分析过程，其主要步骤如下。

(1)制订初始使用保障方案。通过使用研究，明确新装备的作战任务、运输方式、部署情况和主要使用要求（单位时间的任务次数、任务持续时间等）、基地和场站初步设想、使用与储存环境等；通过比较分析，对比现役同类装备的使用保障方案、现有的保障能力，考虑新装备设计方案的特点，制订初始使用保障方案。

(2)制订使用保障方案。根据装备的备选方案在预期的使用环境条件下所必须具备的使用功能,确定为充分发挥这些功能而需要的使用和使用保障工作项目,细化和修订使用保障方案。

(3)确定使用保障资源需求。进行使用和使用保障工作项目分析,明确每项使用和使用保障工作的具体工作要求、内容、程序和资源需求。

(4)制订使用保障计划。根据以上分析进行综合,把每一项使用保障工作的操作程序、方法、实施时机、所需的资源的类别、数量等详细列出。

2. 规划使用保障的主要条件

(1)使用方案。使用方案应明确使用装备的作战部队所取的战斗态势与保障工作的指导原则。规定装备部署的编制、基地设置与保障工作的标准等。

(2)历史数据。历史数据包括现役同类装备的使用数据,使用、储存、运输等情况和使用保障资源的状况及其保障能力等。

(3)新装备的设计信息。新装备的设计信息包括装备的设计方案、装备及其组成部分的主要功能等,特别是一些新的功能可能对使用保障的要求。

3. 规划使用保障的主要结果

规划使用保障的主要结果是使用保障方案和使用保障计划。

4. 规划使用保障在研制各阶段的主要工作

(1)论证阶段要根据任务需求、使用方案、保障性初步要求、现有的使用保障能力、初步的使用要求,通过使用研究、比较分析和初步的功能分析,制订初始使用保障方案,由订购方完成。

(2)方案阶段要通过功能分析确定使用保障工作项目,完善修订使用保障方案,该阶段在订购方的协助下,由承制方完成。

(3)在工程研制阶段应进行使用和维修保障工作分析,确定每项使用保障工作的详细程序、方法和需要的保障资源,制订使用保障计划,该阶段工作主要由承制方完成。

**二、规划维修**

规划维修是规划维修保障的简称。

**(一)规划维修的内涵**

1. 维修保障的含义

维修保障是指为了保持和恢复装备完好的技术状况所应进行的全部技术和管理活动,以及为保证这些活动有效地实施所必须的保障资源,包括装备的计划与非计划维修、战场抢修及其工具、设备、设施的配备和备件、器材的供应等,这些工作还需考虑相应的专业人员配备与训练、物资保障等。在装备研制过程中对维修保障的考虑主要包括以下几个方面。

(1)尽量减少由于装备越来越复杂而对维修保障的依赖程度。

(2)通过设计减少维修频数(包括预防性维修和修复性维修)和维修工作量。

(3)改善检测和诊断手段,达到简易、准确和高效,并尽量采用通用和简易的工具和设备。

(4)及时提供有效的维修技术资料,以便统一维修要求和便于维修人员操作。

(5)降低维修人员数量和技能水平要求,缩短训练周期,易于更替补充。

(6)应考虑战场抢修所需配套的工具和设备要便于使用、携带和运输或便于随同战斗部队转移,并应考虑应急抢修措施。

(7)维修备件配备定额和供应方案力求标准化,减少供应品种和数量。

(8)应考虑尽量利用现有的各维修级别的维修设施及设备,必须新增加的设备和设施应与各维修级别的技术能力相对应,并使其获得充分利用。

2.规划维修的定义

规划维修可定义为从确定装备维修方案到制定装备维修保障计划的工作过程。

**(二)规划维修的主要目的**

(1)确定装备寿命周期的维修工作项目要求(包括预防性维修、修复性维修和战伤抢修)。

(2)为规划保障资源提供最重要的输入。

(3)协助优化装备的设计和保障方案。由于维修工作对装备寿命周期费用有着极为重要的影响,因此,在确定装备设计方案和与之相对应的保障方案时,应针对不同的设计方案和保障方案开展初步的规划维修工作,提出针对不同设计方案和保障方案的初步的维修保障计划,从而协助选择优化设计方案和保障方案。

**(三)规划维修的程序**

1.规划维修的程序

规划维修的过程实质上是保障性分析过程的一部分,它主要涉及《装备保障性分析》(GJB 1371—1992)中规定的 200 系列、300 系列和 400 系列工作项目。它是保障方案和保障计划形成过程中需要开展的保障性分析工作项目。

规划维修是一项反复迭代的分析过程,其主要步骤如下。

1)制订初始维修方案

进行使用研究和比较分析,根据使用研究确定的任务频度与任务持续时间、维修环境条件等,并对比现役同类装备的维修方案,现有的维修能力,考虑新装备设计方案的特点,制订初始维修方案。

2)制订维修方案

首先进行功能分析,在第一步工作的基础上针对新研装备的使用要求以及使用方案,研究新装备在预期的环境中使用时所必须具备的功能,为保持和恢复这些功能必须进行的维修工作任务。在进行分析时,可以参考现役同类装备的维修工作任务。并采用 FMEA(FMECA)来确定修复性维修工作项目,再用 RCMA 来确定可能采取的预防性维修工作项目。根据确定的维修工作项目,进行初步的修理级别分析,制订备选维修方案。对备选维修方案进行权衡分析和评估,进一步开展修理级别分析、诊断权衡分析等,最后优选并确定维修方案。

3)确定初步保障资源需求

重点是进行维修工作分析,根据确定的修复性维修工作项目和预防性维修工作项目,对每一项维修工作的具体实施的内容和要求进行逐项分析研究,确定完成每项维修工作的程序,每一步工序需要的人力、备件、设备、工具、技术资料、设施等需求;在确定资源需求时,应考虑装备的年度使用强度、每项维修工作项目的工作频度、工作时间和工时数等。

4)制订维修保障计划

详细记录维修工作项目分析结果,将维修工作分析结果得出的各维修级别所需保障资源要求记入保障性分析记录数据库,并利用这些数据形成维修保障计划。

2. 规划维修的主要条件

(1)使用方案。

(2)历史数据,包括现役同类装备的故障模式、频度、发生时机、修复故障时间、各级预防性维修的间隔期和维修时间以及所需维修保障资源等。

(3)其他基本输入。

①装备的设计信息,包括装备的设计方案、装备及其组成部分的主要功能等;

②装备的可靠性和维修性信息,主要包括装备及其组成部分的可靠性和维修性要求、可靠性和维修性模型、主要故障模式、可靠性和维修性预计或评估信息等。

3. 规划维修的主要结果

规划维修的最主要的最终输出是维修方案和维修保障计划。

1)维修方案

维修方案的定义是装备采用的维修级别、维修原则、各维修级别的主要工作等的描述。

维修原则也称维修策略,规定装备及其设备的预定修理程度。它既影响装备的设计要求,又影响对维修保障系统的要求。维修策略可以要求某种产品设计成在基层级或中继级是不可修复的、局部可修复的或全部可修复的。维修策略的选择除产品的经济因素外,很大程度取决于系统的使用要求。例如,系统的使用要求可能规定一个非常短的平均停机时间,只有提供快速修复的能力才能满足这样的要求,往往选择更换部件的维修策略。

维修级别的划分,就是维修机构的分级设置和维修任务的分工。维修方案要对维修级别作出规划,明确各维修级别需承担的维修任务。通常维修级别分为基层级、中继级和基地级三级,也有只分基层级和基地级两级,根据部队编制、任务和各级维修机构的能力确定各维修级别的任务。

各维修级别的主要工作涉及装备维修原则及维修保障条件,如基层级承担不用复杂专用工具、设备的维修(保养、检查、更换失效零部件),中继级可承担复杂部件的更换和需要专用检测设备的定期检测等,基地级可承担全部修复件的修复和装备的翻修(大修)。维修级别可以根据类似装备的维修历史数据并结合新装备的特点分析而定。

维修方案还包括维修类型的划分,一般分为计划维修和非计划维修,或分为预防性维修(小修、中修和大修)和修复性维修。

在维修方案中还可包括维修环境条件,主要是指对维修设施的要求和限制,如使用基地的设想、各维修级别的场站条件、期望的气象条件、将采用的维修管理形式(包括委托承包商维修的方针政策以及初步建议)等。

2)维修保障计划

维修保障计划是规划维修的最终输出,其定义是装备维修的详细说明,包括执行每一维修级别的每项维修工作的程序、方法和所需保障资源等。

维修保障计划一般应包括以下内容。

(1)维修保障计划的一般说明:该部分说明维修保障计划的目的、适用范围、编制过程、编制的主要依据文件等。

(2)装备的一般说明:说明装备的主要用途、功能及性能指标、装备的使用方式、装备的使用地域,可以引述使用方案中的有关内容。

(3)维修方案的详细描述:主要有预防性维修大纲,列出各维修级别的预防性维修工作项目、维修工作类型(保养、监控、检查、拆修及报废等)、维修对象(涉及的部件和设备)和维修间隔期等;各维修级别的修复性维修工作项目和预计的维修工作频数等、各维修级别的人员专业种类、数量、技术水平及训练和训练器材;维修工作所需的工具、设备(专用和通用)及各种技术资料;各维修级别所必须的保障设施(如场地、厂房、工程车、活动方舱等);各维修级别所需的软件;必要时应说明基地级维修所需的人力和物力;现有维修保障资源的可利用情况等。

(4)维修工作详细说明:应分别针对产品和各个维修级别的每一项预防性维修和修复性维修工作项目,详细列出其维修作业步骤(工序号)、工序名称、维修时间、操作人员数量和技术等、工时数、日历时间、所需的维修设备(工具)名称和编号、备件与消耗品的名称和数量、技术文件的名称和编号,同时要说明该工作项目的维修工作类型、工作频数、维修级别及需说明的事项等。

(5)保障资源汇总:该部分应按装备的不同分系统汇总所有维修工作项目的全部保障资源需求,经规划保障资源优化后,列入最终的维修保障计划。汇总保障资源需求时,要按维修级别和不同报告的格式要求,详见《装备保障性分析记录》(GJB 3837—1999)。

最终维修保障计划的主要作用是为编制维修手册和维修规程等提供指导,为使用方提供关于装备维修方面的详细的信息、确定使用和维修装备所需的经费、制订年度备件采购和配发计划、制订年度人员训练计划、制订年度保障设备采购和更新计划等提供依据和指导。

**(四)研制各阶段规划维修的主要工作**

(1)在论证阶段,订购方应规定有关维修保障的约束和提出初始维修方案。

(2)在方案阶段,承制方应根据初始维修方案,开展有关的保障性分析工作,确定维修工作项目,制订备选维修方案;开展设计方案、使用方案和维修方案之间的权衡分析和各备选方案的权衡分析等,确定维修方案。订购方应积极配合并提供有关信息,提出有关承包商维修的方针政策和承包商维修的初步建议。

(3)在工程研制阶段,承制方应进一步开展功能分析并重点进行各维修级别的维修工作项目分析,确定每项维修工作的程序、方法和所需的保障资源,制订维修保障计划,初步确定装备维修管理体制。

（4）在定型阶段，通过适应性试验和部队试用，发现保障系统存在的问题，及时反馈给承制方。承制方应采取纠正措施，修改和完善维修保障计划。

### 三、规划保障资源

保障资源是使用与维修装备所需的物资与人员的统称，是构成装备保障系统的物质基础。保障资源主要包括人力和人员，备件和消耗品，保障设备，训练和训练保障，技术资料，保障设施，包装、装卸、储存和运输保障，计算机资源保障等。《装备综合保障通用要求》（GJB 3872—1999）中规定："应通过规划保障资源对规划使用保障和规划维修过程中提出的初步保障资源需求进行协调、优化和综合，并形成最终的保障资源需求。"以下主要介绍规划保障资源的过程、研制与提供保障资源要求等内容。

#### （一）保障资源的形成过程

在装备的论证阶段，订购方应提出保障资源要求和约束条件。在方案阶段和工程研制阶段，承制方应反复通过保障性分析规划使用保障和规划维修，并对保障资源提出初步和详细的需求。规划保障资源应对提出的需求进行协调、优化和综合，形成最终保障资源需求，还需要经定型、试用等做进一步调整。

**1. 论证阶段提出保障资源要求和约束**

订购方应通过《装备保障性分析》（GJB 1371—1992）工作项目 201（使用研究）、202（硬件、软件及保障系统标准化）、203（比较分析），提出如下保障资源要求和约束。

①人员与人力约束；

②初始供应保障期；

③保障设备的通用化、系列化、组合（模块）化要求；

④技术资料阅读能力约束；

⑤训练与训练器材研制约束；

⑥利用现有保障设施约束；

⑦运输方式约束；

⑧费用约束等。

**2. 方案阶段提出初步保障资源需求**

在方案阶段，通过规划使用保障和规划维修，提出初步保障资源需求。在该阶段，要重点考虑新的、关键的和技术复杂的保障资源。

**3. 工程研制阶段确定并组合优化详细保障资源需求**

在工程研制阶段，通过反复迭代进行规划使用保障和规划维修，确定详细的保障资源需求，并将保障资源需求记入保障性分析记录中。

经过保障性分析工作项目 401（使用与维修工作分析）得出的保障资源需求是针对完成某一使用与维修工作而提出的资源需求，通过综合协调，优化确定最佳的保障资源需求。

4. 初始部署和使用阶段调整和完善保障资源需求

在定型试验过程中,要用规划和研制的保障资源,实施对被试装备的保障,验证其对装备的匹配性和适用性。在初始部署和使用阶段进行保障性目标评估,并考虑停产后的保障问题。

在装备部署初期要进行保障性分析工作项目402(早期现场分析),做到既要保证新研装备的使用要求,又不与现有装备争用保障资源而降低保障效能。

在初始部署后,根据工作项目501(保障性试验)的结果,找出保障资源存在的问题,及时改进调整保障资源。

5. 确定停产后的保障资源供应

一些大型复杂装备的实际使用寿命可达20年。在这样长的时间里,保障资源的供应会遇到很多问题。例如,制造装备的生产线甚至整个工厂都关闭,又如生产线虽未关闭,但生产的产品已改型换代与部队装备不再匹配,或者货源已严重不足等。凡此种种,都需预先加以考虑,并通过工作项目403(停产后保障分析)制订相应的停产后保障计划,以保证装备在整个服役期内都有充足的保障资源供应。

**(二)规划各类保障资源**

1. 规划人力与人员

人力和人员指平时和战时使用与维修装备所需人员的数量、专业及技术等级,它是综合保障的要素之一。

有关人员的需求,通常按技术专业进行分类。对每一技术专业又根据技术能力划分成若干等级。

1)规划人力和人员的原则

(1)尽量降低对人力与人员的要求。

(2)人力和人员的编配应考虑各维修级别的任务划分。

(3)应考虑人力和人员因调动、更新对使用和维修造成的影响,要制订补充和更新人员培训措施。

(4)应考虑战场条件下应急抢修人员的配备和战伤人员的补充。

2)规划人力与人员的内容

承制方应编制人力和人员需求报告,主要内容包括以下两个方面。

(1)要规定各维修级别所需人员数量、专业分类、技术等级、特殊技能要求等。

(2)要根据使用和保障的工作内容和频度以及计划的人力结构来提出人力、人员需求,其中包括以下几个方面。

①使用情况;

②人力编制的数量;

③预想的军官、士兵、文职人员和结构;

④预想的技术水平分布;

⑤专业人员的来源;

⑥潜在的安全和健康危险；

⑦计划的工作负荷对使用环境下操作人员和维修人员（包括软件保障人员）的影响等。

3）人力与人员的规划过程

(1)论证阶段明确现有人力和人员情况以及约束条件、分析人员和技能短缺对系统战备完好性和费用的影响。

(2)方案阶段初步分析平时和战时使用与维修装备所需的人力和人员，提出初步的人员配备方案。

(3)工程研制阶段修正人员配备方案，考虑人员的考核与录用，并与训练计划相协调。

(4)定型阶段根据保障性试验与评价结果，进一步修订人力和人员需求，提出人力和人员汇总报告。

(5)生产、部署和使用阶段，根据现场使用评估结果，调整人力和人员需求，配备使用与维修人员。

2.规划供应保障

规划供应保障指规划、确定并获得备件和消耗品的过程，是综合保障的要素之一。

1）备件和消耗品供应要求

在装备论证提出战术、技术指标时，使用方应根据现行供应和维修体制提出备件和消耗品供应要求，主要包括以下几个方面。

①备件满足率；

②供应周期；

③初始供应保障时间要求；

④备件和消耗品包装、运输、储存要求；

⑤备件和消耗品供应保障要求等；

⑥停产后供应保障要求等；

⑦有关供应仓库布局和储存环境的要求；

⑧费用限额（如随机备件占整机成本的百分比，后续备件占整机购价的百分比）。

2）规划供应保障的主要工作内容

供应保障工作主要包括初始供应保障和后续供应保障两个方面。初始供应保障的重点是确定初始备件和消耗品需求量和规划装备使用阶段初始供应保障工作。后续供应保障的重点是对备件和消耗品库存量进行控制，满足装备的正常使用和维修的需要。初始供应保障的大部分工作主要是在装备研制阶段由承制方完成的。初始供应保障工作是整个供应保障工作的基础，主要内容包括以下四个方面。

(1)确定各维修级别所需备件和消耗品的品种和数量，并编写各种供应清单。

(2)拟定新研制装备及其保障设备及训练器材所需的备件的订购要求，包括检验、生产管理、质量保证措施及交付要求。

(3)制订备件和消耗品库存管理的初始方案。

(4)确定装备停产后备件供应计划。

初始供应保障应满足规定的初始使用期，该使用期由使用部门制订，并纳入相关合同。

后续供应保障工作一般是由使用方负责规划实施的。各军兵种按初始供应拟定的清单及管理要求,结合初始使用期的实际情况,进行备件和消耗品供应数据的收集和分析并作出评价,及时修订备件需求,调整库存和供应网点,改进供应方法,实施和修订装备停产后供应保障计划。

3)确定备件品种和数量的原则与方法

备件供应的关键是能比较准确地确定备件的品种和数量。《装备保障性分析》(GJB 1371—1992)中工作项目 401 的使用与维修工作分析提供了确定备件品种与数量的基本方法。然而,备件数量的确定受多种因素影响,如装备的使用方法、维修能力、环境条件、使用条件、管理能力等,也可参考过去的经验和类似装备的数据,并根据装备使用中的数据收集和分析,修订备件清单,得到相对比较合理的备件需求。

在确定备件品种和数量时,应考虑如下原则。

(1)要考虑平时和战时的区别,战时除正常消耗外,还要考虑战损的影响,国外资料统计表明战时的器材更换率是平时的 2.2 倍。

(2)备件的品种与数量直接与装备的战备完好性高低有关,要以达到战备完好性要求为目标,建立备件品种和数量与战备完好性之间的关系。

(3)在确定备件品种和数量时,应考虑在达到战备完好性要求的情况下,以费用作为约束条件。

(4)应考虑初始备件与后续备件的区别。初始备件通常考虑保证某一规定的使用期限,有时过于保守,一般情况数量偏高;后续备件可以通过现场数据收集系统加以修正。

目前备件数量计算模型比较多,比较常用的有泊松分布、工程估算法和更换率估算法。

4)规划供应保障的过程

(1)论证和方案阶段,确定约束条件、备件和消耗品的确定原则和方法等。

(2)工程研制阶段,确定平时和战时所需备件和消耗品的品种与数量,编制初始备件和消耗品清单。还应提出后续供应建议。

(3)定型阶段,根据保障性试验与评价结果,进一步修订备件和消耗品清单。

3. 规划保障设备

保障设备是指使用和维修装备所需的设备,包括测试设备、维修设备、试验设备、计量与校准设备、搬运设备、拆装设施、工具等,是综合保障的要素之一。

1)保障设备要求

保障设备定性要求主要包括保障设备品种与数量的约束条件、确定的原则以及研制与提供等方面的要求。

保障设备的定量要求主要包括保障设备利用率和满足率等。

2)保障设备数量的确定方法

目前,虽然还没有公认的和成熟的确定保障设备品种与数量的计算方法,但工程上常用的类比法和估算法还是行之有效的。

(1)类比法。类比法也可称为经验法,其基本思路是根据相似装备的保障设备配套清单和新研装备的特点,确定所需的保障设备品种和数量,这种方法简单,但精度不高,目前使用比较普遍。

（2）估算法。保障设备估算法是在保障设备品种已经确定的前提下，依据利用保障设备的工作时间长短来估算保障设备的数量。可以估算一年内利用保障设备的总时间，再根据某一保障设备年度可利用的总时间、经费限制等估算出保障设备的配备数量。

3）规划保障设备过程

（1）论证阶段，确定有关保障设备的约束条件和现有保障设备的信息。

（2）方案阶段，确定保障设备的初步需求。

（3）工程研制阶段，确定保障设备需求，制定保障设备配套方案，编制保障设备配套目录，提出新研制与采购保障设备建议，按合同要求研制保障设备。

（4）定型阶段，根据保障性试验与评价结果，对保障设备进行改进，修订保障设备配套方案。

（5）生产、部署和使用阶段，根据现场使用评估结果，进一步对保障设备进行改进，修订保障设备配套方案。

4）规划保障设备应考虑的原则

在规划保障设备时，主要应考虑如下原则。

①尽量采用现有的和通用的保障设备；

②尽量选择综合测试设备；

③应与装备同步研制、同步交付使用；

④保障设备应与其他保障资源相匹配；

⑤应尽量减少保障设备的品种和数量；

⑥应考虑保障设备的自身保障问题；

⑦要考虑保障设备的保证期要求；

⑧要考虑软件保障所需要的设备和软件工具，包括用于传送和接收软件更改的保障设备。

**4. 规划技术资料**

技术资料是指使用与维修装备所需的说明书、手册、规程、细则、清单、工程图样等的统称，是综合保障的要素之一。

技术资料包括装备使用与维修中所需的所有技术资料。技术资料是装备使用与维修人员正确使用与维修装备的基本依据，要特别注意提交给部队的技术资料必须充分反映所部署装备的技术状态和使用与维修的具体要求，装备使用和维修所需的技术资料必须严格审查程序，进行审核与修改，以确定技术资料的准确性、清晰性、易读性。

由于装备的复杂程度和各军兵种的习惯做法以及技术资料的分类方式各不相同，所以对技术资料的要求、种类、内容及格式也有所不同。为了实现装备的互用性，技术资料的要求、种类、格式应尽量保持一致。

1）技术资料要求

对技术资料的要求主要包括以下几个方面。

①技术资料的约束条件；

②尽量减少技术资料的种类,以便于装备的保障;

③提高技术资料的准确性,以减少技术资料的错误率;

④尽量降低对阅读者的技术水平要求,以提高技术资料的可读性;

⑤要提出技术资料的交付要求,包括交付时机和交付媒介要求;

⑥技术资料编写应符合有关标准的规定;

⑦要同时考虑软件保障所需的技术资料。

2)规划技术资料过程

(1)论证阶段,确定有关约束条件。

(2)方案阶段,提出初步的技术资料项目要求,编制初步的技术资料配套目录,提出技术资料编制要求等。

(3)工程研制阶段,确定技术资料配套目录,编制技术资料并进行初步评价。

(4)定型阶段,完成有关技术资料的编制和出版。

(5)生产、部署和使用阶段,根据现场使用评估结果,修订已编制的技术资料。

5. 规划训练与训练保障

训练和训练保障指训练装备使用和维修人员的活动与所需的程序、方法、技术、教材和器材等,是综合保障的要素之一。

规划训练与训练保障的目的就是为装备提供可承担使用与维修的合格人才,使装备能尽快形成战斗力。

1)训练与训练保障要求

应提出如下训练与训练保障方面的要求。

(1)有关训练与训练保障的约束条件。

(2)简化装备的训练要求,降低对教员的要求。

(3)尽量减少训练器材的品种和数量。

(4)训练器材的研制尽量与装备研制同步进行。

(5)初始训练应在装备部署之前完成。

(6)编制训练大纲和计划方面的要求。

2)训练类型

装备训练通常分为初始训练和后续训练。初始训练的目的是使部队尽快掌握将要部署的新装备。初始训练通常由承制单位完成、使用部门配合。

后续训练是在装备使用阶段,为培养装备的使用与维修人员而进行的训练,受训人员通常在上岗前接受此种训练,后续训练也是一种不断为部队输送合格人才的训练,它一直延续到装备的全寿命过程。这类训练一般由使用方组织,由部队自训、训练基地和院校组成的训练系统完成,其训练计划正规,训练要求更为严格。

3)规划训练与训练保障的方法

规划训练与训练保障开始于方案阶段,使用方提出装备的训练和训练保障要求,其中包括训练方案、训练时机、训练器材等方面的要求。承制方应制订训练大纲和训练计划。

训练大纲是指导训练的基本文件,它包括培养目标和要求、受训人员、期限、训练的主要内容与实施训练的机构组成与要求等。训练计划是实施大纲的具体安排和要求,其中包括训练目的、课程设置、课时与进度安排、训练所需的资源、教材要求、训练的方法以及考核办法与要求等。训练计划中起重要作用的是课程设置与教材,它要满足为达到培养目标所应具有的专业知识和能力要求。

承制方通过使用与维修工作分析,可以得出使用与维修该装备的人员技能要求。在工程研制阶段,随着研制工作的进展,对人员的技能要求逐步明确,即应开始训练条件的准备工作,如拟制训练大纲、训练计划、编写教材、设计教具和训练器材等。这时教员的准备尤为重要,以便获得必要的知识,熟悉新装备。

随着装备研制过程的进展,应配套研制训练器材,训练器材包括装备实物、教材、手册、视听设备、模型教具、模拟训练器材等。

初始训练阶段所用的训练器材,一般是由承制部门来研制,因为承制部门掌握大量装备的信息,同时负责初始训练。由于早期训练的人员数量不大,早期的训练器材可能要简单一些,所以有些训练科目可以采用装备实物进行。后续训练的训练器材要求更全面、更有效。

在装备部署前,应完成装备的初始训练,并完成训练器材的研制。

4)规划训练和训练保障的过程

(1)在论证阶段,确定训练和训练保障的约束条件。

(2)在方案阶段,初步确定人员的训练需求。

(3)在工程研制阶段,根据使用与维修人员必须具备的知识和技能,编制训练教材,制订训练计划,提出训练器材采购和研制建议;进行训练器材的研制,并按合同要求实施训练。

(4)在定型阶段,根据保障性试验与评价结果,修订训练计划、训练教材和训练器材建议,进行训练器材的研制、采购。

(5)在生产、部署和使用阶段,应根据现场使用评估的结果,进一步修订训练计划和训练教材。

6. 规划保障设施

保障设施是指使用与维修装备所需的永久性和半永久性的建筑物及其配套设备,是综合保障要素之一。由于保障设施的建造周期比较长,所以必须尽早将保障设施需求确定下来,并尽早做出建造计划,保证建造资金。

1)保障设施的分类

保障设施可以按不同方式分类,按结构和活动能力可分为永久式和半永久式设施,或分为固定式和移动式。永久性设施主要包括维修车间、供应仓库、试验场、机场、码头等;半永久性设施主要包括临时性的供应仓库、修理帐篷等。移动式设施如机动式修理方舱、抢修车等对机动作战部队进行伴随保障非常重要,这些设施也可归类为保障设备。

保障设施按其预定的用途,可区分为维修设施、供应设施、训练设施和专用设施等。

(1)维修设施:维修设施又分为基地级维修设施、中继级维修设施和基层级维修设施。基地级和中继级维修设施一般有车间,其中有固定的生产设备和试验台架等。

(2)供应设施:存放备件、补给品的仓库和露天储存点属于固定式供应设施。器材供应车属机动式供应设施。

（3）训练设施：靶场、训练基地等对保证部队训练是必不可少的，如美军的装甲部队训练中心、步兵训练中心等。装备所需要的人力和人员，一般都要在这里接受上岗前培训。

另外，还有一些专用的设施，如光学、微电子、有害或有毒物品储存设施。

2）规划保障设施过程

保障设施规划过程开始于装备方案论证阶段，使用方首先提出保障设施的约束条件，并向承制方提供现有设施的数据；承制方通过保障性分析，初步确定设施的类型、空间及配套设备需求，若经分析现有设施不能满足要求时，则应制定新的设施需求。对于装备的使用、维修、训练、保管等所必须的设施，如跑道及障碍物、码头、厂房、仓库等，应尽早确定。

由于新建设施周期长，所以应尽早确定对新设施的要求，经使用方认可后，具体建造一般由使用方完成。同时还要分析新研装备对现有设施的影响，以确定是否需要改进或扩建，以免影响装备的正常使用。

在建造设施时，应制订设施建设计划。该文件包括设施要求合理性的说明、设施的主要用途、被保障装备的类型和数量、设施地点、面积、设施设计准则、翻建或新建及其基本结构，以及通信、能源、运输等方面的要求。

在装备部署前，应基本完成保障设施的建造，以便部署到部队时，有足够的保障设施。

7. 规划包装、装卸、储存和运输（PHS&T）保障

PHS&T 是指为保证装备及其保障设施、备件等得到良好的包装、装卸、储存和运输所需的程序、方法和资源等，是综合保障要素之一。

规划 PHS&T 的目的是确定装备及其保障设施、备件、消耗品等能得到良好的包装、装卸、储存和运输条件，使之处于良好状态。

在某些情况下，装备的运输要求是设计约束条件，它在达到装备的战备完好性目标方面起着重要作用，因而必须加以充分重视。应在方案阶段着手制订装备的 PHS&T 计划，并贯穿整个研制过程。

在规划 PHS&T 时，应执行《军用装备包装、装卸、储存和运输通用大纲》（GJB 1181—1991）。

1）PHS&T 要求

在规划 PHS&T 时，应提出如下要求。

①产品（或包装件）的尺寸、质量、重心及堆码方法的限制；

②采用标准的包装容器和装卸设备、简便的防护方法，应尽量避免特殊的要求；

③包装、储存条件及储存期要求；

④包装、运输环境条件要求。

2）规划 PHS&T 过程

（1）在方案论证阶段，使用方应提出 PHS&T 的要求或约束条件，并提供现役装备 PHS&T 方面的信息；承制方进行保障性分析，确定 PHS&T 的需求。

（2）在工程研制阶段，确定 PHS&T 所需程序和方法及所需资源，对 PHS&T 需求进行评审，并开始资源的研制。

（3）在装备定型时，应对 PHS&T 保障的有效性进行验证与考核，以证明 PHS&T 需求

的适用性。在装备部署前,应完成 PHS&T 计划的实施工作。

8. 规划计算机资源保障

计算机资源保障的定义为使用与维修装备中的计算机所需的设施、硬件、软件、文档、人力和人员,是综合保障要素之一。

随着装备的日益复杂,装备中所使用计算机的数量也越来越多,计算机资源保障问题越来越突出,已成为综合保障领域中的重要部分。

1)计算机资源保障要求

在论证阶段,主要应提出如下要求。

(1)要提出约束条件,如使用环境,包装限制、标准化约束(包括高级语言选择、数据结构、模块化)等。

(2)要规定软件、测试程序和测试设备等的升级要求。

(3)要规定软件再编程要求。

(4)要提出计算机系统的安全保密、敏感信息保护、关键性硬件诸如编译器、模拟器、仿真装置选配原则及软件开发与维护要求等。

2)规划计算机资源保障过程

(1)在方案论证阶段,使用方应提出计算机资源保障的要求,并提供现役装备计算机资源保障方面的信息;承制方通过保障性分析提出装备计算机资源保障方面的需求。

(2)在工程研制阶段,承制方应制定计算机资源保障计划,并加以实施。

(3)在装备定型阶段,应对计算机资源保障要求进行考核;在装备部署前应保证计算机资源保障计划的实施。

# 第三节　保障性试验与评价

保障性试验与评价是综合保障的重要工作之一。其目的是验证新研装备是否达到规定的保障性要求,分析并确定偏离保障性要求的原因,采取纠正措施,确保实现装备的系统战备完好性,降低寿命周期费用。保障性试验与评价贯穿于装备系统的研制与生产的全过程并延伸到装备部署后的使用阶段。它是实施装备综合保障目标的重要而有效的工程决策手段,保障性试验与评价对不同的装备要求与程序有所不同,本节阐述其共同性的问题。

**一、保障性试验与评价的基本概念**

1. 保障性试验与评价的目的

保障性试验与评价是为了确定装备保障性方面存在的问题并提出改进措施,要达到下列目的。

(1)为验证战备完好性提供实测数据,并评价装备达到规定保障性要求的程度,以暴露综合保障工作中存在的问题,以便及时纠正。

(2)验证保障资源的有效性和充足程度及与装备的匹配程度,提出改进措施(包括装备硬件、软件、保障计划、保障资源或使用原则等)。

(3)估测由于采取纠正措施而引起的战备完好性、费用和保障资源方面的变更。

(4)测定和分析装备部署后保障系统在使用环境中的效能以及达到规定保障性目标值发生的偏差,拟定进一步改进措施。

从上面所需达到的目的来看,保障性试验与评价的内容是十分丰富的,往往均需进行多种多样各具特点的试验与评价才能达成。

2.保障性试验与评价的分类

《装备综合保障通用要求》(GJB 3872—1999)将保障性试验与评价分为以下三类。

①保障性设计特性试验与评价;

②保障资源试验与评价;

③系统战备完好性评估。

## 二、保障性试验与评价的内容

### (一)保障性设计特性的试验与评价

保障性设计特性的试验与评价主要是指可靠性、维修性、测试性(R.M.T)的试验与评价,进一步又可分为研制阶段进行的 R.M.T 试验与评价和使用阶段进行的 R.M.T 试验与评价。研制阶段 R.M.T 试验与评价的主要目的:发现缺陷和问题、改进不足;验证是否符合合同规定的要求;为确定保障资源和有关的评估工作提供信息。有关研制阶段 R.M.T 试验与评价的要求与内容,在有关专业工程的标准或手册中已有规定,其他有关保障性设计要求(如受油速率等)的验证可结合装备的功能、性能检测或专门的演示进行,此处不再阐述。部署使用阶段的 R.M.T 试验与评价,主要目的是评估装备的 R.M.T 的使用值,发现使用中的 R.M.T 问题,提出改进建议,一般与系统战备完好性评估同时进行。

### (二)保障资源试验与评价

保障资源试验与评价的主要目的:发现和解决保障资源存在的问题;评价保障资源与装备的匹配性以及保障资源之间的协调性;评估保障资源的利用和充足程度以及保障系统的能力是否与装备的战备完好性要求相适应。

1.保障资源试验与评价内容

保障资源的试验与评价是评估由于保障资源不能按时到位和由于管理延误对系统战备完好性带来的影响,评估的主要内容是保障延误时间和管理延误时间(指由于保障资源补给或管理原因未能及时对产品进行保障所延误的时间)。各保障资源的评价和评估内容如下。

(1)人力和人员。评价各维修级别配备的人员的数量、专业、技术等级等是否合理,是否符合订购方提出的约束条件(如人员编制、现有专业、技术等级、文化程度等),能否满足平时和战时使用与维修装备的需要。

(2)供应保障。评价各维修级别配备的备件、消耗品等的品种和数量的合理性,能否满足平时和战时使用与维修装备的要求,是否满足规定的备件满足率和利用率要求,评价承制方提出的备件和消耗品清单及供应建议的可行性。

某一维修级别的备件满足率是指在规定的时间周期内,在提出需求时能够提供使用的备件数之和与需求备件总数之比。

某一维修级别的备件利用率是指在规定的周期内,实际使用的备件数量与该级别实际拥有的备件总数之比。

(3)保障设备。评价各维修级别配备的保障设计的功能和性能是否满足使用与维修装备的需要、品种和数量的合理性、保障设备与装备的匹配性和有效性,是否满足规定的保障设备满足率和利用率要求。

某一维修级别的备件满足率是指在规定的时间周期内,在提出需求时能够提供使用的备件数之和与需求备件总数之比。某一维修级别的备件利用率是指在规定的周期内,实际使用的设备数量与该级别实际拥有的设备总数之比。

(4)训练和训练保障。评价训练大纲的有效性以及训练器材、设备和设施在数量与功能方面能否满足训练要求,受训人员按训练大纲、教材、器材与设备实施训练后能否胜任装备的使用与维修工作,设计更改是否已反映在教材、训练器材和设备中。

(5)技术资料。评价技术资料的数量、种类与格式是否符合要求,评价技术资料的正确性、完整性和易理解性,检查设计更改是否已反映在技术资料中。

(6)保障设施。评价保障设施能否满足使用、维修和储存装备的要求,应对其面积、空间、配套设备、设施内的环境条件以及设施的利用率等进行评价。

(7)包装、装卸、储存和运输保障。评价装备及其保障设备等产品的实体参数(长、宽、高、净重、总重、重心)、承受的动力学极限参数(振动、冲击加速度、挠曲、表面负荷等)、环境极限参数(温度、湿度、气压、清洁度)、各种导致危险的因素(误操作、射线、静电、弹药、生物等)以及包装等级是否符合规定的要求,评价包装储运设备的可用性和利用率。

(8)计算机资源保障。评价用于保障计算机系统的硬件、软件、设施的适用性,文档的正确性和完整性,所确定的人员数量、技术等级能否满足规定的要求,关于软件升级及其保障问题是否得到充分考虑。

**2. 保障资源试验与评价的类型**

保障资源试验与评价工作贯穿装备的整个寿命周期,研制阶段应尽早评价保障资源对系统战备完好性和费用的影响,以发现和解决存在的问题,评价保障资源与装备的匹配与协调性。而评估工作主要是在部署使用阶段进行,评估保障资源的满足和利用程度、评估保障系统的能力是否与装备系统战备完好性要求相适应。

1)研制阶段的保障资源评价

从装备的论证开始,就需要不断地利用来自保障性分析、研制试验、实际使用或其他途径的信息,分析评价有关保障资源对装备设计、系统战备完好性和费用的影响,不断地解决保障资源存在的问题,这些早期的评价工作对最终获得与装备相匹配且能满足战备完好性要求的资源是必不可少的。然而评价工作的重点是在工程研制和定型阶段,此时许多评价工作是在样机上进行的,评价的结果具有更高的可信度。为做好评价工作,提出如下可用于研制各阶段评价保障资源的步骤。

①确定要评价的保障资源问题;

②确定评价问题的方法和所需的数据、资料等；

③确定获得数据、资料的途径；

④进行评价、提出评价报告和解决措施。

在方案阶段结束前，主要评价问题：是否提出了有关保障资源的定量、定性要求？定量要求是否与系统战备完好性和装备的可靠性维修性相协调？定性要求是否与使用方案和保障方案相适应？采用通用化标准化的程度如何？特殊的保障资源要求考虑了吗？等等。对于上述问题，主要采用分析评价的方法，其数据、信息的来源可以是使用研究、对比分析和保障性设计因素等保障性分析的结果，也可以是进行仿真模拟得到的数据，或者是其他一些有效途径获得的信息。在工程研制和定型阶段主要的评价问题是保障资源与装备的设计是否匹配和协调，例如，测试设备是否与被测单元的设计相适应，通用工具的配置是否便于维修，等等。这一阶段的评价问题，则需要更多地利用来自各种试验、专门的功能演示或评审获得的数据和信息进行评价，例如结合装备的维修性验证，可以评价部分保障资源是否匹配与协调，又如通过对技术资源的专项评审，可以评价其正确性和适用性等。

2)部署/使用阶段的保障资源评估

保障资源和保障系统的评估是装备系统保障性评估，即系统战备完好性评估的重要组成部分，与系统战备完好性评估同时进行。

3.保障资源试验与评价的原则

根据保障资源试验与评价的特点，提出以下原则。

(1)尽可能结合装备的研制试验与评价、使用试验与评价工作进行。例如，有关保障资源匹配性、协调性的试验可以结合维修性验证进行；又如保障资源的满足率、利用率，保障系统的能力等评估与系统战备完好性评估同步进行。

(2)保障资源的评价工作应尽早进行，以便更早地发现并解决存在的问题。

(3)保障资源的试验与评价工作主要是在工程研制阶段的后期、定型阶段和部署/使用的前期进行。

(4)试验与评价工作尽可能在有代表性的产品上进行，以获得可信和有效的评价、评估结果。

(5)为尽早地发现保障资源存在的问题，可能需要单独安排一些有关的演示项目的评价活动。

**(三)系统战备完好性评估**

战备完好性指装备在平时和战时使用条件下能随时开始执行预定任务的能力。

在定型阶段就应进行系统战备完好性初步分析评估，以便在投入使用前发现影响系统战备完好性的问题，尽早采取纠正措施。在部署/使用阶段进行系统战备完好性评估，由于评估的目的不同，所以可分为初始使用评估和后续使用评估。初始使用评估的主要目的是验证装备系统是否满足规定的系统战备完好性要求；后续使用评估的主要目的是评估装备成熟期的战备完好性水平，并为调整保障系统和装备的改型、研制新一代装备提供必要的信息。

**1. 战备完好性评估的类型**

战备完好性评估的类型分为初步分析评估、初步使用评估和后续使用评估。

1) 初步分析评估

初步分析评估是在部队进行适应性试验和试用期间,应利用已获得的可靠性鉴定试验、维修性验证、保障资源的评价以及基准比较系统、类似装备和试验(试用)中的信息,采用对比分析、自下而上的综合等分析方法,对新研装备的系统战备完好性和可靠性维修性等进行分析评估,以尽早发现影响系统战备完好性的问题,采取纠正措施。在部队试验和试用期间,是装备系统首次在综合的基础上得到运用,可更真实地对主装备与(各)保障资源的匹配性和各保障资源之间的协调性进行全面的评价。

2) 初始使用评估

在初始部署后的一段时间内,应进行系统战备完好性的初始评估,系统战备完好性评估应作为初始作战能力评估的一部分进行。一般应在装备部署一个基本作战单位。例如:飞机装备、装甲装备是一个团;使用与维修人员经过了规定的训练;保障资源按要求配备到位后,在规定的评估时间(一般2年左右)内,通过收集使用、维修和供应等数据,按规定的程序和方法进行评估。当没有达到门限值时,应进行分析并提出改进建议。应尽早地发现且尽可能纠正可靠性和维修性缺陷,并根据评估获得的系统战备完好性、使用可靠性和维修性值对规划的保障资源需求进行修正。

3) 后续使用评估

后续评估是指装备部署大约5~10年内,在实际的部队使用条件下,利用更长的时间间隔,对更多的部署装备进行的评估,评估结果具有较高的精度和置信水平。在后续评估时,还需根据实际使用条件下的系统战备完好性、可靠性、维修性进一步调整和完善保障资源需求。

**2. 评估战备完好性的主要参数**

战备完好性评估就是对使用要求的评估,主要包括三个方面:一是装备系统的战备完好性要求;二是装备的使用可靠性和维修性水平以及机内故障检测与隔离能力等;三是保障资源的满足和利用程度、保障系统的保障能力等。另外,战备完好性评估还应包括收集使用、维修费用数据的要求,以对寿命周期费用进行评估。在战备完好性评估中,主要对以下三种参数进行评估。

1) 系统战备完好性的评估参数

装备应按其特点选择适用的参数。评估时,应对研制总要求的综合论证报告中规定的度量参数进行评估;在规定度量参数时,应同时明确该参数的定义和度量模型。例如,常用的参数和度量模型包括使用可靠度、能执行任务率、利用率、出动架次率等。

① 使用可用度 $A_0$:

$$A_0 = \frac{能工作时间(TU)}{能工作时间(TU) + 不能工作时间(TD)} \qquad (6-1)$$

式中 TU——工作时间、不工作时间(能工作)、待命时间等;

TD——预防性和修复性维修时间、管理和保障资源延误时间。

$A_0$ 亦可用下式表示：

$$A_0 = \frac{MTBM}{MTBM + MDT} \quad (6-2)$$

式中　MTBM——平均维修间隔时间；

　　　MDT——平均不能工作时间。

②能执行任务率：

$$能执行任务率 = FMC + PMC \quad (6-3)$$

式中　FMC——能执行满任务率；

　　　PMC——执行部分任务率。

FMC、PMC 统计方法应在规定 MC 时同时给出。

③利用率：

$$\left. \begin{array}{l} UR = \dfrac{待命时间}{拥有时间}(地面发射导弹) \\[2mm] UR = \dfrac{工作时间}{拥有时间}(地面通信系统) \end{array} \right\} \quad (6-4)$$

④出动架次率 SGR：

$$SGR = \frac{每天出动总架次}{在编飞机总数}(战时) \quad (6-5)$$

2)装备的使用可靠性维修性的评估参数

常用的评估参数和度量模型示例如下。

①平均维修间隔时间 MTBM：

$$MTBM = \frac{装备寿命单位总数}{计划与非计划维修事件总数} \quad (6-6)$$

②平均原位修理时间 MRT(使用参数)：

$$MRT = \frac{总的原位修复性维修时间}{原位维修事件总数} \quad (6-7)$$

3)有关保障资源和保障系统能力的评估参数

常用的评估参数和度量模型示例如下。

$$①备件利用率 = \frac{该维修级别备件实际使用数}{该维修级别拥有的备件数} \quad (6-8)$$

$$②保障设备满足率 = \frac{该维修级别能够提供使用的保障设备数}{需要该维修级别提供的保障设备数} \quad (6-9)$$

$$③延误时间 = 保障资源延误时间 + 管理延误时间 \quad (6-10)$$

**三、保障性试验与评价的管理**

保障性试验与评价管理涉及计划、组织机构、职责、评审和与其他试验的协调等。组织机构、职责、评审将在第九章中阐述，以下仅对计划和与其他试验的协调予以说明。

### (一)保障性试验与评价计划

《装备综合保障通用要求》(GJB 3872—1999)中提到了两项试验与评价计划,一项是保障性试验与评价计划,另一项是现场使用评估计划。保障性试验与评价计划,严格地讲应该是研制阶段的保障性试验与评价计划,是由承制方根据综合保障计划中的保障性试验与评价要求制订的,并作为综合保障工作计划的主要内容加以实施。现场使用评估计划是由订购方制订的,并作为综合保障计划的重要内容加以实施。

#### 1. 研制阶段保障性试验与评价计划

研制阶段保障性试验与评价计划主要包括两个方面的内容,即保障性设计特性的试验与评价和保障资源的试验与评价。另外,根据保障性试验与评价要求,计划中还应包括在初步分析评估和初始使用评估时承制方需要完成的工作和责任。

保障性设计特性的试验与评价包括可靠性、维修性试验与评价和与保障有关的其他设计特性的试验与评价,一般保障性试验与评价计划中应直接引用有关专业工程和有关功能性能的试验与评价计划。需要指出的是,综合保障人员应参与这些计划的制订与协调。

对于保障资源试验与评价,在计划中应说明研制各阶段保障资源的试验与评价项目、目的、内容、方法、所需的资源、约束、时机、负责单位、报告的编写要求等,详细说明与其他试验与评价(特别是与保障性设计特性的试验与评价、系统战备完好性评估)之间的协调和输入、输出关系。

#### 2. 现场使用评估计划

现场使用评估计划中应分别针对初步分析评估、初始使用评估和后续使用评估制订计划。现场使用评估计划应说明评估的目的、评估参数、数据收集和处理方法、评价准则、数据收集的时间长度和样本量、评估时机、约束条件以及所需的资源等。

现场使用评估计划中应明确承担初步分析评估、初始使用评估和后续使用评估的具体部队(单位)和对评估工作的组织与管理方面的要求。计划中还应包括在初步分析评估和初始使用评估工作中,对承制方的责任与进度要求。

### (二)保障性试验和评价与其他试验或工作的协调

保障性试验与评价本身就涉及保障性设计特性的试验与评价、保障资源的试验与评价和战备完好性评估三个方面,这些方面内部就有大量的协调和协同进行以及相互提供信息的问题,在制订计划时,就应明确这些协调关系和信息的输入与输出;保障性试验与评价涉及研制阶段的试验与评价工作,也涉及使用阶段的试验与评价工作,必须明确两者在试验与评价目标上的区别和联系。前者是满足合同要求,后者是满足使用要求,前者是后者的基础与保证。保障性试验与评价,尤其是研制阶段的保障性试验与评价工作应充分利用其他研制试验与评价工作的信息,并尽可能结合进行。保障性试验与评价工作会产生大量的信息,同时也需来自其他途径信息的支持,因此,应将保障性试验与评价的信息管理工作纳入整个项目的信息管理之中,并予以协调统一。

# 第七章　安全性设计分析与验证和评价

前文已述及,安全性是指不发生导致人员伤亡、职业病、设备损坏或财产损失的意外事件的能力。安全性工程是用专门的专业知识和技能并运用科学和工程原理、准则和技术,以识别和消除危险并降低有关风险的一门工程技术。

《装备安全性工作通用要求》(GJB 900A—2012)中规定了安全性设计与分析、安全性验证与评价、安全性管理与控制等安全性工程的内容。本章就其设计与分析、验证与评价内容进行介绍。

## 第一节　装备安全性要求

系统安全性涉及人的生命、健康、物(财产)损失、环境的破坏。因此,应将安全性要求作为装备的一项重要的技术指标提出。《装备安全性工作通用要求》(GJB 900A—2012)中规定,订购方应向承制单位提出安全性工作要求,包括安全性定性、定量要求以及试验项目要求和基本的工作项目要求,并经双方协商后,纳入合同有关文件。

### 一、安全性定性要求

安全性定性要求是指要求采取一定的技术途径,减少系统在执行任务中出现危险造成的后果。当然,对于不同系统,其定性要求可能不同。通常安全性定性要求包括系统安全性设计和系统安全性措施优先次序要求。

**(一)系统安全性设计要求**

一般的系统安全性设计的原则要求如下。

(1)消除危险,减少相关风险。通过设计,包括原材料的选择和代用,消除已识别的危险或减少相关的风险。若必须使用有潜在危险的原材料,则应选择那些在系统寿命周期内风险最小的原材料。

(2)隔离有害物质和原材料。将有害物质、零部件和操作与其他活动、区域、人员及不相容的原材料相隔离。

(3)减少人员暴露于危险环境中。设备的位置安排应使工作人员在使用、维护、修理和调整过程中最少地暴露于危险环境中,如危险的化学药品、高压电、电磁辐射、切削刃口或尖锐部位等。

(4)应减少恶劣环境导致的风险。

(5)应减少人的差错造成的风险。系统设计应使在系统使用和保障中由于人的差错所导致的风险最小。

(6)采用补偿措施,减少风险。考虑采取补偿措施,把不能消除的危险导致的风险减小到最低程度。一般补偿措施包括联锁、冗余、故障安全设计、系统防护、灭火设备和防护服务、设备、装置和规程等。

(7)采用隔离、屏蔽的方法。用物理隔离或屏蔽的方法,保护冗余子系统的电源、控制装置和关键零部件。

(8)提供安全报警装置。当各种补偿设计措施都不能消除危险时,应提供安全和报警装置,在装配、使用、维护和修理说明书中给出适当的警告和注意事项,并在危险零部件、原材料、设备和设施上标出醒目的标记,以确保人员和设备得到保护。

(9)使意外事故中人员伤害或设备损坏的严重程度最小。

(10)设计软件控制或监测的功能,使危险事件或事故的发生达到最小。

(11)评审设计准则中的对安全不足或过分限制的要求。根据研究、分析或试验数据推荐新的设计准则。

(12)必须消除灾难的(Ⅰ级)和严重的(Ⅱ级)危险,并将其相关的风险减小到可接受水平。

**(二)安全性设计措施优先次序要求**

满足装备安全性要求和处理已识别危险的优先次序如下。

(1)最小风险设计:首先在设计上消除危险,若不能消除已识别的危险,则应通过设计方案的选择将其危险降低到管理部门规定的可接受的水平。

(2)应用安全装置:若不能消除已识别的危险或不能通过他设计方案的选择充分地降低相应的风险,则应通过使用固定的、自动的或其他安全防护设计或装置,使风险降低到管理部门可接受的水平。可能时,应规定对安全装置作定期的功能检查。

(3)提供报警装置:若设计和安全装置都不能有效地消除已识别的危险或充分地降低相关的风险,则应采用报警装置检测危险状况,并向有关人员发出适当的报警信号。报警信号及其使用应设计成使人对信号作出错误反应的可能性最小,并在同类系统中标准化。

(4)制订专用规程并进行培训:若通过设计方案的选择不能消除危险,或采用安全装置和报警装置也不能充分地降低有关风险,则应制订规程并进行培训。除非管理部门放弃要求,对于Ⅰ级和Ⅱ级危险决不能仅仅使用报警、注意事项或其他形式的书面提醒作为唯一的减少风险的方法。规程可以包括个人防护装备的使用。警告标志应按管理部门的规定标准化。若管理部门认为是安全关键的工作和活动,则应要求考核人员的熟练程度。

**二、安全性定量要求**

安全性定量要求常用安全性参数及其量值(指标)描述。

安全性参数是描述系统安全性的特征量,同可靠性参数类同,不同产品的安全性参数的选用也不尽相同。由于对安全性研究尚不成熟,目前国内外对指标体系还未有统一规定,以下提出的定量要求不尽全面、合理,仅供参考。

常用的安全性基本参数有事故率、损失率、安全可靠度等 。

1)事故率 $P_A$

事故率是指在规定条件下和规定时间内,事故总次数与寿命单位总数之比。 其表达式为

$$P_A = N_A / N_T \qquad (7-1)$$

式中  $N_A$—— 事故总次数;

$N_T$—— 寿命单位总数。

2) 装备损失率 $P_L$

装备损失率是指在规定条件下和规定时间内,由于系统或设备故障造成灾难性事故总次数与寿命单位总数之比。 其公式为

$$P_L = N_L / N_T \qquad (7-2)$$

式中  $N_L$—— 由于系统或设备故障造成的灾难性事故总数;

$N_T$—— 寿命单位总数。

3) 安全可靠度 $R_S$

$$R_S = N_W / N_{T2} \qquad (7-3)$$

式中  $N_W$—— 不由于系统或设备故障造成的灾难性事故执行任务的次数;

$N_{T2}$—— 用飞行次数或工作循环次数等表示的寿命单位总数。

4) 平均事故间隔时间 $T_{BA}$

平均事故间隔时间是安全性的一种基本系数。 其度量方法为:在规定的条件下和规定的时间内,系统的寿命单位总数和事故总数之比。 其公式为

$$T_{BA} = N_{T1} / N_A \qquad (7-4)$$

式中  $N_{T1}$—— 用工作小时或飞行小时等表示的寿命单位总数;

$N_A$—— 事故总次数。

5) 安全事故预警率 $P_P$

安全事故预警率是指在规定的条件下和规定的时间内,在任务过程中,对未来可能发生的安全事故发出预警的次数占事故发生次数的概率。 其公式为

$$P_P = N_P / N_A \qquad (7-5)$$

式中  $N_P$—— 预警的次数;

$N_A$—— 事故总次数(包括预警的和实际发生的安全事故)。

6)安全裕度

安全裕度是与安全性有关的一种设计参数。 其度量方法:系统实际状态(或可能达到的实际状态)与某种破坏极限的状态之间特定参数值之差。 例如,在航空管理中,飞行安全裕度主要指航线之间纵向间隔、高度差,航线与其他障碍物之间的距离以及直升机起飞降落的时间差等。

以上介绍了常用的系统的安全性要求,不同系统的安全性要求可选其中的某些要求或参数。

### 三、装备安全性要求举例

#### 1. 弹药引信的安全性要求

对于弹药引信的安全性指标,《引信工程设计手册》(GJB/Z 135—2002)中规定如下。

(1)引信应保证生产、勤务处理、装填、发射及弹道安全。为保证引信安全,引信应是隔爆型,在保险位置时,雷管被装配在保险位置,隔爆机构被可靠销住,以保证在装配时和勤务处理中的安全。为了达到安全性,引信必须具有冗余保险。例如,若引信的滑块被离心销保险,同时,又被后座销保险,而离心销和后座销又均是独立的保险件,则认为引信具有冗余保险。对于线膛炮引信,通常采用后坐力和离心力来实现两种不同的环境激励解除保险。对不旋转和微旋的迫击炮弹或火箭弹引信,亦可采用后坐力和爬行力以及其他环境来实现两种不同的环境激励来解除保险。为了实现炮口安全,引信要有延期解除保险装置,保证弹药在安全距离内安全。对中、大口径炮弹引信,通常要求引信在 400 倍口径距离内不解除保险,在 800 倍口径距离能解除保险。或要求在距炮口 60 m 处不解除保险,200 m 时能可靠解除保险。对于破甲弹用引信,当要求最小攻击距离小于安全距离时,解除保险距离要满足最小攻击距离。有时,为了考虑弹道上安全,对破甲弹引信提出钝感度指标,通过一定的靶板(马粪纸)不发火。对小口径高射炮弹引信,要求引信距炮口 600 m 不解除保险,对机构或保险机构,其保险距离不小于 20 m。对于子母弹引信通常要求子弹与母弹分离前不解除保险。为了保证勤务处理安全,要求引信具有一定的安全落高和安全作用可靠度。

(2)引信有较好的防雨功能,特别是大、中口径炮弹和小口径高射炮弹引信,应保证在大、中雨中射击时不早炸。

(3)引信用爆炸药和传爆药的感度必须经有关试验鉴定合格。引信中相互接触的材料应有良好的相容性,且应进行相容性试验。

(4)引信应具有良好的抗干扰、战场环境干扰及人为干扰(含有源干扰和无源干扰)的能力。在正常的寿命周期中,引信遭受电磁辐射、静电辐射、电磁脉冲、电磁干扰、雷电作用或电源瞬变,不应解除保险或作用,且应能安全操作。

(5)从引信制造到发射时,从到达安全距离或到友军及其装备不再需要保护的地点,引信各阶段的安全系统失效率不得超过下列规定:在预定的解除保险程序开始前,防止引信解除保险或作用的失效率不大于百万分之一,在出炮口前,防止引信解除保险的失效率不大于万分之一,防止引信作用的失效率不大于百万分之一。在解除保险开始或出炮口时到安全距离之间,防止引信解除保险的失效率不大于千分之一。在此期间,引信的作用率应尽可能低,并与弹药过早作用危害的可接受水平相一致。

#### 2. 软件安全性参数和指标

##### 1)软件安全性参数

常用的软件安全性参数有软件事故率、平均软件事故间隔时间、软件安全可靠度和软件出事率等。

(1)软件事故率。软件事故率是软件安全性的一种基本参数。其度量方法:在规定条件下和规定时间内,软件的事故总次数与寿命单位总数之比。事故率的概率度量亦称事故概率。这里的寿命单位可以是工作小时、年等,记为 $P_A$。

(2) 软件的平均事故间隔时间 MTBA。软件的平均事故间隔时间是软件事故率的倒数,记为 $T_{BA}$

$$T_{BA} = 1/P_A \qquad (7-6)$$

事故不一定导致严重的后果,规定导致一定灾难性以上的事故叫"安全性事故"。

(3) 软件安全可靠度。软件安全可靠度是软件安全性的一种基本参数。其度量方法:在规定的条件下和规定的时间内,软件执行任务过程中不出现安全性事故的概率。它是规定时间 $t$ 的函数,记为 $R_S(t)$。

设从 $t=0$,软件执行任务不出现安全性事故的持续时间为 $T$,则 $T$ 为随机变量

$$R_S(t) = P(T > t) \qquad (7-7)$$

(4) 软件出事率 $R_L(t)$。软件出事率 $R_L(t)$ 定义为

$$R_L(t) = 1 - R_S(t) \qquad (7-8)$$

2)软件安全性指标

软件安全性指标即软件安全性参数要求的量值。它表示软件产品要求的安全性水平。确定软件安全性指标考虑的因素如下。

(1)软件所服务的产品类型及其复杂性,例如飞机的火控软件、航天器的安全控制软件等。

(2)类似用途软件的安全性指标。类似用途软件指在功能、结构、复杂程度、使用及保障条件、技术水平、开发支持等相似的产品上使用的软件。

(3)预计在采用某些安全性设计技术(如冗余设计)后可达到的指标。

(4)软件在系统或产品中的关键性。

(5)开发费用、环境及进度上的约束条件。

(6)安全性事故导致的损失估计,不仅包括直接财产或生命损失,还包括信誉等的无形损失。

软件安全性指标应与产品指标综合协调权衡后确定。在给出软件安全性指标的同时,应给出软件的运行剖面、灾难性事故(即安全性事故)判别准则、验证鉴定试验方法及约束条件。某些情况下,软件安全性指标要求很高,不可能在实验室予以验证,此时可采取分析验证,进行安全性的综合预计,并最终根据交付使用后积累的使用数据来评估与验证。

# 第二节　安全性设计与分析

安全性设计与分析是一种系统性的检查、研究和分析技术,它用于检查系统或设备在每种使用模式中的工作状态、确定潜在的危险、预计这些危险对人员伤害或对设备损坏的可能性,并确定消除或减少危险的方法。

## 一、安全性设计的方法

国内外有关文献给出的安全性设计方法主要有以下几种。

①能量控制方案设计;

②固有安全性设计；

③隔离设计；

④闭锁、锁定和联锁设计；

⑤故障安全设计；

⑥故障最少设计；

⑦安全系数法；

⑧告警装置设计；

⑨标志设计；

⑩损伤抑制设计；

⑪逃逸、救生和营救设计；

⑫薄弱环节设计。

国内目前常用安全系数法来进行设计,这些方法详细内容可参考《装备安性工作通用要求》(GJB 900A—2012)。另外,《装备安全性工作通用要求》中还列举了安全性设计准则和安全性检查表,以供设计或设计后检查应用。

目前国内外由于数据等方面原因,安全性设计还不能像可靠性、维修性那样可以建立安全性模型,进行安全性分配、预计,虽上述给出了一些安全性参数,然而对这些参数的工程方法计算和验证,还存在许多困难。《装备安全性工作通用要求》(GJB 900A—2012)主要采取的方法是一系列分析方法,并根据工程经验编制出安全性设计准则和安全性检查表,以帮助设计人员在安全性设计时借鉴应用。

**二、安全性分析的目的和时机**

安全性分析是一种系统性的检查、研究和分析技术,它用于检查系统或设备在每种使用模式中的工作状态、确定潜在的危险、预计这些危险对人员伤害或对设备损坏的可能性,并确定消除或减少危险的方法。

**(一)安全性分析的目的**

安全性分析的目的在于能够在事故发生之前消除或尽量减少事故发生的可能性或降低事故有害影响的程度,安全性分析主要是危险分析。

危险分析主要用于识别危险,以便在寿命周期的所有阶段中能够消除或控制这些危险。危险分析还可以提供采用其他方法不能获得的有关设备设计以及使用和维修规程的信息,确定系统设计的不安全状态,以及纠正这些不安全状态的方法。若危险无法消除,则危险分析可以指出控制危险的最佳方法,和减轻未能控制的危险所产生的有害影响的方法。此外,危险分析还可用来验证设计是否符合规范、标准、规章或其他文件所规定的各项要求,验证系统是否重复以前的系统中存在的缺陷,确定与危险有关的系统接口。

安全性分析用于下列场合。

(1)确定系统存在的危险,并消除这些危险或降低其风险(考虑在同类系统中存在的其他危险)。

(2)确定现有危险的原因、影响及各种危险的相互关系。

(3)确定系统设计的哪些部分需要采取预防措施或修复措施。

(4)确定在系统的样机上应进行哪些专门的试验以验证安全性以及确定可能导致事故发生的任何附加的系统特性。

**(二)安全性分析的时机**

安全性分析的基本目的是在系统硬件进行高费用的更改之前就采取预防或纠正措施。因此,在系统寿命周期的早期,即战术技术指标论证开始分析是最经济有效的。因为在这时通过设计更改来消除或控制危险是比较容易的。在论证和方案阶段进行安全性分析所需费用最低,在工程研制和生产与部署阶段的费用迅速增长,在使用与保障阶段,即系统投入服役后,达到最高值。

一般说来,在样机试验之前就应进行安全性分析,其主要原因有如下三点。

(1)在寿命周期的早期进行安全性分析可通过更改样机设计来消除或控制危险。

(2)在样机试验之前进行安全性分析可以确定仍存在于系统中的潜在危险,并可建议在试验过程中应采取的保护措施。

(3)分析可确定专门的样机试验的要求,以便验证安全装置使用的优先顺序,或安全装置的灵敏度在外场使用条件下已足够;确定可能导致事故发生的不安全的系统特性,如设备振动。

### 三、安全性分析的种类和方法

**(一)安全性分析的种类**

《系统安全性通用大纲》(GJB 900—1990)规定安全性危险分析常用初步危险分析(PHA)、分系统危险分析(SSHA)、系统危险分析(SHA)以及使用和保障危险分析(O&SHA)四种方法,每种分析适用于不同的寿命周期阶段。然而,《系统安全性通用要求》(GJB 900A—2012)将分系统危险分析合并在系统危险分析中。考虑到装备研制的应用实际,下面将分系统危险分析予以单独讨论。

(1)初步危险分析——在战术技术指标论证时开始进行,用于识别所考虑的各种系统方案的危险。它是系统安全性分析中进行的第一种分析,是其他分析的基础。其分析结果用于评价各系统方案。

(2)分系统危险分析——一般应在方案论证及确认阶段进行,在详细的分系统设计信息可获得时就应开始。它用于确定有关分系统的部件和各部件间接口的危险;确定其性能、性能恶化、功能故障及操作差错会形成危险的所有部件;确定部件的故障模式及其对安全性的影响。

(3)系统危险分析——通常在工程研制阶段进行,并应尽早开始,它用于确定与各分系统接口有关的危险。

(4)使用与保障危险分析——在方案论证及确认阶段就开始并在各后续寿命周期阶段中不断修改。它用于确定与系统的使用与保障有关的危险。这种分析直接关系到系统运输、储存、维修、使用和退役处理等的安全性考虑。特别重要的是,在使用和保障阶段中,系统所作的任何改型和改进,一定要进行分析以确定改型或改进是否引入了危险。

从分析的深度上分类,安全性分析可分为定性分析和定量分析。定性分析用于检查、分析、确定可能存在的危险,危险可能造成的事故,以及可能的影响和防护措施。上述的初步危险分析(PHA)、故障危险分析(FHA)都属于定性分析。定量分析用于检查、分析并确定具体危险事件、事故及其影响可能发生的概率,可用于比较系统采用安全措施或更改设计方案后概率的变化。目前主要用于比较和判断不同方案的系统所达到的安全性目标值,作为管理上决策有关安全性更改方案的基础。定量分析必须以定性分析作为依据。

目前定量分析存在的问题不是方法本身,而是可用的安全性数据问题。当前可能获得的有效定量数据是电子元器件的失效率数据。各种大的机械、机电设备的故障率数据很少,而且由于环境条件、维修工作产生的影响,数据的可靠程度差;此外,有关人为差错、环境因素和设备的危险特性的数据更少、更不可靠。因此,定量分析的概率方法由于分析结果误差太大,尚未广泛用于预计可能发生的事故数。例如,美国 NASA 在阿波罗登月舱计划中,由通用电气公司进行定量的风险评估,估算载人飞行器由月球着陆并安全返回地球的成功概率只有 5%,即其危险的风险率为 95%,而实际上阿波罗计划中,除了阿波罗 13 号,其他飞行器都安全着陆在地球上,阿波罗 13 号虽没有成功完成任务,但机组人员都安全返回。

尽管定量分析存在着问题,但是由于大型复杂系统的事故造成的影响太大,人们期望在系统研制中就能准确估计系统可能发生故障的概率,世界各国都在努力发展更准确的定量概率分析法——风险评估方法。例如,美国 NASA 在 1986 年以前,主要是采用初步危险分析、故障模式及影响分析等定性的安全性评估方法,自 1986 年"挑战者"号航天飞机失事之后,加强了定量的风险评估,改进了概率评估方法。

**(二)安全性分析常用的方法**

在上述分系统危险分析及系统危险分析中,常用故障模式、影响及危害性分析(FME-CA)、故障危险分析(FHA)、故障树分析(FTA)和潜在通络分析(SCA)、使用和保障危险分析等分析方法。此外,事件树分析、电路逻辑分析、接口分析、蒙特卡逻仿真、意外事件分析、环境因素分析及人为差错分析等技术在其他的安全性分析中也得到了应用。

在选择分析方法时,应考虑以下两条准则。

①分析应当尽量广泛,应尽可能多地、有效地识别和评价所有危险;

②对每种危险的分析应尽可能彻底和准确。

为满足这两条准则的要求,必须选择一种分析方法,以便最好地利用当时所能获得的系统设计信息。在安全性分析中,系统性的分析方法可识别最多的系统危险,并尽可能准确地预计其影响,提出最有效的消除或控制危险影响的方法。

为了使系统具有最高的安全性,必须有有关系统危险的所有信息。为此,必须采用系统性的分析方法。通常选择下述的一种或几种系统性的分析方法。

(1)最终影响法——这种方法首先选择可能的不希望有的最终影响,通常是一个事故,确定可能产生或诱发事故的所有因素,其次确定那些因素的可能原因。这种分析方法中最为大家熟知和最广泛应用的是故障树分析。

(2)危险评价法——通过审查系统特性来确定系统中可能存在的危险、危险事件发生概率。危险事件对人和系统的影响以及防止不希望事件发生的安全措施。

（3）自下而上分析法——通过把系统分为分系统、组件和部件，自下而上地分析所有的部件、组件、分系统直到系统。FMECA就是一种典型的自下而上系统性分析方法。

（4）自上而下分析法——首先分析系统，然后对分系统、组件，最后对部件进行系统安全性分析。初步危险分析是一种典型的自上而下分析法，这是因为在寿命周期的早期阶段、系统（或分系统）以下的产品层次尚无详细信息。

（5）能值法——事故所能造成的损伤程度往往与系统中释放出来的未受控能量成比例。为此，应按系统中能源的能值大小依次进行分析，即首先评价系统中可以引起或诱发事故的最大能值的能源，其次分析较大能值的能源等，这种方法不宜作为广泛分析使用。

（6）检查表法——为保证满足各种规范、标准和其他文件的安全性要求，可利用安全性检查表来识别和评价各种危险。虽然这种方法不是系统安全性分析的系统性方法，但它是上述各种方法的补充。

## 第三节　安全性分析的内容

### 一、编制初步危险表

初步危险表是在系统寿命周期早期阶段编制的用于识别可能的危险部位以引起管理部门重视的一份危险清单，它初步列出安全性设计中可能需要特别重视的危险或需作深入分析的危险部件，以便使订购方能够尽早选择重点管理的部位。

在系统设计初期就应考察各系统，编制初步危险表，确定设计中可能存在的危险，以便确定初步危险分析和分系统危险分析的范围。表7.1为某现代歼击机改装火控系统时所编制的初步危险表。在火控系统改装过程中，影响系统安全最关键的区域是雷达和连续波照射器高能电磁波的辐射伤害、意外的武器发射和投放等各种影响安全的潜在危险。

表7.1　某现代歼击机火控系统改装的初步危险表

| 潜在危险 | 安全性设计特性 |
| --- | --- |
| 人员暴露在雷达辐射区内 | 飞机停放在地面时，应使雷达和连续波照射器及发射机无法接通 |
| 闪电雷击 | 具有良好的防雷击措施，保护电子设备的雷达罩 |
| 意外武器发射和投放 | 飞行停放在地面时，所有武器发射指令无法接通，要求至少有两个独立的信号才启动发射电路 |
| 过热损坏 | 强迫通风冷却设备与地面冷却系统联锁；考虑电子设备过热和冷却压力警告标志 |
| 触电 | 按有关标准设计外场可更换单元；电子设备高压区应有明显警告标志；某些高压区设有联锁开关，机匣打开或拔掉连接器后，高压无法接通 |
| 冷却风扇可能伤人 | 所有风扇都应屏蔽完好，不触及人员或外来物 |

### 二、进行危险分析

进行危险分析是安全性分析的重要内容,按产品过程及装备系统组成,通常进行初步危险分析、分系统危险分析、系统危险分析、使用与保障危险分析等。

#### (一)初步危险分析

初步危险分析是在系统寿命周期早期阶段进行的一种初步定性危险分析,用于识别安全关键部位,进行初步危险评价,并确定所要求的危险控制措施和后续活动。

**1.初步危险分析的目的**

初步危险分析是系统或设备在寿命周期内进行一系列安全性分析的第一种分析方法,而且是其他危险分析的基础。初步危险分析最好在系统或设备研制的初期进行。如果可能的话,在战术、技术指标论证阶段就应开始。随着设计及研制工作的进展,这种分析应不断改进。当然,根据需要,初步危险分析可在系统或设备研制的任何阶段开始。但是,在系统研制阶段的后期才开始初步危险分析,可能的设计更改将受到限制,而且不可能通过这种分析来确定初步的安全性要求。若分系统的设计已达到可进行详细的分系统危险分析,则应终止初步危险分析。对于现役的系统或设备,也可采用初步危险分析以初步考察其安全性状态。

初步危险分析的主要目的如下。

(1)识别危险,确定安全性关键部位。承制方通过初步危险分析来全面识别各种危险状态及危险因素,确定由它们可能产生的潜在影响。在战术、技术指标论证阶段,用这种分析考查系统各种备选方案的安全性,可向有关人员提供每种备选方案的潜在危险状态及危险因素;在方案论证与确认阶段,这种分析可使设计师了解系统或设备的潜在危险状态及危险因素以及安全性关键的部位,以便通过设计来消除或尽量减少这些危险状态及危险因素。

(2)评价各种危险的风险。承制方应对各种危险状态及危险因素进行初始风险评价,以便在方案选择中考虑安全性问题,并根据相似系统或设备的数据及经验对与所选择的设计方案有关的各种危险的严重程度、危险可能性及使用约束进行评价。

(3)确定安全性设计准则,提出消除或控制危险的措施。通过初步危险分析,承制方应确定将要采用的安全性设计准则,并提出为消除或将其风险减少到订购方可接受水平所需的安全性措施和替换方案。例如,可采用联锁、警告和过程指示等设计特性来避免会导致事故的人为差错。

此外,初步危险分析得到的信息还可用于下列的初步的安全性工作。

①为制(修)订安全性工作计划提供信息;

②为安全性大纲的管理提供有关人力及费用的初步信息;

③确定安全性工作安排的优先顺序;

④确定进行安全性试验的范围;

⑤确定进一步分析的范围,特别是为故障树分析确定不希望发生的事件;

⑥编写初步危险分析报告,作为分析结果的书面记录;

⑦确定系统或设备的安全性要求,编制系统或设备的性能及设计说明书。

### 2. 初步危险分析的内容

由于初步危险分析从寿命周期的早期阶段开始,所以分析中的信息仅是一般性的,不会太详细。然而,这些初步信息一般应能指出潜在的危险及其影响,以便通过设计加以纠正,这种分析至少应包括以下内容。

(1)审查相应的安全性历史资料。因为任何新研制的系统或设备都有相当的比例沿用老系统或设备的部件、材料及制造技术,例如 F-16 战斗机就有 65% 以上的部件采用现成的部件。因此,这些现成部件、材料及制造技术的有关安全性信息对进行初步危险分析是很有用的。

(2)列出主要能源的类型,并调查各种能源,确定其控制措施。因为任何系统或设备的运行都离不开能源,一旦能源失控,发生异常的逸散,就会发生事故。因此,在进行初步危险分析时,要特别注意与能源有关的设备或部件。

(3)确定系统或设备的有关人员安全、环境安全和有毒物质的安全要求及其他有关的规定。

为了能全面地识别和评价潜在的危险,初步危险分析必须考虑的项目如下。

(1)危险器材,例如燃料、激光、炸药、有毒物、有危险的建筑材料、放射性物质等。

(2)系统部件间接口的安全性,例如材料相容性、电磁干扰、意外触发、火灾或爆炸的发生和蔓延、硬件和软件控制等,包括软件对系统或分系统安全可能的影响。

(3)确定控制安全性关键的软件命令和响应,例如错误命令、不适时的命令或响应、或由订购方指定的不希望事件等的安全性设计准则,采取适当的措施并将其纳入软件和相关的硬件要求中。

(4)与安全性有关的设备、保险装置和可能的备选方法,例如联锁装置、余度技术、硬件或软件的故障安全设计、分系统保护、灭火系统、人员防护设备、通风装置、噪声或辐射屏蔽等。

(5)包括使用环境在内的环境约束条件,例如坠落、冲击、振动、极限温度、噪声、接触有毒物质、有害健康的环境、火灾、静电放电、雷击、电磁环境影响,包括激光辐射在内的电离和非电离辐射等。

(6)操作、试验、维修和应急规程。例如:基于人素工程、操作人员的作用、任务要求等的人力差错分析;设备布置、照明要求、可能外露的有毒物质等因素的影响;噪声或辐射对人的能力的影响;载人系统中生命保障要求及其他安全性问题,如坠落安全性、应急出口、营救、救生等。

(7)设施、保障设施,例如用于含有危险物质的系统或组件的储存、组装、检查、检验等方面的设备,射线或噪声发射器、电源等。

### 3. 初步危险分析所需信息

进行初步危险分析需要如下信息。

①各种设计方案的系统和分系统部件的设计图纸和资料;

②在系统预期的寿命期内,系统各组成部分的活动、功能和工作顺序的功能流程图及有关资料;

③在预期的试验、制造、储存、修理、使用场所和以前类似系统或活动中与安全性要求有关的背景材料。

**4. 初步危险分析格式**

进行初步危险分析所采用的格式和方法在很大程度上取决于所分析的系统或设备的复杂性、时间与费用的约束、可用信息的种类、分析的深度以及分析人员的习惯及经验。

目前用于初步危险分析的格式有列表格式和叙述性格式两种,分析人员可根据需要选用其中的一种或者两种格式的组合。

**1)列表格式**

通过列表进行初步危险分析是目前最常用的一种分析模式,也是一种最经济有效的分析模式。这种模式用于系统地查找和记录被分析系统或设备中的危险,使用方便、简单、便于主管人员发现问题。

列表的形式及内容随着被分析系统或设备和分析人员的不同而有变化。目前使用的初步危险分析表格种类很多,但其大部分内容很相似,表 7.2 和表 7.3 为两种典型的初步危险分析表,并以分析示例给出了不同类型产品的不同分析人员进行初步危险分析所用的各种表格。

**表 7.2 列表式初步危险分析(表例 1)**

| ①产品号 | ②分系统或设备 | ③系统的事件阶段 | ④危险说明 | ⑤对系统的影响 | ⑥风险评价 | ⑦建议的措施 | ⑧建议措施的影响 | ⑨备注 | ⑩状况 |
|---|---|---|---|---|---|---|---|---|---|
|  |  |  |  |  |  |  |  |  |  |

**表 7.3 列表式初步危险分析(表例 2)**

初步危险分析　　　分析序号№_____　　　修改号№_____

合同号№_____

页号____共____页

承制方

分系统_____　　制表者_____　日期_____

系　统_____　　审查者_____　日期_____

图纸号_____　　批准者_____　日期_____

| 一般说明 | | | 危险原因及影响 | | | 纠正措施 |
|---|---|---|---|---|---|---|
| ①功能说明及序号 | ②系统模式 | ③危险说明 | ④可能的原因 | ⑤对分系统及接口分系统的影响 | ⑥危险等级 | ⑦再设计及控制措施的说明 |

2)叙述性格式

叙述性格式是一种较为灵活但不太严格和全面的分析模式,通常用于采用列表格式不方便或不适用的场合。

叙述性格式应使每一部分只分析讨论一个主要的安全性问题,其中的小节讨论该主题所属的有关问题。例如,用叙述性格式详细评价某一火灾的发生。初步危险分析的第一部分应分析火灾本身。而第一部分所属的3个小节可分别讨论引起火灾的3个要素,即燃料、氧化剂和热。第二、第三及第四部分可分别讨论防火方法、火警装置和灭火设施等。

叙述性格式用于以下情况的初步危险分析中。

(1)为识别和评价危险必须考虑的内容进行全面讨论,对每个项目作出危险的风险评价。

(2)为满足订购方的要求对有关问题进行详细讨论,例如解释因任务或其他要求而需要接受某些危险,或者解释所建议的方案如何才能避免现役相似系统存在的安全性问题。

(3)列表格式不适用的场合,例如列表格式可指出被分析系统着火是一种可能的危险,但它也许不能提供全部的细节。

(4)讨论被分析系统或设备的相对安全性,叙述性格式更适于讨论所选用的设计是否采取安全措施的问题。

(5)为了对被分析系统或设备进行详细说明,以便使读者更容易了解可能引起危险的因素和危险可能造成的影响。

最后值得指出的是,在某些情况下,可并用列表格式和叙述性格式进行初步危险分析。列表格式用于提供概要的信息,而叙述性格式用于提供对概要信息的展开讨论。但应注意使每个叙述部分应与表格部分的序号相对应。

**5. 初步危险分析的方法**

1)自上而下分析法

这是一种常用的分析方法。分析从系统级开始,接着是分系统级,再到设备级,逐步自上而下进行分析。所分析的最低层次取决于可以获得信息的最低产品层次。当系统或设备的设计完成或接近完成时,分析可进展到最低的产品层次,并可进一步发展为故障危险分析。对被分析的最低层次的产品(如飞控系统的作动器)进行全面研究,以识别它可能产生的或可能遭受的所有危险。

2)基本危险分析法

由于设备的技术特性存在的那些危险称为基本危险。这种分析方法通过考虑基本危险,以确定被分析的系统或设备是否存在这类危险。每种系统或设备都存在着设计的、能源的或能量应用中的固有危险。例如,在使用流体压力时可能会发生着火、污染和爆炸等危险,这些危险取决于流体的性能、种类和工作压力。

3)辅助分析法

辅助分析法可为初步危险分析提供输入。当仅靠设计资料不能正确评价可疑的危险时,才要求进行辅助分析,它包括任务分析、危险标示和实体模型三种方法。

(1)任务分析。任务分析包括对系统必须完成的工作、系统的使用方式和使用环境的研究。对任务说明和使用方案的研究,可确定系统完成任务所必须进行的工作;对各项工作的研究,可确定其中的危险和消除或控制危险的方法;分析中必须考虑系统工作中的所有环境,这是因为危险可能随着环境的不同而变化。

(2)危险标示。危险标示是初步危险分析中确定危险状态的一种方法。它标明危险部件或含有危险材料的零件的位置,以便通过分析确定存在的危险和消除或降低危险的方法。此外,在初步危险分析中,危险标示还用于:

①表明雷达、激光和微波设备发生危险辐射的限度;

②指出噪声水平的等高线以确定具体的设备是否需要隔音;

③标示火箭发动机排气分布图形;

④标示机械部件相对于其他部件或人员的活动范围。

(3)实体模型。实体模型通常用于直观地表示人员与设备所占的空间及两者相互间的关系。它可使安全性工作者在寿命周期的早期识别与空间及位置有关的危险,以便于进行设计更改。在初步危险分析中,模型还可有效地用于确定:

①驾驶员是否有足够的活动空间来驾驶车辆或飞行器,当穿上防护服后是否有足够的空间来操纵刹车;

②应急开关是否便于操作人员操作;

③车辆或飞行器的开口是否适于穿戴防护服的人员操作活动;

④车辆或飞行器的应急出口是否便于穿戴防护服和设备的人员应急脱离;

⑤维修人员是否能看见和够到需要进行维修的部件。

**(二)分系统危险分析**

分系统危险分析是在装备的方案阶段开始进行的一种详细的定性或定量危险分析,以证实分系统符合规定的安全性要求,识别与分系统设计有关的危险和由于组成分系统的部件或设备之间的功能关系所导致的危险,并评价其风险,提出为消除已确定的危险或控制其相关风险所必须采取的措施的建议。实际上是初步危险分析的扩展,前者比后者更复杂。它通常在设计阶段进行。当分系统设计可获得详细的信息时,便可立即进行这种分析。随着分系统设计的进展,这种分析也应不断修改。

1. 分系统危险分析的目的

分系统危险分析用于确定与分系统设计有关的危险(包括部件的故障模式、关键的人为差错输入)和由分系统的部件和设备之间的功能关系所导致的危险;确定与分系统部件的工作或故障有关的危险及其对系统安全性的影响。

2. 分系统危险分析的内容

分系统危险分析应确定因其性能、性能下降、功能故障或意外动作等可能导致的危险,或其设计不满足合同要求的所有部件及设备(包括软件)可能导致的危险,这种分析应包括以下几个方面。

(1)确定分系统部件的各种故障模式(除单点故障外还包括人为差错)及其对安全性的影响。

(2)确定软件事件、故障和偶然事件(如定时不当)对分系统安全性的可能影响。

(3)确定软件规格说明中的安全性设计准则已得到满足。

(4)确定软件设计需求及纠正措施的实现方法不影响或降低分系统的安全性或引入新危险。

分系统危险分析的结果必须编写成文,例如分析报告。在分析报告中,除概括说明分析结果外,还必须包括下列内容。

(1)部件故障模式:描述所有可能引起危险的故障模式。

(2)系统事件阶段:说明发生危险时系统所处的任务阶段。

(3)危险说明:对危险作出全面说明。

(4)对分系统和(或)系统的影响:描述危险对分系统及系统的影响。

(5)风险评估:对每项危险进行风险评估。

(6)建议措施:提出消除或减少危险应采取的措施,并讨论在什么情况下采取什么形式的措施。

(7)建议措施的影响:讨论所建议的措施对风险评估结果带来的变化。

(8)备注:列出参考资料、相似系统的信息等在分析报告中未包括的所有信息。

**3. 分系统危险分析的方法及步骤**

1)分析方法

分系统危险分析的方法大致可分为硬件分析法和功能分析法两种。

(1)硬件分析法。这种方法根据硬件产品的功能对每个故障模式及其影响进行分析,各硬件产品的故障影响与分系统的功能依次相关。当硬件产品可按设计图纸及其他工程设计资料明确定义时,一般采用硬件法分析。这种方法通常从零部件开始分析再扩展到分系统或系统,即自下而上进行分析。

(2)功能分析法。这种方法从系统的设备功能图开始分析,而不是从硬件设备开始。当硬件不能按功能明确定义时,如在系统研制初期,各部件的设计尚未完成,得不到详细的部件清单、系统原理图及系统总装图;或当系统的复杂程度要求从最高产品层次开始向下分析,即自上而下分析时,一般采用功能分析法。

对于某些较复杂的分系统或系统,采用功能分析法和硬件分析法结合的分析方法可能是最佳的方法。

目前具体用来确定和评价可能存在于各个分系统和(或)分系统组成单元中的危险的常用分析方法有故障模式、影响和危害性分析等四种。这些方法还可用来确定是操作疏忽、功能故障还是其他故障造成事故发生。具体内容可见《系统安全性大纲》(GJB 900—1990)实施指南。

2)分系统危险分析方法的选择

为了进行分系统危险分析,通常必须根据经费预算、时间和被分析设备可用信息的状况选择最经济有效的方法,主要的选择准则如下。

①只规定基本的定量分析结果;

②把分析所包括的设备约定层次限制在需要的最低数量;

③故障影响只限于满足分析目的所需的那些设备中；

④如果对主要故障模式的分析能够达到分析目的，就不必对所有可能发生的故障模式都进行分析，也就是区分哪些故障模式是希望进行分析的，哪些是必须进行分析的；

⑤故障树分析只用于极严重的故障影响和危险分析中。

3）分系统危险分析的步骤

进行分系统危险分析必须根据所分析的分系统的特性选择分析的方法及途径。目前虽然还没有统一的固定格式和规定程序，但是不管选用哪一种方法，可参照下述步骤进行分析。

①确定系统或硬件及其要求；

②确定进行分析的基本规则和前提，例如规定故障判据；

③建立框图或事件发生顺序；

④确定故障模式、影响、故障检测方法和其他工作单要求；

⑤评价每个故障模式的危害性；

⑥提出所需的纠正措施，并评价纠正措施的有效性；

⑦编写分析文件，对那些不可能纠正的产品提出建议，通过适当的维修保证达到固有的安全性。

**（三）系统危险分析**

系统危险分析（SHA）是在工程研制阶段开始进行的一种详细的定性或定量的危险分析，以证实系统符合规定的安全性要求，识别与分系统接口有关和与系统功能有关的危险，评价与整个系统设计有关的风险，提出为消除已确定的危险或控制其有关风险所必须采取的措施的建议。

1. 系统危险分析的目的

系统危险分析用于确定整个系统设计中有关安全性问题的部位，包括对安全性影响关键的人为差错，特别是分系统间接口的危险，并评价其风险。系统危险分析应包括审查如下有关各分系统接口的问题。

①符合系统或分系统文件规定的安全性准则；

②独立的、相关的和同时发生的危险事件，包括安全装置的故障或产生危险的共同原因；

③由于某分系统的正常使用导致其他分系统或整个系统安全性的降低；

④设计更改对分系统的影响；

⑤人为差错的影响；

⑥软件事件、故障和偶然事件（如定时不当）对系统安全性的可能影响；

⑦软件规格说明中的安全性设计准则已得到满足；

⑧软件设计需求及纠正措施的实现方法不影响或降低系统的安全性或引入新的危险。

2. 系统危险分析的内容

在初步设计评审点就应开始进行系统危险分析，在设计完成之前应不断修改；当设计更改时,应评价这些更改对系统及分系统安全性的影响;系统危险分析应提出消除或降低已判定的危险及其风险的纠正措施。

系统危险分析的重点在于各分系统间的接口,因此,考虑各部件或分系统间的各接口关系成为系统危险分析中的一项重要工作。各接口间的关系主要可分为物理的、功能的和能量流的关系。

1)物理关系

物理关系是指各分系统在几何尺寸及机械结构间的相互关系。每个分系统的设计及制造本身是良好的,而且单独试验时能够按要求正常工作。然而,当把各分系统组装成一个系统时,由于尺寸不匹配或其他结构问题,可能产生各种危险。例如:因零部件间的间隙过小而导致维修时损坏其他零部件;由于设计不当造成误接各种接头或连接器而导致危险;分系统或零部件的安装位置不合理而造成系统的潜在危险;等等。

2)功能关系

功能关系各分系统的输入与输出之间的相互影响。一个分系统的输出可能作为相接分系统的输入,或者可能控制某接口分系统的输出。如果某分系统输出异常或产生错误,就可能损坏接口分系统或构成系统的潜在危险。例如:某个分系统的零输出、输出不过高的输出、不稳定的输出和错误输出等,都可能导致接口分系统或整个系统损坏或人员伤亡。

3)能量流关系

能量流关系各分系统间的电、机械、热、核、化学或其他形式的能量的相互关系。当系统中这些能量失控时便会损坏设备、伤害人员。例如:各分系统或部件间用于各种能量的接头或者管道(导线)故障或损坏,便会产生潜在的危险,甚至造成灾难的事件;电力导线的短路将会产生火灾;燃油管道在高压下破裂或泄漏会引起火灾或爆炸;有毒流体管道破裂或泄漏会造成人员伤亡;发动机燃料管道泄漏会使燃料溅到热的排气管上而造成火灾;等等。因此,系统危险分析必须考虑系统中每种流体的所有有害特性。

3. 系统危险分析的格式及方法

从原则上讲,前面介绍的大部分分析格式和方法都适用于系统危险分析。然而在系统危险分析中,不仅限于分析各独立分系统的危险,而且必须考虑各分系统的相互作用和作为系统整体而工作所存在的危险。

在进行系统危险分析时,所选择的格式及方法取决于可用的系统信息量、系统的研制周期和系统危险分析的应用。

系统危险分析可利用初步危险分析和分系统危险分析所得到的信息。随着系统设计的进展,可能会出现新的不希望有的事件,因此,系统危险分析也要不断修改。

1)分析格式

系统危险分析格式应与分析方法相匹配,按具体被分析的系统的研制大纲的要求进行选择。系统危险分析所采用的基本分析格式包括叙述性格式、列表格式和图形格式,每种格式都有其主要的应用范围、目的、优点和限制。

(1)叙述性格式。这种格式主要适用于系统早期设计的系统危险分析。它通常用于协助制定设计准则和指出有问题的地方。

（2）列表格式。这是一种与故障危险分析相似的格式。它可以有效地说明系统设计中所有已识别的危险,并提供每个危险的信息。列表格式的系统危险分析的灵活性大,可通过更改表头栏目的内容进行不同要求及不同目的的分析。表 7.4 和表 7.5 分别列出了两种类型的系统危险分析的表格示例。

### 表 7.4　系统危险分析(表例 1)

第　　页共　　页

系统/型号_____　　分析人员_____　　日期

分系统_____　　　审　核_____　　日期

| ①<br>产品号 | ②产品<br>说明及接口 | ③系统<br>使用阶段<br>及事件 | ④危险<br>模式或<br>事件 | ⑤危险对<br>分系统及<br>系统的影响 | ⑥可能影<br>响危险的<br>上游事件 | ⑦风险评估 | | ⑧备注纠正<br>措施及建议 |
|---|---|---|---|---|---|---|---|---|
| | | | | | | 危险严重<br>性等级 | 危险可能性<br>等级 | |
| | | | | | | | | |

### 表 7.5　系统危险分析(表例 2)

合同号№_____　　　系统危险分析　分析号№_____　　修改号№_____

承制方_____　页号____　共____页

系统_____　　接口系统_____　　制表者_____　　日期_____

图纸号_____　　图纸号_____　　审查者_____　　日期_____

批准者_____　　日期_____

| ①<br>项目号 | ②危险<br>说明 | ③系统<br>模式 | ④潜在<br>原因 | ⑤对系统的<br>影响 | ⑥对接口系统的<br>影响 | ⑦接口<br>参数 | ⑧危险<br>等级 | ⑨再设计及<br>控制措施 |
|---|---|---|---|---|---|---|---|---|
| | | | | | | | | |

（3）图形格式。故障树分析就是一种图形格式的分析方法,它以图的形式描述有害的顶事件和引起顶事件的各种因素,因而可迅速地确定需要故障概论值的部件或分系统,并最后提供信息,以评价选择具体设计时会发生不希望事件的风险。

2）分析方法

系统危险分析所用的方法与分系统危险分析所采用的方法大部分是一样的。虽然它们方法相同,但是系统危险分析的重点在系统上,而不在分系统上。

**(四)使用和保障危险分析**

1. 使用与保障危险分析的目的及内容

使用和保障危险分析是为了确定和评价系统在试验、安装、改装、维修、保障、运输、地面保养、储存、使用、应急脱离、训练、退役和处理等过程中与环境、人员、规程和设备有关的危险;确定为消除已判定的危险或将其风险减少到有关规定或合同规定的可接受水平所需的安全性要求或备选方案。这种分析应确定如下各项。

①在危险条件下进行的各项工作及其时间,以及在这些工作中及其时间内尽量减少风险所需采取的各种措施;

②为消除危险或减少有关风险所需的系统硬件或软件、设施,或保障和测试设备在功能或设计要求上的更改;

③对安全装置和设备的要求,包括人员安全和生命保障设备;

④报警、注意事项及特别应急措施,如应急出口、营救、脱离、安全动作、放弃等;

⑤危险器材的装卸、使用、储存、运输、维修及处理要求。

在进行使用及保障危险分析时应考虑如下各项。

①每个工作阶段计划的系统配置和(或)状态;

②设施的接口;

③计划的环境;

④保障工具或其他设备,包括软件控制的自动测试设备或规定使用的设备;

⑤操作或工作的次序,同时进行工作的影响及限制;

⑥人机接口关系;

⑦有关规定的人员安全和健康要求;

⑧可能的非计划事件,包括由于人为差错产生的危险。

为了向系统设计提供有效的输入信息,应尽量早地进行使用和保障危险分析,一般应在系统试验和使用前进行。在系统设计更改前也应进行这种分析,以评价工程更改建议。

当系统的设计或使用条件变化时,应修改使用和保障危险分析。此外,在设施的订购中也可有选择地应用这种分析,以保证使用和维修手册中含有合理的安全性和健康要求。使用和保障危险分析需要以下信息。

①系统、保障设备和设施的说明;

②各种规程的操作手册草案;

③初步危险分析、分系统危险分析和系统危险分析的分析报告;

④有关的要求、约束条件和人员能力;

⑤人素工程资料和报告;

⑥经验教训,包括由人为差错引起灾难事故的历史资料。

2. 使用与保障危险分析分类

使用和保障危险分析可分为规程分析和意外事件分析两类。规程分析是对各种操作规程的正确性进行评价。意外事件分析是对可能演变为事故的使用情况和防止事故发生的方法进行研究。

1)规程分析

规程指的是使用、组装、维护、修理、校准、测试、运输、装卸、安装或拆卸某一产品所采取的一组按顺序安排的动作。规程分析是对这些动作及为完成这些动作所提供的任何说明文件的审查。

一个完整的规程分析包括两个阶段的分析工作。第一阶段分析的目的是为了证实设计人员制定的操作和保障规程使操作人员伤亡和设备损坏的概率最小。

第二阶段分析是研究由于操作人员偏离设计人员制定的规程可能导致意外的灾难事故,以控制任何可能产生的危险行动。

(1)第一阶段分析。

第一阶段的分析包括对如下三个方面问题的分析研究。

①设计人员提出如何操作一台具体设备的方案;

②当按设计的方案操作设备时,操作人员或其他人员是否会遇到危险;

③在执行使用和保障规程期间,设备故障或人为差错可能导致的后果。

在这一阶段应用的分析主要是对系统的使用、维修、试验、运输、装卸和储存等活动进行充分评价。若分析是在使用和保障规程已制定完毕后进行,则第一阶段的规程分析较简单明了,否则就应在设计人员的帮助下完成。不管分析用的信息来自何处,必须采用下述简单的系统综合方法。

①分析某一具体作业时,先把它分为几个基本步骤,简要描述每个步骤或活动要做什么工作并记录成文,再以相同顺序执行这些步骤;

②检查每个步骤,以确定由于完成该步骤可能引起的危险或潜在事故源;

③提出消除或控制危险的解决方案。

表 7.6 为规程分析第一阶段分析的列表格式。

**表 7.6　规程分析列表格式(第一阶段)**

| ①<br>识别号 | ②<br>使用<br>步骤 | ③<br>危险<br>要素 | ④<br>危险<br>状态 | ⑤<br>触发<br>事件 | ⑥<br>潜在<br>故障 | ⑦<br>事件<br>概率 | ⑧<br>影响或<br>结果 | ⑨<br>危险<br>等级 | ⑩<br>参照标准<br>或条例 | ⑪保护或<br>纠正措施 | ⑫采取措施<br>的人员 |
|---|---|---|---|---|---|---|---|---|---|---|---|
| | | | | | | | | | | | |

为了对每个使用或保障步骤进一步说明,还可采用叙述格式。

①每个推荐的活动对危险等级或发生概率的影响;

②有关相似的意外灾难事故和相关事件的说明及其他栏中未包括的信息;

③为实施推荐的或要求的危险控制所采取活动的状态。

(2)第二阶段分析。

第二阶段分析的重点是对设计人员规定规程的评价,并与对操作人员可能选用的未经批准的其他规程的研究相结合。这种方法考虑了各种偏离规定动作可能发生的概率、影响及减少其影响风险的方法。具体分析方法如下。

①列出设计人员希望操作人员遵循的规程中的每一个步骤,同一个步骤中可能包括多项动作,必须对每个动作分别进行检查;

②列出操作人员可能偏离设计人员规定的动作,而采用别的动作取而代之的方式;

③若采取了其他动作,则列出可能导致的潜在危险;

④如果其他的动作可能造成或诱发意外的灾难事故,那么应列出任何可用于设计或规程的措施,以消除或降低产生其他动作的概率;

⑤若不能消除其他动作的发生,则应列出可能采取的措施,以避免或尽量减少可能发生意外事故的不利影响;

⑥在备注栏中标注该规程中遗漏之处、不清楚的地方或其他缺陷,以及历史的经验和教训等其他适用的信息;

⑦可能在一个栏中列出应当写入手册、说明书或设备标签上的任何警告、提示或其他注意事项。

表 7.7 为规程分析第二阶段分析的列表格式,对每一个规程都单独使用一张表格。有的分析人员也许愿意连续列出所有规程。这时表格应略加修改,在规程号码后设一附加栏,以列出每个规程的题目。

**表 7.7　规程分析列表格式(第二阶段)**

| ①手册识别号 | ②指定动作说明 | ③可能发生的其他动作 | ④其他动作的潜在影响 | ⑤避免其他动作的措施 | ⑥避免其他动作影响的措施 | ⑦备注 | ⑧警告与注意事项 |
|---|---|---|---|---|---|---|---|
|  |  |  |  |  |  |  |  |

**2)意外事件分析**

意外事件是指因某系统处于不正常的工作状态,且没有及时采取纠正措施,而可能发生的事故。例如,易燃燃料泄漏就是意外事件,若不立即采取措施便可能发生火灾。"意外事件"不同于"紧急事件",前者发生时尚未发生事故,而后者发生时可能已发生事故了。

(1)意外事件分析的目的。

意外事件分析可用于任何可能引发事故的产品,从部件到复杂的系统。通过意外事件分析可提出小的设计更改、建议修改操作规程和制定紧急规程。大型系统的意外事件可能会引起更严重的后果。对大型系统来说,通过意外事件分析可制订合适的紧急程序、确定抑制设备的需要及程序、确定脱离和营救设备的需要及程序和确定专门的训练及技术等级的要求。若其他安全性分析已完成,则意外事件分析就可证实在系统中不存在操作规程的安全性缺陷;若系统的操作规程存在安全性缺陷,则意外事件分析将指出必要的更改。

(2)意外事件分析的步骤。

意外事件分析可应用来自使用部门现场经验、事故数据和以前完成的安全性分析等的信息,其分析步骤如下。

①选择意外事件并进行评价,以确定利用现有的紧急规程控制意外事件是否能达到令人满意的效果,若其效果不能令人满意,则把该意外事件作为不希望出现的顶事件;

②确定导致不希望出现的顶事件发生的各种条件和事件,然后应用故障树分析确定可能引起那些输入条件和事件的因素;

③确定导致意外事件发生的输入事件的组合;

④指出如何才能识别意外事件或导致意外事件发生的事件的每一条件,例如采用压力表或温度计对压力和温度进行测量。此外,当对常规指示装置的指示正确性产生怀疑时,还

要确定备用指示器是否存在意外事件。例如,压力表读出压力下降,这可以通过流量表指示流量降低或通过目视记录来证实;

⑤列出控制危险应采用的措施,包括消除问题的纠正措施,或确保意外事件不演变为事故的预防措施;

⑥列出意外事件发生时应采取的任何其他预防措施。

(3)意外事件分析所需信息。

分析人员还可利用下列附加信息。

①无法挽回点:在意外事件发生时,通常希望指出到哪种地步挽救设备的工作才告失败,而且工作人应当放弃挽救而寻找安全场所;弹药着火就是意外事件的典型示例,着火就是造成重大灾难性事故(爆炸)发生的意外事件;

②可利用的时间:估计意外事件演变成事故所需的时间,例如,淹没在火海之中的爆炸性武器的"引爆时间",这些数据强调时间要素;

③意外事件防护设备:列出可以用于控制由意外事件诱发的危险的各种人员防护设备及其安放的位置;

④外部辅助设备:列出可能需要的或十分有用的外部辅助设备的信息;

⑤概率评估:分别列出意外事件可能发生以及可能演变成事故的概率。

表7.8为意外事件分析表,该分析表清楚地表示出导致不希望事件发生的可能事件。意外事件分析所用的大量信息可以通过故障树分析获得,有关控制危险或限制危险进一步发展的方法,可从安全设备制造厂那里获得。

**表7.8　意外事件分析表**

| ①意外事件可能导致的有害事故 | ②意外事件说明 | ③意外事件可能的原因 | ④意外事件已发生的指示 | ⑤证实意外事件已发生的方法 | ⑥防止意外事件演变成有害事故的措施 | ⑦证实意外事件已被控制的方法 | ⑧预防措施 | ⑨备注 |
|---|---|---|---|---|---|---|---|---|
| | | | | | | | | |

此外,安全性分析还有职业健康危险分析(OHHA)、工程更改建议的安全性评审、订购方提供的设备和设施的安全性分析。

# 第四节　系统安全性验证与评价

## 一、系统安全性验证

### (一)安全性验证概念

系统安全性验证是对系统中安全性关键的硬件、软件和规程进行试验、演示、检查和分析等工程工作。其目的是在系统研制中用订购方认可的适当验证方法来验证安全性关键的产品是否符合系统说明书、系统要求等文件的安全性要求,并记录成文。它主要用于非低风险的系统,对于低风险系统,也许可以不用。

所谓的安全性关键的硬件、软件和规程,是指如果它们不符合规定的安全性要求,就会造成严重的人员伤害、设备损坏或财产损失,因此必须对它们专门作确切的安全性验证。订购方应明确"安全性关键的"的具体定义,即会造成多大人员伤害、设备损坏或财产损失的程度就算是"安全性关键的";或确定安全性关键的具体硬件、软件和规程。在明确"安全性关键的"的具体定义后,就可应用自上而下的初步危险分析和(或)工程判断来确定安全性关键的具体硬件、软件和规程。它们包括因设计无法消除Ⅰ级危险而设置的控制装置、安全装置和报警装置等。

为了能确保充分验证安全性关键的产品的安全性,安全性验证工作还应包括评审所有试验的试验计划、试验规程和试验结果。这里所说的试验包括设计验证、使用试验与评价、技术资料的验证、生产验收、储存寿命验证等方面的试验。

对在系统说明书、系统要求等文件中规定的安全性要求的验证,一般纳入系统和分系统的试验计划。对在研制过程中鉴别出的危险所采取的风险控制措施,其安全性验证可能需要制订专门的试验计划和试验规程。

**(二)系统安全性验证的方法**

对于安全性关键的产品的验证,必须采用能确保确切验证的方法。验证方法主要有试验、演示、检查和分析四类,下面分别予以说明。

1. 试验

试验是用仪器设备测量具体参量的验证方法,通过对试验数据的分析或评审来确定。所测定的结果是否处于所要求的或可接受的限度之内,这里所说的分析是该试验方法中的一个组成部分,不是指下面将提到的第四种验证方法"分析"。通过试验也可观察到产品在规定的载荷、应力或其他条件下会不会引起危险、故障或损伤。这类验证方法的例子有高压设备的耐压试验、设备的噪音水平试验、螺栓的强度试验等。

2. 演示

演示是另一种试验性的验证方法,用来确定产品的使用安全性是否达到所规定的要求。它通常不是用测量设备来测量参量,而是用"通过"或"通不过"的准则来验证产品是否以安全的、所期望的方式运行,或者一种材料是否具有某种性质。例如:接通应急按钮,看能否中止设备的运行;绝缘物是不是不易燃烧;等等。

3. 检查

这类验证方法一般不用专用的实验室设备或程序,而是通过目视检查或简单的测量,对照工程图纸、流程图或计算机程序清单来确定;产品是否符合规定的安全性要求,例如是否存在某种有害状态、有无不适合的材料、有无所需要的安全装置等;确定是否有会伤害人体的机械危险部位、会使人触电的电路、护板的开口尺寸是否合适、有无告警标志等。

4. 分析

分析验证包括分析原来的工程计算,以确定所设计的硬件按要求运行时能否保持其完整性;核算各种材料所受的载荷与应力,以及承受这些应力所需的尺寸;校核加速度、速度、反应时间等;验算设计师对产品安全性设计所作的其他工程计算;等等。例如,分析高压设备的金属厚度、确定栓接法兰盘所需的螺栓数量与尺寸等。这类验证分析虽然是用于安全性的,但并不认为是系统安全性设计中的一类危险分析。

对于安全性关键的硬件、软件和规程的安全性要求的验证以及对于消除或控制在研制中所鉴别危险所采取措施(重新设计、采用控制手段或安全装置等)的有效性的验证,应按具体的安全性特性确定采用上述的一种或几种验证方法。在分析或检查验证法不可行时,就得使用演示或试验验证法。

当试验工作因费用过高或某些环境条件(如宇宙空间)无法模拟而不可行时,在订购方的认可下,可用工程分析、类推(或称类比)、试验室试验、全尺寸功能模型或小尺寸模型的模拟来代替安全性验证试验。这些方法一般不能提供对极限安全性水平的验证,并要求有足够的安全性设计裕量来弥补这些方法的相对不确定性。其中,类推是指如需验证的产品以前已在类似装置上通过验证,则可把以前验证试验的环境条件、工作条件和持续时间与现在拟用的安全性验证试验条件相对比。若对比分析表明,以前所用的试验条件与现在拟用的试验条件相同或更为严格,则可不再进行试验而作出验证合格的结论。模拟是按模型与产品的相似性分析和(或)评审模拟试验的数据,以验证产品的安全性是否与所规定的要求相符。

**(三)试验(包括演示)时应考虑的问题**

进行安全性验证试验(包括演示)应考虑以下一些问题。

(1)试验计划应包括下列内容。

①试验的目的;

②在安全性验证试验与系统和分系统的其他试验结合进行时,要说明结合的理由和方法;

③试件的确定(适用时,包括试验中需用计算机程序的确定);

④试验时间和进度;

⑤试验组织及其组成与职责;

⑥所需收集的数据;

⑦试验规程;

⑧订购方的参与程度。负责领导试验以及观察与分析试验结果的验证评审组中必须有订购方的代表。

(2)应尽可能把安全性验证包括在系统和分系统试验计划和规程中。然而,对于验证消除或控制在研制中鉴别出的危险所采取措施(重新设计、采用控制手段或安全装置等)的有效性,如检查或分析方法不可行时就可能需要专门的安全性试验。此时应修改系统安全性工作计划和总的试验计划,把这些专门的安全性试验包括进去。

(3)在设计试验方案时,要权衡以下各点。

①不同产品层次的试验量。如研制早期在较低层次上的试验较多,就可减少以后在较高层次上的试验,因此要权衡这两者之间的费用与效益。当然,对较低层次的试验条件应比

对较高层次的试验条件严格一些。

②软件的验证。要在研制早期使用模拟装置完成对软件的验证与在后期使用硬件产品来验证软件之间进行所需费用的权衡,即在研制模拟装置的所需费用与使用模拟装置作验证的可能费用节省之间的权衡。

③试验设施和试验设备。要权衡是使用现有的试验设施和试验设备,还是采购或研制新的具有较高性能的试验设施与设备。

(4)应该考虑用诱发的故障或模拟故障来验证安全性关键的硬件与软件的故障模式以及是否符合安全性要求。

(5)要考虑试验安全性。承制方应制订必要的规程以鉴别、评审和监控可能有高风险的试验,包括专门为得到安全性数据所进行的试验,并及时采取消除或控制可能的危险试验条件的措施。承制方的系统安全性组织应确证在试验前的准备状况评审中已包括对事故风险的评估。开始试验前,应对试验设备、设施和试件进行安全性检查。操作人员应经必要的培训。

**二、系统安全性评价**

**(一)安全性评价的目的**

安全性评价是根据各项已作的安全性工作和已知条件在系统运行前评估其事故风险水平的一项系统性工作,是设计过程的整体组成部分,并与设计工作交叉结合进行。它包括危险的鉴别和危险的评价两个方面。前者是反复校核系统中残余的危险(包括设计未消除或控制的已鉴别的危险和设计引入的尚未知的新危险)以及改进措施的有效性;后者是评定残余的事故风险的可接受性,若不接受,则提出修改设计的建议。

安全性评价的内容是概括并全面评价各项系统安全性工作的结果,必要时作补充分析或试验。因此,它基本上是一项管理性的工作项目,其目的是全面评价在系统的试验或使用前或在某一采办阶段的合同完成时所假定(计算)的系统事故风险,以确定是否符合规定的要求,并记录成文,使系统能安全地进行试验或使用,或能从安全性的角度出发作出决断;此时,系统可以进入下一个采办阶段。

为了能全面评价系统的安全性,必须要求承制方确定系统的硬件、软件和系统木身设计的所有安全性特性和可能由系统的各种规程所导致的危险,并确定应遵守的危险控制方法和注意事项。其重要性在于使用户、使用人员或试验人员了解系统设计中所残余的所有不安全因素、系统的操作特性和应遵守的各注意事项。

它主要适用于非低风险的系统,对于低风险系统,也许可以不用。

**(二)安全性评价的内容**

评价可以是定性的,也可以是定量的,但应尽可能定量化。评价过程一般包括评审对系统及其使用模式的说明,按已作的安全性工作和已知条件对系统中残余危险的风险进行综合评价并作出结论,必要时提出设计修改意见等步骤。

评价应包括下列各项内容。

(1)评审危险分类与分级的准则和方法。

(2)评价在设计中所进行的和在评价时所补充进行的所有安全性有关的分析与试验的结果,以确保所有的危险因素已经判明,并且已经消除或较好地将其风险控制在规定的可接受范围之内,或者已用告警标志或在规程上明确标出了应注意或遵守的事项。要评价的分析与试验包括所有的系统安全性分析、有关的工程分析(如有关的可靠性分析、人素工程分析等)、安全性验证分析与试验、其他适用的分析与试验以及在评价时所补充的分析与试验。

(3)评价各项系统安全性大纲工作的结果,列出全部主要危险以及用于确保人员和设备安全所需的具体安全性建议或预防措施的清单,并对清单上的危险按在正常或不正常使用条件下会不会发生进行分类。

(4)评价在系统中所产生或所使用的所有危险的材料(或器材),包括以下几个方面。

①确定其类型、数量和可能的危险;

②在装卸、使用、储存、运输、维修和处理期间所需的安全防护措施和规程;

③该材料(器材)的安全性数据。

(5)作出书面结论,所有已鉴别的危险均已消除或其有关风险已控制在规定的可接受水平,系统已可以进行试验或使用,或进入下一采办阶段;反之,则提出修改设计的建议。

此外,承制方应按合同要求对所承制的系统与其他系统的接口的危险提出可行的处理建议。

**(三)关于安全性符合有关规定的评价**

安全性符合有关规定的评价是评价系统(或设施)的设计是否符合国家、军用与行业的安全性法规、规范与标准等有关法规规定的安全性要求,并记录成文,以确保系统的设计是安全的可行的。

评价应包括(但不限于)下列内容。

(1)确定适用于所研制系统的有关安全性的国家、军用和行业的标准、规范和法规;并验证系统设计及其规程是否符合这些文件中的设计和使用安全性要求,并记录成文。这些文件可能是订购方在系统说明书或其他合同文件上规定的,但这并不排斥承制方还采用其他的适用标准。评价时,承制方也应考察现有的类似系统的安全性资料。

评价安全性符合有关规定的方法有分析、试验、检查、应用安全检查表等多种,可按系统、设备的具体情况选用。方法的选用,须经订购方认可。

(2)鉴别和评价系统中残余的固有危险,以便消除这类残余危险或将其风险降低到可接受水平。即使系统全部是由完全符合适用标准的设备组成的,也会含有由其独特的使用、接口、安装、试验、运行、维修或保障所引起的危险。为此,评价必须包括上述必要的危险分析。

(3)通过评价可能会提出一些消除或控制残余危险的改进措施,因此承制方应该确定系统安全使用与保障所需的专门的安全性设计特点、装置、规程、技能、训练、设施、保障要求和人员防护设备。这也包括系统以外的或承制方职责外的适用防护措施。例如,由于合同未考虑到对现成设备的重新设计或改装,或承制方可能不负责提供所需的应急信号灯、防火装置或人员安全设备,因此危险的风险需用专门的安全设备和通过培训来控制。

(4)鉴别危险的材料(器材)及其安全储存、装卸、运输、使用、维修与退役处理所需的防护措施与规程。

### (四)安全检查表评价法

1. 安全检查表概述

为了系统地发现系统在研制中或使用前的不安全因素,需要事先把系统加以剖析,查出其各层次组成的不安全因素,然后确定检查项目,以提问的方式把检查项目按系统的组成顺序编制成表,以便进行检查或评审,这种表就叫作安全检查表。

安全检查表出现于 20 世纪 20 年代,是传统安全工作行之已久的办法,形式很多,可用于系统安全性工作计划的检查、设计评审、使用前或使用中的安全性检查等。

它具有以下优点。

(1)能够事先编制,因此可有充分的时间组织有经验的人员来编写,做到系统化、完整化,不致于漏掉任何可能导致危险的关键因素。

(2)可以根据规定的标准、规范和法规,检查遵守的情况,得出准确的评价。

(3)表的应用方式是有问有答,给人的印象深刻,能起到安全教育的作用。表内还可随时对改进措施提出要求,隔一段时间后重新检查改进情况。

(4)简明易懂,容易掌握。

2. 安全检查表的内容要求

安全检查表应列举需查明的所有会导致事故的不安全因素。它采用提问的方式,要求回答"是"或"否"。"是"表示符合要求,"否"表示存在问题,有待于进一步改进。安全性检查表的内容可参考《系统安全性通用大纲》(GJB 900—1990)实施指南所列。

# 第八章　环境适应性分析设计与试验评价

如前文所述,装备环境工程是指将各种科学技术和工程实践应用于减缓各种环境对装备效能影响或提高装备耐环境能力的一门工程科学。《装备环境工程通用要求》(GJB 4239—2001)中规定,装备环境工程内容包括环境工程管理、环境分析、环境适应性设计、环境试验与评价。

本章简要讨论环境适应性要求、环境工程管理、分析与设计、试验与评价等内容。

## 第一节　环境适应性要求与环境工程管理概述

### 一、环境适应性条件要求

环境适应性条件要求指装备及其下层产品应耐受的单一环境因素、综合环境因素及其定性与定量的描述。它是装备研制要求或合同(协议)中提出相应环境适应性要求和规定环境适应性验证要求的依据,通常包括以下两个方面。

(1)整个装备对其寿命期预期遇到的自然和诱发环境的环境适应性要求和装备下层产品对其所处的微环境或平台环境的环境适应性要求。

(2)装备结构件的环境适应性要求和功能件的环境适应性要求。

表 8.1 中列出了各种环境因素的环境适应性要求示例。具体产品的环境适应性要求,应根据装备寿命期环境剖面和使用环境文件,结合收集到的环境数据,考虑各环境因素对装备的剪裁确定。

表 8.1　装备环境适应性要求一览表

| 装备/位置 | | 环境因素 | 环境适应性要求 | | 环境适应性验证要求 |
| --- | --- | --- | --- | --- | --- |
| | | | 定性要求 | 定量要求 | |
| 整个装备 | | 已确定考虑的环境因素($n_1$) | | | |
| 装备内部 | A 区 | 已确定考虑的 $n_2$ 个环境因素 | | | |
| | B 区 | 已确定考虑的 $n_3$ 个环境因素 | | | |
| | C 区 | 已确定考虑的 $n_4$ 个环境因素 | | | |
| | … | … | | | |
| | Z 区 | 已确定考虑的 $n_i$ 个环境因素 | | | |

在环境适应性要求文件中一般应考虑以下环境因素。

(1)温度环境,一般分为高温储存环境、低温储存环境、高温工作环境、低温工作环境、高温短时工作环境、温度冲击环境和温度变化环境。

(2)压力环境,一般分为高原或高空储存环境、高原或高空工作环境、快速减压环境、爆炸减压环境、水压环境和其他环境。

(3)盐雾环境。

(4)湿热环境,一般分为恒定湿热环境和交变湿热环境。

(5)生物环境,一般分为霉菌环境、生物污损环境和其他生物环境。

(6)水环境,一般分为有风源淋雨环境、防水性环境、浸渍环境、潮湿环境和飞溅环境。

(7)太阳辐射环境,一般分为太阳辐射引起的热环境和长期太阳辐射引起的光老化环境。

(8)砂尘环境,一般分为吹砂环境、吹尘环境和降尘环境。

(9)爆炸大气环境,一般分为直接暴露于爆炸大气环境和间接(有外壳隔离)暴露于爆炸大气环境。

(10)加速度环境。

(11)冲击环境,一般分为一般机械冲击环境、弹道冲击环境、爆炸分离冲击环境和舰船冲击环境。

(12)振动环境,一般分为运输振动环境、使用振动环境和其他振动环境。

(13)炮击振动环境。

(14)噪声环境。

(15)温度-低气压综合环境,一般分为高温低气压环境和低温低气压环境。

(16)温度-湿度-低气压综合环境。

(17)温度-振动-噪声环境。

(18)温度-振动-低气压环境。

(19)温度-湿度-振动-低气压环境。

(20)积冰/冻雨环境。

(21)风环境。

(22)倾斜/摇摆环境。

(23)流体污染环境。

(24)酸性大气环境。

(25)其他环境。

**二、环境适应性验证方法要求**

环境适应性验证一般采用实验室试验方法,也可采用分析法,包括相似产品比较分析和仿真方法,还可以通过现场使用验证。环境适应性验证要求,一般就是验证研制总要求或合同(协议书)中规定的环境适应性定量要求。

环境适应性验证方法如下。

(1)试验方法。可以直接采用《军用装备实验室环境试验方法》(GJB 150A—2009)或其他有关标准中规定的相应试验程序进行,也可根据产品的具体情况对《军用装备实验室环境试验方法》(GJB 150A—2009)或其他有关标准规定的试验程序适当剪裁后进行。

(2)分析方法。可以通过分析的方法来确定产品环境适应性是否已满足研制总要求或合同中规定的要求。例如在环境适应性要求相同的条件下,若分析表明材料、结构、工艺和使用模式均相似或相同的产品通过了相应的试验,则该产品可不进行该试验,但应提供详细的分析报告和出具相应的试验报告。

### 三、环境工程管理要求

环境工程管理指为满足环境适应性要求,而进行的规划、组织、协调、监督、评价和控制装备环境工程所进行的一系列活动的总称。鉴于环境工程的特点,对环境工程应提出管理要求,其主要内容如下。

**(一)制订环境工程工作计划**

在装备的论证、研制生产和使用过程中,承制方应制订环境工程工作计划,以全面安排装备环境工程工作并纳入型号研制计划中,其主要内容如下。

①合同或相应文件中规定的环境适应性要求;

②装备环境工程工作组织机构及其职责;

③装备环境工程工作项目及其内容要求、实施范围、进度要求、完成形式和完成结果的检查方式;

④装备环境工程工作与工程设计、可靠性工程等的接口协调关系。

⑤环境工程工作评审要求;

⑥环境工程工作所需资源等。

**(二)进行环境工程工作评审**

装备环境工程工作评审的目的是按计划开展装备环境工程工作评审,以检查装备环境工程工作的进展情况,并为转阶段提供决策依据。其工作项目要点如下。

(1)承制方应在环境工程工作计划中明确评审时机、类型、评审方式及要求等。

(2)应按计划开展评审,重要评审应在合同或有关文件中明确,并由军事代表主持。

(3)评审应尽早通知参与评审的人员,并将评审材料提前送到参与评审单位和人员。

(4)评审尽可能与研制过程阶段评审结合进行,必要时也可单独进行。

**(三)环境信息管理**

装备环境信息管理的目的是对环境信息进行科学管理,为环境适应性设计、试验与评价等提供充分信息支持。其工作项目要点如下 。

(1)承制方应建立并运行信息管理系统,并尽可能与故障报告、分析和纠正措施系统结合运行。

(2)承制方应收集有关环境信息,包括装备寿命期环境剖面、产品所承受的自然环境和平台环境、产品所经历的环境试验、出现的故障及其原因分析以及采取的纠正措施等。

（3）环境信息管理系统应尽可能与根据《故障报告、分析和纠正措施系统》（GJB 841—1990)结合进行。

**（四）对转承制方和供应方的监督与控制**

目的是通过对转承制方的监督与控制，并按规定要求选择供应方，以保证其提供的产品的环境适应性满足规定的要求。工作项目要点如下。

（1）承制方应在合同或协议中对转承制方和供应方的环境适应性要求和环境工程工作要求。

（2）承制方应根据合同或有关文件的规定，对转承制方和供应方环境工程工作进行审查、评价，必要时进行现场监督。

（3）应明确对供应方产品的环境适应性要求，并对供应方的产品进行必要的试验与评价。

（4）承制方在确定产品的供应方时，应明确其对供应产品的环境适应性要求，并对供应方提供的产品进行必要的试验与评价。

## 第二节　环境分析与环境适应性设计

### 一、环境分析

如前文所述，环境分析是为确定装备寿命期环境条件，研究和分析各种环境对产品效能影响的一系列技术活动。《装备环境工程通用要求》（GJB 4239—2001)中对环境分析要做以下四项工作。

**（一）确定寿命期环境剖面**

（1）确定寿命期剖面一般包括运输、储存/后勤供应、执行任务三种状态的事件。

（2）根据以上三种状态事件预计的发生地点和状态本身特点，结合环境应力产生的机理，确定各种事件可能遇到或产生的自然环境和诱发环境类型，并按时序列出清单，编出一个寿命剖面。

（3）编制一份能说明与寿命期每一事件有关的自然环境和诱发环境或这些环境综合的清单，并编制出一份寿命环境剖面。

（4）尽可能用文字、图表和统计特性说明寿命环境中各种环境应力的大小。这些应力值应尽可能从装备的测量结果得出，也可以从《军用设备气候极值　总则》（GJB 1172.1—1991)中相关数据库和其他信息源得到，必要时也可通过分析计算得出。

**（二）编制使用环境文件**

编制使用环境文件目的是为确定环境适应性要求提供数据，主要工作项目如下。

（1）制订并实施使用环境现有数据收集计划。

（2）当无法从数据库中收集到足够数据时，则应制订实际使用环境数据实测计划，以确定实测可得到的数据要求，包括数据类型、数据量值等，并使用环境数据实测。

（3）对实测或收集到的数据进行处理，形成使用环境文件。

**(三)确定环境类型及量值**

确定环境类型及量值的目的是系统分析各种环境对装备性能、安全性及可靠性等的影响,确定关键因素,同时要求确定设计和试验需要考虑的环境类型及其量值,或确定这些量值采用的准则,从而得到环境要求。其主要内容如下。

(1)对寿命期环境剖面和使用环境文件中的数据进行分析,以确定影响装备的各种主要环境因素及其综合,以此作为装备研制中各种环境因素影响的依据。

(2)确定需要考虑的各类环境和综合环境应力,明确用于确定相应环境量值的准则。

(3)确定环境适应性要求。

(4)编制环境技术文件,主要内容如下。

①环境适应性设计和环境试验用的环境类型、应力量值以及确定原则及相关关键问题;

②具体量值选择的基本原理和假设,包括该量值对装备性能和耐久性影响的重要性和各等效因素;

③环境适应性设计和环境试验用的环境量值之间的差异,还包括试验压缩方法、疲劳加速度模型和试验设施的局限性;

④实验室试验结果与预计的使用结果之间的相关程度。

**(四)确定实际产品试验的替代方案**

确定产品试验的替代方案的目的是确定有环境适应性要求但可不用实际产品进行试验的产品及其试验替代方案,以降低试验件生产和开展试验带来的高费用。其工作内容如下。

(1)确定能用建模与仿真来代替产品环境试验的产品。

(2)确定能用试样来代替产品环境试验的产品。

(3)确定能用相似法来代替产品环境试验的产品。

(4)提供费用/效益/风险分析报告,且组织评审并按规定审批。

**二、环境适应性设计**

环境适应性设计是为满足装备环境适应性要求而采取的一系列措施,包括改善环境或减缓环境影响的措施和提高装备对环境的耐受能力措施。其工作项目要点如下。

**(一)制定环境适应性设计准则**

制定环境适应性设计准则的目的是指导设计人员开展装备设计,主要工作如下。

(1)应根据有关标准、手册和工程经验,制定专用的环境适应性准则,供设计人员使用。由于不同环境因素对装备的影响机理不同,因此应针对不同环境因素制定其具体的环境适应性设计准则。

(2)环境适应性设计准则应作为设计评审的依据。

(3)编制环境适应性设计准则,一般依据环境适应性要求文件、研制总要求和合同或协议书以及其他有关文件或标准。

(4)设计准则应针对环境适应性文件中规定的各项环境适应性指标,分别列出开展相应环境适应性设计应遵循的准则,如环境应力裕度、降额设计、降低环境应力强度或者环境影响、控制其工作时对周围的环境产生的影响等。

①耐环境应力裕度设计准则：应该根据应力特点、资源（时间、经费）和技术可能性等因素确定一个耐各种环境应力能力的裕度。裕度越大，设计和制造的耐环境能力的正态分布的均值离环境适应性要求的应力量值越远，产生的环境适应性水平越高。应当指出的是，裕度选得越大，设计难度越大，需要的时间和费用就越多，因此，确定裕度时应进行权衡。一般可由装备或系统的总师单位统一规定一个范围或者最小裕度，或由设计单位根据实际情况确定裕度。

②降额设计：应说明降额设计准则。

③降低环境应力强度或环境影响：说明降低环境应力强度或者环境影响的设计准则。

④控制工作时对周围环境影响：说明控制工作时间对周围环境影响的设计准则。

⑤其他设计准则：说明开展环境适应性设计应遵循的其他设计准则。

**(二)环境适应性设计内容**

在产品设计过程中，应根据环境适应性要求，参考相应的环境适应性设计手册，采用适当的技术和方法，按专用的环境适应性设计准则设计满足环境适应性要求的产品。环境适应性设计应与环境适应性研制试验、使用环境试验、自然环境试验和其他工程研制试验结合进行，并对发现的问题采取措施予以纠正。

环境适应性设计完成后，应编制环境适应性设计报告，以对环境适应性设计进行全面总结。

环境适应性设计报告内容包括以下几个方面。

1. 目的和用途

说明环境适应性设计报告编制的目的和用途。环境适应性设计报告是产品设计人员对开展环境适应性设计进行的全面总结。

2. 编制依据

说明编制该文件依据的各种文件或标准，包括环境适应性要求文件、研制总要求和合同或协议书以及其他有关文件和标准。

3. 环境适应性定量、定性指标

描述各环境因素对应的环境，环境适应性定量、定性指标。

4. 设计裕度

说明各环境因素适应性指标对应的设计裕度。

5. 采取的环境适应性设计技术和措施

阐述采取的各种环境适应性设计技术和措施，包括选用耐环境能力高的材料、工艺、元器件、部件和货架设备，采取减缓或者隔离环境的各种设计和工艺措施。

6. 环境适应性研制试验过程

描述已完成的环境适应性研制情况，包括应力施加情况、故障及其改进措施情况。

7. 环境适应性研制试验数据

(1)产品耐环境应力裕度及其工作极限与破坏极限。给出通过环境适用性试验后得到的产品耐环境应力(主要为温度和振动应力)裕度及其工作极限与破坏极限。

(2)产品环境的响应特性数据,给出通过环境适应性研制试验掌握产品环境(主要是温度和振动)裕度,及其工作极限与破坏极限(热点、温度分布、温度稳定时间、共振效率、振动模态、频率函数等)。

(3)产品的响应特性数据,给出通过环境适应性研制试验掌握产品环境(主要是温度和震动)的响应特性数据。

**8. 存在的主要薄弱环节,未来改进的方向**

通过对环节适应性数据的分析,指出存在的主要薄弱环节,提出未来改进的设计方向。

**(三)环境适应性预计**

环境适应性预计的目的是预计装备环境适应性,以提供设计方案能否满足环境适应性要求做出评价。其主要工作如下。

(1)应根据装备的工作模式,进行环境适应性预计。

(2)应该根据平台、装备自身工作特性和相邻装备工作情况确定装备最恶劣环境,同时利用材料、元器件及零部件的有关手册提供的数据,确定装备的定量耐环境极限应力,分析比较以确定装备能否承受最恶劣的环境作用及装备耐受最恶劣环境作用的余量。关于装备耐环境设计的有关方法,可参考本书第十章第一节有关的论述。

# 第三节  装备环境试验与评价

环境试验与评价的目的是确定环境对装备影响的过程,并评价装备适应性水平。它包括实验室环境试验、自然环境试验和使用环境试验,主要工作如下。

## 一、制订环境试验与评价总计划

制订环境试验与评价总计划的目的是统一安排有关试验与评价工作。其主要内容包括以下几个方面。

(1)制订实验室自然环境、使用环境试验与评价计划。

(2)实验室环境试验计划包括工程研制阶段的环境适应性的研制试验计划、定型阶段的环境鉴定试验和批生产中的环境验收试验和例行试验等计划。

(3)自然环境试验计划包括需进行自然暴露实验的材料构建、式样或者产品、实验采用的程序或方法等。

(4)使用环境试验计划包括研制阶段和使用阶段的试验计划。

(5)应根据设计和装备环境工作进展情况不断对计划进行修订或完善。

## 二、进行环境试验

### (一)实验室环境试验

**1. 环境适应性研制试验**

环境适应性研制试验的目的是通过对装备施加一定的环境应力和工作载荷,寻找设计缺陷和工艺缺陷,以采取纠正措施,增强装备环境适应性。其工作项目要点如下。

(1)承制方应根据环境试验与评价总计划,制订具体的环境应力试验计划,主要内容包括环境应力种类、量值和施加方法、装备检测要求等。

(2)开展环境应力研制试验,并通过"试验—分析—改进"的反复过程逐步增加环境应力。

(3)环境应力适应性研制可用加大应力量值的单应力或综合应力进行。

2．环境响应特性调查试验

环境响应特性调查试验的目的是通过试验确定装备对某些环境的物理响应特性和影响装备的关键性能的环境应力临界值,为后续试验的控制和实施及订购使用装备提供信息。其工作项目要点如下。

(1)确定在研装备对温度、振动的响应特性。

(2)确定在研装备在某些其他环境作用下的薄弱环节。

(3)确定在研装备可耐受的极大环境应力值。

3．飞行器安全环境试验

飞行器安全环境试验的目的是通过进行飞行器首飞的安全性环境试验,确保飞行器首飞的安全。其工作项目要点如下。

(1)在飞行器首飞前,应根据环境试验与评价总计划,制订一个具体的安全性环境试验计划,对涉及飞行安全的产品选择关键的环境因素进行试验,以保证首飞安全。

(2)试验原则上应用会使产品很快产生破坏或很快影响产品正常功能,从而影响飞行器安全的环境试验项目进行。

4．环境鉴定试验

环境鉴定试验的目的是在产品定型阶段,通过试验以验证装备环境适应性设计是否达到了规定的要求。其工作项目要点如下。

(1)重要产品的环境鉴定试验应优先在独立于订购方和承制方的第三方试验室进行,也可在军事代表监督下在指定的其他试验室进行。

(2)应制定具体产品的环境试验大纲并经军事代表批准或认可。

(3)承试单位应制定具体产品试验大纲及试验程序。

(4)承试单位在试件进入鉴定试验之前,应按《电子产品环境应力筛选方法》(GJB 1032A—2020)进行环境应力筛选。

5．批生产装备环境(验收和例行)试验

批生产装备环境试验又称验收或例行试验,目的是在生产阶段进行环境验收和例行试验,以检查批生产工艺操作和质量控制过程的稳定性,验证批生产装备环境适应性满足要求的程序。其工作项目要点如下。

(1)批生产装备应在军事代表主持下,按有关文件规定进行环境验收试验。

(2)批生产达到一定时间周期或一定数量时,订购方应在承制方的协助下进行例行试验。

**(二)自然环境试验**

自然环境试验的目的是通过试验,确定自然环境各种因素综合作用对产品的影响,主要工作要求如下。

(1)应根据材料、构件、工艺和部件或设备本身的耐环境能力数据及其在装备上的部位、暴露情况和寿命期可能遇到的环境,确定要进行自然暴露的材料、构件、部件和设备的清单。

(2)应根据装备寿命期环境剖面,确定储存、运输和作战使用中可能遇到的各种自然环境以及自然环境试验种类,选择自然暴露试验的场地和时间。

(3)应编制自然环境试验大纲。具体内容见《装备环境工程通用要求》(GJB 4239—2001)中的规定。

**(三)使用环境试验**

使用环境试验的目的是通过试验,确定装备使用过程中自然环境和诱发环境对装备的影响,为改进环境适应性设计和评价装备环境适应性提供信息。其主要工作项目要求如下。

(1)制订并实施使用环境试验大纲,对装备进行使用环境试验。

(2)尽可能准确记录故障现象及其发生的时间以及故障发生时的平台环境条件,以便提供实测环境数据,分析故障原因,为实验室复现和故障定位提供数据支持。

(3)使用环境试验的环境应能充分代表装备在其寿命期中可能遇到的类型环境,以保证试验结果的准确性。

(4)在工程研制阶段应尽可能将使用环境试验与实验室环境试验结合进行,以便利用实验室试验来复验使用环境试验中发生的故障,进行故障定位,采取纠正措施,并验证纠正措施的有效性。

**三、环境适应性评价**

环境适应性评价的目的是利用自然环境试验和使用环境试验结果来评价装备的环境适应性,主要工作内容如下。

(1)收集自然环境试验和使用环境试验结果和有关信息。

(2)收集装备在一般的运输和储存过程中的有关故障和问题信息。

(3)分析自然环境试验中遇到的自然环境条件和使用环境试验平台环境条件的代表性和可信性。

(4)分析自然环境试验得到的环境影响数据及规律,运输、储存、使用过程中和使用环境试验中得到的故障信息以及故障对装备作战效能的影响,并对装备或其他系统的环境适应性作出全面评价。

装备环境工程由于试验数据等原因,还不能像可靠性、维修性等质量工程一样建立数学模型,进行一系列设计分析、试验与评价,但由于装备使用环境对装备作战效能的影响已很重要,因此加强装备环境工程的理论和实践研究,将是装备质量工作者今后应探索的一项重要任务。本章只是根据《装备环境工程通用要求》(GJB 4239—2001)作了简要的讨论,仅供参考。

# 第九章　装备"六性"管理与监督

装备"六性"管理是指为了确定和满足装备（产品）"六性"要求而必须进行的一系列计划、组织、协调与监督等工作。它是"六性"工程重要的内容。

本章重点介绍"六性"计划与工作计划、装备寿命周期"六性"管理、装备"六性"评审以及军事代表"六性"监督等内容。

## 第一节　制订装备"六性"计划与工作计划

### 一、装备"六性"计划与"六性"工作计划概述

装备"六性"计划与"六性"工作计划是确保"六性"要求能有计划、有组织、有系统进行的条件。订购方必须根据装备使用要求提出具体装备的"六性"计划，并将其纳入研制合同；承制方必须根据订购方"六性"要求及有关"六性"国家军用标准的规定，制订具体产品的"六性"工作计划，以保证装备"六性"要求的实现。

#### （一）"六性"计划

1. "六性"计划的作用

制订"六性"计划是订购方必须做的工作，通过该计划的实施可以组织、指挥、协调与监督装备寿命周期中的全部"六性"工作。

"六性"计划的作用如下。

①对"六性"工作提出总要求，作出总体安排；

②对订购方应完成的"六性"工作作出安排；

③明确对承制方"六性"工作的要求；

④协调"六性"工作中订购方与承制方以及订购方内部的关系。

2. "六性"计划的内容

装备"六性"计划包含的内容和重点各不相同，其共同性内容如下。

①装备说明；

②装备"六性"工作的总体要求和安排；

③"六性"工作的管理和实施机构及其职责；

④"六性"及其工作项目要求论证工作的安排；

⑤"六性"信息工作的要求与安排；

⑥对承制方监督与控制工作的安排；

⑦"六性"评审工作要求与安排；

⑧使用"六性"评估与改进工作的要求与安排；

⑨工作进度等。

"六性"计划随着"六性"工作的进展，订购方应不断完善。"六性"计划应通过评审，并在合同中明确要求承制方承担的工作。

**(二)装备"六性"工作计划**

装备"六性"工作计划是承制方开展"六性"工作的基本文件。承制方应按"六性"工作计划来组织、指挥、协调、检查和控制全部"六性"工作，以实现合同中规定的"六性"要求。

"六性"工作计划的作用如下。

①有利于从组织、人员、经费，以及进度安排等方面保证"六性"要求的落实和管理；

②反映承制方对"六性"要求的保证能力和对"六性"工作的重视程度；

③便于评价承制方实施控制"六性"工作的组织、资源分配、进度安排和程序是否合适。

因此，"六性"工作计划需要明确为实现"六性"目标应完成的工作项目(做什么)、每项工作进度安排(何时做)、哪个单位或部门来完成(谁去做)以及实施方法与要求(如何做)。

**二、"六性"计划与工作计划的制订**

**(一)"六性"计划的制订**

前文已述及，制订"六性"计划是订购方进行"六性"工作的基本文件。该计划包括"六性"要求的论证和"六性"工作项目要求的论证工作，还包括"六性"信息收集、对承制方的监督与控制、使用阶段"六性"评估与改进等一系列工作安排与要求。

在"六性"计划中还应明确订购方完成的工作项目及要求、主要内容、进度安排及实施单位等。要求承制方做的工作，应纳入合同文件。

**(二)"六性"工作计划的制订**

1. 制订"六性"工作计划的原则

(1)制订"六性"工作计划应包括从产品的论证、设计开始，到使用阶段的整个寿命周期。

(2)制订实施各种业务的日程表，以便审查计划的进展情况。

(3)预算出执行各项任务所需的设备、经费及时间，明确负责人的职责和权限。

(4)反映定期检查计划执行情况，必要时，可对计划进行补充和修正。

2. 制订"六性"工作计划应考虑的因素

"六性"工作计划是产品研制、生产计划的一部分，应统一计划、协调。制订"六性"工作计划应考虑的因素包括以下几个方面。

(1)产品"六性"水平的高低。产品"六性"要求越高，工作安排要越细，"六性"工作项目就越多。

(2)应针对产品研制的不同阶段，制订不同的工作项目。

(3)考虑产品的种类及同类产品的"六性"水平状况。不同类型产品的"六性"要求不同，

"六性"工作项目也就不同。

(4)要考虑产品研制的其他要求,如资金和进度等。

3."六性"工作计划的内容

"六性"工作计划的内容应包括"做什么""谁去做""何时做"以及"如何做",具体内容包括以下项目。

1)产品的"六性"要求和"六性"工作项目要求。计划中至少应包含合同规定的全部"六性"工作项目。

2)各项"六性"工作项目的实施细则。可以分为产品的不同阶段,对工作项目要求、工作内容、完成状况及检查方法等进行描述。例如,按产品寿命阶段划分,进行如下描述。

(1)方案论证阶段。说明对各种方案进行分析对比过程,在此阶段,应开展部分"六性"工作,如制订部分外协、外协件计划,部分元器件控制计划,初步"六性"预计与分配,部分设计评审,初步失效分析、应力分析,制订关键项目清单、维修方案等。

(2)方案设计阶段。对几种方案进行深入分析,即进行必要的试验与分析,确定具体研制方案的过程。在这一过程应建立部分失效反馈、分析和改正制度,进行"六性"分配和应力失效分析,进行部分环境试验、应力筛选、可靠性增长试验及先行部件的鉴定试验。

(3)工程研制阶段。这一过程"六性"应全面展开,主要内容如下。

①可靠性、维修性预计和分配;

②FMECA(FTA)分析和应力分析;

③设计评审;

④耐环境分析及环境试验;

⑤元器件及原材料的选用、评定及备件预测;

⑥安全性设计;

⑦建立失效反馈、分析与改正制度;

⑧可靠性、维修性增长管理;

⑨设计鉴定与鉴定试验;

⑩使用可靠性与验证;

⑪元器件与产品失效数据分析与管理。

(4)生产阶段。

①外协件控制;

②失效的反馈、分析与改正制度;

③设计更改控制;

④验收试验;

⑤可靠性验收试验。

(5)使用阶段。

①"六性"数据的收集与分析;

②备件的测试与管理;

③人员培训;

④使用与维修文件的管理;

⑤工具与测试设备的供应。

3)可靠性工作组织人员及其职责。

4)可靠性工作的管理和实施机构与产品研制计划中其他工作协调的说明。

5)"六性"工作计划评审安排。

6)实施计划所需数据资料的获取途径或传递方式与程序。

7)"六性"关键问题及其对可靠性影响,解决的方法和或途径。

8)工作进度等。

以上"六性"工作计划内容并非固定不变,应随着研制的进展不断完善。当订购方的要求变更时,"六性"工作计划也应做相应的更改,且应经评审和订购方的认可。但无论内容如何变化,均应包括"六性"要求和"六性"工作项目要求,产品各阶段"六性"工作项目的实施细则,"六性"工作组织及人员,"六性"进度表,每一阶段的节点及检查或评审点,"六性"信息的收集、传递、分析、处理、使用的程序及方法等。

鉴于综合保障工作内容的特殊规定和要求,以下对综合保障计划与工作计划的有关内容作以补充讨论。

### 三、综合保障计划与工作计划的制订

装备寿命周期的综合保障管理是通过制订综合保障管理计划,并实施对计划项目的控制来实现。从型号论证开始,就应着手进行综合保障计划的初始规划工作,这项工作要一直延续到型号使用与部署阶段,使综合保障计划不断地得到修正和完善,直到建立正常运行的使用和维修制度。

综合保障计划是由订购方制订的,而承制方应据此制订综合保障工作计划。

#### (一)综合保障计划的内容与制订

综合保障计划是一份为实现新研装备的保障性要求和综合保障目标而进行的各项工作的简明指南,也是与综合保障有关各专业工程和综合保障内部各专业工作协调活动的总指导。

在论证阶段,订购方应制订一份详尽的综合保障计划,它集中反映了订购方对综合保障的要求,装备系统的基本情况、使用特点、寿命周期内主要综合保障工程的具体内容和由谁来完成,与其他专业工程活动的协调以及资金和进度等。它是参与综合保障工程的所有单位实施综合保障工作的基本依据。

1. 综合保障计划的内容

综合保障计划涉及装备寿命周期的所有阶段的工作,计划中的内容随研制的进展而逐步细化、扩充和修改。其主要内容如下。

(1)装备说明。装备说明主要提供有关装备的信息,包括以下内容。

①装备的主要作战使用和所要应付的主要威胁;

②装备的功能和性能指标,装备的功能框图;

③订购方直接采购的设备的性能指标及软硬件接口要求;

④在装备研制过程中应执行对装备总体或对装备保障系统有重大影响和制约的法规及标准。

（2）综合保障工作机构及其职责。综合保障工作机构及其职责主要指型号研制、生产和使用过程中订购方的综合保障工作机构及其职责。

（3）使用方案。使用方案详细说明装备的任务需求、使用强度、持续时间和机动要求，装备的主要部署地域、数量以及服役期限等，描述装备的寿命剖面和任务剖面。

（4）保障方案。保障方案一般应包括使用保障方案和维修方案。

①使用保障方案包括装备动用准备方案、运输方案、储存方案、检查方案、加注充填方案等；

②维修方案应说明装备维修级别的划分、维修的基本原则、各维修级别的维修范围和与维修工作相关的已知的或预计的保障资源方面的约束条件。

（5）保障性定性和定量要求。

（6）影响系统战备完好性和费用的关键因素。列出对系统战备完好性和费用具有重大影响的关键因素，同时要提出在新装备研制过程中控制这些关键因素的原则和要求。

（7）保障性分析工作的要求和安排。

①订购方进行的保障性分析工作，应明确工作项目、目的、范围、输入输出要求、分析方法、负责单位以及进度要求；

②承制方进行的保障性分析工作要求，应明确工作项目要求，输出数据要求和进度要求；

③说明双方所开展的保障性分析工作之间的相互协调关系、各项工作之间的输入输出关系。

（8）规划保障要求。规划保障要求主要由承制方通过实施保障性分析完成，应包括规划使用保障、规划维修和规划保障资源的基本要求，包括进度要求、输出要求和保障资源间的权衡分析要求，说明规划保障时可以利用的数据源。

（9）综合保障评审要求及安排。综合保障评审要求及安排应包括订购方内部综合保障评审和对承制方综合保障工作评审的要求与安排。

（10）保障性试验与评价要求。保障性试验与评价要求应包括订购方及承制方所应开展的保障性试验与评价的内容、方式、进度要求等。还应包括对承制方进行的保障性试验与评价工作要求。

（11）综合保障工作经费预算。综合保障工作经费预算应对每一阶段的综合保障工作所需费用做出预算，并根据装备采办进展情况适时调整。

（12）部署保障计划。

（13）保障交接计划。保障交接计划说明如何将装备保障责任向订购方移交，分别说明每项资源移交的时机、方式等。

（14）保障计划。

（15）现场使用评估计划。现场使用评估计划应包括对系统战备完好性初始使用评估和后续使用评估工作的详细安排。

（16）停产后保障计划。停产后保障计划应说明由于生产线关闭对装备保障的考虑，其中主要是备件供应的策划和安排。在国外，停产后保障主要采用全寿命采购、建立第二生产源等策略。

（17）退役报废处理的保障工作安排。退役报废处理的保障工作安排主要是对特殊装备（如核武器），应说明报废处理工作要求、安排、程序、负责单位及其职责等。

（18）工作进度表。工作进度表可用图表形式表示装备寿命各阶段尤其是研制阶段应完成综合保障各项工作的进度。

2. 综合保障计划的制订

综合保障计划在论证阶段就应制定，并随着研制进展不断地对其内容进行补充、修改和完善。

1）论证阶段

在装备的论证阶段就应开始草拟装备综合保障计划，在论证阶段结束时一般包括下列内容。

①装备初步说明；

②使用方案；

③初始保障方案；

④初定的保障性要求；

⑤订购方内部的综合保障工作机构，建立综合保障管理组的基本方案；

⑥对影响战备完好性和费用的关键因素的说明；

⑦保障性分析的要求和安排；

⑧综合保障评审的要求和安排。

2）方案阶段

在方案阶段，随着装备设计工作的进展，计划中需要补充、完善的主要内容如下。

①更为详细的装备系统描述；

②使用方案；

③保障方案；

④保障性定性、定量要求；

⑤影响系统战备完好性和费用的关键因素的详细说明；

⑥规划保障的要求，保障性分析工作安排；

⑦初始保障计划；

⑧保障性试验与评价要求，主要规定在工程研制阶段所要进行的保障性试验与评价的范围、目标、总体进度安排等内容；

⑨经费预算，主要提出工程研制阶段开展综合保障工作所需的经费要求；

⑩初步的部署保障计划，应根据装备部署计划初步拟定部署保障计划。

3）工程研制阶段

在工程研制阶段，根据承制方工作的结果，主要完善下列内容。

①保障计划；

②部署保障计划；

③停产后的保障安排、拟采用的保障策略；

④退役报废处理的有关保障考虑以及后续研究分析工作的安排；

⑤现场使用评估计划。

4)设计定型和生产定型阶段

在该阶段,对综合保障计划中的相关内容进行进一步的补充、修改和完善。

5)生产、部署和使用阶段

在该阶段,根据实际使用情况对综合保障计划做适当的补充完善。

**(二)综合保障工作计划内容与制订**

综合保障工作计划是承制方完成其承担的装备的综合保障任务的工作程序、基本方法和进度要求的规划性文件。

在论证阶段,承制方就应根据订购方提出的装备综合保障要求和综合保障计划制订综合保障工作计划。该计划应反复修订,并需通报和得到订购方认可,并随着研制工作的进展而补充完善。

1. 综合保障工作计划主要内容

《装备综合保障通用要求》(GJB 3872—1999)中给出了综合保障工作计划的主要内容如下。

(1)装备说明及保障性要求和综合保障工作要求。

(2)综合保障工作机构及其职责。

(3)对影响系统战备完好性和费用的关键因素的改进,包括对这些关键因素进行改进的基本途径、方法等。

(4)保障性分析计划:详细说明承制方进行装备保障性分析的工作项目、负责单位、进度,以及与订购方保障性分析、其他专业工程分析的协调和输入输出关系,还包括对主要转承制方保障性分析工作的要求。

(5)规划保障:详细规定通过保障性分析规划使用保障、规划维修和保障资源的工作程序、负责单位、进度和结果的提交形式和时机。

(6)综合保障评审计划:应根据综合保障计划和合同要求,制订综合保障评审计划。计划中对订购方主持的评审和承制方内部的评审作出详细的安排,还应包括对转承制方的评审要求。

(7)保障性试验与评价计划:应根据综合保障计划和合同要求,制订研制阶段的保障性试验与评价计划。

(8)综合保障工作的经费预算。

(9)部署保障工作的安排:根据综合保障计划的总体要求,说明需由承制方完成的时间等,同时还要说明与订购方协调的方式和途径。

(10)保障交接工作的安排:应根据综合保障计划中的总体要求,说明需由承制方配合订购方进行的交接工作,列出交接内容、方法、负责单位或人员、完成时间等。

(11)停产后保障工作的安排:应根据综合保障计划中的总体安排,说明承制方需要配合订购方开展的工作,包括有关停产后的保障策略和建议。

(12)提出退役报废处理保障工作建议:根据综合保障计划中退役报废处理的保障工作安排,说明有关技术要求,提出相关工作安排的详细建议。

(13)综合保障与其他专业工程工作项目的协调:主要说明综合保障的各个工作项目如何与可靠性、维修性等专业工程规定的工作项目进行协调,说明进度关系、输入输出关系等。

（14）对转承制方和供应方综合保障工作的监督和控制：说明对转承制方和供应方进行监督与控制的方式和方法等，本部分的有关内容应在有关转承制合同或订货合同中规定。

（15）工作进度表：应与综合保障计划的进度表相协调，主要是用图表的形式规定在研制阶段所应完成的所有工作的进度。

2. 综合保障工作计划的制订

与订购方的综合保障计划不同，综合保障工作计划属于工作计划的性质，计划实施的结果应经订购方认可，必要时将相关内容纳入综合保障计划中。

在方案阶段结束时，应完成综合保障工作计划的编制，详细规定在后续研制过程中应进行的各项综合保障工作安排。

# 第二节　装备寿命周期"六性"管理工作

装备寿命周期"六性"管理指装备研制过程、生产过程、使用过程对"六性"工作的规划与管理，它对保证"六性"要求的实现具有重要的意义。

## 一、研制阶段"六性"管理

研制阶段是产品"六性"形成的关键阶段，实行研制过程的"六性"管理，对产品"六性"要求的实现与减少寿命周期费用至关重要。

### （一）研制阶段"六性"管理的意义与任务

1. 研制阶段"六性"管理的意义

在产品的研制过程中，实施"六性"管理是"六性"工程活动的一项重要的内容，原因如下。

（1）产品的"六性"首先取决于设计，设计过程为产品的"六性"奠定基础，制造过程保证可靠性实现，维修过程维持可靠性水平。据统计，设计技术对产品可靠性水平影响40％，制造技术影响可靠性水平10％，零件材料影响可靠性水平30％，而使用（使用、运输、环境、安装、操作、维修技术）影响可靠性水平20％，因此，必须从设计开始就开展"六性"管理工作。

（2）在产品的寿命周期费用中，设计及研制虽然只占全寿命周期费用的15％，但它对全寿命周期费用的影响却很大。由于实施了"六性"管理和开展"六性"活动，虽会少量增加设计及研制投资，却能大量减少全寿命周期费用。

（3）开展"六性"管理工作，通过试验和运行获得信息，暴露系统设计中的缺陷，然后通过"再设计"，可以改进原有的设计方案，进而提高产品的"六性"水平。

（4）我国"六性"工作起步较晚，很多产品没有认真进行"六性"设计，致使产品的"六性"水平较低。因此，从宏观和微观管理上，必须十分强调和重视设计过程的"六性"管理，大力开展"六性"设计工作。

2. 研制阶段"六性"管理的任务

研制阶段"六性"管理的主要任务：根据确定的"六性"目标，制订"六性"工作计划；组织实施"六性"设计与分析；进行"六性"设计评审；进行"六性"试验；进行"六性"信息管理；等等。为了有效地实施"六性"管理,必须建立健全管理组织,重大产品应在设计师系统设置"六性"(质量)工作系统、故障审查组织,并实行有效的控制与监督。

**(二)研制阶段"六性"管理的基础工作**

1. 签订有关"六性"合同并进行评审

1)签订有关"六性"合同

根据国家规定,新研制的装备都要实行合同管理,研制合同必须包括产品的"六性"定性和定量要求、"六性"试验的统计准则、故障判据和要求开展的"六性"工作项目。因此,在与订购方商讨研制合同时,必须对订购方的要求认真研究和分析,既要使指标先进,又要符合实际,使指标经过努力后可以达到。在商定定量的"六性"指标时,还应明确相应的任务剖面、寿命剖面以及故障判别准则,否则,在鉴定与验收时将带来许多困难。

对"六性"定量要求的种类,表示使用要求的系统"六性"参数,用于产品设计和质量控制的基本"六性"要求,"六性"试验的置信水平、判断风险、故障判据等,在研制合同中都应有明确的表述。

2)进行合同评审

"合同评审"是在合同签订前,由承制方进行的系统的活动,目的是通过专家评审,提出补充改进意见,保证质量与"六性"要求规定的全面、合理、明确、文件化,使承研方能够实现。

合同评审中包括对特定的"六性"要求进行评审。评审的重点包括以下几个方面。

①"六性"活动的范围及进度;

②"六性"的交付目标及交付项目;

③"六性"工作所需的保证资源;

④"六性"的文件化要求,例如"六性"设计准则、软件文档等;

⑤"六性"的试验或鉴定条款;

⑥确定处罚及奖励细则;

⑦产品使用的环境条件。

2. 建立研制项目"六性"工作组织

总体单位设型号总师系统,在各分系统也应设专职(或兼职)"六性"管理机构,型号总师单位应设"六性"主任工程师。在各分系统抓总单位设"六性"副主任工程师。在各单位或主要部门设"六性"主管工程师。主任工程师和副主任工程师应是专职从事"六性"工作的人员,主管工程师视工作量大小可兼职也可专职。由这三级"六性"工程师组成项目的"六性"工作小组,协助总设计师和总质量师抓好"六性"工作。

3. 制订并实施"六性"工作计划

"六性"工作计划是承制方为落实研制合同规定的目标和任务而制订的具体实施计划。对"六性"目标和计划进行层层分解,直到可以执行和控制。对每项规定的"六性"活动在什么阶段、什么时间完成、开始的条件、结束的标志、由谁负责、谁配合完成、输入到何处等,都要有详细的说明和规定。对实施每个计划项目所需的设备、人力和经费要加以估算,并给以保证。还应在计划中规定一系列检查点、评审点,以保证对计划执行情况的监控。

4. 收集"六性"标准、规范并制订具体产品的"六性"设计程序、准则以及试验计划与方案

要有计划地收集国内外的"六性"标准及规范,作为管理和设计的依据,并结合本单位实际情况及具体产品情况,制订"六性"设计程序、"六性"设计准则、"六性"试验计划与试验方案,通过立法与执法来规范和落实"六性"设计工作。

5. 收集有关元器件可靠性数据与故障资料

要有计划地收集元器件的可靠性数据以及同类产品过去的生产过程以及现场的故障资料,编制本单位的可靠性数据集,作为设计的依据。根据国内外的经验及设计原则,一般情况下,一项新研制的产品,并非全部采用新电路、新结构、新元器件及新工艺,而大部分采用老产品已经成熟的电路、结构、元器件及工艺。因此,使用本单位产品的已有现场数据,往往比根据通用的可靠性数据计算的结果更接近于实际。

**(三)装备研制各阶段的"六性"管理**

1. 论证阶段"六性"管理

论证阶段包括装备研制立项的综合论证和完成装备研制要求的论证。研制立项综合论证主要包括该装备的作战使命任务、主要作战使用性能(含主要战术技术指标)、初步总体方案、研制周期、研制经费概算、关键技术突破和经济可行性分析、作战效能分析、装备订购价格与数量的预测以及装备的命名建议等。

研制总要求的论证主要包括该装备作战使用要求、总体方案,系统、配套设备和软件方案,保障设备各方案,质量、可靠性及标准化控制措施、设计定型状态、设计定型时间、研制经费的核算、装备成本核算等,应进行的"六性"管理与监督内容如下。

1)论证阶段"六性"管理的主要工作

在论证阶段,使用部门负责组织武器装备战术、技术指标论证时,应提出"六性"定量、定性要求,并纳入战术、技术指标。其指标论证报告应包括指标依据及科学性、可行性分析,国内外同类装备水平分析,寿命剖面、任务剖面及其他约束条件,指标考核方案,经费需求分析等。战术、技术指标评审应包括对"六性"指标的评审。

概括地说,在论证阶段中,订购方的责任是论证、提出"六性"要求,实施监控和评审;承制方的责任是通过论证,提出实现其要求的方案和措施。具体内容如下。

(1)订购方的工作。

①说明"六性"的现状和约束条件。订购方应说明同类产品现行的组织体制、维修级别和维修任务的区分,各维修级别的维修设施、设备、检测手段,可靠性、维修性人员的编制和技术水平等,还应说明维修保障环境、维修保障费用、维修保障资源等约束条件。这样便于承制方制订维修保障方案时,尽量考虑订购方现行的维修体制和维修资源。

②按照有关标准提出"六性"要求及工作项目的要求和方法。

③按照有关标准,规定"六性"数据收集、报告、分析处理的要求。

(2)承制方的工作。

承制方应根据订购方提出的要求进行论证,证明其本身具有制订"六性"工作计划和执行其方案的能力。一般应提供以下资料。

①管理组织的主要人员的责任及其职权,特别是执行具体项目管理计划负责人的职权;

②管理的方法与程序；

③向订购方报告工作计划执行情况的方法；

④工作计划的控制方法；

⑤与各有关单位协调和联系的方法（尤其在设计评审和可靠性、维修性验证试验时），如定期会议，传递文件信息，建立报告制度等；

⑥对于分承制单位的工作计划进行监督的方法，通常包括：

a. 把系统或设备的指标分配值、可靠性、维修保障、标准化和互换性、故障检测及隔离的验证要求等写进分承制单位的合同中；

b. 对分承制单位的工作计划进行评审；

c. 参加分承制单位的"六性"设计评审；

d. 请分承制单位参加"专题研究会议"和整机管理计划、初步的设计和详细的设计评审等；

e. 评审分承制单位对分工系统或部件的"六性"预计、分配方法和结果；

f. 向分承制单位提供设计准则和必要的技术及行政管理保障信息，如故障模式与影响的分析结果、技术手册和试验软件等；

g. 规定分承制单位的工作项目及验证要求。

2）论证阶段"六性"管理的主要内容

（1）可靠性、维修性、测试性、安全性、环境适应性管理。

①使用方在进行装备战术、技术指标论证的同时，应进行可靠性等（含维修性、测试性、安全性、环境适应性）指标及要求的论证；

②任务招标单位应对国内外同类装备的可靠性等水平进行分析，以便根据新的需求提出既先进又可行的指标；

③提出装备的寿命剖面、任务剖面、其他约束条件以及对这些指标的考核或验证方案的设想；

④对可靠性等经费需求进行风险分析；

⑤在进行战术、技术指标评审的同时，应对可靠性等指标进行评审，最后纳入研制总要求中。

（2）保障性管理。

在论证阶段，保障性工作主要应进行以下几项。

①根据任务需求、使用方案、保障性初步要求、现有的保障能力、初步的使用要求，通过使用研究、比较分析的初步功能分析，制订初始的使用保障方案；

②规定有关维修保障的约束和提出初始的维修方案；

③明确现有人员的情况以及约束条件，分析人员和技能短缺时对系统战备完好性和费用的影响；

④确定备件和消耗品的原则和方法等；

⑤确定有关保障设备的约束条件和现有保障设备的信息；

⑥确定技术资料及训练保障的约束条件；

⑦提出保障设施的约束条件，并向承制方提供现有设备的数据；

⑧提出包装、装卸、储存和运输的要求,并提出现役装备的有关信息;承制方进行保障性分析,确定包装、装卸、储存和运输的需求;

⑨提出计算机资源保障要求,并提供现役装备计算机资源保障方面的信息;承制方通过保障性分析提出装备计算机资源方面需求。

### 2. 方案阶段"六性"管理

1)方案阶段"六性"管理的内容

在方案阶段,首先要对研制任务书进行充分的了解与消化,包括"六性"方面的要求,任务周期、体积、质量、费用等约束条件,相应的标准与规范。必要时,与下达任务的主管部门、使用单位进行协商,明确、补充或调整任务书的相应要求。了解同类产品的水平与特点。

在方案阶段,确定设计方案以及相应的保证措施,确定"六性"定性、定量要求及相应的考核或验证方法,制订细化"六性"工作计划以及进行费用分析,也是一项必不可少的重要工作内容。

(1)可靠性等管理。

①确定可靠性等定性、定量要求及相应的考核或验证方法,并对其实施评审;

②制订可靠性等工作计划;

③制定产品专用的可靠性等规范、指南等技术文件;

④建立故障报告、维修性数据收集、分析和纠正措施系统;

⑤对产品的可靠性等进行初步分析并与费用、进度等因素进行综合权衡,确定达到定性、定量要求必须采取的技术方案;

⑥在方案评审时,应将可靠性等作为重点内容之一进行评审;

⑦预算可靠性经费。

(2)保障性管理工作。

①在订购方协助下,由承制方通过功能分析,确定并制订使用保障计划,完善修订使用保障方案。

②承制方根据初始维修方案,开展有关保障性分析工作,确定维修工作项目、制订备选维修方案;开展设计方案、使用方案和维修方案之间的权衡分析和各备选方案的权衡分析,进而确定维修方案。订购方应积极配合并提供有关信息,提出有关承制方维修方案的方针政策和维修的初步建议。

③初步分析平时和战时使用与维修所需人力和人员,提出初步的人员配备方案。

④确定保障设备的初步需求。

⑤提出初步的技术资料项目要求,编制初步的技术资料配套目录,提出技术资料编制要求等。

⑥初步确定人员的训练需求。

⑦承制方对订购方提出的保障设施要求,通过保障性分析,初步确定设施的类型、空间及配套设备需求;若经分析,现有设施不能满足设施的类型、空间及配套设备需求时,则应制订新的设施需求。对于装备的使用、维修、训练、保障等必须的设施,如跑道及障碍物、码头、厂房、仓库等应尽早确定。

⑧承制方通过保障性分析,提出装备计算机资源保障方面的需求。

2)方案阶段"六性"工作应强调的具体工作内容

在方案阶段除应进行上述工作内容外,还应特别重视以下工作。

(1)进行"六性"方案评审。"六性"设计评审对设计质量有重要影响。评审越早,收效越大。因此要在方案论证阶段就组织"六性"评审,优选和审定基本方案,确定"六性"指标。当前有不少单位在设计定型甚至生产定型时才进行"六性"评审,此时装备结构已基本确定,纠正方案存在的缺陷为时已晚,有必要在管理程序上进行纠正。

(2)进行"六性"指标分配。将系统的"六性"指标分配至分系统以及设备,同时提出并审定分系统及设备的方案。分配的依据是各分系统、设备的复杂程度及重要程度。老产品的现场统计也是分配时重要的依据。

(3)进行关键技术、元器件的预研和认定。对于关键性的电路、结构以及工艺技术问题,必须提前进行研究、试验和评价;对新的元器件也要提前进行质量认定,为下一步的具体设计提供依据和保障。经验教训表明,由于忽视对少量关键性的或新的技术与元器件的研究和认定,贸然采用将造成系统与设备的薄弱环节,会影响"六性"指标的实现。

(4)确定"六性"设计程序、内容、准则以及"六性"保证措施。根据产品特点,应权衡"六性"指标、费用、试制周期的要求,参照通用的"六性"设计程序和准则,提出并明确本项研制工作的"六性"设计程序、具体设计内容和设计准则以及各方面的保证措施。考虑到当前标准、规范的发展越来越广泛、严密,产品更新周期越来越短的客观需要,更需要对标准"剪裁"应用。

(5)制订可靠性增长计划。一般来说,产品研制初期,可靠性指标只能达到预定目标的$15\% \sim 30\%$。因此,必须制订和实施可靠性增长计划,组织可靠性增长试验,激发系统性设计缺陷,采取纠正措施,尽快使可靠性水平达到预定目标。

(6)美国军用标准已将可靠性增长列入标准及承制合同,强制执行。我国很多单位尚未将可靠性增长列入研制工作内容,使大量系统性的设计缺陷在批量生产甚至在用户使用过程中暴露,这时候的信息反馈与纠正往往已造成损失,一部分缺陷已不能纠正。

(7)管理部门对可靠性增长的监控可采用两种方式:一种是定性的方式,即随时了解、检查可靠性技术保证措施的执行和落实情况,包括可靠性预计,元器件认定、选用,降额、FMECA等;另一种是定量的方式,即运用可靠性增长试验取得的信息及增长数学模型进行估算。

(8)进行方案阶段的"六性"评审。产品方案阶段是产品研制的主要阶段,因此,在方案确定以后应形成方案审定报告,审定报告包括以下几点。

①指标是否符合计划任务书中的要求;

②计算方法、计算结果的准确性审查;

③产品结构、工艺、途径选择的合理性、设计图纸的正确性;

④采用的新工艺、新技术、新材料的必要性和可行性;

⑤"六性"分析措施及其他关键技术分析的正确性;

⑥"六性"评价试验方案的合理性。

待设计方案批准后,研制小组应根据方案安排的研究专题,开展实验和样机试制,以便完成正样机研制工作。待正样机性能和"六性"达到规定要求后,编写设计报告,并进行设计评审。设计评审报告应包含如下内容。

①所采用的材料、结构和工艺能否保证产品"六性"规定；

②新采用的"六性"设计技术与实施方案是否已将"六性"设计指标设计进产品中，并能通过工艺实践将其制造出来；

③"六性"薄弱环节及其控制措施的有效性；

④技术性能与"六性"水平是否同时得到了优化，满足了设计指标要求。

3. 工程研制阶段"六性"管理

1)工程研制阶段的"六性"工作内容

(1)可靠性等工作。

工程研制阶段的任务是根据质量功能展开原理，按计划开展可靠性等设计、分析和试验工作。

①进一步修改、细化和实施可靠性等工作计划；

②在进行产品性能设计的同时，按照通用标准或专用规范、指南等技术文件进行可靠性等分析与设计，并将其特性按照企业的核心技术系统，展开到产品的各功能部件、过程质量上，从而满足订购方要求的产品质量；

③健全故障报告、故障信息数据收集、分析和纠正措施系统(FRACAS)，促使产品的可靠性、维修性在研制阶段不断增长；

④按照合同或其他文件，对转承制方和供应方的产品可靠性等进行监控；

⑤根据产品特点，进行环境应力筛选试验、可靠性增长试验和维修性核查。

(2)保障性工作。

①由承制方进行使用与维修保障分析，确定并制订使用保障工作的详细程序、方法和提供需要的保障资源，制订使用保障计划；

②承制方应进一步开展质量功能分析，并重点进行各级别的维修工作项目分析，确定每项维修工作的程序、方法和所需要的保障资源，制订维修保障计划，初步确定维修管理体制；

③修正人员配备方案，考虑人员的考核和录用，并与训练计划协调；

④确定平时和战时所需备件和消耗品的品种与数量，编制初始备件和消耗品清单，还应提出后续供应建议；

⑤确定保障设备需求，编制保障设备配套方案及保障设备配套目录，提出研制与采购保障设备的建议，按合同要求研制保障设备；

⑥确定技术资料配套目录，编制技术资料并进行初步评价；

⑦根据使用与维修人员必须具备的知识和技能，编制训练教材，制订训练计划，提出训练器材采购和研制建议，进行训练器材研制，并按合同要求实施训练；

⑧确定包装、装卸、储存和运输所需的程序和方法以及资源，并对其需求进行评审以及资源的研制；

⑨承制方应制订计算机资源保障计划，并加以实施。

2)工程研制阶段"六性"管理内容

在工程研制阶段，研制单位应实施"六性"工作计划，开展"六性"设计、分析和试验工作。完成试制任务后，对其"六性"进行验证。阶段评审时，应包括对实施"六性"工作计划的评审。具体应进行以下管理工作。

(1)装备结构设计的管理。根据基本方案进行具体的结构设计,并贯彻"六性"要求,对性能、"六性"、费用进行权衡。在某些情况下,宁可适当降低性能要求,也要保证装备"六性"要求的实现。

(2)进行可靠性、维修性、测试性分配。将已经由系统分配至分系统、设备的指标分配至元器件与工艺,再分配至每一个大类,每一个元器件、结构件以及导线、焊点、紧固点。不但要分配失效率,而且要分配生产制造过程中的不良率。

同时,还要进行部门的分配。从总体部门分配至设计、工艺、供应等各部门,直至每个工序和工位。分配的基本方法是"现场统计加修正"。"现场统计"是指将相似设备的制造和使用过程所积累的数据作为分配的基础,"加修正"是根据改进的可靠性进行必要的修正和协调,使分配更趋合理。

(3)组织进行具体的"六性"设计。在初步的结构方案确定后,组织设计人员及可靠性工程师进行各项具体设计。"六性"设计主要工作如下。

①确定"六性"定量、定性要求;

②进行"六性"建模与预计;

③进行故障模式影响分析和故障树分析;

④制定和贯彻"六性"设计准则;

⑤制订和实施元器件大纲;

⑥进行与软件有关的"六性"设计;

⑦进行保障性安全性分析与设计;

⑧正确处理"六性"设计与试验的关系;

⑨加强"六性"设计评审工作;

⑩建立并深化故障报告、分析与纠正措施系统。

(4)此阶段还应按《装备综合保障通用要求》(GJB 3872—1999)规划并研制相应的保障资源,制订保障计划。

(5)可靠性、维修性、测试性预计与安全性分析。根据实际条件,采用有关方案进行可靠性、维修性、测试性预计及安全性分析,同时进行 FMECA 及 FTA 等分析,检查是否能达到设计目标,及时发现设计中的薄弱环节,修改设计。最终的可靠性、维修性、测试性预计值必须大于或等于统计试验方案平均无故障工作时间假设值的上限值,保证在进行可靠性、维修性、测试性安全性等鉴定试验时以大概率通过。

(6)进行"六性"设计评审。"六性"设计评审主要是评价"六性"设计满足规定要求的能力,并按设计方案的结果进行综合、系统的评价,包括"六性"设计的先进性、经济性、可行性和可检验性,指出存在问题,提出解决建议和途径,并形成设计评审报告。设计评审报告应包含如下内容。

①所采用的"六性"设计技术与实施方法是否已将"六性"设计指标设计进产品中,并可通过工艺实践将其制造出来;

②"六性"薄弱环节及其控制措施的有效性;

③所采用的材料、结构和工艺能否保证产品的"六性"要求;

④技术性能与"六性"是否同时得到了优化及满足设计指标的程度。

"六性"评审组还应对元器件选择与降额应用、热设计、电磁兼容设计、漂移设计、三防设计、抗振设计、冗余设计、潜在电路分析、结构设计、机械概率设计、人机工程设计、失效安全设计、安全性设计、工艺设计等进行评审,以发现薄弱环节并进行改进。从当前的实际情况来看,元器件的选择与降额应用、工艺设计、电磁兼容设计及安全性设计是突出的薄弱环节,必须加强。

另外,对电原理图、结构图、印制电路板图、可靠性维修性测试性预计与分析报告、新采用的元器件认定报告、关键电路、结构、工艺试验报告以及各项具体的"六性"设计文件要进行评审和会签,及时发现和纠正设计缺陷。

4.设计定型阶段"六性"管理

设计定型阶段主要考核装备的"六性"是否达到研制任务书和合同的要求。定型试验大纲要包括"六性"鉴定试验项目。组织定型评审时,对"六性"是否满足研制任务书和合同要求等进行评审。最后,将"六性"鉴定试验结果和"六性"工作计划实施情况反映在定型报告中。

1)设计定型阶段"六性"的主要工作

(1)可靠性等工作。

①在设计定型时,应按合同规定的方法,对可靠性等指标进行验证;

②组织进行详细的设计评审和定型评审,提出有关的技术报告,对产品的可靠性等是否满足研制任务书或合同要求进行评审。

(2)保障性工作。

①使用方通过装备适应性试验和部队试用,发现保障系统存在的问题,及时反馈给承制方。承制方应采取纠正措施、修改和完善维修保障计划;

②根据保障性试验与评价结果,进一步修订人力和人员需求,提出人力和人员汇总报告,进一步修订备件和消耗品清单;

③完成有关技术资料的编制、出版和发放;

④根据保障性试验与评价结果,修订训练计划、训练教材和训练器材建议,进行训练器材的研制、采购;

⑤对包装、装卸、储存和运输保障的有效性进行验证和考核,以证明其需求的适用性。在装备部署前,应完成包装、装卸、储存和运输计划的实施工作。

2)设计定型阶段"六性"管理内容

在设计定型阶段,除应进行如前所述的"六性"工作外,还应进行以下主要管理工作。

(1)组织元器件、组件、设备筛选。

对于高可靠产品以及重要的产品,对样机的元器件、组件、设备进行可靠性筛选,排除早期失效,并为制订正式的产品筛选条件提供依据。必须强调指出的是,进行筛选试验的样机,今后在生产中也必须进行同样的筛选,否则可靠性鉴定试验的结论是无效的。

(2)组织样机的可靠性及维修性增长试验。

在样机各种性能试验通过之后,组织进行环境试验与可靠性增长试验。对环境试验与可靠性、维修性增长试验暴露的系统性设计与工艺缺陷采取改进措施并进行验证,以达到预定的增长目标。然后组织进行可靠性鉴定和维修性验证试验。若可靠性增长和维修性、测试性验证试验的结果连续达不到预定目标,则要考虑修改设计方案或调整增长计划的目标值。

(3)组织样机的系统联试和现场试用。

在环境试验、可靠性鉴定和维修性测试性验证试验合格的条件下,组织样机的现场试用以及保障性试验,根据现场暴露的缺陷以及使用方的意见进一步改进设计与工艺。

(4)组织设计定型的"六性"设计评审。

根据"六性"设计报告、性能测试报告、环境试验报告、可靠性维修性增长试验报告、可靠性鉴定及维修性等试验报告、电磁兼容试验报告、原材料及元器件认定试验报告、现场及用户试用报告以及设计、工艺文件,组织进行设计定型的"六性"设计评审,进一步完善设计及相应的文件,为批量试制生产做好准备。根据《军工产品定型程序和要求》(GJB 1362A—2007)规定,在设计定型时,应在设计定型审查会议上提供"六性"分析报告。

5.生产定型阶段的"六性"管理

生产定型阶段主要鉴定或评审在批量生产条件下产品可靠性等保证措施的有效性,以及技术状态的改动对其性能影响的研究和评审。具体工作如下。

(1)在生产定型时,应按合同规定的方法验证产品在批量生产条件下保证产品可靠性等措施的有效性。

(2)在生产过程中,加强质量控制;采取波动小的工艺技术;加强生产过程中环境应力筛选;当对零部件、工艺装备等技术状态更改时,必须分析其对可靠性等的影响,并履行有关审批手续。

(3)继续加强对转承制方和供应方的监控以及入库检验。

(4)在试生产、试验过程中,应使故障报告、分析和纠正措施系统(FRACAS)正常运行,促使产品可靠性、维修性继续增长。

## 二、生产阶段"六性"管理

生产阶段的主要工作是按照订货合同中规定的可靠性与维修性等验收要求,考核批量生产条件下武器装备的"六性"是否符合规定要求。对更改建议应进行其对可靠性与维修性等影响的评审。

(1)在生产过程中加强质量控制,采用成熟的工艺技术,加强生产过程对零部件、加工工序、工艺装备等质量管理。当技术状态更改时,必须分析其对产品"六性"的影响,并履行有关的审批手续。

(2)继续加强对转承制方和供应方的监督及外协件的进厂复验。

(3)确保在试生产、试用、批生产过程中,FRACAS系统正常运行,促使产品的可靠性等继续增长。

(4)加强对保障资源的生产和配套性进行管理。

## 三、使用阶段"六性"管理

1.可靠性等工作

使用阶段的主要任务是保持和发挥产品的固有可靠性、维修性、测试性和安全性水平。因此,必须做好以下工作。

（1）使用方要完整、准确地收集产品现场使用和储存期间的可靠性等信息，按规定向承制方反馈，并提出改进的意见和建议。

（2）承制方按合同要求做好有关技术资料、备件供应、人员培训等技术服务工作。

2. 综合保障工作

该阶段主要是通过部署和使用，调整保障资源。军事代表应协助进行的主要工作包括以下几项。

（1）进一步修订综合保障计划和综合保障工作计划。

（2）根据现场使用评估结果，进行以下工作。

① 调整人力和人员需求；

② 调整备件和消耗品清单；

③ 进一步对保障设备进行改进，修订保障设置配套方案；

④ 修订已编制的技术资料；

⑤ 进一步修订训练计划和训练教材。

（3）在装备部署前做好以下工作。

① 基本完成保障设施的建造，当装置部署到部队时，有足够的保障设施；

② 完成规划包装、装卸、储存和运输计划的实施工作；

③ 保证完成计算机资源保障计划的实施。

（4）进行保障资源的试验与评价工作。

以上介绍了产品不同阶段，"六性"管理的主要工作。事实上，对装备"六性"管理工作，许多承制单位以及军事代表还不够深入、不甚了解具体工作的内容和要求，以上只是根据"六性"标准，探索性地进行了论述，仅供参考。

**四、对转承制方和供应方的监督与控制**

对转承制方和供应方的监督与控制的目的是加强其在装备研制、生产工作中的协调，以保证装备"六性"符合装备或分系统的要求。因此，在签订研制、生产合同时，承制方应根据产品"六性"要求、产品复杂程度等提出对转承制方和供应方的监督措施，并在合同中应有承制方参与转承制方的重要活动（如设计评审、"六性"试验等），而对承制方、转承制方及供应方的"监督"是军事代表必须进行的工作。军事代表应通过评审等手段监控承制方、转承制方和供应方"六性"工作计划进展和各项工作项目的实施效果，以便尽早发现问题并采取必要的措施。

## 第三节 装备"六性"评审

"六性"评审是保证设计符合要求，由设计、生产、使用各部门代表组成的评审机构对产品的设计方案，从"六性"的角度按事前确定的设计和评审表进行的审查。评审的主要目的是及时发现潜在的设计缺陷，加速设计的成熟，降低决策风险。它亦是"六性"管理与监督的重要内容之一。

### 一、"六性"评审的作用

"六性"评审就是对"六性"工作计划执行情况进行连续的观察与监控,以保证计划的全面实施,并达到预期目标。具体做法是在研制过程中,设置一系列检查、评审点,实行分阶段的评审。由于产品的固有"六性"主要取决于设计,因此必须对规定的"六性"设计项目进行严格的评审。这是保证计划实现的重要管理环节,也是"六性"管理中的一项极为重要的制度,同时也是军事代表"六性"监督的重要手段。

评审对承制方、转承制方和供应方来说,既是一种对设计进行监控与协调的手段,又是一项完善设计决策的技术咨询活动。通过邀请非直接参加设计的同行专家和有关方面代表,对设计成果和设计工作进行审查、评议,把专家们的集体经验和智慧运用于设计之中,以弥补主管设计人员知识和经验的不足。特别是对那些新方案、新技术、新器材的应用,其可靠性风险高,因此更需要各方面专家的帮助。

在各项评审中,要重点审查"六性"工作的进展情况、影响"六性"的主要因素及措施以及"六性"要求的落实情况等。

"六性"设计评审的作用如下。

①评价产品是否满足合同要求,是否符合设计规范及有关标准、准则;

②发现和确定产品的薄弱环节和"六性"风险及其较高的区域,进行研讨并提出改进意见;

③对研制试验、检查程序和维修资源进行预先考虑;

④检查和监督"六性"工作计划的全面实施;

⑤检查设计更改、缩短研制周期,降低寿命周期费用。

### 二、评审组织及程序

评审是由一系列活动组成的审查过程,并按一定程序逐步开展和完成,大体分为五个阶段。

#### (一)准备阶段

(1)提出评审要求、目的、范围。

(2)制订检查清单。清单中列出的项目是对"六性"有较大影响的若干重点,若干个根据设计、生产、使用经验提炼出来的准则或应注意的问题。

(3)制订评审活动计划,规定时间、地点。

(4)组成评审组,明确分工。评审组由负责设计项目的管理机构负责组织,一般由7～15人组成。组长职责是制订计划,明确审查小组分工,主持预审工作和评审会议,提出评审结论,签署设计评审报告。组长不应是被评审的设计项目的参加者。评审成员一般由主管设计师、非本系统的同行设计师、可靠性工程师、质量保证工程师和军事代表组成。

(5)主管设计师汇集提供评审所需的设计资料、试验数据,编写"六性"设计质量分析报告。

"六性"设计分析报告内容包括设计依据、目标和达到的水平,设计主要特点和改进,本阶段"六性"分析、试验结果,对主要问题和薄弱环节的分析及对策,提交审查的设计、试验资料目录及有关的原始资料、结论,其他说明事项等。

**(二)预审**

预审由评审组成员根据设计评审检查要求按分工和职责进行。对发现的问题应记录在专门表格中。评审组汇集讨论预审中发现的问题,并反馈给主管设计师。

**(三)正式会议评审**

由主管设计师撰写"六性"设计分析报告,评审组讨论、研究和讨论评审意见。

**(四)编写评审报告**

评审报告除应包含前所述及的各项内容外,还包括评审组名单分工、设计目标及达到的水平、审查的项目及检查结果、重点问题审查结论、评审结论、不同意见备忘录、其他说明事项等。

若评审报告认为必须进行重大改进或追补大量工作(如追加有关可靠性等试验)时,则需定期进行复审。

**(五)追踪管理**

对设计评审中提出的问题要制订对策,落实到人,限期解决。

**三、可靠性等评审**

《可靠性维修性评审指南》(GJB/Z 72—1995)和《装备安全性工作通用要求》(GJB 900A—2012)中对可靠性等评审进行了详细的规定,是组织进行评审工作的重要依据。

**(一)评审一般要求**

(1)订购方和承制方在装备研制过程中应进行分阶段、分级的可靠性等评审,以确保其工作按预定的程序进行,并保证交付的装备及其组成部分达到规定的可靠性等要求。评审结论是转阶段决策的重要依据之一。

(2)评审应是产品可靠性等工作计划必须规定的工作项目。在签订合同所编写的工作说明中应明确提出可靠性等的评审要求。

(3)评审应作为装备研制阶段评审的主要内容之一,在研制程序、计划或合同规定的各主要阶段评审点实施。根据需要可以进行可靠性等专题项目评审,可靠性等评审和专题项目评审应纳入研制程序、计划。

(4)评审主办单位在按《设计评审》(GJB 1310A—2014)规定制订的评审管理制度中应有可靠性等评审的管理内容,包括评审组织、评审程序、跟踪管理等要求。

(5)评审主办单位应按产品要求制订具体的可靠性、维修性、测试性、安全性评审工作计划,包括评审类型、评审点设置、评审要求等。

(6)评审主办单位应参照有关国军标规定内容编制评审检查项目单,以保证评审中对可靠性等重要问题都能给以适当的考虑。

**(二)评审的类型和评审点的设置**

根据装备研制阶段、产品组成层次和评审的任务与范围的不同,可靠性等评审及评审点一般可按下列类型选择和设置。

1. 按研制阶段划分

①论证阶段评审；

②方案阶段评审；

③工程研制阶段评审；

④设计定型评审；

⑤生产定型评审。

2. 按产品组成层次划分

①系统分级评审；

②分系统分级评审；

③系统级及其以下级别（设备、部件等）评审。

3. 对转承制方和供应方的可靠性等专题项目评审

根据研制工作需要应进行的其他可靠性、维修性、安全性、测试性环境适应性评审。

4. 软件的可靠性维护性评审

在系统研制和软件开发的全过程中应根据《计算机软件开发规范》（GB 8566—1988）、《军用软件开发规范》（GJB 437—1988）、《军用软件质量保证规范》（GJB 439—1988）中的规定，进行软件的可靠性、可维护性评审。

**（三）产品研制各阶段评审内容**

1. 论证阶段评审

论证阶段评审的目的是评价所论证装备的可靠性、维修性、测试性、安全性、环境适应性定性与定量要求的科学性、可行性和是否满足装备的使用要求。评审结论为申报装备战术技术指标提供重要依据之一。

1）应提供的文件

在进行装备战术技术指标评审时，应当包括对可靠性等指标的评审。提交评审的文件一般应包括下列内容。

①装备的可靠性等参数和指标要求及其选择和确定的依据；

②国内外相似产品或装备可靠性等水平分析；

③装备寿命剖面、任务剖面及其他约束条件（如初步的维修保障要求等）；

④可靠性等指标考核方案；

⑤可靠性等经费需求分析。

2）评审的主要内容

主要评审提出可靠性等要求的依据及约束条件以及指标考核方案设想。

详细评审内容可参考《可靠性维修性评审指南》（GJB/Z 72—1995）中的附录 A《可靠性评审检查项目单》、附录 B《维修性评审检查项目单》和《装备安全性工作通用要求》（GJB 900A—2012）。

2. 方案阶段评审

方案阶段评审的目的是评审可靠性等研制方案与技术途径的正确性、可行性、经济性和研制风险。评审结论为申报装备的研制任务书和是否转入工程研制阶段提供重要依据之一。

1)应提供的文件

在方案阶段评审中,必须将装备的可靠性等方案作为重点内容之一进行评审。提交评审的文件一般应包括下列内容。

①可达到的可靠性等定性、定量要求和技术方案及其分析(含故障诊断及检测隔离要求等);

②可靠性等工作计划及其重要保证措施;

③可靠性等指标考核验证方法及故障判别准则;

④采用的标准、规范;

⑤可靠性等设计准则;

⑥可靠性等经费预算及依据。

2)评审的主要内容

主要评审可靠性等工作计划的完整性与可行性,相应的保证措施以及初步维修保障方案的合理性。

3. 工程研制阶段评审

工程研制阶段可靠性等评审应根据实际情况具体安排,一般可进行两次评审,即初步设计评审和详细设计评审。

1)初步设计评审

初步设计评审的目的是检查初步设计满足研制任务书对该阶段规定的可靠性等要求的情况,检查可靠性等工作计划实施情况,找出可靠性等方面存在的问题或薄弱环节,并提出改进建议。评审结果为是否转入详细设计提供重要依据之一。

(1)应提供的文件。在进行初步设计评审时,应当包括对装备的可靠性等设计及其工作进展情况进行评审。提供评审的文件一般应包括下列内容。

①可靠性等初步设计情况报告(含分配、预计、相应的模型框图及分析报告,各维修级别的故障检测、隔离方法等);

②关键项目清单及控制计划;

③故障模式及影响分析(FMEA)或故障模式、影响及危害性分析(FMECA)和故障树分析(FTA)资料;

④元器件大纲;

⑤可靠性维修性测试性研制和增长试验及鉴定试验方案、本阶段试验结果报告。

(2)评审的主要内容。主要评审在工程研制的第一阶段各项可靠性、维修性、测试性和安全性工作是否满足要求。

2)详细设计评审

详细设计评审的目的是检查详细设计是否满足任务书规定的本阶段可靠性等要求,检查其工作实施情况,检查可靠性等的薄弱环节是否得到改进或彻底解决。评审结论为是否转入设计定型阶段提供重要依据之一。

(1)应提供的文件。在进行详细设计评审时,应当包括对装备达到的可靠性等水平及可靠性等工作计划实施情况进行评审。提交评审的文件一般应包括下列内容。

①可靠性等详细设计(含分配、预计和可靠性等分析,对每一维修级别故障检测、隔离,

设计途径和测试性的评估等）；

②可靠性等验证；

③预期的维修和测试设备清单及费用分析；

④FMEA（或 FMECA）、FTA 资料；

⑤可靠性、维修性增长。

（2）评审的主要内容。主要评审可靠性等工作计划实施情况、遗留问题解决情况及可靠性等已达到的水平。

4. 设计定型评审

设计定型评审目的是评审可靠性等验证结果与合同要求的符合性、验证中暴露的问题和故障分析处理的正确性与彻底性、维修保障的适应性。评审结论为能否通过设计定型提供重要依据之一。

（1）应提供的文件。在进行装备设计定型评审时，应当对装备可靠性等是否满足研制任务书、合同要求进行评审。提交评审的文件一般应包括下列内容。

①系统可靠性、维修性、测试性、安全性设计总结报告；

②故障模式及影响分析（故障模式、影响及危害性分析）报告；

③可靠性等工作计划实施报告；

④装备的维修、测试设备、工具、零备件以及资料配套清单；

⑤故障诊断与测试性设计的有效性分析；

⑥供应单位、转承制单位配套研制的产品可靠性等鉴定报告；

⑦对维修保障的影响和协调性分析。

（2）评审的主要内容。主要评审装备可靠性等是否满足研制任务书和合同要求。

5. 生产定型评审

生产定型评审的目的是确认装备批生产所有必需的资源和各种控制措施是否符合规定的可靠性等要求。评审结论为装备能否转入批生产提供重要依据之一。

（1）应提供的文件。在生产定型评审时，应当鉴定或评审在批生产条件下装备可靠性等保证措施的有效性。提交评审的文件一般应包括下列内容。

①用户试用和生产定型试验的结果符合批准设计定型时的可靠性等的分析评价报告；

②试验和试用中出现的有关问题的分析及改进情况报告。

（2）评审的主要内容。主要评审试生产的产品是否满足规定的可靠性等要求以及在批量生产条件下装备可靠性、维修性、测试性、安全性保障措施的有效性。

**（四）评审的管理**

可靠性等评审的组织管理执行《设计评审》（GJB 110A—2004）中 5.3 条的规定，评审程序执行 5.2 条的规定，并应同时考虑下列要求。

1. 评审专业组的组成

评审专业组的组成人员应根据评审阶段和评审内容的不同而有所选择和区别。其中可靠性等方面的技术专家应不少于 2/3，并尽可能从相应的专业技术机构或评审委员会中选聘。

2. 评审的准备工作

(1)主管设计(论证)人员应认真准备设计(论证)工作报告及评审所需的其他文件,提出设计评审申请报告。

(2)有关业务主管部门负责组织拟定评审大纲和日程计划。

3. 评审检查项目单

为了保证评审中对可靠性等的有关问题都能给以适当的考虑,评审主办单位应根据评审需要编制对可靠性等工作情况和结果进行逐项核对与评价的检查清单。

4. 评审后的工作

(1)评审结束后,评审组长应负责整理评审记录,填写评审报告。

(2)有关业务主管部门应对评审报告中提出的问题、解决措施和实施计划进行跟踪管理,检查和监督其实施结果。

(3)跟踪管理的结果应及时向有关部门反馈信息,填写有关记录,并作为下一次评审的输入信息。

5. 评审文件管理

评审申请报告、评审记录、评审报告以及追踪管理的实施结果文件等应按规定传递、分发和归档。

**四、综合保障评审**

综合保障评审是在装备寿命周期内,为确定综合保障活动进展情况或结果而进行的评价或审查。

综合保障的评审是审查与评价订购方、承制方、转承制方综合保障工作质量和进度的主要手段,其主要目的是检查订购方、承制方及转承制方开展的所有综合保障工作的进展情况、工作结果和存在的问题,提出解决措施建议。

**(一)综合保障评审的类型**

根据评审性质、产品研制进行过程,综合保障的评审可以分为内部评审和合同评审,型号评审、设计评审和保障性分析专题评审以及对转承制方和供应方的评审等。

1. 内部评审和合同评审

1)内部评审

内部评审,又分为订购方的内部评审和承制方的内部评审。

订购方的内部评审是指订购方对其自身开展的综合保障工作进行的评审,可以是对工作最终结果的评审,也可以是工作过程的中间评审。例如,"确定保障性要求"这项工作可以安排2～3次评审,以保证要求的正确性。为保证评审工作的质量,尽可能采用专家评审的方式,也可邀请外部和承制方的有关专家参加评审。

承制方的内部评审是指承制方、转承制方对其开展的综合保障工作进行的中间评审或合同评审前的预审,其目的是尽早地发现问题和进行改进,以保证工作的顺利进行或顺利通过合同评审。一般采用专家评审的方式,必要时可邀请订购方的代表参加。一次评审的内容可以是一项,也可是多项综合保障工作。

2)合同评审

合同评审是对合同中要求承制方开展的综合保障工作所进行的评审。合同评审由订购方主持,通常在转阶段时进行,评审结果将为转阶段提供决策的依据。应成立评审委员会进行评审,邀请有专业特长的权威专家参与。

### 2. 型号评审、设计评审和保障性分析专题评审

在内部评审和合同评审中,根据需要也可以依据有关标准,进行型号评审、设计评审和保障性分析专题评审。

1)型号评审

型号评审是讨论装备型号研制管理中的重大设计技术问题。综合保障工作应是评审的内容之一。例如,在方案论证后期的装备需求评审时进行保障性要求评审,在工程研制阶段前的装备设计评审时进行优化保障方案评审等。这些评审工作在研制的早期进行较多,当装备设计比较固定后,评审周期较长。综合保障工程负责人一定要积极参与型号评审。由于这类评审不是专门从保障问题出发进行的,所以容易忽视对保障工作的评审。

2)设计评审

装备研制期间有一系列设计评审活动,设计评审是控制性分析工作输入到装备设计过程的最好机会。所有的设计评审应涉及满足各项保障性分析工作目标的进展情况,其重点是重新设计没有满足保障性要求的问题。在评审中应避免将性能要求作为设计评审时讨论的唯一主题,必须将性能与保障性的有关设计给予同等的重视。

3)保障性分析专题评审

专题评审是评审保障性分析工作的进展情况,评审的议题比设计评审和型号评审专题的问题要深而具体,它将详细讨论保障性分析工作项目的结果正确性和充分性以及与保障有关的设计问题,这些问题的重要方面可提交型号评审和设计评审时讨论。此外还将对费用估算进行评审。

### 3. 对转承制方和供应方的综合保障评审

承制方应负责对转承制方和供应方的装备综合保障评审,应主持或参与重要或规定的承制产品和供应品的综合保障评审。评审内容依合同规定条款进行,也可参照对承制方综合保障的评审内容。

### (二)寿命各阶段综合保障评审的项目和内容

综合保障评审可参考《装备综合保障评审指南》(GJB/Z 147—2006)进行。各阶段评审项目如下。

### 1. 论证阶段评审

1)评审目的

评审的目的是审查初始保障方案、保障性要求、综合保障计划编制工作过程和结果的正确性、合理性、协调性、可行性。

2)评审要点

①初始保障方案;

②保障性定性、定量要求；

③综合保障计划。

评审时机一般选择在论证阶段后期进行。

**2. 方案阶段评审**

1)评审目的

①审查综合保障工作计划与综合保障计划的完整性、合理性、协调性和可行性；

②所确定的保障性要求的正确性、合理性、可行性；

③所提出备选方案能否满足装备功能要求以及与装备使用方案等方面的协调性。

2)评审要点

①综合保障计划；

②综合保障工作计划；

③保障方案；

④保障性定性、定量要求。

3)评审时机

①综合保障计划、工作计划宜在方案阶段早期进行评审；

②计划的执行情况以及保障方案和保障性定性、定量要求一般在方案阶段后期进行评审。

**3. 工程研制阶段评审**

1)评审目的

①审查装备保障性设计与分析工作实现的程度及其过程与结果的正确性、合理性；

②规划使用保障、规划维修工作及其结果的正确性、合理性、完整性和协调性。

2)评审要点

①保障性设计与分析；

②保障资源规划与研制；

③综合保障计划、工作计划执行情况；

④保障计划；

⑤保障性试验准备。

3)评审时机

承制方宜在工程研制阶段适时多次安排内部评审和专题评审。合同评审在工程研制阶段后期进行。

**4. 定型阶段评审**

1)评审目的

①审查保障性设计特性及有关要求满足合同规定要求的程度；

②保障资源的有效性、适用性及其满足装备使用与维修的程度，保障资源与装备的匹配性，保障资源之间的协调性；

③部署保障计划的可行性、完整性、有效性和经济性。

2)评审要点

①保障性试验与评价；

②部署保障计划；

③系统战备完好性。

3）评审时机

①计划的保障资源和有关初始部署前的准备工作宜在装备系统部署之前进行评审；

②在部队试用或试验期间宜对装备系统和系统战备完好性进行初步；

③系统战备完好性评估宜作为初始作战能力评估的一部分进行，一般宜在部署一个基本作战单位、人员已经过培训、保障资源按要求配备到位后进行；

④在装备使用过程，可对装备保障系统和系统战备完好性进行后续评估。

综合保障评审的详细要求和内容可参见《装备综合保障评审指南》（GJB/Z 147—2006）中的附录 A《综合保障评审项目检查单》，进行有关项目评审检查。

**（三）综合保障评审的管理**

（1）订购方在综合保障计划中应对其内部的综合保障评审做出详细的安排，主要包括评审的项目、内容、要求、时间、方式、主持单位、参加人员、评审意见处理等，同时还应对合同评审提出明确的要求并做详细安排，主要包括评审的项目、内容、要求、时间、方式、对承制方资料准备和参加人员的要求等。

（2）承制方应根据合同要求和订购方的综合保障评审要求，制订综合保障评审计划。应明确合同评审资料准备的具体内容、格式、负责单位和进度等，计划中还应对承制方的内部评审做出详细的安排，主要包括评审的项目、内容、目的、要求、时间、方式、负责单位、参加人员、评审意见处理等。

（3）综合保障评审应与可靠性、维修性、测试性、安全性等相关专业的评审协调并尽可能结合进行。综合保障评审应协调好与保障性评价的关系。例如，保障性试验与评价的结果可以作为评审的内容，对技术资料的评审结论也可作为评价技术资料的依据。

**五、软件可靠性、可维护性设计评审**

在软件开发的各阶段都要进行可靠性、可维护性评审，评审要求如下。

**（一）软件需求分析评审**

（1）可靠性和可维护性目标。

（2）可靠性和可维护性工作计划。

（3）操作顺序及不可逆操作顺序的保障要求。

（4）在功能降低使用方式下，软件产品最低功能保证的规范。

（5）选用或制定的软件的可靠性与可维护性设计准则及规范。

**（二）概要设计评审**

（1）可靠性和可维护性目标分配。

（2）可靠性和可维护性设计方案。

（3）设计分析、关键成份的时序、估计的运行时间、错误恢复。

（4）测试原理、要求、文件和工具。

**（三）详细设计评审**

（1）各单元可靠性和可维护性目标。

（2）各单元可靠性和可维护性设计（如容错设计）。

（3）测试文件。

（4）软件开发工具。

**（四）软件验证和确认计划评审**

（1）软件可靠性和可维护性验证与确认方法。

（2）软件可靠性和可维护性测试（计划、规范、设施）。

（3）验证与确认时所用的其他准则。

## 第四节 军事代表"六性"监督

"六性"监督指在产品寿命周期过程中，运用"六性"理论、管理与工程技术，对组织过程和产品的"六性"状况进行监视、验证、分析和监督的全部监督活动。

装备"六性"监督是军事代表实施装备采购质量监督的重要工作。"六性"监督包括对装备寿命周期过程中"六性"管理的监督，对"六性"工作计划、"六性"设计评审等的监督。下面仅讨论军事代表"六性"监督职责及装备寿命周期阶段"六性"监督的内容。

### 一、军事代表"六性"监督职责

军事代表进行装备"六性"监督工作时履行下列职责。

（1）督促承研、承制单位贯彻国家和军队有关"六性"工程的方针、政策和规章制度，宣传贯彻有关"六性"工程的国家标准和国家军用标准。

（2）督促并协助承研、承制单位按有关要求建立"六性"工程管理系统及职能机构，并监督其运行的有效性。

（3）参与现役装备"六性"工程项目合同管理，履行合同监督管理职责，实施现场监督。

（4）按要求参与"六性"的定量指标、定性要求及技术方案论证，按要求参加有关评审，审查"六性"工作计划。

（5）参加有关的"六性"试验、实施过程监督，并按要求审签试验结论意见。

（6）督促承研、承制单位制订可靠性增长以及维修性、保障性、测试性、安全性改进工作计划，并监督实施。

（7）收集、整理"六性"工程信息并定期上报，及时向承研、承制单位传递部队反馈"六性"信息。

（8）掌握"六性"工程经费使用情况，监督承研、承制单位合理使用经费。

### 二、装备寿命周期各阶段的"六性"监督

本书中对装备寿命周期阶段划分参考了原总参谋部、国防科工委、国家计委、财政部〔1995〕技综字第 2709 号《常规武器装备研制程序》，分为论证阶段、方案阶段、工程研制阶段、定型阶段（含设计定型和生产定型）以及生产和使用阶段，而应进行的工作。

**（一）论证阶段监督**

（1）按要求参加承研、承制单位组织的"六性"工程技术可行性研究，对"六性"的参数选

择及定量指标、定性要求提出意见。

(2)按要求参加主管部门主持的一级和二级产品的"六性"指标论证工作。督促承研、承制单位根据主机系统要求,对三级及以下产品的"六性"指标进行充分论证。

(3)了解承研、承制单位提出的初步总体技术方案和经费保障条件预测报告的论证情况,对其中"六性"工程的经费概算、保障条件、研制周期、风险分析等提出意见或建议。

**(二)方案阶段监督**

(1)按要求参与武器装备研制方案的论证,了解掌握"六性"指标。督促承研单位制订"六性"工程技术方案及控制措施,确定指标的考核、验证要求,提出维修等级方案、主要保障条件,按要求参加"六性"工程技术方案评审。

(2)督促承研单位对"六性"指标及要求进行初步分析,了解掌握"六性"工程关键技术攻关情况,按要求参加"六性"评审。

(3)了解主、辅机厂(所)配套成品研制技术协议(合同)中"六性"的定量指标、定性要求及验证要求。

(4)督促承研、承制单位制订"六性"工作计划。计划内容应符合研制合同、研制总要求和有关国家军用标准规定,计划安排应与其他方面的工作相协调。按要求审查"六性"工作计划时,应重点关注以下几个方面。

①装备"六性"工程进度、检查方法和评审点;

②关键问题及其解决方法和程序;

③工作机构、人员和职责;

④信息收集、传递、处理、储存、使用等程序的说明。

(5)了解掌握研制合同中有关装备"六性"方面的具体工作项目和要求,督促承研单位实施。

**(三)工程研制阶段监督**

(1)督促承研单位建立健全装备"六性"工程管理系统,制定相应的工作制度和工作程序,监督其正常运行。

(2)督促并协助承研单位建立故障报告、分析和纠正措施系统,监督其有效运行。主要工作有故障审查、故障研究和处理、制订落实纠正和预防措施等。

(3)督促承研单位按照"六性"工作计划开展工作,掌握工作开展情况,对出现的问题督促承研单位及时采取有效措施。

(4)督促承研单位进行可靠性、维修性、测试性的建模、预计、分配及失效模式分析,生成分析报告,并进行必要的验证。可靠性、维修性模型应符合产品设计技术状态并随设计改进不断完善;可靠性、维修性、测试性预计、失效模式及影响分析等工作应随设计改进持续进行、反复迭代;指标分配应以规定值为依据进行。

(5)根据装备研制主管部门的要求,监督承研单位按合同或规范要求开展保障性的设计工作,建立相关项目清单。

(6)按要求参加初步设计、详细设计、试制试验后和首次试飞前以及其他"六性"工程专题评审工作,主要包括以下几个方面。

①参照有关标准,了解编制的评审检查清单有关内容和要求,审查提供的评审资料;

②参加评审过程,掌握评审情况,提出评审意见;

③督促承研、承制单位对评审中提出的问题,制订解决措施和实施计划,并对实施过程进行跟踪管理,检查改进效果。

(7)督促承研单位制订可靠性增长计划,制订并按程序审批可靠性增长试验大纲。试验大纲内容一般包括目的和要求,受试产品的说明(如受试产品的任务剖面、代表性、数量等),试验仪器及设备的说明和要求,试验环境条件、性能合格范围、故障判据及接口限制,可靠性增长模型,数据的采集和记录要求,预防性维修的说明,试验进度安排及试验程序,受试产品的最后处理。

(8)监督承研单位按照有关国家军用标准和型号规范,进行寿命、环境应力筛选、可靠性增长等试验。具体工作包括以下几个方面。

①按要求参加试验大纲评审,审查试验方案;

②参加试验前准备情况检查,并提出意见;

③监督试验过程,检查试验情况,参加试验评审和试验结论分析,审查试验结论,必要时审查确认有关试验报告;

④督促承研单位对试验中发现的缺陷进行改进,并进行补充验证。

(9)督促承研单位按有关国军标要求,编制产品初始预防性维修大纲和配套文件。

(10)督促承研单位明确软件的可靠性、维修性定量指标、定性要求及测试方法,并按要求参加软件可靠性的设计评审及验证测试工作。

(11)督促承研、承制单位在设计和试制过程中,采用优化设计和先进的制造工艺,提高产品的质量和"六性"水平。

**(四)设计定型阶段监督**

(1)督促承研、承试单位进行可靠性鉴定试验和维修性、测试性验证试验。

(2)督促承试单位编制可靠性鉴定试验大纲、维修性验证试验大纲、测试性验证大纲,按规定审签后联合上报。可靠性鉴定试验大纲内容一般包括试验目的和依据,受试样机状态和数量,试验剖面,试验项目、内容和方法,试验数据采集和处理的原则、方法,故障判据及合格判定准则,主要测试设备及要求,试验网络图和试验保障措施等。

(3)监督承研、承试单位按照批准的试验大纲,进行可靠性鉴定试验和维修性、测试性验证试验,并参加和了解承试单位组织的试验全过程。具体工作如下。

①督促和协助制订试验计划和试验程序。

②参加试验前检查和评审,提出评审意见。

③了解或参加试验过程,监督处理试验中出现的问题。

④参加试验后的检查、分析和评审。

⑤督促承研单位对试验中出现的关联故障进行分析、改进并进行必要的验证。

(4)有独立功能和可靠性指标要求的分系统和配套产品,应进行可靠性鉴定试验。

(5)督促承研单位针对系统试验、科研试飞、部队适应性试验中暴露的问题,制订可靠性增长计划、改进设计,并进行可靠性增长试验。

(6)按要求参加上级组织的飞机、发动机和复杂机载设备系统"六性"评审及指标评估。

承试单位应根据装备科研试飞、适应性试验及相关考核试验的数据综合评定,作出最低可接受值的评估结论,上述评审及评估结论应包含在型号装备的设计定型报告中。

(7)按要求参加设计定型审查时,重点应审查承研单位编制的质量和"六性"分析报告,以及其他设计定型文件中关于装备"六性"工程方面的内容。

**(五)生产定型阶段监督**

(1)督促承研、承制单位解决设计定型遗留的装备"六性"问题,验证采取措施的有效性,形成验证总结报告并按规定上报。

(2)督促承制单位在装备试生产过程中,采取措施排除和控制各种质量不稳定因素,消除由于薄弱环节和工艺缺陷造成的重复性故障,并对效果进行评审验证。

(3)根据小批试生产和使用中暴露的有关装备"六性"工程方面的问题,以及"六性"规定值要求,督促承研、承制单位制订可靠性增长、维修性保障性改进计划,改进设计和工艺方法,开展可靠性增长工作。

(4)督促承制单位从试生产开始,按照有关标准制订环境应力筛选试验方案和程序,对元器件、电路板(或外场可更换单元)、整机进行百分之百筛选,并监督实施。重要产品必须采用高效的温度循环及随机振动试验技术,进行筛选试验。

(5)按要求审查生产定型试验大纲时,重点审查装备"六性"工程项目的验证内容和要求。监督生产定型中有关"六性"试验。驻主研、主制单位军事代表应参加分系统和主要配套产品的可靠性鉴定试验和评审。

(6)督促承制单位按照有关标准,编制产品可靠性验收试验大纲和验收试验规程,并按规定履行审批程序。

(7)按要求参加生产定型审查时,重点审查在批量生产条件下,保证产品"六性"特别是可靠性控制措施的有效性。

**(六)生产和使用阶段监督管理**

(1)督促承制单位全面实施产品质量保证大纲(质量计划),加强生产过程质量控制,切实有效地保证装备在批量生产条件下的可靠性。

(2)根据合同和技术条件的规定,督促承制单位制订年度可靠性验收试验计划(例行试验),并按规定上报审批或备案。

(3)对可靠性验收试验(例行试验)过程进行监督,督促处理试验中出现的问题,审签试验报告。

(4)根据装备生产和使用情况,监督承研、承制单位制订和实施可靠性增长计划。

(5)督促承制单位开展装备质量跟踪,对生产和使用期间暴露的设计和制造方面的故障模式进行研究,采取设计、工艺等改进措施,提高装备"六性"水平。

(6)产品有重大改进或改型时,督促承研、承制单位按有关规定重新进行"六性"验证。

**三、军事代表对转承制方、供应方"六性"的监督**

前文已述及,对转承制方和供应方的"六性"监督与控制是保证"六性"要求实现的重要环节之一,既是承制方的"六性"管理内容,又是军事代表的重要监督工作。因此,在装备研制与生产过程中,军事代表应通过评审和日常监督等手段监控承制方、转承制方"六性"计划进展情况以及各项"六性"工作项目的实施效果,尽早发现问题并采取必要措施。

承制方在拟定对转承制方、供应方的监控要求时,应考虑到转承制方和供应方研制过程的持续跟踪和监督,以便在必要时及时采取控制措施,同时在合同中应明确"六性"评审、"六性"试验等有关条款,以便军事代表和承制方共同对转承制方和供应方进行监督控制。

# 第五节 装备"六性"保证顶层大纲及审查

装备"六性"保证顶层大纲是保证装备研制"六性"要求实现的基本文件,也是装备研制质量监督的指导性文件。在装备研制与生产中,承制单位必须根据装备特点、合同要求,编制具体产品的"六性"保证大纲。军事代表应加强对该大纲的审查,并督促承制单位不断改进和完善。

本节对可靠性保证大纲、维修性保证大纲、保障性保证大纲的内容纲目及军事代表审查的有关内容作以讨论。而测试性保证大纲、安全性保证大纲、环境适应性保证大纲的相关内容可参考相应国军标的规定编写。

## 一、可靠性保证大纲的要求及内容和审查

### (一)可靠性保证大纲的要求

(1)承制单位应根据合同要求及《装备可靠性工作通用要求》(GJB 450B—2021)中的规定,制订并实施可靠性保证大纲,其内容包括实现可靠性所需工作项目,实施工作程序、组织或人员及职责,需要的资源等,以便通过可靠性设计、分析、试验与纠正措施的落实,实施可靠性增长,达到规定的可靠性要求。

(2)可靠性保证大纲应适合装备类型、项目性质(新型或改进)及研制、生产程序阶段,并与装备重要性、要求的严格程序、设计的复杂性、通用性及所需生产技术协调一致。

(3)可靠性保证大纲应与维修性保证大纲及研制、生产任务一起筹划拟定,应制定保证可靠性工程活动为设计过程一个组成部分的措施,并与维修性工程、人素工程、系统安全性或其他相关工程相联系,其工作项目尽可能与维修性保证大纲、保障性保证大纲、测试性保证大纲、安全性保证大纲等要求的工作项目结合进行。

### (二)可靠性保证大纲的内容纲目

1. 可靠性管理项目

①编制可靠性工作计划;
②对承制方、转承制方的供应方的监督与控制;
③可靠性评审;
④建立故障报告分析与纠正措施(FRAS)系统;
⑤建立故障审查组织;
⑥可靠性增长管理。

2. 可靠性设计与分析项目

①建立可靠性模型；

②进行可靠性分配；

③进行可靠性预计；

④进行故障模式、影响及危害性分析(FMECA)；

⑤进行故障树分析(FTA)；

⑥潜在分析；

⑦电路容差分析；

⑧制定可靠性设计准则；

⑨元器件、零部件和原材料选择与控制；

⑩确定可靠性关键产品；

⑪确定功能测试、包装、储存、装卸、运输和维修对产品可靠性的影响；

⑫有限元分析；

⑬耐久性分析。

3. 可靠性试验与评价项目

①环境应力筛选；

②可靠性研制试验；

③可靠性增长试验；

④可靠性鉴定试验；

⑤可靠性分析评价；

⑥寿命试验。

**(三)可靠性保证大纲的审查**

大纲由承制方编制,但须经军事代表审查。军事代表对可靠性保证大纲审查时,应重点审查以下几个方面的内容。

(1)产品可靠性保证大纲是否保证产品达到规定的可靠性要求。

(2)产品可靠性保证大纲规定的工作项目是否与其他研制工作协调,是否纳入型号研制综合计划。

(3)所定方案的可靠性指标与维修性、安全性、保障性、性能、进度和费用之间进行综合权衡的情况是否合理。

(4)可靠性指标的目标值是否已转换为合同规定值,门限值是否转换为合同最低可接受值。

(5)系统可靠性模型是否正确,相应的指标分配是否合理。

(6)可靠性预计结果是否能满足规定指标要求。

(7)装备系统是否已进行可靠性的比较与优选工作。

(8)装备所确定的设计方案是否充分采取了简化设计方案,是否尽可能采取成熟技术。

(9)可靠性指标及其验证方案是否已经确定并纳入到相应合同或任务书中。

(10)方案中的可靠性关键项目与薄弱环节及其解决途径是否正确、可行。

(11)可靠性设计分析与试验是否已规定应遵循的准则、规范或标准。

(12)可靠性工作所需的条件经费是否得到落实等。

## 二、维修性保证大纲的内容纲目及军事代表审查

### (一)维修性保证大纲的内容纲目

1. 维修性管理项目

①制订维修性工作计划；

②对承制方、转承制方和供应方的监督与控制；

③维修性评审；

④建立维修性数据收集、分析和纠正措施系统；

⑤维修性增长管理。

2. 维修性设计与分析

①建立维修性模型；

②维修性分配与预计；

③故障模式与影响分析；

④维修性分析；

⑤抢修性分析；

⑥制定维修性设计准则；

⑦为详细的维修性保障计划和保障性分析准备输入。

3. 维修性试验与评价

### (二)维修性保证大纲的审查重点

军事代表对维修性保证大纲审查的重点内容如下。

(1)维修性保证大纲是否对《装备维修性工作通用要求》(GJB 368B—2009)及相应的行业标准进行了合理的剪裁,大纲是否能保证产品达到战术指标的维修性要求。

(2)是否制订了维修性工作计划并纳入型号研制综合计划。

(3)各备选方案是否避免了现有装备存在的维修性缺陷。

(4)是否对各备选方案进行维修性分析并提出各方案存在的问题。

(5)在确定方案过程中,是否对各备选方案的维修性与可靠性、保障性、性能、进度和费用之间进行权衡分析,并使方案优化。

(6)是否根据同类型产品的经验数据,初步预计装备各备选方案的有关维修性指标,预计的结果是否符合规定的要求。

(7)装备有关的维修性指标是否规定了成熟期的目标值和门限值。

(8)装备有关维修性指标是否将目标值转换为合同规定值,门限值转换为合同最低可接受值。

(9)维修性指标是否按功能框图分配到各系统、分系统或主要设备(功能项目)。

(10)是否制订了系统、主要分系统或设备的维修方案。

（11）是否制订了系统、主要分系统或设备的可修复件的修理级别，确定的依据是否正确。

（12）是否制订了系统、主要分系统或设备在各维修级别相应的维修策略，其依据是否正确。

（13）是否确定了系统、主要分系统或设备在各维修级别的计划维修和非计划维修任务，依据是否正确。

（14）对维修设备的要求是否与维修方案一致。

（15）是否对各维修级别的维修人员类型、数量、技术熟练程度进行了估计，这种估计是否满足使用要求。

（16）是否依据类似装备的使用与保障经验对新装备的使用与保障方案进行了分析和剪裁。

（17）是否制订了初步的维修保障方案。

（18）系统、分系统是否可利用各维修级别现有维修保障措施，是否需要建立新的设施；对计划的进度和费用有何影响。

（19）是否制订了装备的维修性验证方案并纳入合同。

**三、保障性保证大纲的内容纲目及审查**

**（一）保障性保证大纲的内容纲目**

1. 综合保障的规划与管理

①制订综合保障工作计划；

②综合保障评审；

③对转承制方和供应方的监督与控制。

2. 规划使用保障

3. 规划维修

4. 规划与研制保障资源

①规划人力和人员；

②规划供应保障；

③规划保障设备；

④规划训练和训练保障；

⑤规划和编制技术资料；

⑥规划保障设施；

⑦规划包装、装卸、储存和运输保障；

⑧规划计算机资源保障。

5. 保障性资源的试验与评价

6. 系统战备完好性评估

**（二）保障性保证大纲的审查**

保障性保证大纲主要由承制方编制，军事代表应对其实施审查和监督，审查的重点如下。

（1）保障性保证大纲是否能保证装备达到研制合同规定的保障性要求。

（2）保障性保证大纲规定的工作项目是否与《装备综合保障通用要求》（GJB 3872—1999）以及其他研制工作协调，是否纳入型号研制工作计划。

（3）所规定的保障性指标与可靠性、维修性、安全性、性能、进度和费用之间进行综合权衡的情况是否合理。

（4）规划保障及研制所需的保障资源是否合理、可行。

（5）保障性试验方案是否可行，结果能否保证满足保障性指标要求等。

以上是对可靠性、维修性、保障性保证大纲的内容以及军事代表审查重点以纲目形式进行了讨论。而在研制任务书中有测试性、安全性、环境适应性的要求，承制单位应编制相应的保证大纲。限于篇幅，在此不作详细论述。

# 第十章 "六性"技术在装备工程中的应用

当今,装备"六性"技术随着武器装备的迅速发展而发展,已成为一门等同于装备战术技术性能要求的通用质量指标体系和独立的工程学科。无论在装备研制任务书或者研制合同中,都必须规定有"六性"指标定性、定量要求。事实证明,装备"六性"对保证装备战备完好性、任务成功性以及降低装备全寿命周期费用已产生明显的军事效益和经济效益。

本章根据国内有关装备工作实践,参考有关文献,就"六性"技术在装备全寿命周期的有关工作作以讨论,选择的内容有电子产品可靠性设计工作、装备装运和储存过程的可靠性工作、装备使用阶段的维修管理工作、装备寿命管理、装备使用与退役的安全性管理、装备"六性"信息系统及管理,以及某装备测试系统可靠性评估等,仅供参考。

## 第一节 电子产品可靠性设计

### 一、电子产品可靠性设计概述

当今电子产品日益向多功能、小型化、高可靠性发展。功能的复杂化,使设备应用的元器件、零部件越来越多,对可靠性要求也越来越高,而每一个电子元器件的失效,都可能使设备或电子系统发生故障。这就必须加强可靠性设计,正确选用元器件并采用降额、降温等设计技术,降低元器件的使用失效率,保证产品的可靠性。另外,电子产品应用于各种场所,会遇到各种复杂的环境因素,如高温、低气压、有害气体、霉菌、冲击、振动、辐射、电磁干扰等。这些环境因素的存在,都会影响电子产品的可靠性。只有通过可靠性设计,充分考虑产品在使用过程中可能遇到的各种环境条件,采取耐环境设计和电磁兼容设计等各项措施,才能保证产品在规定环境条件下的可靠性。

电子产品可靠性设计的内容一般有元器件的选用和控制、元器件的降额设计、耐环境设计、电磁兼容设计、电子元器件和电路容差分析、潜在电路分析等。下面就这几方面的一些常用设计方法和准则按不同重点进行讨论。

### 二、电子产品可靠性设计的内容和方法

#### (一)电子元器件的选择与控制

元器件是电子设备的基本组成单元。电子设备的可靠性设计,最关键的一步就是选择、规定、使用和控制该系统所用的元器件,尽可能地减少元器件、零部件和原材料的品种,保持

提高产品的固有可靠性,降低保障费用和寿命周期费用。而控制与选择电子元器件的最有效办法就是制订元器件大纲。

1. 制订元器件大纲

一个全面的元器件大纲应包括以下内容。

1)元器件控制大纲

例如为某型号(产品)拟定的元器件大纲主要内容如下。

(1)建立元器件、零部件选用的控制机构。

建立在型号总设计师领导下的元器件、零部件控制机构,该机构与研制阶段并存。

①组成:可以考虑由可靠性、标准化、供应及产品设计工程师组成。

②职责:

a. 制订元器件、零部件控制方案;

b. 组织编制和修订本企业设计人员优选的元器件、零部件清单,并制定选用非标准零件批准控制程序;

c. 制定对转承制方的元器件、零部件选用要求和控制程序;

d. 检查元器件、零部件选用情况,保证其选用控制工作有效地进行。

(2)确定元器件、零部件控制方案。

①应根据任务的关键性和重要性、产品的复杂程度、产品和零件分类情况、生产的数量、维修方案等因素来确定元器件、零部件选择的控制深度和广度,明确是全面控制还是对部分系统和设备的元器件、零部件选择给予控制。

②应列出控制优选的元器件、零部件的名称和种类。按机械与电子电气等类别加以分类控制。机械类包括连接件、传动件、密封件等,电子电气类包括电阻、电容、半导体器件、集成电路、继电器等。要具体列出各类零件作为编制零件优选清单的依据。

③应规定选用的优先顺序。

④控制方案须经型号总设计师批准执行。

(3)编制元器件、零部件优选清单。

①编制元器件、零部件优选清单是控制元器件、零部件选用的有效方法。一个好的清单可以达到提高产品的固有可靠性、减少设计经费、加快研制进度和优化设计的目的。但必须在对大量元器件、零部件生产、试验、使用情况调查的基础上才能制订出来,经型号总设计师批准后生效。

②编制元器件、零部件优选清单的原则:

a. 尽可能选用标准件、通用件、借用件;

b. 根据元器件、零部件的质量、供应能力、可靠性和筛选等级的优先顺序选择使用;

c. 不断收集控制范围内元器件、零部件的使用和质量评比情况,以修订和完善优选清单。

③应给出元器件、零部件优选清单格式。它的内容应包括名称、型号、规格、生产厂、供应能力、适用范围、限制使用说明、质量等级等项目。

④设计人员使用优选清单的原则:

a. 保证在设计中尽量选用清单中列出的元器件、零部件。若不能满足特定要求,则需经推荐的批准程序选用非清单零件。

b. 在充分考虑了元器件、零部件在产品中所起作用的基础上,优先选用标准件。在同一产品上尽量减少元器件、零部件的品种规格,提高产品的标准化程度。

(4)对转承制方元器件、零部件选用要求。

对控制方案拟定要控制的成品,在承制方与转承制方的研制合同中,除性能要求外,还应根据对成品的可靠性要求提出对元器件、零部件的质量等级要求和选用控制要求。具体要求如下。

①转承制方需编制供本单位设计人员使用的元器件、零部件优选清单,该清单应得到承制方的认可;

②要求产品进行系列化设计,尽量选用标准件、通用件、借用件,减少同一产品上元器件、零部件的品种规格,提高产品的标准化程度;

③保证在合同期内尽量选择列入清单上的元器件、零部件。若不能满足特定要求,则需经推荐的批准程序选用非清单零件。

(5)严格选用非标准元器件、零部件的控制程序。

当采用非标准元器件、零部件时,应严格落实以下控制程序。

①由设计部门提出选用非标准(或成品)元器件、零部件的理由;

②由标准化或供应部门签署意见;

③由元器件、零部件控制机构审查,报型号总设计师批准后采用。

2)元器件的标准化

要控制对标准件和非标准件的选择和应用。标准件的使用可避免将过多的零件变成新设计、制造项目,以便在产品寿命期间内可保证零件的供应,提高产品的可靠性和互换性等。

3)制订元器件应用指南

承制方应制订相应的应用指南作为产品设计人员必须遵循的设计指南,如规定元器件的降额准则及零部件的安全系数、关键材料的选取准则等。只有在元器件控制大纲的范围内,才允许偏离应用指南,且只有在估计了元器件的实际应力条件、设计方案以及这种偏离对产品可靠性影响是可以接受的条件下,才能允许使用。

4)进行元器件筛选

筛选的目的是减少系统的早期故障和有效地将其故障率降低到可接收水平。元器件筛选一般是百分之百地进行,对受试硬件施加应力以暴露固有的以及工艺过程引入的缺陷,而不降低产品性能或损坏产品。施加应力的目的是暴露那些一般在正常的质量检验和试验过程中不会发现的缺陷。元器件级的筛选是较为经济的一种措施,可以纳入承制方的规范中。这种筛选具有最大限度地节约费用的潜力。

5)参加可靠性信息交换网

元器件承制方应参加信息交换网,及时交换有关元器件的可靠性信息,以便选择符合标准的元器件。

2. 加强电子元器件的选用与管理

1)国产电子元器件的优选顺序

(1)若选用国产元器件,应根据设备的质量和可靠性要求优先在按国家标准(GB)、国家军用标准(GJB)、"七专"技术条件(QZJ)、电子工业部标准(SJ)组织生产和经质量认证的产品中选用。对于"七专"产品,应尽可能在推荐、保留、试用三个品种中选用推荐品种。

(2)按"七专"管理办法生产的产品,是指在生产过程中要做到专批、专技、专人、专机、专料、专检、专卡。"七专"产品的"推荐品种""保留品种"和"试用品种"的具体内容如下。

①"推荐品种"指产品设计合理,工艺先进,性能优良,质量稳定可靠,符合标准化、系列化、通用化原则,有广泛应用前途的是武器系统广泛采用的优秀品种。

②"保留品种"指虽不符合"七专"条件,但武器系统已普遍采用,设计、工艺、质量和可靠性尚能满足要求。保留品种限制在已定型整机中应用,新设计的整机不宜采用。

③"试用品种"指虽然功能已研制成功,但其可靠性水平是否满足可靠性及"七专"技术条件要求,尚未得到证实的品种,以及申请加入高可靠、"七专"保证体系的厂点的品种。

2)加强电子元器件的管理

除电子元器件选用和采购外,元器件的验收、筛选、保管、使用、失效分析、信息管理等过程均为元器件管理方面的工作。应从设计选用直至产品交付使用的全过程,对元器件进行全面的质量与可靠性管理,其要点如下。

①建立元器件验收、入库、检验、发放、失效更换、批次质量管理等制度;

②制定优选清单,尽量压缩品种和生产厂点,严格选用及代用项目的审批;

③加强失效分析与质量信息反馈,促进元器件固有可靠性的提高;

④进行元器件的老化筛选;

⑤新元器件应经设计定型鉴定和生产定型鉴定;

⑥元器件订购合同应注明元器件的技术标准、质量等级、验收方式等要求。

**(二)降额设计**

降额设计就是使元器件或设备工作时承受的工作应力适当低于元器件或设备规定的额定值,从而达到降低基本故障率、提高使用可靠性的目的。电子产品以及机械产品都应做适当的降额设计。因为电子产品的可靠性对其电应力和温度应力较敏感,所以降额设计技术对电子产品就显得尤为重要,成为可靠性设计中必不可少的组成部分。

各类电子元器件都有其最佳的降额范围,在此范围内工作应力的变化对其失效有较明显的影响,在设计上也较容易实现,并且不会在设备体积、质量和成本方面付出过大的代价。然而,过度的降额并无益处,会使元器件的特性发生变化或导致元器件数量不必要地增加或无法找到合适的元器件,这样反而对设备的正常工作和可靠性不利。

**1. 降额等级**

在最佳降额范围内,一般分为三个降额等级。

(1)Ⅰ级降额。Ⅰ级降额是最大的降额,适用于设备故障将会危及安全、导致任务失败和造成严重经济损失情况时的降额设计,它是保证设备可靠性所必须的最大降额。若采用比它还大的降额,不但设备的可靠性不再会增长多少,而且设计上也是难以接受的。

(2)Ⅱ级降额。Ⅱ级降额是中等降额,适用于设备故障将会使工作任务降级和发生不合理的维修费用情况的设备设计。这级降额仍在降低工作应力可对设备可靠性增长有明显作用的范围内,它比Ⅰ级降额易于实现。

(3)Ⅲ级降额。Ⅲ级降额是最小的降额,适用于设备故障只对任务完成有小的影响和可经济地修复设备的情况。这级降额可靠性增长效果最大,设计上也不会有什么困难。

2.降额准则

各类元器件的详细降额准则及应用指南可按国家军用标准《元器件降额准则》(GJB/Z 35—1993)执行。

**(三)耐环境设计**

在进行可靠性设计时,调查环境条件对产品可靠性的影响,以便研究对策,采取有效措施,设计和创造出耐环境的产品是一项重要任务。

由于装备服务于海、陆、空三军,所遇到的环境很多。需要研究的环境包括以下三个方面。

(1)气候环境,包括温度、太阳辐射、大气压力、降雨量、湿度、臭氧、盐雾、风、砂尘、霜冻、雾等。

(2)地形环境,包括标高、地面等高形、土壤、天然地基、地上水、地下水、植物、野兽和昆虫、微生物等。

(3)感应环境,包括冲击波、振动、加速度、核辐射、电磁辐射、空气污染物质、噪声、热能、变化了的生态等。

2.环境影响与故障模式

环境影响往往不是单一加在一种电子产品上的,一个产品要遇到多种环境因素。例如坦克必须能够在严寒和酷热条件下使用。设计时不仅应采取防冻措施,还应采取保证在酷热条件进行正常操作的防护措施。由于各处环境因素往往综合地作用于产品,因此对环境防护也要采取综合性措施。

3.耐环境设计

为了提高产品的可靠性,必须在设计阶段就考虑产品的环境防护。环境防护的第一步是确定产品的工作环境,第二步是确定在这种环境条件下所用元器件及材料的性能。如果这种性能不能满足产品可靠性要求或处于临界状态,就要采取环境防护措施,并且选择耐环境的元器件和材料等。下面主要介绍耐低温、防冲击、耐振动、耐湿、防尘沙设计的方法。

1)耐低温设计

在温度发生变化时,几乎所有的材料都会出现膨胀或收缩。这种膨胀与收缩引起了元器件、零部件之间的配合、密封及内部应力发生变化。由于温度不均匀,使元器件、零部件的收缩不均匀,这样会引起零部件的局部应力集中。金属结构在加热和冷却循环作用下最终也会由于感生的应力和弯曲引起的疲劳而毁坏。在不同金属连接点之间热电偶效应所产生的电流会引起电解腐蚀。塑料、天然纤维、皮革以及天然的和人造的橡胶都对温度极值特别敏感。这可以使它们在低温时发脆和高温时性能退化的现象得到证实。

在高温下保证可靠性的措施将在"耐热设计"一节中论述,以下只介绍低温下保证电子设备可靠性的基本措施。

(1)防止材料收缩不均,在设计时应考虑如下因素。

①谨慎地选用材料;

②在活动零件之间留有合适的间隙;

③采用弹簧拉紧装置和深槽滑轮控制缆索;

④表面采用密度较大的材料。

（2）防止润滑剂变稠。

①选用由硅、二元脂配成的润滑脂；

②只要可能，就不用液体润滑剂。

（3）防止液压系统漏泄：可采用低温的密封和填充化合物，如硅橡胶。

（4）防止液压油变稠：可采用合适的低温液压油。

（5）防止由于汇集的水冻结而引起结冰损坏，可通过下述方法消除水分。

①设置排气孔；

②足够的排水装置；

③消除湿气阱；

④适当地加热；

⑤密封；

⑥使空气干燥。

（6）防止材料性能和部件可靠性退化：应谨慎选择具有良好低温性能的材料和部件。

2）防冲击和耐振动设计

在冲击和振动作用下，电子设备的元器件可能发生失效，其主要失效模式为电阻、电容、晶体管、集成电路等引线发生断裂、焊点开焊等；继电器受振后，机械装置逐渐地失效；电子管在振动时会产生电极短路、松动、脱落和出现颤噪声；晶体与开关在大振动冲击时会产生相对位移；高频振动可能使功率电阻、电解电容器上绝缘层损坏；无线电引信由于冲击、振动而提前解除保险。为了减少冲击和振动，可以采用以下几种方法。

（1）减振设计。减振设计采用的是隔离技术。在振动源与怕振的部件之间装入专用隔离介质，削弱振动源传递到部件的能量。例如通信设备通过减振架安装到车体上。常用的减振器有金属弹簧减振器、橡胶减振器、蜂窝状纸质减振器、泡沫聚苯乙烯塑料块等。

（2）阻尼设计。该方法是借助于阻尼材料的阻尼性能来消耗外来的振动能量。阻尼技术包括阻尼材料的研究、阻尼结构的处理和正确应用的研究等。一般阻尼零件有弹性阻尼器，如橡胶及弹簧减振器等金属制品。金属减振器固有频率高，常用于载荷大、干扰频率高及有冲击的情况下，优点是能耐温度和湿度的影响，但在发生共振时振幅很大。空气阻尼器利用空气出入缝隙的黏滞阻力作用，改变缝隙大小即可调节阻尼，其优点是不受温度变化的影响。油阻尼器利用液体磨擦作用，改变油的黏度即可调节阻尼，其优点是在简单的装置中可获得很大阻尼来降低冲击。电磁阻尼器利用在磁场中运动的金属片中所产生的涡流与磁场之间的电磁力产生阻尼，其优点是可获得完全线性的衰减，调整方便，但阻尼力较小。固体磨擦阻尼器，利用固体本身内磨擦或固体之间磨擦获得阻尼，常用的有橡皮－金属减振器，其优点是结构简单、成本低廉，可在很大范围内获得阻尼，但阻尼值不易精确控制。

（3）去耦技术。去耦的目的是防止共振。尽量提高设备的固有振动频率，使设备和元器件的频率不等于外来振源的频率。例如，对于电阻器和电容器，一般通过剪短引线来提高固有频率。

3）耐湿设计

湿气几乎在所有环境中都可能遇到，它可能是引起产品变质的一切因素中最重要的一个化学因素。湿气通常是含有许多杂质的水气。这些杂质会引起许多化学问题，可能引起性能退化。同时，缺少湿气也可能引起可靠性问题。例如，许多非金属材料的有用特性就取决于湿气的最佳值。当皮革和纸太干时,它就会变脆,并产生裂纹。同样,随着湿度降低,纤维制品就会加速磨损,纤维变得干脆。由于缺少湿气,在环境中就会遇到灰尘,灰尘会使磨损加剧、摩擦加大以及堵塞过滤器。

抵消湿气的方法如下。

①采用排水和空气循环的方法消除湿气;

②当方法①不适用时,采用干燥器除潮;

③采用保护层;

④采用圆形边缘,以使保护材料的涂层均匀;

⑤采用耐腐蚀、防霉和防潮的材料;

⑥采用气密部件、密封垫和其他密封器件;

⑦用耐潮蜡、塑料和凡立水浸渍或封装材料;

⑧把不同的金属分开,把有湿气时会连接在一起或产生反应的材料分开,以及把可能损坏保护涂层的部件分开。

4)防尘砂设计

就尘砂的影响而论,除降低能见度外,主要通过以下方式使设备性能退化。

①由于擦伤而加剧磨损;

②由于摩擦而加剧磨损与发热;

③过滤器、小孔和敏感装置被堵塞。

因此,在防尘砂设计中,要特别注意含有运动件的装备。尘砂擦伤光学表面,可能是由于空气中的尘砂所碰伤,也可能是擦洗光学表面时不小心为微粒擦伤。聚集起来的尘埃对潮气有亲合力,两者结合后导致腐蚀或促使霉菌生长。

在比较干燥的地区,例如在沙漠中,尘砂微粒很容易扬起来,悬浮在空气中,可能悬浮数小时之久。这样,即使没有风,车辆或车上设备在尘埃中行驶的速度也可能使其表面擦伤。火炮在发射时,巨大的反作用力将其周围的砂土喷起,会影响火炮上的电子设备。

为了冷却和防潮,或者为了便于操作,大多数装备都要求空气循环。因此,问题不是许可不许可灰尘进入装备内,而是许可有多少灰尘或多大的尘粒,并把空气中超过规定尺寸的微粒过滤出去。然而,过滤器有这样的特性,即对给定的过滤器工作面积而言,留在过滤器上面的尘粒会越来越小,小尘粒的数量会增多,通过过滤器的空气或其他液体的流量将减小。因此,或者增大过滤器的表面面积,或者减小通过过滤器的流体流量,或者增大许可的尘粒尺寸,必须在三者之间进行折衷。对砂尘的防护措施必须与对其他环境因素的防护措施相结合,综合考虑。例如,对于准备在砂尘环境中使用的设备,规定用防护层防潮是不实际的,除非选用耐磨蚀的或磨蚀能自动愈合的防护涂料。

耐环境设计还应包括防爆设计、防电磁辐射设计、防霉菌设计、防盐雾和腐蚀设计等,在这里不作介绍。

**(四)耐热设计**

1. 耐热设计的目的

大多数电子元器件的失效率都随着温度升高而增大。而且这些电子元器件在工作过程中本身又是一个热源。这不仅会加速自身的失效速度,同时还使其他元器件处在更恶劣的环境中。化学反应有这样一条经验:对许多化学反应来说,温度每升高10 ℃,反应速度翻一番。因此,温度对于电子产品的影响是很大的。为了解决这个问题,一种方法是选用发热少、对温度不太敏感的元器件,另一种方法是采用降温技术,消除热量。例如,通过改变元器件的安放位置和安放方式,把元器件产生的热对其他元器件的影响减小到最低限度,或采用冷却技术加快散热速度。

电子设备的热源来自很多方面。一是电子设备中的元器件有很多发热元件,如电阻、功率晶体管、变压器、磁心体、电机等;二是电子设备中的各种机械部件的摩擦可以转换成热量;三是在高速飞行时,系统与空气产生摩擦,在外层上可以产生热量。这些热量的产生,导致对热很敏感的元器件的失效率上升。对于微电子器件、分立半导体器件、电阻器、电容器、电感器、旋转装置、继电器、连接器等,元器件的失效取决于温度,在使用这些元器件时,必须考虑热设计。

2. 耐热设计方法

以往经验表明,耐热设计不合理是造成电子设备可靠性差的一个主要原因。耐热设计中最常采用的方法如下。

(1)提高元器件、材料的允许工作温度,选用耐热和热稳定性好的元件和材料。

(2)减少设备的发热量,设计时尽量选用小功率的能源和小功率的执行元件。

(3)用冷却的方法改变环境温度,并加快散热速度。

前两种方法有时受到系统性能要求和现有生产水平等条件的限制,这时采用后一种方法往往是很有效的。下面着重介绍冷却技术。

由于以热为形式的能量会自然地从较热的区域流到较冷的区域,因此,温差 $\Delta T$ 越大,热流量 $Q$ 就越大,这种关系式用下式表示:

$$\Delta T = \theta Q \qquad\qquad (10-1)$$

式中    比例系数 $\theta$—— 热阻。热阻表示热流量在给定的温差下流过该区域的能力。热阻越大,散热就越慢,反之就越快。因此,设计时应考虑如何降低热阻。

下面分类介绍减少热阻的设计方法。

1)传导热阻的热设计

减少传导热阻的方法有缩短通路、增加面积和选导热系数大的材料。传导的一种特殊形式是接触传导,即热通过两个接触表面的交界面时,会出现一种导热的特殊情形。因为接触交界面的热阻很高,它们又常常位于组件全部功耗流过的地方,所以在接触交界面上有很大的温差。因此,设计人员应尽量少用这种交界面。降低接触热阻的方法如下。

①增大接触面积;

②表面应平滑;

③接触材料要软;

④接触压力要均匀;

⑤在交界面上有导热填充剂。

2)对流热阻的热设计

对流过程可按流体运动是自然发生还是强迫发生的来分类,自然对流是由于液体密度差和温度梯度而引起的流体运动。冰箱中的冷气使食物变冷就是自然对流的例子。影响自然对流热阻的重要因素包括流体中的温度梯度及表面的位置和方向。减少自然对流热阻常采用的方法如下。

①流体不应受到限制,尽量裸露在空气中;

②采用垂直表面比采用水平表面好;

③减少垂直表面尺寸;

④如果表面必须水平放置时,面对流体的表面向上;

⑤增大面积。

强迫对流是由外力(如风扇等)造成流体运动的过程。例如计算机主机里都配有风扇,可以加快散热。影响强迫对流热阻的重要因素有流体类型(如气体或液体)、流体的速度及表面的外部特性。用来带走热的流体叫冷却剂,空气是最常用的冷却剂。减少强迫对流热阻常采用的方法如下。

①采用液体比用气体好;

②增大冷却剂的流速;

③尽量采用粗糙或间断的表面;

④尽量增大散热面积。

3)辐射热阻的热设计

一个理想的黑体能吸收全部的辐射能。这就为减少辐射热阻提供了途径,减少辐射热阻常用的方法如下。

①选择黑度大的部件作为吸收体;

②辐射体对于吸收体要有良好的视角;

③增大面积。

4)冷却技术设计

冷却技术在热设计中占有很重要的地位。通过冷却设计,能使热量很快散发掉。下面介绍几种常用的冷却方法。

(1)元件的直接冷却。通过气体或液体直接流过零件来消除功耗。例如,高功率晶体管安装在散热片上以增加交换热面积,从而减少对流和辐射的热阻。对于高功率设备,则要求强迫空气冷却。当冷却剂是气体时,称为直接气冷;当冷却剂是液体时,称为直接液冷。

(2)利用电路板做热通路。元件的热量传导到外壳底座,再从底座传到电路板,是利用电路板作热通路。外壳底座与电路板上面之间的热阻称为安装热阻。减少安装热阻的方法如下。

①减少元件与电路板间的间隙;

②采用导热系数大的材料填满间隙。

(3)采用换热器。通过换热器流动气体或液体将热量从电路板中带走,利用换热器与电路板作为热接触。这样冷却不直接接触元件,可以解决环境污染问题。对于电子设备,换热器称为冷板或冷壁。冷却法可以采用直接气冷、冷壁冷却和流通冷却。

(4)相变冷却。对有些时间短的任务来说,希望热传到一种材料并以材料的蒸发(液体气化)或熔化(固体液化)的方式将热储存起来,达到散热的目的。

#### (五)电磁兼容设计

**1. 电磁干扰和电磁兼容设计**

**1)电磁干扰概念**

随着科学技术的发展,电子设备越来越多地装备到坦克、火炮、车辆、飞机、舰船上。如坦克和火炮配备通信,这就提出这些电子设备是否受炮体、车体等的影响的问题;还有舰船上多部雷达相互作用的问题,这就产生了电磁兼容问题。在生活中电磁干扰的例子也很多,如当电视机工作时,使用高功率电器如吹风机,电视机屏幕上会出现花乱信号。任何电子设备都将在其周围产生一定的电磁辐射,自然界也存在着地磁、雷电、宇宙射线等。当系统受到这些电磁的影响时,可能会发生故障。例如某测量船的铁栏杆链条,由于感应了大功率发射信号并在船体摇摆时出现电接点的通断,形成宽频脉冲干扰,使接收机的正常工作受到破坏,之后直到改用尼龙扶链后才解决了这个问题。

构成电磁干扰必须同时具备三个条件:有电磁干扰源,有相应传输介质,有敏感的接收单元。缺一个条件,电磁干扰即不成立。因此,在电磁兼容设计时,如何消除这三个条件中的任一条,就是设计人员的设计准则。

电磁干扰源有发电站、传送线、机器、发动机、运载工具、灯、电源等;布线不合理、插接点的松动、振动、各类触点产生的电火花、一定功率容量设备的启、停,各类无线电发射机、雨天的电击、地磁、宇宙射线等。在这种电磁环境下,就要研究电子设备的电磁兼容问题。

传输介质或电磁干扰进入电子设备的途径一般有三条:传导、近场感应及远场辐射。

各种电子装置都可能成为被干扰的敏感接收单元,只要同时具备以下两个条件,电子设备就可能受到电磁干扰:①干扰源的信号电平超过了设备容许范围;②干扰源的信号频率可以被电子设备响应。

**2)电磁兼容设计概念**

由于电磁的存在使电子设备受到电磁干扰,导致电子设备不能正常工作。因此,就要从技术性能或经济性等方面考虑加以消除,这个过程就叫电磁兼容设计。

从电磁干扰产生的条件可以看出,只要消除产生电磁干扰的各种条件,就能使电子设备具有很强的电磁兼容性。同时,这也给设计人员提供了提高电子设备电磁兼容能力的途径。

**2. 电磁兼容设计的一般程序**

电磁兼容过程中三个必不可少的阶段如下。

①根据已知的系统设备性能和测量结果、外界环境以及传播和频率数据进行预测;

②为获得与电磁环境最佳兼容进行工程设计;

③对以上分析遗漏的产品进行调整。

**3. 电磁兼容设计措施**

电磁兼容设计的基本思想就是消除构成电磁干扰的三个基本条件。提高电磁兼容性的措施,可以从以下几个方面考虑。

(1)接地设计:考虑系统与大地、设备之间的地线以及设备内部的地线连接。

(2)屏蔽设计:考虑静电屏蔽、磁屏蔽、电磁屏蔽。

(3)抑制干扰源设计:考虑用金属机壳作电磁屏蔽,使用电网电源滤波器,使用变压器静电屏蔽。

### (六)电路容差分析

电路容差分析是预测电路性能参数稳定性的一种分析技术。它研究电子元器件和电路在规定的使用条件范围内,电路组成部分参数的容差对电路性能容差的影响。

#### 1. 电路容差分析的目的

组成系统的元器件的参数通常是以标称值表示的,其实际数值存在着公差。随着系统中元器件增多,这种公差的积累可能会超过系统的设计容限,致使系统发生故障。另外,当温度发生变化时会使电子元器件参数也发生变化。容差分析就是研究电子元器件和电路在规定的使用温度范围内,电路参数容差及寄生参数的影响问题。

#### 2. 电路容差分析的内容

(1)电路容差分析是在电路节点和输入、输出点上,在规定的使用温度范围内,检测元器件和电路的电参数容差和寄生参数的影响。这种分析可以确定产品性能和可靠性问题,以便在投入生产前得到经济有效的解决。

(2)电路容差分析应考虑由于制造的离散性、温度和退化等因素引起的元器件参数值变化。应检测和研究某些特性,如继电器触点工作时间、晶体管增益、集成电路参数、电阻器、电感器、电容器和组件的寄生参数等;也应考虑输入信号,如电源电压、频率、宽带、阻抗、相位等参数的最大变化(偏差、容差)、信号以及负载的阻抗特性;应分析如电压、电流、相位和波形等参数对电路的影响;还应考虑在最坏情况下的电路元件的上升时间、时序同步、电路功耗以及负载阻抗匹配等。

#### 3. 电路容差分析的方法

电路容差分析常采用最坏情况分析法。

最坏情况分析法(WCCA)能根据给定的参数变化范围来确定系统性能特征是否超出规定的变化范围。如果性能特征超出规定范围,就可能发生漂移故障。最坏情况分析可以预测某个系统是否会发生漂移故障,并提供改进方向,但它不能预测发生这种漂移故障的概率。

最坏情况分析法是一种极端情况分析,即在特别严酷的环境条件下,或在元器件偏差最严重的状态下,对电路性能进行详细分析和评价。进行分析常用的技术有极值分析、平方根分析和蒙特卡罗分析等。

电路容差分析费时、费钱,且需要一定的技术水平,因此一般仅在关键电路上应用。功率电路(如电源和伺服装置)通常是关键的,较低的功率电路(如中频放大级)一般也是关键的。由于难以精确地列出应考虑的可变参数及其变化范围,所以仅对关键电路进行容差分析,要确定关键电路应考虑的参数,以及用于评价电路(或产品)性能的统计极限准则,并提出在此基础上的工作建议。

### (七)潜在通路分析

有时系统发生故障并非是由元器件的故障、参数的变化或外界的干扰等原因引起的,而是由系统的潜在通路作用造成的。所谓潜在通路,是指在某种条件下,电路中产生不希望有的通路。它能引起系统功能异常或抑制正常功能。潜在通路是由设计人员缺乏对总体的全面了解,对所有分系统之间的接口没有正确地设计所致,特别是在修改设计时,如果不经过严格的考虑及实验分析,尤其在比较复杂的系统中,就往往会形成这种情况。潜在通路并非每次运行都会起作用,必须具有发生作用的条件才能起作用。因此,通常很难通过实验来发现潜在通路的存在。

1. 潜在通路的表现形式

潜在通路在一般电路中的表现形式主要有潜在电路、潜在时间、潜在标志和潜在指示,这些都会导致系统失效。

(1)潜在电路,指在某种条件下,电路中产生不希望的通路,它会引起功能异常或抵制正常的功能。

(2)潜在时间,指某种功能在一个不希望出现的时间内发生。

(3)潜在标志,指开关或控制旋钮上的标志不得当,不能反映该开关或旋钮动作后所引起的后果而造成的操作失灵。如一个开关的动作会引起两个设备的运行状态,而标牌上仅写了一个设备的名称,当操作人员操作开关时,无意中将另一个没有标明设备名称的设备也接通(或切断)了。

(4)潜在指示,指意义不明确或不正确的指示,将引起错误操作。

2. 潜在通路的分析方法

潜在通路分析是一种有用的工程方法,它以设计和制造资料为依据,可用于识别潜在状态、图样差错以及与设计有关的问题。通常不考虑环境变化的影响,也不去识别由于硬件故障、工作异常或对环境敏感而引起的潜在状态。

潜在通路分析应该用系统化的方法进行潜在分析,以确保所有功能只有需要时完成,并识别出潜在状态。分析的方法步骤如下。

(1)进行电路数据的收集。因为分析的是一个实际已制造好的设备,所以首先应分析所用图样和资料是否与系统中的实际电路结构一致。同时还应分析制造该设备的实际安装图。因此,潜在电路分析必须在详细设计完成后,初样机设计评审完毕,样机投产前进行。

(2)简化电路。为了分析,要列出电路中存在的一切电路,这就要略去只起电路连接作用的终端和连接点等。对通路而言,必须保持连通电源和接地总线通路,略去无关路径。

(3)形成网络树。在简化通路的基础上,产生了网络树,这实际就代表化简后的电路拓扑形式。网络树规定把所有电源置于底部,并使电路按电源自上而下的规则排列。

潜在通路分析工作量大,难度也大,通常只考虑对任务和安全关键的产品进行分析。通过分析,可以发现图样的设计错误,同时,网络树分析对故障树和故障模式影响及危害性分析也有帮助。

# 第二节 装备装运和储存过程的可靠性工作

储存可靠性是军事装备的一个特点,装备在采购后的装运、储存过程中对可靠性影响很大,因此,研究其可靠性变化并对其有效管理非常重要。下面参考文献[2]予以讨论。

## 一、装备装运和储存期可靠性的变化

装备在装卸、运输和储存期间,一方面会受到振动、冲击、化学、温度、湿度等各种环境应力的作用,装备因此受到损坏,或其包装受到损坏而造成装备在储存期间失效;另一方面,装备的零部件会发生老化、劣化,且由于储存时间很长,会使装备的某些零部件失效和可靠性降低。除以上两方面的原因以外,还得考虑由于可靠性设计不当,造成装备在储存期间失效。其主要原因如下。

(1)包装方式及包装材料不符合规范要求,致使装备的可靠性发生变化。如本来应当用密封真空包装的产品却用了一般油封纸盒包装;有些不恰当的包装材料,在长期处于静态情况下,本身就有可能与被包装的产品发生化学反应并引起分解和劣化,如含有硫的包装纸及纸箱,会使含有银、铜、镍合金的元器件电接点产生污垢膜。

(2)产品的包装与运输方式不匹配,致使装备得不到保护,而影响可靠性。

(3)产品经过长期储存,电子元器件的电接点对氧化物或生成的污垢膜、吸附在接点表面的颗粒物质很敏感。在正常使用过程中,接点的活动或摩擦接触作用会使薄膜破坏或使杂质移动,而经长期储存之后,污垢膜和杂质会造成接触不良。机械零部件会产生腐蚀或生锈,轴承的润滑剂能够氧化并生成杂质,同时润滑剂还能吸收外来颗粒,使润滑剂变质和污染。塑封器件和塑料会由于蒸发而失去某些塑剂或其他成分,以致塑料变脆和出现收缩,在电或机械应力作用下,会使密封漏泄,绝缘破裂,导致由化学腐蚀或潮湿造成的短路或断路。一些需要密封的零部件,密封件由于温度和大气压力变化而变软,并发生漏泄,致使零部件受到湿气和杂质的侵入而受到损坏。

(4)装备在可靠性设计时,没有考虑相容性问题,致使装备在储存时失效。

(5)产品生产时控制质量不严,造成产品在储存时失效。如生产包装二硝基萘炸药时,未等炸药冷却就开始包装,包装纸袋扎口后,袋内水汽在袋子表面凝结水珠,致使纸袋受潮,受潮纸袋吸收酸雾。储存一段时间后,纸袋产生酸性腐烂,腐蚀的碎纸与药相混,影响产品的可靠性。

**二、装备储存可靠性的控制**

为了使装备和部件在储存期间不致受到损坏和劣化,必须对影响储存可靠性的各种因素进行综合评定和权衡分析,以实现经济有效的控制。

影响储存可靠性的主要因素首先是产品内在的设计因素:原材料、元器件的选择、相容性等。而与使用储存有关的因素有采用的防护、包装和装箱,储存环境和储存中的定期检验。以下讨论影响装备储存有关的因素。

1. 防护、包装和装箱

防护、包装和装箱是为装运和长期储存提供保护的主要措施。

(1)防护是针对潮湿、霉菌和盐雾环境提供保护。主要的防护方法:表面涂覆防潮材料;采用不生霉或经防霉处理过的绝缘材料;进行密封、灌封结构设计;安装保护套,吸湿料、去湿器等。

(2)包装是对装卸、运输时的冲击振动和储存时的环境提供保护。包装一般是指内包装。主要是提供物理保护、密封以及防潮、防腐等,有时为了达到密封性好,还采取多层包装。由于包装材料与装备长期直接接触,所以选择材料时一定要考虑相容性问题。

(3)装箱又称外包装,主要为装备提供搬运、运输时的保护,以及确保内包装的完整性。

外包装应结实而牢靠,经过勤务处理不损坏,其结构要便于搬运、堆放和储存。包装箱的结构与材料设计要考虑各种运输条件中的偶然跌落和粗暴装卸,以及不适当装载时的强度和牢固性。

最低级的军用防护、包装和装箱,应保证从供货源到第一个接收单位的装运过程中出现腐蚀、劣化和物理损伤时应对产品进行充分的保护。

### 2. 储存环境

储存环境对产品的储存可靠性有较大的影响,一般根据产品的不同储存要求,存放于一定的仓库中。目前有以下几类仓库:可控制温度、湿度的仓库,用于存放精密仪表、降落伞等;温度、湿度虽不控制,但仓库的自然环境较好,温度、湿度都不高且较稳定,主要储存弹药产品;温度、湿度不控制,但仓库干燥,主要存放电子产品。堆栈放主要用于暂时存放产品。

### 3. 储存期间的定期检验

定期检验和试验是在储存期间控制可靠性的关键。其目的是评价储存期内部件和装备的可靠性及其变质情况。

### 三、装备储存期间的定期检验

#### 1. 定期检验的方法

定期检验的方法,可用目视的直观检验,也可用功能测试的方法进行。目视的直观检验用于检查包装外观情况、包装内部情况和装备本身。功能测试可以测试零部件、设备和装备本身,用于证明产品可以正常使用,所用的测试设备一般为仓库试验设备,采取通过或不通过的办法。

#### 2. 定期检验的周期确定

定期检验的周期可按以下准则决定。
①器材变质情况;
②器材使用风险性;
③产品成本;
④防护、包装、密封情况;
⑤储存环境;
⑥可达性;
⑦产品复杂性。

根据以上准则,可列出器材加权系数表(见表 10.1)和根据器材加权系数确定定期检验周期表(见表 10.2)。

#### 表 10.1 器材加权系数表

| | 影响程度 | 加权系数 |
| --- | --- | --- |
| 器材变质情况 | 低 | 0 |
| | 中等 | 1 |
| | 高 | 2 |

续 表

| | 影响程度 | 加权系数 |
|---|---|---|
| 复杂度 | 低 | 0 |
| | 高 | 1 |
| 产品成本 | 低 | 0 |
| | 中等 | 1 |
| | 高 | 2 |
| 可达性(对系统修理时间的影响) | 没有重大影响,可达性好 | 0 |
| | 要拆卸部分系统 | 1 |
| | 要拆卸主要的系统 | 2 |
| 关键性 | 低 | 0 |
| | 中等 | 2 |
| | 高 | 5 |

## 表 10.2 利用器材加权系数确定定期检验周期表

| 储存情况 | 包装等级 | 器材加权系数 | | | | | |
|---|---|---|---|---|---|---|---|
| | | 0－1 | 2－3 | 4－5 | 6－7 | 8－10 | 11－12 |
| 控制温度 | 集装箱 | 6 | 6 | 6 | 5 | 3 | 2 |
| 加热 | 集装箱 | 6 | 6 | 6 | 5 | 3 | 2 |
| 不加热 | 集装箱 | 6 | 6 | 6 | 5 | 3 | 2 |
| 堆栈 | 集装箱 | 6 | 6 | 6 | 5 | 3 | 2 |
| 露天 | 集装箱 | 6 | 6 | 6 | 5 | 3 | 2 |
| 控制温度 | 军用"A"级 | 6 | 6 | 6 | 5 | 3 | 2 |
| 加热 | 军用"A"级 | 6 | 6 | 5 | 4 | 2 | 2 |
| 控制温度 | 军用"B"级 | 6 | 6 | 5 | 4 | 2 | 2 |
| 不加热 | 军用"A"级 | 6 | 5 | 4 | 3 | 2 | 1 |
| 加热 | 军用"B"级 | 6 | 5 | 4 | 3 | 2 | 1 |
| 控制温度 | 民用 | 6 | 5 | 4 | 3 | 2 | 1 |
| 堆栈 | 军用"A"级 | 6 | 5 | 3 | 3 | 2 | 1 |
| 不加热 | 军用"B"用 | 6 | 5 | 3 | 3 | 2 | 1 |

续表

| 储存情况 | 包装等级 | 器材加权系数 | | | | | |
|---|---|---|---|---|---|---|---|
| | | 0 - 1 | 2 - 3 | 4 - 5 | 6 - 7 | 8 - 10 | 11 - 12 |
| 加热 | 民用 | 6 | 5 | 3 | 3 | 2 | 1 |
| 露天 | 军用"A"级 | 6 | 4 | 2 | 2 | 1 | 1 |
| 堆栈 | 军用"B"级 | 6 | 4 | 2 | 2 | 1 | 1 |
| 不加热 | 民用 | 6 | 4 | 2 | 2 | 1 | 1 |
| 露天 | 民用"B"级 | 6 | 4 | 2 | 2 | 1 | 1 |
| 堆栈 | 民用 | 6 | 3 | 2 | 2 | 1 | 1 |
| 露天 | 民用 | 6 | 3 | 2 | 2 | 1 | 1 |

注:表10.2中的检验周期,1代表6个月,2代表12个月,3代表24个月,4代表30个月,5代表60个月,6代表不用测试。

例如,某电子设备存放在不加热的库房中,包装等级为军用"A"级。器材变质情况属中等(加权系数为1),复杂度低(加权系数0),产品成本中等(加权系数1),可达性好(加权系数0),关键性中等(加权系数2)。其总的加权系数为4。查表10.2得4,即该产品在储存期内每隔30个月要检查一次。

3. 定期检验结果的处理

对定期检测的数据进行分析,反馈给管理及工程部门,以便管理及工程部门采取相关措施。

①确定运输、储存时可靠性的控制措施;

②消除引起缺陷的原因;

③当需要时,修改产品的检验周期或对包装、储存、运输的要求。

## 第三节 装备使用过程的维修管理

由于军用装备系统的复杂性,其维修及管理也相当复杂。近几年,国内外在维修与管理工作中总结了一套较成熟的思路和方法,在使用阶段维修管理中取得了较好的效果,主要包括以下几个方面。

### 一、维修思想与维修策略的变革

"以预防为主"是长期以来在维修性管理中的共同准则,用以指导维修实践,它对于防止耗损性故障发挥了显著的作用。其主要观点如下。

(1)故障的发生、发展皆与时间有关。

(2)任何一个元器件、零部件发生故障都可能导致设备和系统的故障。

(3)多做维修工作就可以预防故障。

根据这些观点得出的维修策略就是定期进行维修、更换超过规定时间的元器件、零部件。

20世纪70年代以来,国内外的研究与维修实践证明:这种维修策略和维修方式有严重的缺陷;它不可能预防任何设备和系统都存在的随机故障;"一刀切"的更换元器件、零部件会浪费寿命,造成不必要的经济损失;频繁的定期维修拆装,有时反而引入了新的缺陷而造成故障。

当前美国等国家已经实现了维修思想的转变,即由"以预防为主"转变为"以可靠性为中心的维修"(RCM)思想,导致了维修的重大变革。国内也开始了这种转变,并已取得了显著成熟。它的主要观点如下。

(1)耗损性故障与工作时间有关,而随机性故障与工作时间无关,再多的定时维修也无济于事。

(2)结构复杂的装备系统,除某种主导性耗损故障外,其故障属于随机性的,浴盆曲线对此类产品不适用。

(3)在采用冗余技术条件下,一个元器件、零部件、设备分系统的故障不一定造成整个系统的故障。

(4)定时维修不能预防早期故障的随机故障,应采用保护、监测、隔离和自诊断等,消除或减弱故障后果。

(5)定时维修方式并不是预防维修的唯一方式。

根据"以可靠性为中心的维修"思想采取的维修策略,是根据不同的特点和需要,采取不同的维修方式,即定时、视情及状态监控相结合的维修方式。

**二、维修方式**

在维修管理中,一般采用定时维修、视情维修与状态监控三种维修方式。

**(一)定时维修**

定时维修指产品使用到预先规定的间隔期时,按事先安排的内容进行的维修。它是预防性维修的一种方式。

1. 定时维修的特点

(1)属于预防性维修方式,以时间为标准进行翻修或更换。

(2)定时分解检查,不能随时监控产品何时发生故障。

(3)管理工作简单,但针对性差,维修工作量大,不经济。

2. 定时维修需要具备的条件

产品的故障与使用时间有明确的关系,大部分项目能工作到预期的时间以保证定期维修的有效性。

3. 定时维修适用范围

(1)故障对装备系统有致命性影响,而且不可能采用视情方式维修的产品。

(2)具有不能进行原位检查的隐蔽功能的产品。

(3)确有耗损期并且进入耗损区的残存概率较大的产品。

**(二)视情维修**

视情维修是对产品进行定期或连续监测,发现有功能故障征兆时,进行有针对性的维修。它是预防维修的一种方式。

1. 视情维修的特点

(1)属于预防性维修方式,按产品的某些状况标准来控制其可靠性,能反映产品的实际情况,维修针对性强,经济。

(2)要不断地定量分析视情资料以确定产品的最佳更换期,对资料的积累要求高,组织管理复杂。

2. 视情维修需要具备的基本条件

产品的视情要求、技术状况参数、监控手段(方法和设备)、视情资料等。

3. 视情维修适用范围

适用于耗损故障初期有明显劣化征候的产品,又需要有适当的检测手段,并且能粗略估计出从潜在故障发展为功能故障所需的时间。

**(三)状态监控(或事后维修)**

对装备状态进行连续性监控或借助诊断技术所提供的信息,通过统计分析确定装备不能再继续使用而进行的维修。

1. 状态监控的特点

状态监控属于非预防性的维修方式,不断分析产品的故障和历史资料,进而评定产品的可靠性及维修性大纲的有效性,能最大限度地发挥产品效能,最为经济。

2. 状态监控需要具备的基本条件

故障必须对装备系统的正常工作无直接危害,且有数据收集系统及评定产品可靠性及维修大纲。

3. 状态监控适用范围

(1)无隐蔽功能,而且故障对装备系统的正常工作无直接危害的非耗损性产品。

(2)必须具有连续监控或先进的诊断手段。

**三、预防维修的工作类型**

预防维修指通过系统检查、检测和消除产品的故障征兆,使其保持在规定状态所进行的全部活动。

预防维修工作类型有 7 种。按所需资源和技术要求由低到高大致排序:保养、操作人员监控、使用检查、功能检测、定时拆修、定时报废以及它们的综合工作。在这些工作类型中,操作人员监控只适用于明显功能故障,使用检查只适用于隐蔽功能故障。下面对工作类型分别加以说明。

**(一)保养**

保养包括保持产品的固有设计性能而进行表面清洗、擦试、通风、添加油液和润滑剂、充气等作业,但不包括定期检查、拆修工作。

**(二)操作人员监控**

操作人员监控是在正常使用装备时对装备所含产品的技术状况进行的监控,其目的在于发现产品的潜在故障。这类监控包括以下几个方面。

①对装备使用前的检查;

②对装备仪表的监控;

③通过感觉辨认异常现象或潜在故障,如通过气味、声音、振动、温度、视觉、操作力的改变等及时发现异常现象及潜在故障。

这类工作对某些产品模式可能是适用而有效的,而且作为操作人员职责的一部分,其需要资源也是很少的,但它对功能不适用,对许多产品故障模式也可能不适用或无效。

**(三)使用检查**

使用检查是按计划进行的定性检查,如采用观察、演示、操作手感等方法检查,以确定产品能否执行其规定的功能,其目的在于及时发现隐蔽功能故障,确保规定的隐蔽功能可用性,尽量减少发生多重故障的可能性。检查时产品可能已发生或尚未发生故障。这类工作的例子包括对火灾告警装置、应急设备、备用设备的定期检查等。

**(四)功能检测**

功能检查是按计划进行的定量检查,以确定产品的功能参数是否在规定的限度内,其目的在于发现潜在故障,以预防功能故障。

**(五)定时拆修**

定时拆修是产品使用到规定的时间予以拆修,使其恢复到规定的状态,因此也可称为"恢复"。拆修的工作范围可从分解后清洗直到产品翻修。此处"规定的时间"可按工作小时、年、运行公里累计。

**(六)定时报废**

定时报废是产品使用到规定的时间予以报废。显然,这是一种资源消耗更大的预防性维修工作。

**(七)综合工作**

综合工作是实施上述的两种或多种类型的预防性维修工作。综合工作的有效性应比所综合的各个单项工作更好,但消耗的资源也更多。

**四、维修计划与维修机构**

为了做好复杂、庞大的装备系统的维修工作并保持系统的可靠性、完好性,有必要编制维修计划,确定一系列维修工作项目,组织各级维修机构用最经济的手段加以实现。

**(一)维修计划**

维修计划是为了恢复或维持装备系统的工作能力而必须达到的要求,以及必须完成的维修工作项目。

维修计划的制订是在装备的研制阶段开始,由承制方与使用方合作,逐步完成。它应该包括维修方案、可靠性及维修性参数和要求、维修工作项目、维修组织、支援和试验设备要求、维修标准、检验判据、补给保障要求、设施要求。最后的实施计划还应包括达到战备完好率或装备完好率指标的日期,对人员、元件、元器件、零部件、专用工具以及其他维修器材要求。同时,还要将维修工作项目分配给各个适当的维修等级。

各级维修机构应该根据本级维修职责,编制更详细的有关维修工作项目的实施计划进度表,作为具体实施和管理的依据。

**(二)维修工作项目**

维修工作项目应反映在计划中的维修工作项目及其说明见表10.3。

**表10.3 维修工作项目表**

| 项 目 | 说 明 |
|---|---|
| 检验和试验设备 | 用来确定满足修理厂维修规范和要求的设备 |
| 器材质量 | 用于更换、修理或修改的元器件和材料的质量水平 |
| 交付检修前分析 | 要求的翻修程度。为了有助于评定产品,应确定清洗、修理、修改或更换的程度,在分析中应当包括的程序说明及详细检查单 |
| 过程中检查 | 过程中检验要求。这些要求包括程序上的判据和与每项翻修操作(诸如:分解、清洗、修理、更换及修改)有关的接收和拒收判据 |
| 诊断和自动检测设备 | 用于确定修理、翻修或检修的适当性所用的诊断和自动检测设备(如非破坏性试验、磁粉、染色渗透等设备) |
| 修理 | 用于硬件修理、更换、修整、返工或调节用的按顺序分步骤的总说明和规范 |
| 组装 | 用于组装硬件产品的分步骤总说明 |
| 校准 | 所有测验仪器和设备的校准水平和方法 |
| 最后性能检查 | 保证硬件产品总的合格性能符合规定判据的技术方法 |

一般的分工原则:在现场级,进行故障隔离,原位修理或掉换备用组件;在基层级,进行零部件、组件修理;在中继级,进行较复杂的修理及调校;在基地(工厂)级,进行全面修理、更换、翻修、调校。

**(三)维修机构**

复杂装备系统的维修机构是一个严密的维修组织体系。各级维修机构有不同的职责。根据装备系统维修的程度以及难易,分别进行相应级别的维修。

**五、维修保障条件**

为了进行维修工作,需要提供必要的维修保障条件,主要包括以下几个方面。

(1)设施,包括各维修级别的补给、修理、储存、试验等场所。

(2)设备,包括检验设备、测试设备、诊断设备、校准设备、包装设备、搬运设备及各种工具。

(3)维修人员,指平时或战时维修装备所需人员的数量、专业及技术等级。

(4)维修备件,指根据寿命周期内使用与维修所需的备件和消耗品的品种和数量、要求。

(5)维修文件,包括使用方法、维修方法、检查与试验方法、失效判据、重要零部件及组件检查修理要求、调试及修改软件的方法、故障分析、故障诊断与隔离等。

我国空军及航空系统"以可靠性为中心的维修"思想指导和改革维修工作,在有效保障飞机可靠性、安全性的同时,使维修工时和维修费用大幅度下降,飞机停飞日大幅度减少,飞机可用率显著提高,飞机误飞千次率下降,取得了十分显著的经济与技术效益。因此,"以可靠性为中心的维修"思想和维修策略,对改革维修工作,提高维修工作的科学性和有效性,保证军用、工业用装备系统的可靠性,减少维修人力与费用,提高经济效益,具有重要的意义。

## 第四节  装备使用阶段的寿命管理

当前,我国对装备的定寿与延寿工作引起了极大的重视,这不仅是装备维修工程全寿命过程及其目标的要求,而且对部队装备使用维修及保障具有重要的军事经济价值。

由于组成系统的各单元的寿命一般都不相同,所以确定与延长装备寿命的工作也便成为可靠性维修性管理的一项技术性很强的工作。一般把研究与确定装备系统寿命的活动称为定寿,把延长装备系统寿命的活动称为延寿。

### 一、装备寿命的分类

在装备使用过程中,一般可将装备的寿命分为物质寿命、技术寿命和经济寿命。

物质寿命(也称自然寿命)是指装备从开始使用直至不能再用、再修而报废所经过的时间。装备的物质寿命与装备使用、维修、储存及管理等多种因素直接相关,做好装备的使用维修及保障工作,无疑可以延长装备的物质寿命。此处的时间是广义的,可用不同寿命单位度量。

技术寿命是指从装备开始使用到因技术落后而被淘汰所经过的时间。现代科学技术的发展日新月异,由于科技进步速度的加快,装备的技术寿命趋于缩短。通过装备技术改造和装备设计模块化,可以有效地延长装备的技术寿命。

经济寿命是指从装备开始使用到因经济指数变差而被淘汰所经过的时间。装备的使用与维修要考虑经济是否合算的问题,经济寿命是从技术经济角度出发,根据经济性原则来确定的。在装备保障系统运行过程中,通过改善保障系统的运行环境,加强装备使用与维修管理以及装备维修改革,也可以延长装备的经济寿命。

同一装备的物质寿命、技术寿命和经济寿命一般是不相同的。在科学技术飞速发展的时代,装备的技术寿命和经济寿命往往短于装备的物质寿命。装备的物质寿命主要由装备的使用可靠性和(或)储存可靠性决定,装备的技术寿命主要由装备所具有的技术水平决定,装备的经济寿命主要由装备的使用与维修保障费用决定。

### 二、装备的定寿工作

装备的定寿工作直接关系到装备的使用问题,特别是复杂的装备系统(如飞机、坦克、舰艇、自行火炮等),能否合理地、科学地确定装备的寿命,对部队战斗力及军事经济效益的充分发挥有着十分重大的意义。下面仅对装备的物质寿命进行讨论。

装备物质寿命的确定实际上是装备可靠性或耐久性问题。装备的实际可靠性往往是确定寿命的依据,但由于装备使用(包含储存)中影响因素的不同以及装备中主要部件的故障模式存在很大差异,因此,确定装备物质寿命是一项技术性很强的复杂问题,不可能有一种统一的确定方法。通过对构成装备系统的分系统或部件,尤其是一些关键的分系统或部件进行试验、模拟以及统计分析,可以确定出装备的物质寿命。通过对飞机、坦克、弹药、导弹、鱼雷等装备进行试验和分析,可获得这些装备的使用或储存失效模式和故障(失效)规律,在装备定寿与延寿方面取得了显著成效。

装备物质寿命需要通过装备使用和储存中的一系列工作得以保持、恢复甚至是提高,延长了装备的物质寿命。这些工作包括以下各种管理与技术活动。

(1)根据装备的使用(储存)要求和特点,尽可能改善装备的使用和储存环境。一般地说,车辆、火炮等装备储存可靠性较高,光学仪器、电子设备受环境温、湿度及振动等影响较大,弹药等装备耐环境能力较差。应根据产品特性,确定使用和储存条件,改善使用和储存环境。

(2)加强使用和储存管理,搞好装备质量监控。装备在使用和储存过程中由于受各种工作应力和环境应力的影响会不断发生变化,通过质量监控,可以及时掌握装备的性能变化情况,为作战(训练)任务的完成以及装备的定寿、延寿提供重要依据。

(3)采取有效措施,延长装备的使用和储存寿命。由于装备在使用和储存过程中各零、部件受工作和环境影响的变化是不同的,因此,通过对其薄弱环节采取有效措施(如采取更换或封存等方法缓解装备储存失效),可使装备的物质寿命得到延长。

(4)做好有关装备寿命试验工作。合理确定装备的使用和储存寿命对于提高装备使用效能和减少装备采购费用具有巨大的军事、经济效益。定寿应以寿命试验为基础,通过数据分析以获得其变化规律。

### 三、装备的延寿工作

装备的延寿工作,在此专指使用(储存)阶段的延长使用(储存)寿命的工作。延寿实质上就是产品可靠性增长;而技术、经济寿命的延长,往往包含着维修性及其他设计特性的改进。因此,延寿与装备可靠性、维修性的增长及改进工作紧密相关。对于装备研制、生产中的增长工作固然要给予高度重视,但是,对于使用阶段中的装备可靠性、维修性增长及改进工作也不能忽视。对部队装备管理人员而言,更应强调重视和研究装备使用阶段的可靠性、维修性增长和延寿工作。可靠性与维修性有其固有特性,使用阶段首先是保持和恢复其固有可靠性与维修性;对于现役装备使用阶段的研究,则是在强调与承认具有先天性的同时,又强调使用阶段的可增长性。通过使用阶段的可靠性与维修性增长和延寿工作,不仅可以保持、恢复,而且可以提高装备的固有可靠性和维修性。

#### (一)装备延寿工作的意义

在装备使用阶段,开展装备延寿和可靠性、维修性增长工作具有重要意义。

(1)适应我军新时期装备建设与发展的需要。我军现役装备经过几十年发展建设已有相当规模,因此,必须做好现役装备的可靠性、维修性增长工作。

（2）具有巨大的军事经济效益。通过对现役装备进行研究，开展延寿工作，可以用较少的投资获得较好的效果。例如，某型弹药原值每枚 2 万元，寿命为 5 年，通过开展延寿工作，寿命延至××年，而投入研究经费仅百余万元，效益十分明显。对一些战略导弹和飞机等大型复杂装备系统而言，其效益更为突出。例如某型飞机，原平均寿命仅为几百飞行小时，现已延寿至 3 000 飞行小时，取得了明显的军事、经济效益。

（3）通过对现役装备开展可靠性、维修性增长工作，找出其薄弱环节，并采取有效措施加以纠正和完善，不仅可以有效地延长装备的寿命，而且可以有效地提高装备的作战效能。

（4）通过对现役装备开展延寿工作，可以促进新装备的发展，为新装备的研制提供重要的数据，为提高新研装备的质量水平奠定坚实的基础。

**（二）装备延寿工作的依据**

装备延寿基于以下依据。

（1）装备使用阶段暴露的故障，不仅有益于装备的使用与维修保障，而且有利于装备的改进和再设计，从而提高装备的寿命。

（2）在研制阶段，由于装备的有关数据较少，在确定维修规划、维修周期时往往趋于保守，因此，通过使用阶段的合理调整，可以提高产品的使用寿命。

（3）由于装备在研制、生产、定型过程中所抽取的样本量一般都较少，所以作出的各种决策都包含有一定的风险。对于可靠性和维修性设计方面的不足，在使用过程中如能发现并采取一定措施加以排除，实际上使产品的寿命得到了提高。

（4）新材料、新工艺、新方法、新产品的不断出现，将给产品可靠性、维修性与装备保障提供新的手段和技术，从而可能延长装备的寿命。

**（三）装备延寿工作的类型**

**1. 装备可靠性与维修性增长工作**

通过有计划地开展可靠性、维修性工作，采取必要的纠正措施，可以逐步改进装备设计和制造中的缺陷，使装备的可靠性、维修性不断增长。

**2. 装备可靠性与维修性改进工作**

使用阶段的装备可靠性、维修性增长是通过可靠性、维修性改进来实现的。这种改进已被认为是装备发展和维修中的一种重要策略。美国空军在 20 世纪 90 年代和 2000 年后的发展规划中，均十分强调装备的可靠性、维修性改进工作，并在实践中取得了极大的成功。例如，F-15 飞机通过用圆形激光罗盘代替原来的旋转体惯性罗盘，使得其 MTBF 增长到10 倍以上，而费用却减少 3.9 万美元，仅此一项节约经费 9 420 万美元。再如 A-7 飞机的机油指示系统，改进前每个系统的费用为 1.1 万美元，MTBF 为 200 h，改进后费用仅为 0.3 万美元，而 MTBF 达 18 000 h，5 年可节约 700 万美元。由此可见，装备可靠性、维修性的改进不仅可以降低寿命周期费用，而且可以有效地提高装备的效能。

为了以较少的资源投入取得较高的效益，在装备可靠性、维修性改进中需要有科学、合理的程序与方法。一般地说，可靠性、维修性改进的大体程序如下。

**1）确定目标与准则**

可靠性、维修性改进要有明确的目标，要确定目标就应找出现役装备在可靠性、维修性方面存在的问题。在确定目标与准则时应注意以下几个方面。

（1）作战、使用需求的发展变化对装备可靠性、维修性提出的要求，这是改进可靠性、维修性的出发点。

（2）装备作战、使用中暴露出的可靠性、维修性问题，不能满足使用需求或造成失修、维修费用很高等方面的问题。例如某型加榴炮，液量调节器导管的折断主要是在作战中暴露出来的，由于其损坏多造成前线备件短缺，不得不从后方空运。这就为其改进提供了目标和方向。

（3）新技术、新产品、新材料、新工艺的发展，提供了可靠性、维修性改进的可能和途径。

2）收集资料

通过广泛收集有关资料，包括研制、生产、使用与维修中的有关可靠性、维修性信息，以及有关技术的发展，特别是现役装备的故障、维修、费用信息，可以找出装备在可靠性、维修性方面的薄弱环节和装备改进的重点与方向。

3）选择可能改进的产品清单

一旦建立了准则，就应对照准则，根据维修数据和使用维修中暴露出的可靠性、维修性问题，选择备选的可靠性、维修性改进产品，并列出清单。

4）进行排序与评审

通过对上面提出的可能改进的产品进行排序，以便确定改进的对象。根据排列顺序，选定改进项目，并组织评审。

5）确定改进措施

根据备选产品，进一步分析其故障的机理和原因，并寻求解决问题的改进措施。

6）验证与批准

对改进措施要进行验证，做必要的试验或模拟，并进行必要的经济性和可行性分析与验证。进行论证的主要工具是各种可靠性、维修性模型和模拟计算。涉及装备的局部改进或变更，应当经有关部门给予批准。

7）实施

对改进措施要有计划、有步骤地进行推广和实施。我军坦克、火炮、飞机的可靠性、维修性改进都是经过扩试，根据其效果和经费，逐步向全军加以推广的。

3. 装备的封存工作

正确、合理地对装备进行封存，可以有效地延长装备的物质寿命或降低使用保障费用。例如，对某仓库的光学仪器进行检查发现，对 10 000 具光学仪器采取一定的封存措施，共耗费 1 万元，不再需要空调、吸湿机及设备的维修。而不加封存，5 年需耗费 23 950 元。我军不仅对枪炮、弹药、仪器等小型装备实施封存，而且对飞机、舰船也成功地进行了封存。通过对部队暂不用的装备进行油封或密封状态的管理，可以有效地延长装备的物质寿命，提高武器装备的战备完好率，并大大减少装备的使用保障费用。

1）装备封存的要求

装备封存的基本要求如下。

（1）就地封存、分级管理。应根据战备和遂行作战任务要求以及各单位、各类装备不同的特点，因情、因地对装备进行封存和管理。大型装备系统一般集中于较高级别，小型武器装备一般由基层部队进行封存管理。采用集中和分散的分级管理,不仅有利于战备而且也便于管理。

(2)数量准确、配套齐全。装备封存是装备管理中的一项战略安排,其目的是保证部队在紧急战备情况下能顺利投入使用。因此,在封存前必须组织进行装备普查或点验,摸清装备的数量和质量状况,并认真地做好登记工作,做到数量准确、配套齐全。

(3)严格把关、确保质量。应按装备技术使用说明书等有关规定和要求实施装备封存。在封存前应做好封存装备的修理保养和使用检查工作,确保武器装备的封存质量。

2)装备封存的管理

对装备进行封存后,应采取有效措施,加强封存装备的管理。应根据各类装备的特点,合理地组织人员进行检查和保养等工作。例如,定期转动活动机件,定期通电检查,定期检查装备状况及环境条件等,按照有关规定制度(如维护保养制度、登记统计制度、动用审批制度、管理责任制等)对封存装备实施严格管理。

## 第五节　装备使用与退役处理安全性分析与管理

装备使用与退役过程安全性是装备发挥任务成功性的重要因素。如果忽视装备使用与退役过程安全性管理,就可能造成装备及作战人员伤亡,造成重大的政治等影响。因此,加强使用过程的安全性不仅对战斗任务成功性、战争中人员安全性有重大意义,而且可以对装备研制过程安全性设计提供重要的信息支持。

**一、装备使用阶段的安全性管理**

使用阶段装备安全性管理是保证装备的安全使用并收集处理使用中的危险、事故信息,以便为装备研制提供反馈的重要工作。其主要工作是由使用方统计装备使用中有关安全性信息,交由承制方进行分析并进行改进处理。

**1. 使用方的安全性管理工作**

(1)保证装备按规定的程序使用,观察告警和注意事项,保持装备使用的安全性和完整性。

(2)保持报告系统的缺陷、安全性问题或事故的渠道畅通。

(3)向承制方通告装备的事故、征候、缺陷等安全性方面信息。

(4)定期进行安全性评审,特别是对已出现的安全性问题的范围(是否在所有的现役装备系统中都存在)和发生的频率进行分析评审。

**2. 承制方应做的安全性管理工作**

承制方应根据使用方提供的装备系统使用中的安全性信息,进行以下管理工作。

(1)评审订购方提供的安全性信息。

(2)进行安全性事故分析。虽然在产品设计阶段就应进行详细的安全性分析,但是这种分析是建立在使用、安装、维修、保障、运输、训练等过程中与人员、环境、规程有关的危险以及保障设备、设施、器材等有关的环境中,应进行使用与保障危险分析工作,以便为设计提供信息。

(3)为改进产品的研究或建议提供安全性的输入信息。

(4)将现役装备系统的安全性评价作为经验教训,并提供给装备的其他研制单位和使用部门。

(5)评审装备大修或改装后的安全性。

(6)重新评价并更新安全退役和处理方面的数据。

(7)监控安全性技术手册(含规程)等更新情况。

(8)监控安全性培训的持续性。

## 二、装备退役处理的安全性管理

装备退役处理是装备系统寿命的最后一个阶段,此阶段的安全性工作计划应包括装备系统及其潜在危险的部件的安全处理措施,需考虑的项目有职业健康、污染和回收能力等。退役处理的原因一般有机件损坏、故障或过时(即由更有效的系统代替)等。处理工作一般包括退役民用,利用贵重的、关键的或可再用的零件或器材等。

由于军用装备最终必须退役处理,所以在装备研制时必须考虑安全退役和处理的问题,并加强退役过程中的安全性管理。

### 1. 退役处理需重点考虑的内容

退役处理需重点考虑的是安全性和防止环境污染问题。其中有爆炸物、化学的或有放射性物质的系统处理时的特殊安全性和环境问题;机械设备(如强力弹簧、液压装置和高压瓶等)处理时的危险;退役后转民的装备(如战车)的检查,以确保已除去全部弹药,拆毁处理时对人员的防护和环境保护计划。

### 2. 退役处理阶段安全性管理工作

退役处理阶段安全性管理应重点进行以下工作。

(1)确定分系统、组件或部件伤害能力的限度。

(2)确定需装卸和处理的设备和特殊规程,并编制执行该规程所需的详细说明书。

(3)确定器材或其他组成部分是否可再次安全地使用。

(4)确定危险器材的特性和数量。

(5)确定在处理中应采取的安全措施。

(6)确定拆毁应符合的有关文件规定要求。

(7)确定处理时的社会影响,例如运输经过区域对环境的影响。

(8)确定处理时是否有危险器材(如有放射性废物)的处理场所。

## 三、装备使用与退役处理的安全性分析

装备在使用阶段,安全性工作主要是收集、反馈使用安全性信息与事故信息,并对其进行分析,以及必要的设计更改与安全性验证、安全性规程与应急预案的培训、使用与修订。在退役阶段主要进行危险物质或材料的处理,防止人员伤亡和破坏环境。而针对使用与退役处理阶段所出现的事故,应进行的分析工作,主要是使用与保障危险分析以及职业健康危险分析。

**(一)使用与保障危险分析**

使用与保障危险分析是在装备的使用与维修活动中实施的安全性分析工作。它是从系统的角度针对装备使用、保障过程提出安全性控制要求和改进措施建议,确定和评价装备在试验、安装、改装、维修、保障、运输、保养、储存、使用、应急隔离、训练、退役和处置等过程中与环境、人员规程和设备有关的风险,并将风险减少到合同规定的可接受水平。它通常在研制方案后期开始分析,一直延续到使用与退役处理阶段。

1. 使用与保障危险分析主要工作内容

①系统的配置和(或)状态;

②设备的接口;

③保障工具或其他设备;

④操作和工作的顺序,同时进行工作的影响及限制;

⑤人机接口关系;

⑥有关规定的人员安全和健康要求;

⑦可能的非计划事件,包括由于人为差错产生的危险等。

2. 使用与保障危险分析的主要结果

(1)与已识别的危险因素相关联的各项工程活动,包括这些文件涉及的危险因素、可能引发的危险或事故以及发生原因和后果,这些活动的持续时间和频率、已采取的安全性措施和危险风险等。

(2)在生产、检验、装配、试验、储存、运输、测试、检查、使用、维修等活动中,可能引入产品的缺陷或危险因素。

(3)为消除或降低使用与退役处理中可能出现的危险,需要在产品设计中采取的改进措施建议以及对这些措施有效性实施验证的要求。

(4)为消除或降低风险,需在产品设计中采取的改进措施和装置。

(5)安全性应急程序的相关要求,包括人员安全和生命保障设备。

(6)操作、储存、运输、维修和处置危险品的特殊要求和程序。

(7)操作人员的安全性培训和资格认证要求等。

3. 使用与保障危险分析的类别

使用与保障危险分析可分为规程分析和意外事件分析两类。

1)规程分析

规程分析是对各种操作规程的正确性进行的评价,通常分两个阶段。

第一阶段的分析是依据已确定的安全性要求和安全性分析结果,针对装备的研制、使用、维修过程中的各项活动开展危险分析,提出安全性改进建议,并评价装备的安全性。第二阶段的分析是针对所确定的使用、维修规程,考虑可能发生的偏差和意外情况,分析其可能发生的危险和事故,研究对应的安全性措施并评价事故风险和安全性,从而为工程管理和决策提供参考。

2)意外事件分析

意外事件分析是对可能演变为事故的使用情况和防止事故发生的方法进行研究。通过事件分析可提出小的设计更改、建议修改操作规程和制定紧急规程。

**(二)职业健康危险分析**

职业健康危险指产品的使用、维修、储存或废弃处理过程中可能导致人员死亡、受伤、急性或慢性疾病,或者残疾的那些存在的或可能的状态。它是利用生物医学或心理学的知识及原理来确定和评价、控制进行产品使用和维修的人员的健康风险,用于确定产品使用过程中有害健康的危险并提出保障措施,以便将有关风险减少到订购方可接受的水平。

常见的职业健康危险包括温度危险、压力危险、毒性危险、振动危险、噪声危险、辐射危险和电气危险等。

**1. 职业健康危险分析与系统及保障有关的因素**

职业健康危险分析时,应考虑与系统及其保障有关的因素如下。

①有毒物质;

②物理因素,如冷、热、噪声、辐射等;

③有毒物质或物理因素的使用及释放、产生的危险废弃物,意外接触的可能性,以及有毒物质的装卸、输送和运输要求;

④为保证使用与维修安全,对系统、设施和人员防护装置的设计要求;

⑤防护服或防护设备的要求;

⑥使用及维修操作规程;

⑦定量确定人员所处环境的暴露水平所需的检测设备;

⑧可能处于危险中的人数。

**2. 职业健康危险分析的实施步骤**

(1)确定与系统及其保障有关的潜在有毒物质数量或物理因素的量级。

(2)分析这些物质或物理因素与系统及其保障的关系,根据这些有毒物质或物理的量级、类型以及与系统及其保障的关系,分析并评价人员可能接触的场合、方式及接触频度。

(3)在系统及其保障设备或设施的设计中,采用经济有效的控制措施,将人员与有毒物质或物理因素的接触降低到可接受水平。若控制措施的寿命周期费用过多,则需要考虑更改系统设计方案。

使用与退役阶段的安全性分析工作,不仅关系到该阶段所产生事故(危险)的分析,而且还要根据事故征兆进行分析,并将其分析结果反馈给军事代表,以便督促承制方采取措施予以解决,并为所研装备提供信息支持。

# 第六节 装备"六性"信息系统及管理

信息管理是现代工程管理的一个重要组成部分,装备质量与"六性"信息是装备承制单位在工程实践中进行"六性"管理、实施"六性"控制和检验验收工作的重要基础。加强武器装备研制、生产和使用过程有关的"六性"信息管理是装备工作的一项重要工作,它对武器装备建设具有十分重要的意义。

### 一、装备"六性"信息管理与作用

#### (一)装备"六性"信息概念

装备"六性"信息是指反映装备"六性"要求、状态、变化和相关要素及相互关系的信息，包括数据、资料、文件等。

从上述定义可以看出，"六性"信息是在"六性"活动中产生的信息。"六性"活动是指承制单位和军事代表所有与"六性"有关的活动。"六性"信息包括产品"六性"信息和工作质量信息。例如，产品研制过程、生产过程和售后技术服务过程中的质量监督记录、质量管理体系监督记录和文件、检验验收记录、质量问题处理记录、文件、产品图样、产品历史资料、各种业务报表和质量工作法规、标准等，都是质量"六性"信息。

"六性"信息在装备研制、生产、使用中的重要性表现在以下几个方面。

(1)信息是提高现役装备"六性"水平的重要依据。近年来，在我国武器装备领域中所开展的对重要"六性"问题的攻关，产品的定寿、延寿，以可靠性为中心的维修改革和翻修改进等一系列工作，就是以大量使用信息为依据进行的，并取得了重大的成果和效益。

(2)信息是开展新品试验、评审、实现产品可靠性维修性增长的技术支持。随着质量管理与"六性"工程在武器装备领域中的推广，为了提高新装备的质量与"六性"水平，我国已经把质量与"六性"要求置于与性能同等的重要地位。为此，不但需要大量同类装备质量与"六性"信息的支持，而且需要针对新装备在研制中的质量与"六性"状况及其存在的主要问题实施闭环控制，以保证新装备研制的顺利进行和产品质量的提高。

(3)信息是指导使用部门管好、用好装备，充分发挥其作战效能的重要依据。装备要充分发挥其作战效能，不但要靠本身所具有的优异性能和高的"六性"，还要依赖于在使用中不断提高使用、维修和管理水平。因此，必须以使用中反馈的信息为依据，不断完善装备的维修方案、备件、设备、人员、技术等方面的支援保障工作，这也是一个以信息为依据的闭环控制过程。同时，这些信息也是提高承制单位售后技术服务水平的重要依据。

(4)信息是评定装备的"六性"水平与宏观决策的依据。通过大量信息的综合分析，可以对一种或多种装备的"六性"水平、作战效能作出客观的评定，提出装备在研制、生产和使用中存在的主要问题，这些综合性的信息，将为有关部门进行宏观决策提供科学的依据。

#### (二)装备"六性"信息管理

装备"六性"信息管理是指对装备"六性"信息的需求分析、获取、处理和使用的计划、组织与控制活动。

在上述定义中，提到了以下概念。

(1)信息需求分析，是指对所需信息的必要性和信息收集的可行性进行论证，确定信息的用途、内容、范围、来源、分类、项目和格式，设计"六性"信息收集表格，提出信息输出要求和标准化要求等。

(2)信息获取，是指根据信息需求分析结果，通过各种信息渠道，收集所需要的信息的过程。信息的获取是信息管理的一项基础工作，只有及时准确地收集到足够的信息，才能保证信息管理工作的有效开展。

（3）信息的处理和使用，是指对已收集到的比较分散的原始信息，采用科学的方法，按照一定的程序进行审查、筛选、分类、统计和分析处理，去粗取精，使之系统化、条理化，成为所需的再生信息，以便在装备决策、研制、生产和售后技术服务中使用。

从上述论述可以看出，信息管理是需要设专门的机构，以对信息有计划、有组织地进行管理。

**(三)装备"六性"信息管理的作用**

装备"六性"信息管理有以下作用。

1. 辅助决策作用

决策是指对未来"六性"活动的方针目标以及实现此方针目标所涉及到的重大问题作出的选择和决定。没有决策，"六性"活动就不能有序开展，更谈不上质量管理。决策的正确与否直接影响着"六性"活动的成败。而科学的决策必须以能够反映客观事物过程的信息为依据，掌握信息和理解信息是正确判断和决策的前提。因此，对足够的准确的"六性"信息进行加工利用，可以帮助管理人员作出正确的决策。在现代管理活动中，客观情况繁杂多变，只有建立相应的信息管理系统，进行系统管理，各级管理人员才能根据不断出现的最新信息作出决策，制订出相应的工作方法、目标和措施，从而保证决策的及时性和正确性。

2. 反馈控制作用

控制是指依据决策和计划的要求，组织协调质量与"六性"活动各方面的关系，使其按照预定的轨道运行，实现质量活动的最终目的。承制单位质量方针、目标的贯彻实施、质量职能活动的展开和军事代表的质量工作以及产品质量的控制，在实践中总是会产生各种偏离目标或标准的偏差。人们正是借助于质量信息这个重要工具，及时发现工作质量和产品质量的各种偏差，分析原因，采取纠正措施，使其回到预定的轨道上来，从而保证和提高工作质量和产品质量，确保各项质量方针、目标和指标的最终实现。信息的反馈控制是保证决策目标得以实现和计划得以实施的最基本的方式和手段。

3. 监督作用

监督主要是指对决策和计划的贯彻实施进行督促落实。决策也好，计划也好，仅仅是未来"六性"活动的规划和设计，再好的决策和计划，如果不付诸于实施或实施不力，那么只是一纸空文而已，是无法实现"六性"活动目标的。质量监督者可以利用管理活动中的各种信息，对决策和计划贯彻实施情况进行监督检查，以确保达到预期的目的。

4. 共享作用

传统管理单纯靠开会交流信息，靠人脑记忆或用笔记本记录信息，管理效率低，信息散失严重，常遗漏、重复，有时花了很大代价得到的信息却不能发挥应有的作用。现代信息管理应用先进的电子计算机作为储存、处理信息的基本工具，实行信息的集中管理，可以实现信息共享，最大限度发挥信息的作用，提高管理效率，实现科学的质量决策。

加强"六性"信息管理，承制方和订购方可以及时掌握"六性"动态，分析质量趋势，采取预防措施，使研制、生产、使用的全过程各个环节，都随时处于受控状态；可以保证产品"六性"的可追溯性，一旦发生问题，能够及时查清涉及的范围、问题的原因和责任者，采取有效的纠正措施;可以促进质量管理体系的有效运行;可以提高质量工作的针对性和有效性等。

实践证明,一个单位如果不重视信息,就谈不上管理。这是因为,没有正确反映现代科学管理客观规律要求的规章制度、工作规程、各种数据、报表、各类人员的责任制等信息,承制方就失去了组织管理的依据和保障,订购方就失去了对军品的质量与"六性"进行有效监督和检验验收的基础。

### 二、装备"六性"信息的来源、分类及内容

#### (一)装备"六性"信息的来源

根据装备"六性"信息管理需要,应明确"六性"信息的来源。装备"六性"信息的主要来源如下。

①装备论证中提出的装备"六性"要求;

②装备工程研制、试验、定型与生产过程中的"六性"信息;

③装备交付与验收中的"六性"信息;

④装备使用、维修、保管、运输、退役等过程中的"六性"信息;

⑤装备质量监督过程中的"六性"信息;

⑥装备引进过程中的"六性"信息。

#### (二)装备"六性"信息的分类

根据装备信息管理需要,应对"六性"信息进行分类。常用的分类方法如下。

1. 按质量特性分类

按不同的质量特性,分为功能特性信息、"六性"信息、安全性信息、环境适应性信息、互换性信息等。

2. 按寿命周期分类

按装备寿命周期阶段,分为论证阶段信息、方案阶段信息、工程研制阶段信息、定型阶段信息、生产阶段信息、使用阶段信息和退役阶段信息等。

3. 按信息处理深度分类

按信息处理的深度,分为 A 类信息和 B 类信息。A 类信息是现场收集到的数据及加工处理形成的报告、文件、资料;B 类信息是在 A 类信息基础上综合形成的手册、案例,以及"六性"活动的工程与管理经验等。

4. 按产品质量状态分类

按产品"六性"状态,分为正常"六性"信息和质量问题信息,质量问题信息又分为一般质量问题信息、严重质量问题信息和重大质量问题信息。

#### (三)装备"六性"信息内容

装备质量与"六性"信息的内容通常包括以下内容。

①国内外同类装备有关质量特性指标及相应的使用环境和保障条件;

②国内外同类装备及其配套产品的故障统计数据,及重大(严重)质量问题案例。

③装备论证中提出的"六性"特性要求,包括使用要求与合同要求;

④寿命剖面、任务剖面、故障判据、试验方法、保障方案及环境条件;

⑤执行有关标准制定的质量保证要求、质量保证大纲、可靠性大纲、维修性大纲、保障性大纲、测试性大纲及安全性大纲环境适应性大纲等;

⑥执行《故障报告、分析和纠正措施系统》(GJB 841—1990)、《质量管理体系要求》(GJB 9001C—2017)、《军用软件研制能力成熟度模型》(GJB 500A—2008)、《装备保障性分析》(GJB 1371—1992)、《装备保障性分析记录》(GJB 3837—1999)、《故障模式、影响及危害性分析指南》(GJB/Z 1391—2006)、《装备预防性维修大纲的制订要求与方法》(GJB 1378—1992)、《修理级别分析》(GJB 2961—1997)、《装备费用-效能分析》(GJB 1364—1992)等标准产生的信息。

⑦"六性"等质量特性设计手册和准则;

⑧关键件、重要件和关键工序质量控制情况;

⑨产品的关键特性和重要特性;

⑩软件的质量与"六性"信息;

⑪不合格品分析、纠正措施及其效果;

⑫在产品研制监控和验收、交付过程中发现的质量问题、纠正措施及其效果;

⑬质量与"六性"分析报告和质量审核报告;

⑭装备定型(鉴定)试验结果及试验条件;

⑮装备定型(鉴定)遗留的及生产与使用中发现的主要"六性"问题分析、纠正措施及其效果;

⑯故障报告、分析和纠正措施及其效果;

⑰装备使用、储存及保障过程中时间、故障、维修、保障资源消耗等数据;

⑱误操作、维修差错及其后果的统计分析;

⑲装备研制与使用阶段的技术状态标识与纪实;

⑳进行装备系统战备完好性评估所收集的信息及评估结果;

㉑质量成本(分析);

㉒有关维修方式、周期和作业内容的重大更改及加、改装的技术通报;

㉓质量与"六性"工作中积累的工程和实践经验;

㉔可靠性数据集(手册)、装备故障模式集(手册)、重大故障案例集(手册)等数据集(手册)等。

### 三、装备"六性"信息管理的程序和内容

装备"六性"信息管理的程序一般分为信息需求管理,信息的获取,信息的处理与存储,信息的上报、反馈与交换四个过程。其主要内容如下。

#### (一)信息的需求管理

进行装备质量信息管理,首先要分析信息需求,因此,各级信息机构应根据所承担的任务和主管部门、上级信息机构的要求,按规定的程序和要求合理确定信息需求,并按信息需求确定所收集信息的用途、内容、范围、来源、分类、项目、格式及统计指标体系。其主要工作如下。

1. 信息需求的提出

信息需求一般由信息用户根据装备质量工作要求提出,信息用户包括装备论证、研制、试验、生产、订购、使用与维修保障等部门或单位。

2. 进行信息需求分析

信息需求分析的任务是对所需信息的必要性和信息收集的可行性进行论证,确定信息的用途、内容、范围、来源、分类、项目和格式,设计质量信息收集表格,提出信息输出要求和标准化要求。

有关信息机构应协助信息用户进行需求分析,提出信息需求分析报告,经上级信息机构审查确认后,报主管部门批准实施。

3. 审批信息需求分析报告

审批信息需求分析报告时,应对信息的有效性、系统性和经济性进行审查,以保证收集的信息既能满足工作的需要,又能避免因重复收集而造成资源和人力的浪费。报告一经批准,信息机构即应按其要求开展工作,如需对其进行修订,必须经上级信息机构审查确定,并报主管部门批准。

**(二)信息的获取**

装备"六性"信息的获取是指信息系统通过各种信息渠道,将收集的各种信息汇集起来。信息的获取是信息管理的一项基础工作。只有及时准确地收集到足够的信息,才能保证信息管理工作的有效开展。信息的获取有以下步骤。

1. 确定获取信息的内容、范围和来源

(1)应在需求分析的基础上,按照信息收集和分析处理的任务目标,确定需要收集的信息内容、范围和信息量。

(2)根据需要收集的信息内容和来源,确定信息收集单位和收集要求,并将需要收集的信息单元事先设置到信息收集单位的业务报表中。

2. 确定信息获取的方法和时限

按照信息需求和标准化要求,确定信息收集的方法,明确信息收集表格,规定信息记录方法和要求。具体工作如下。

(1)信息收集人员通过规定的手段,从信息收集单位的业务报表、自动采集装置或其他信息系统提取所需要的信息,并将信息录入预定的信息表格。

(2)按信息需求确定信息收集时限,包括实时、定期和不定期等。

3. 信息的审核和提交

信息收集单位对信息收集人员提取和收集的信息进行审核,在确认信息符合要求后,按规定的时限,及时将信息向上级信息机构提交。信息机构对下级信息机构提交的或来自其他信息系统的信息进行审查。确认符合要求后,将信息分类汇总并录入数据库。同时,保存下级信息机构提交的原始信息以备查询。

4. 重大(严重)质量问题信息的收集

信息机构应根据信息需求和有关规定,确定重大(严重)质量与"六性"问题信息的内容范围、收集方法和提交时限,组织重大(严重)质量与"六性"问题信息的收集和提交。

**(三)信息的处理与存储**

前文已述及,信息的处理是指对已收集到的比较分散的原始信息,采用科学的方法,按照一定的程序进行审查、筛选、分类、统计和分析处理,使之系列化、条理化,成为人们所需要的有价值的再生信息。一般而言,经过分析、合理加工后得到的再生信息,比原始信息具有更大的应用价值。

1. 信息处理

1)信息处理的要求

信息处理的要求:信息机构应制定"六性"信息分析处理指导文件,对收集到的原始信息应按信息处理程序和方法进行加工处理。对装备"六性"信息的加工处理应做到及时、准确、实用、完整和安全。

2)信息处理的程序

信息处理的程序有以下步骤。

(1)信息的审查与筛选。对收到的原始信息应按信息处理的要求进行审查,以保证信息的真实性、实用性,对错误或不符合要求的信息应向提供单位提出质疑或根据需要进行必要的筛选。同时应妥善保存原有的信息记录,以备查询。

(2)信息的分类与排序。对经过审查和筛选的信息,应按对信息进行分析处理的需要进行分类、排序,并存放到相应的数据库中。

(3)信息的统计分析:

① 对需分析处理的各类"六性"信息,应按需求分析确定的内容、范围和输出要求,进行统计、评估和分析工作,并将分析结果,用规范的格式予以存储或输出;

② 通过汇总集成,形成系统的信息资源,存储到相应的数据库中。信息的集成应做到分类清楚、表达规范、便于添加、易于使用。

(4)信息的综合分析。信息机构应定期或适时地利用各类信息进行综合分析,评价装备及相关工作的"六性"水平和发展趋势,分析存在的主要问题和薄弱环节及其可能造成的后果,并提出改进建议。

(5)编写信息报告。对经分析处理的信息,按上报或反馈的输出要求,编写"六性"信息简报、分析评价报告或专题报告等。

3)编制"六性"信息数据集

(1)数据集的编制。各级信息机构应充分利用所积累的信息,适时地编制质量信息数据集。编制数据集的一般要求如下。

① 数据集的编制应当充分考虑其使用价值和编制的可行性,并随着信息工作的发展不断扩展其范围和内容;

② 应对数据来源、样本数量,环境条件及采用的统计、评估方式作必要的说明;

③ 数据集应经有关专家评审,确认其可用性及实用价值;

④ 数据库应经主管部门批准,并在规定的范围内发布使用;

⑤ 数据集应有便于检索、查询的电子版,并纳入相应的数据库。

（2）数据集的类型。

数据集一般可以有以下类型。

①产品故障率数据集；

②产品典型故障模式及其影响数据集；

③重大（严重）质量问题案例集；

④产品维修工时数据集；

⑤现役与在研装备"六性"等指标数据集；

⑥装备元器件优选手册；

⑦"六性"工程经验选编；

⑧装备使用与维修保障工作经验选编；

⑨国外装备"六性"数据集以及工程经验选编。

2. 信息的存储

信息的存储是指将加工处理后的信息或传递后的信息储存起来。"六性"信息的储存，既是对"六性"信息的加工处理结果的管理，也是为"六性"信息检索、再次使用提供条件。储存的信息不论是否即时使用，只要对今后的"六性"调查、质量分析、质量预测和质量决策有用，都应进行储存，以备调用和考证，保证信息的完整性和可追溯性。在储存过程中，根据不同信息的特点和单位的现有设施，尽量利用现代化的储存工具，将实物、文字信息、图表信息、声像信息等储存下来。有的可以复印，有的可以录音，有的可以摄像，有的可以输入计算机，储存到软盘或复制到光盘上。

1）信息的存储要求

（1）各级信息机构应用计算机等信息载体妥善地存储"六性"信息，以备查询和利用。

（2）信息的存储应按集中与分散相结合的原则进行，即各级机构应按其"六性"信息管理范围，对获取的和处理过的信息进行存储；基层部门应将获取到的原始信息经整理后进行存储。

（3）在信息的存储期内，应安全、可靠和完整地保存各类质量信息，并能方便地进行查询和检索，以保证信息的可追溯性。

2）信息的存储期限

信息的存储期限有长期储存、定期储存两类。

（1）长期储存。凡对装备建设有长期利用价值的"六性"信息应列为长期存储信息，如装备的主要作战使用性能及其论证报告、装备的定型鉴定资料、重大（严重）质量问题及其分析与纠正措施报告等。

（2）定期储存。凡在一定时期内对装备研制、生产、改装和保障工作有利用价值的质量信息应列为定期存储信息，其存储期限的长短可参照档案管理规定确定。

3. 信息的修改和删除

信息的修改是指随装备研制、生产、使用信息的不断补充以及储存期限等原因，而对信息进行的必要补充、修改，其目的是保持信息的有效性、时限性。信息修改和删除应注意以下几个方面。

（1）对产品故障和"六性"问题记录的源文件，不得进行修改。

（2）对长期存储的信息进行补充和修改时，应得到主管部门的批准，但要妥善保存补充和修改前信息；对定期存储的信息进行修改和删除时，应经本部门主管领导批准。

（3）信息的修改和删除应由授权的信息管理人员实施，并由专人进行校核。

### （四）信息的上报、反馈与交换

信息的上报、反馈与交换是指将加工处理后的信息传递给上级（或上级信息机构），或有业务工作联系的军事代表室内部以及军事代表室与承制单位之间。各级信息机构应按规定的程序和时间要求，及时、真实和安全地上报、反馈与交换质量信息。

#### 1. 信息的上报和反馈

信息的上报和反馈一般有以下要求。

（1）对不同的信息，应根据其重要性和紧迫程度确定上报和反馈的时限要求，一般可分为定期、适时和实时三种，对重大（严重）质量问题和事故应及时进行反馈。

（2）各级信息机构对经汇总的反馈信息应定期或适时地以信息简报或专题报告的形式上报给主管部门。

（3）各级信息机构对装备的"六性"状况及所发现的问题以及所采取的纠正措施应按有关规定上报和反馈给有关单位和部门。

（4）各有关部门之间应制定"六性"信息反馈制度或协议，信息反馈应严格地按其规定的信息流程和要求予以实施。

#### 2. 信息的交换

部门内部及其与相关部门之间应按有关规定做好"六性"信息交换工作，以实现信息的共享。因此，相关部门之间应制（签）订"六性"信息交换制度或协议，并由其信息机构负责具体实施；各级信息机构应定期或适时地按密级编制"六性"信息索引，在规定的范围内发布，供有关人员咨询。

### 四、可靠性信息系统的建立

#### （一）可靠性信息系统概念

可靠性等信息系统是指装备（产品）为受控对象，以系统论和控制论为指导，由一定的组织、人员、设备和软件组成的，按照规定的程序和要求，从事可靠性信息工作，以支持和控制可靠性工程活动有效运行的系统。从可靠性信息所具有特征，决定了它是一个多层次、多环节、多专业的相互关联的复杂系统。

可靠性管理是通过制定目标，组织实施，督促检查，根据检查取得的信息及时作出处理决策以控制和提高产品可靠性，完成管理上的一个个循环。要实现上述目的，首先必须使可靠性信息流通形成闭环。在研制过程中，可靠性信息闭环管理的有效方法是建立故障报告、分析与纠正措施系统（FRACAS）。一切可靠性活动都是围绕故障展开的，都是为了防止、消除和控制故障的发生。因此，对研制、制造、试验过程中出现的故障，一定要充分利用故障信息去分析、评估和改进产品的质量可靠性。FRACAS应按规定的程序进行，以使可靠性信息形成闭环。FRACAS的程序如图10.1所示。

1. 故障报告

故障信息首先通过故障报告系统来建立。在研制和生产、试验过程中发生的所有硬件和软件故障,均应按规定的格式和要求进行记录,在规定的时间内向规定的管理级别进行报告。

2. 故障分析

故障分析应按以下程序进行。

(1)故障调查与核实。应调查和核实故障产品的工作状态和环境情况,故障现象和特征,试验程序、方法和设备是否包含导致故障发生的因素,试验人员操作的可靠性等。必要时,应做故障复现试验,以证实故障状态的各种数据。

(2)工程分析。在故障核实后,可对故障产品进行测试、试验、观察和分析,确定故障部位,并弄清故障产生的机理。

(3)统计分析。统计分析即收集同类产品生产数量、试验、使用时间,已产生的故障数,估算该类故障出现的频率。

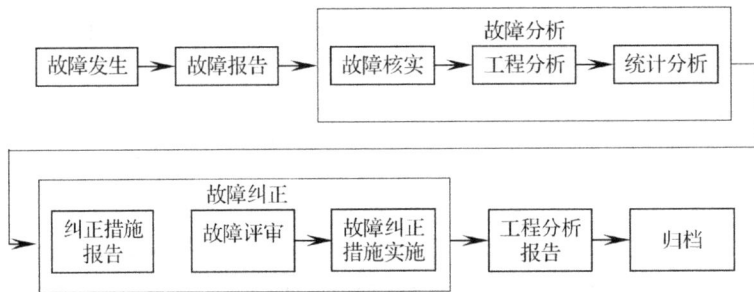

图 10.1　FRACAS 程序

3. 故障纠正措施

通过故障分析查明故障原因和责任,以便有针对性地采取纠正措施。纠正措施要经过分析、计算和必要的试验验证,并经评审通过后,方可付诸实施。

故障纠正活动完成后,应编写故障分析报告,汇集故障分析和纠正过程中形成的各种数据和资料,并立案归档。

在上述可靠性信息的闭环管理中,可以实现产品的可靠性增长,也为防止类似故障的重复出现奠定了基础。

**(二)可靠性信息系统的构成要素**

可靠性信息系统的构成主要包括以下四个方面。

(1)各级信息组织:它是由有关人员、采用一定的结构形式和规定的管理办法所形成的各级信息管理系统,负责该系统的可靠性信息管理工作。

(2)各种硬件设备和软件技术:是指为开展可靠性信息工作所需的设备、技术手段与文件。如计算机、信息传递设备、信息表格与代码等信息载体,以及信息分析处理技术方法和标准、规范与规定等。

（3）信息源：是产生信息的始端，亦即信息的发生点和发源处。

（4）信息流：是信息的流动过程，亦即以信息载体为媒体所形成的信息流程，它由信息收集、加工处理、储存、反馈与交换等基本环节所组成。信息流是一个不断循环的闭环流动过程。

### 五、可靠性信息系统的管理

可靠性信息系统的管理就是对可靠性信息系统的建立和运行的管理。其主要的工作内容如下。

（1）制定必要的规章制度和有关规定。为保证可靠性信息系统的正常运行，要制定信息工作的政策、法规、标准和规范以及信息组织的管理章程和有关的工作细则等，使信息工作制度化、规范化。

（2）进行信息工作技术基础建设。为开展可靠性工作的需要，要进行必要的技术设计，制定规范化的信息表格和信息代码系统，编制配套的计算机数据库和分析软件，开展信息分析处理、传递和应用等信息技术和方法的研究工作。

（3）进行信息需求的分析。对信息的实际需求是开展信息工作的依据。各级信息组织和信息用户都应进行信息需求分析，明确信息收集的内容和工作重点，以便节约人力和财力，提高信息工作的实际效益。

（4）实施信息的闭环管理。对信息实施闭环管理是开展可靠性信息工作的基本原则。信息的闭环管理有两层含义：一是信息流程要闭环；二是信息系统要与有关的工程系统相结合，不断地利用信息解决实际问题，形成闭环控制。因此要依据对信息的需求，对信息流程的每个环节进行有效管理，并对信息的应用效果进行不间断的跟踪。

（5）技术培训。信息工作人员的素质是搞好信息工作的关键。要有计划地开展技术培训工作，建立一支从事可靠性信息工作的专业队伍。

（6）考核和评定信息系统的有效性。对信息系统应进行定期的考核和评估，以提高信息系统运行的有效性。

### 六、建立装备故障报告、分析和纠正措施系统应强调的问题

《装备可靠性工作通用要求》（GJB 450B—2021）中规定，应尽早建立装备故障报告、分析和纠正措施系统（FRACAS），确立并执行故障记录、分析和纠正程序，以防止故障的重复出现，从而使产品的可靠性得到增长。建立 FRACAS 应注意以下问题。

（1）FRACAS 的工作程序包括故障报告、故障原因分析、纠正措施的确定和验证以及反馈到设计、生产中的程序。故障纠正措施的基本要求是定位准确、机理清楚、能够复现、措施有效等。

（2）FRACAS 的效果取决于准确地输入信息（即记录的故障以及故障的原因分析），因此，要求进行故障核实，必要时，要故障复现。输入信息应包括与故障有关的所有信息，以便正确地确定故障原因。故障原因分析可采用试验、分解、实验室失效分析等方法进行。FRACAS 确定的故障原因还可证明故障模式、影响及危害性分析（FMECA）的正确性。

（3）应按《故障报告、分析和纠正措施系统》（GJB 841—1990）的要求，做好有关故障报

告、故障分析及纠正措施的记录,并按产品的类别加以归纳。经归纳的信息可为类似产品的故障原因分析和纠正措施提供可供借鉴的信息。

(4)从最低层次的元件以及以上各层次,直至最终产品(含硬件和软件),在试验、测试、检验、调试及使用过程中出现的硬件故障、异常和软件失效、缺陷等均应纳入 FRACAS 闭环管理。采取的纠正措施应能证明其有效并防止类似故障重复出现。对所有的故障应作明显标记以便于识别和控制,确保按要求进行处置。

(5)应将故障报告和分析的记录、纠正措施的实施效果及故障审查组织的审查结论立案归档,使其具有可溯性。

(6)订购方在合同中应规定对承制方 FRACAS 的要求,同时还应明确承制方提供可靠性信息的内容、格式及时机等。

## 第七节　某型装备测试系统可靠性评估示例

装备"六性"技术在产品研制、使用的工程实践中得到广泛的应用,成为产品最终能否达到和满足研制要求必须进行的一项重要工作。本节例举某型装备测试系统 A 型、B 型可靠性评估工作实例,供参考。

### 一、某型装备 A、B 两型内场测试设备使用概述

某型装备 A、B 两型内场测试设备投入使用多年,在使用期间发现该设备某些部件故障率较高。为此,对已收集到的 A、B 两型测试系统自投入使用以来所有发生的大部分故障信息,及 A、B 两型的可靠性进行评估。在此次评估结果是对该测试系统进行改进的重要工作。

根据该测试系统的结构,将某型内场测试设备分为 1～12 号分系统和其他部分共 13 个分系统进行可靠性评估。

### 二、故障数据整理

根据收集的不同区域的 12 台 A 型和 9 台 B 型的故障数据信息,可以得出以下基本数据:A 型总通电工作时间为 14 879 h,发生了 96 次责任故障,平均每年通电工作时间为 145 h;B 型总通电工作时间为 2 547 h,发生了 65 次责任故障,平均每年通电工作时间为 110 h。把发生的故障具体到系统级的故障数据整理见表 10.4。

**表 10.4　A 型、B 型故障数据表**

| 序　号 | 分系统 | A 型故障数 | B 型故障数 |
|--------|--------|-----------|-----------|
| 1 | 1 号分系统 | 8 | 6 |
| 2 | 2 号分系统 | 2 | 2 |
| 3 | 3 号分系统 | 5 | 2 |
| 4 | 4 号分系统 | 1 | 2 |

续表

| 序　号 | 分系统 | A 型故障数 | B 型故障数 |
|---|---|---|---|
| 5 | 5 号分系统 | 19 | 11 |
| 6 | 6 号分系统 | 5 | 6 |
| 7 | 7 号分系统 | 2 | 2 |
| 8 | 8 号分系统 | 0 | 0 |
| 9 | 9 号分系统 | 0 | 6 |
| 10 | 10 号分系统 | 1 | 0 |
| 11 | 11 号分系统 | 30 | 13 |
| 12 | 12 号分系统 | 2 | 3 |
| 13 | 其他 | 21 | 9 |
| 设备总故障数 | | 96 | 62 |

**三、系统可靠性评估**

在做可靠性评估以前,先分析 A 型、B 型装备内场测试设备以及各系统的故障分布函数,一般服从指数分布。

1. 1 号分系统可靠性下限评估

A 型在通电工作做的 14 879 h 内 1 号分系统共发生了 8 次责任故障,B 型在通电工作的 2 547 h 内 1 号分系统共发生了 6 次责任故障。当置信度为 0.8 时,按定时截尾评估公示计算 A 型、B 型 1 号分系统的可靠性置信下限分别为

A 型 1 号分系统: $\quad \mathrm{MTBF_L}=\dfrac{T/r}{K_C}=\dfrac{14\ 879/8}{1.422\ 5}\ \mathrm{h}=41\ 307.4\ \mathrm{h}$ $\qquad$ (10-2)

B 型 1 号分系统: $\quad \mathrm{MTBF_L}=\dfrac{T/r}{K_C}=\dfrac{2\ 547/6}{1.512\ 6}\ \mathrm{h}=280.6\ \mathrm{h}$ $\qquad$ (10-3)

式中 $T$——A 型或 B 型的总通电工作时间;

$\quad r$——该系统的故障次数;

$\quad K_C$——时效率单侧置信系数。

2. 2 号分系统可靠性下限评估

A 型在通电工作做的 14 879 h 内 2 号分系统共发生了 2 次责任故障,B 型在通电工作的 2 547 h 内 2 号分系统共发生了 2 次责任故障。当置信度为 0.8 时,按定时截尾评估公示计算 A 型、B 型 2 号分系统的可靠性置信下限分别为

A 型 2 号分系统: $\quad \mathrm{MTBF_L}=\dfrac{T/r}{K_C}=\dfrac{14\ 879/2}{2.139\ 5}\ \mathrm{h}=3\ 477.2\ \mathrm{h}$ $\qquad$ (10-4)

B 型 2 号分系统： $\mathrm{MTBF_L} = \dfrac{T/r}{K_C} = \dfrac{2\ 547/2}{2.139\ 5}\ \mathrm{h} = 595.2\ \mathrm{h}$ \hfill (10-5)

**3.3 号分系统可靠性下限评估**

A 型在通电工作做的 14 879 h 内 3 号分系统共发生了 5 次责任故障,B 型在通电工作的 2 547 h 内 3 号分系统共发生了 2 次责任故障。当置信度为 0.8 时,按定时截尾评估公示计算 A 型、B 型 3 号分系统的可靠性置信下限分别为

A 型 3 号分系统： $\mathrm{MTBF_L} = \dfrac{T/r}{K_C} = \dfrac{14\ 879/5}{1.581\ 2}\ \mathrm{h} = 1\ 882.0\ \mathrm{h}$ \hfill (10-6)

B 型 3 号分系统： $\mathrm{MTBF_L} = \dfrac{T/r}{K_C} = \dfrac{2\ 547/2}{2.139\ 5}\ \mathrm{h} = 595.2\ \mathrm{h}$ \hfill (10-7)

**4.4 号分系统可靠性下限评估**

A 型在通电工作做的 14 879 h 内 4 号分系统共发生了 1 次责任故障,B 型在通电工作的 2 547 h 内 4 号分系统共发生了 2 次责任故障。当置信度为 0.8 时,按定时截尾评估公示计算 A 型、B 型 4 号分系统的可靠性置信下限分别为

A 型 4 号分系统： $\mathrm{MTBF_L} = \dfrac{T/r}{K_C} = \dfrac{14\ 879/1}{2.994\ 3}\ \mathrm{h} = 4\ 969.1\ \mathrm{h}$ \hfill (10-8)

B 型 4 号分系统： $\mathrm{MTBF_L} = \dfrac{T/r}{K_C} = \dfrac{2\ 547/2}{2.139\ 5}\ \mathrm{h} = 595.2\ \mathrm{h}$ \hfill (10-9)

**5.5 号分系统可靠性下限评估**

A 型在通电工作做的 14 879 h 内 5 号分系统共发生了 19 次责任故障,B 型在通电工作的 2 547 h 内 5 号分系统共发生了 11 次责任故障。当置信度为 0.8 时,按定时截尾评估公示计算 A 型、B 型 5 号分系统的可靠性置信下限分别为

A 型 5 号分系统： $\mathrm{MTBF_L} = \dfrac{T/r}{K_C} = \dfrac{2\ 547/11}{1.343\ 3}\ \mathrm{h} = 172.4\ \mathrm{h}$ \hfill (10-10)

B 型 5 号分系统： $\mathrm{MTBF_L} = \dfrac{T/r}{K_C} = \dfrac{14\ 879/19}{1.243\ 9}\ \mathrm{h} = 629.5\ \mathrm{h}$ \hfill (10-11)

**6.6 号分系统可靠性下限评估**

A 型在通电工作做的 14 879 h 内 6 号分系统共发生了 5 次责任故障,B 型在通电工作的 2 547 h 内 6 号分系统共发生了 6 次责任故障。当置信度为 0.8 时,按定时截尾评估公示计算 A 型、B 型 6 号分系统的可靠性置信下限分别为

A 型测量系统： $\mathrm{MTBF_L} = \dfrac{T/r}{K_C} = \dfrac{14\ 879/5}{1.581\ 2}\ \mathrm{h} = 1\ 882.0\ \mathrm{h}$ \hfill (10-12)

B 型测量系统： $\mathrm{MTBF_L} = \dfrac{T/r}{K_C} = \dfrac{2\ 547/6}{1.512\ 6}\ \mathrm{h} = 280.6\ \mathrm{h}$ \hfill (10-13)

**7.7 号分系统可靠性下限评估**

A 型在通电工作做的 14 879 h 内 7 号分系统共发生了 2 次责任故障,B 型在通电工作的 2 547 h 内 7 号分系统共发生了 2 次责任故障。当置信度为 0.8 时,按定时截尾评估公示计算 A 型、B 型 7 号分系统的可靠性置信下限分别为

A 型 7 号分系统： $\mathrm{MTBF_L} = \dfrac{T/r}{K_\mathrm{c}} = \dfrac{2\,547/2}{2.139\,5}\,\mathrm{h} = 595.2\,\mathrm{h}$     (10 - 14)

B 型 7 号分系统： $\mathrm{MTBF_L} = \dfrac{T/r}{K_\mathrm{c}} = \dfrac{14\,879/2}{2.139\,5}\,\mathrm{h} = 3\,477.2\,\mathrm{h}$     (10 - 15)

8. 8 号分系统可靠性下限评估

A 型在通电工作做的 14 879 h 内 8 号分系统共发生了 0 次责任故障,B 型在通电工作的 2 547 h 内 8 号分系统共发生了 0 次责任故障。当置信度为 0.8 时,按定时截尾评估公示计算 A 型、B 型 8 号分系统的可靠性置信下限分别为

A 型 8 号分系统： $\mathrm{MTBF_L} = \dfrac{T/r}{K_\mathrm{c}} = \dfrac{14\,879}{1.609\,4}\,\mathrm{h} = 9\,245.0\,\mathrm{h}$     (10 - 16)

B 型 8 号分系统： $\mathrm{MTBF_L} = \dfrac{T/r}{K_\mathrm{c}} = \dfrac{2\,547}{1.609\,4}\,\mathrm{h} = 1\,582.5\,\mathrm{h}$     (10 - 17)

9. 9 号分系统可靠性下限评估

A 型在通电工作做的 14 879 h 内 9 号分系统共发生了 0 次责任故障,B 型在通电工作的 2 547 h 内 9 号分系统共发生了 6 次责任故障。当置信度为 0.8 时,按定时截尾评估公示计算 A 型、B 型 9 号分系统的可靠性置信下限分别为

A 型 9 号分系统： $\mathrm{MTBF_L} = \dfrac{T/r}{K_\mathrm{c}} = \dfrac{2\,547/6}{1.512\,6}\,\mathrm{h} = 280.6\,\mathrm{h}$     (10 - 18)

B 型 9 号分系统： $\mathrm{MTBF_L} = \dfrac{T/r}{K_\mathrm{c}} = \dfrac{14\,879}{1.609\,4}\,\mathrm{h} = 9\,245.0\,\mathrm{h}$     (10 - 19)

10. 10 号分系统可靠性下限评估

A 型在通电工作做的 14 879 h 内 10 号分系统共发生了 1 次责任故障,B 型在通电工作的 2 547 h 内 10 号分系统共发生了 0 次责任故障。当置信度为 0.8 时,按定时截尾评估公示计算 A 型、B 型 10 号分系统的可靠性置信下限分别为

A 型 10 号分系统： $\mathrm{MTBF_L} = \dfrac{T/r}{K_\mathrm{c}} = \dfrac{2\,547}{1.609\,4}\,\mathrm{h} = 1\,582.5\,\mathrm{h}$     (10 - 20)

B 型 10 号分系统： $\mathrm{MTBF_L} = \dfrac{T/r}{K_\mathrm{c}} = \dfrac{14\,879/1}{2.994\,3}\,\mathrm{h} = 4\,969.1\,\mathrm{h}$     (10 - 21)

11. 11 号分系统可靠性下限评估

A 型在通电工作做的 14 879 h 内 11 号分系统共发生了 30 次责任故障,B 型在通电工作的 2 547 h 内 11 号分系统共发生了 13 次责任故障。当置信度为 0.8 时,按定时截尾评估公示计算 A 型、B 型 11 号分系统的可靠性置信下限分别为

A 型 11 号分系统： $\mathrm{MTBF_L} = \dfrac{T/r}{K_\mathrm{c}} = \dfrac{2\,547/13}{1.308\,7}\,\mathrm{h} = 149.7\,\mathrm{h}$     (10 - 22)

B 型 11 号分系统： $\mathrm{MTBF_L} = \dfrac{T/r}{K_\mathrm{c}} = \dfrac{14\,879/30}{1.185\,4}\,\mathrm{h} = 418.4\,\mathrm{h}$     (10 - 23)

12. 12 号分系统可靠性下限评估

A 型在通电工作做的 14 879 h 内 12 号分系统共发生了 2 次责任故障,B 型在通电工作

的 2 547 h 内 12 号分系统共发生了 3 次责任故障。当置信度为 0.8 时,按定时截尾评估公示计算 A 型、B 型 12 号分系统的可靠性置信下限分别为

A 型 12 号分系统: $\mathrm{MTBF_L} = \dfrac{T/r}{K_C} = \dfrac{14\ 879/2}{2.139\ 5}\ \mathrm{h} = 3\ 477.2\ \mathrm{h}$ （10 - 24）

B 型 12 号分系统: $\mathrm{MTBF_L} = \dfrac{T/r}{K_C} = \dfrac{2\ 547/3}{1.838\ 3}\ \mathrm{h} = 461.8\ \mathrm{h}$ （10 - 25）

**13. 其他部分可靠性下限评估**

A 型在通电工作做的 14 879 h 内其他部分共发生了 30 次责任故障,B 型在通电工作的 2 547 h 内其他部分共发生了 13 次责任故障。当置信度为 0.8 时,按定时截尾评估公示计算 A 型、B 型其他部分的可靠性置信下限分别为

A 型其他部分: $\mathrm{MTBF_L} = \dfrac{T/r}{K_C} = \dfrac{2\ 547/9}{1.391\ 0}\ \mathrm{h} = 1\ 203.4\ \mathrm{h}$ （10 - 26）

B 型其他部分: $\mathrm{MTBF_L} = \dfrac{T/r}{K_C} = \dfrac{14\ 879/21}{1.229\ 5}\ \mathrm{h} = 576.2\ \mathrm{h}$ （10 - 27）

## 四、设备可靠性评估

**1. 设备平均故障间隔时间评估**

A 型在通电工作做的 14 879 h 内共发生了 96 次责任故障,B 型在通电工作的 2 547 h 内共发生了 62 次责任故障。当置信度为 0.8 时,按定时截尾评估公示计算 A 型、B 型其他部分的可靠性置信下限分别为

A 型装备内场测试仪: $\mathrm{MTBF_L} = 141.5\ \mathrm{h}$ （10 - 28）

B 型装备内场测试仪: $\mathrm{MTBF_L} = 36.6\ \mathrm{h}$ （10 - 29）

**2. 设备首翻期评估**

若按设备的任务可靠度来评估其首翻期,任务可靠度即是在 $t_i$ 时刻尚能完好工作的设备,继续工作至 $t_i$ 时刻尚能完好工作的概率。在产品的寿命期内,其失效包括由电子元器件引起的偶然失效率和因继续磨损引起的损耗失效率。考虑两种失效的组合影响,其可靠度公式为

$$R(T + t_m/T) = \mathrm{e}^{-(\lambda_C + \lambda_{\omega m})t_m}$$ （10 - 30）

式中 $T$——设备已工作的总时间,即要求的首翻期;

$t_m$——设备的任务时间;

$\lambda_C$——偶然失效值;

$\lambda_{\omega m}$——损耗失效率的平均值,由下式计算:

$$\lambda_{\omega m} = \frac{1}{2}\left[\frac{f_\omega(T)}{R_\omega(T)} + \frac{f_\omega(T + t_m)}{R_\omega(T + t_m)}\right]$$ （10 - 31）

由于 $\lambda_{\omega m}$ 为 $T$ 的函数,所以 $T$ 为要求的首翻期采用试算法求解。

据统计,A 型设备总通电工作时间为 14 879 h,测试 11 594 枚,平均任务时间为 1.3 h,在寿命内偶然失效率为 0.006 452/h。若要求 A 型的任务可靠度为 0.99,假定首翻期为 8 年,$T = 1\ 160\ \mathrm{h}$,$\lambda_{\omega m} = 0.001\ 013\ 967$,则任务可靠度为

$$R = \mathrm{e}^{-(\lambda_C + \lambda_{\omega m})t_m} = \mathrm{e}^{-(0.006\,452 + 0.001\,013\,967) \times 1.3} = 0.99$$

由于任务可靠度为 0.99 基本满足要求,所以 A 型的首翻期定为 8 年。

据统计,B 型设备总通电工作时间为 2 547 h,测试 2 022 枚,平均任务时间为 1.3h 在寿命期内偶然失效率为 0.019 238/h。若要求 B 型的任务可靠度为 0.95,假定

$$R = \mathrm{e}^{-(\lambda_C + \lambda_{\omega m})t_m} = \mathrm{e}^{-(0.019\,238 + 0.019\,193) \times 1.3} = 0.959$$

首翻期为 5 年,$T = 1\,550$ h,$\lambda_{\omega m} = 0.012\,550$,则任务可靠度为

$$R = \mathrm{e}^{-(\lambda_C + \lambda_{\omega m})t_m} = \mathrm{e}^{-(0.019\,238 + 0.019\,193) \times 1.3} = 0.951$$

假定首翻期为 7 年,$T = 15\,770$ h,$\lambda_{\omega m} = 0.019\,193$,则任务可靠度为 0.951。

由于任务可靠度为 0.951 满足要求,所以 B 型的首翻期定为 7 年。

**3. 设备寿命评估**

1)A 型设备寿命评估

根据收集到的 A 型测试设备的故障分布情况,整理见表 10.5。作出 A 型投入部队使用的故障分布直方图(略)。从直方图可以看出,A 型设备在使用的 16 年内,没有明显的故障增多趋势,因此可以确定其寿命应该大于 16 年。因此暂定其寿命为 20 年。

**表 10.5  A 型测试设备故障分布**

| 场站序号 | 1 | 2 | 3 | 4 | 5 | 6 | 7 | 8 | 9 | 10 | 11 | 12 | 13 | 14 | 15 | 16 |
|---|---|---|---|---|---|---|---|---|---|---|---|---|---|---|---|---|
| 1 | 0 | 0 | 0 | 0 | 0 | 0 | 0 | 0 | 8 | 6 | 0 | 0 | 2 | 0 | 0 | 1 |
| 2 | 0 | 1 | 3 | 0 | 0 | 2 | 0 | 0 | 0 | 0 | 0 | 2 | 0 | 0 | | |
| 3 | 2 | 2 | 2 | 0 | 1 | 0 | 0 | 0 | 0 | 0 | 0 | 0 | 0 | | | |
| 4 | 0 | 0 | 1 | 2 | 1 | 1 | 1 | 2 | 1 | 2 | 2 | 2 | | | | |
| 5 | 1 | 0 | 4 | 0 | 0 | 0 | 0 | 0 | 0 | | | | | | | |
| 6 | 2 | 0 | 1 | 2 | 3 | 2 | 1 | 0 | 3 | | | | | | | |
| 7 | 0 | 0 | 0 | 0 | 1 | 0 | 4 | 1 | | | | | | | | |
| 8 | 0 | 0 | 1 | 1 | 1 | 0 | 0 | | | | | | | | | |
| 9 | 0 | 1 | 0 | 1 | 1 | 0 | | | | | | | | | | |
| 10 | 3 | 2 | 1 | 0 | 3 | | | | | | | | | | | |
| 11 | 2 | 0 | 0 | 3 | 1 | | | | | | | | | | | |
| 12 | 1 | 0 | 2 | 1 | | | | | | | | | | | | |
| 故障总数 | 11 | 6 | 15 | 10 | 11 | 5 | 6 | 3 | 12 | 8 | 2 | 4 | 2 | 0 | 0 | 1 |
| 平均数 | 0.92 | 0.50 | 1.25 | 0.83 | 1.00 | 0.56 | 0.75 | 0.43 | 2.00 | 2.00 | 0.50 | 1.00 | 0.67 | 0 | 0 | 1.00 |

2)B 型设备寿命评估

B 型设备由于投入使用的时间较短,最长不到 4 年,用直方图方法也不能看出其寿命情

况。根据相似产品法,A 型的寿命定位 20 年,B 型设备的寿命暂定为 18 年。

## 五、结论

根据以上计算出的平均故障间隔时间的下限值以及设备的首翻期,由此可以初步确定 A 型的检测周期为 1 年,寿命为 20 年,首翻期为 8 年,第一次翻修需更换的单元有 11 号分系统、5 号分系统、1 号分系统、6 号分系统,9 号分系统及其他系统的易损件。建议应对 B 型所使用的继电器进行全部更换。

# 参 考 文 献

[1] 杨为民.可靠性·维修性·保障性总论[M].北京:国防工业出版社,1995.

[2] 李良巧,等.兵器可靠性技术与管理[M].北京:兵器工业出版社,1991.

[3] 甘茂治.维修性设计与验证[M].北京:国防工业出版社,1995.

[4] 秦英孝,徐维新.可靠性数学基础[M].北京:电子工业出版社,1988.

[5] 徐维新,秦英孝.可靠性工程[M].北京:电子工业出版社,1988.

[6] 高社生,张玲霞.可靠性理论与工程应用[M].北京:国防工业出版社,2002.

[7] 何国伟.软件可靠性[M].北京:国防工业出版社,1998.

[8] 付桂翠.电子元器件使用可靠性保证[M].北京:国防工业出版社,2011.

[9] 陆民燕.软件可靠性工程[M].北京:国防工业出版社,2011.

[10] 赵廷弟.安全性设计分析与验证[M].北京:国防工业出版社,2011.

[11] 何国伟.可信性概述:ISO 9000 新系列质量管理标准中可信性管理及可信性要素标准的宣贯资料[M].北京:北京工业大学出版社,1997.

[12] 陆延孝,郑鹏洲.可靠性设计与分析[M].北京:国防工业出版社,1995.

[13] 施国洪.质量控制与可靠性工程基础[M].北京:化学工业出版社,2005.

[14] 罗新华,高俊峰,钟建军,等.装备研制过程质量监督[M].北京:国防工业出版社,2013.

[15] 秦英孝.可靠性·维修性·保障性概论[M].北京:国防工业出版社,2002.

[16] 张增照.以可靠性为中心的质量设计、分析和控制[M].北京:电子工业出版社,2010.

[17] 秦英孝.可靠性、维修性、保障性管理[M].北京:国防工业出版社,2003.

[18] 石君友.测试性设计分析与验证[M].北京:国防工业出版社,2011.

[19] 梅文华,罗乖林,黄宏诚,等.军工产品研制技术文件编写说明[M].北京:国防工业出版社,2011.

[20] 中央军委装备发展部.装备可靠性工作通用要求:GJB 450B—2021[S].北京:国家军用标准出版发行部,2021.

[21] 中国人民解放军总装备部.可靠性维修性保障性术语:GJB 451A—2005[S].北京:总装备部军标出版发行部,2005.

[22] 航天工业总公司 708 所.可靠性维修性评审指南:GJB/Z 72—1995[S].北京:总装备部军标出版发行部,1995.

[23] 中国人民解放军总装备部.装备维修性工作通用要求:GJB 368B—2009[S].北京:总装备部军标出版发行部,2009.

[24] 原国防科工委综合计划部.装备综合保障通用要求:GJB 3872A—2022[S].北京:总装备部军标出版发行部,1999.

[25] 中国人民解放军总装备部.装备安全性工作通用要求:GJB 900A—2012[S].北京:总装备部军标出版发行部,2012.

[26] 中国人民解放军总装备部.装备环境工程通用要求:GJB 4239—2001[S].北京:总装备部军标出版发行部,2001.

[27] 中国人民解放军总装备部.装备测试性工作通用要求:GJB 2547A—2012[S].北京:总装备部军标出版发行部,2012.